电热法制磷

FURNACE-PROCESS YELLOW PHOSPHOROUS

孙志立　杜建学　编著

北　京
冶金工业出版社
2014

内 容 提 要

本书遵循“循序渐进、学以致用”的原则，强调基本理论与实践相结合。内容包括概述；制磷生产原理；原料及原料加工；磷炉气除尘、收磷及磷的精制；制磷设备使用与维护；制磷电炉操作与管理；炭素材料在制磷电炉中的使用；副产品综合利用及污水处理；制磷电炉工艺计算；制磷电学和黄磷安全生产技术共11章。

本书可作为大、中型制磷电炉一线工人、工程技术人员专业技术知识读本，也可作为制磷企业加强技术管理及大专院校、专业科技人员从事专业研究分析等的参考资料。

图书在版编目(CIP)数据

电热法制磷/孙志立，杜建学编著．—北京：冶金工业出版社，2010.4(2014.9 重印)

ISBN 978-7-5024-5221-6

Ⅰ.①电…　Ⅱ.①孙…　②杜…　Ⅲ.①磷—化工生产—电热法　Ⅳ.①TQ126.3

中国版本图书馆 CIP 数据核字(2010)第053060号

出版人　谭学余

地　　址　北京市东城区嵩祝院北巷39号　邮编　100009　电话　(010)64027926

网　　址　www.cnmip.com.cn　电子信箱　yjcbs@cnmip.com.cn

责任编辑　郭冬艳　美术编辑　张媛媛　版式设计　葛新霞

责任校对　卿文春　责任印制　牛晓波

ISBN 978-7-5024-5221-6

冶金工业出版社出版发行；各地新华书店经销；北京百善印刷厂印刷

2010年4月第1版，2014年9月第2次印刷

850mm×1168mm　1/32；13.25印张；348千字；404页

39.00元

冶金工业出版社　投稿电话　(010)64027932　投稿信箱　tougao@cnmip.com.cn

冶金工业出版社营销中心　电话　(010)64044283　传真　(010)64027893

冶金书店　地址　北京市东四西大街46号(100010)　电话　(010)65289081(兼传真)

冶金工业出版社天猫旗舰店　yjgy.tmall.com

(本书如有印装质量问题，本社营销中心负责退换)

序

黄磷工业作为国家磷化工基础产业之一，在20世纪90年代得到了长足发展，新技术、新方法层出不穷，引进年产3万吨黄磷的自焙电极大型磷炉建成投产，三相6根电极的中型磷炉技术趋于成熟，随后又出现了三相7根电极的磷炉，单台磷炉产能迅速扩大。目前，三相6根、7根多电极制磷电炉已成为国内黄磷企业采用的主要炉型，但黄磷工业较低的准入门槛，使磷炉操作管理水平参差不齐，经济技术指标差异较大。

磷是一种广泛存在于自然界的元素，又是一种不可替代和不可再生的战略资源。近五十年来磷化学研究取得了令人瞩目的新进展，磷与生活、工业发展密不可分，已渗透到人类生活的方方面面。我国黄磷工业的可持续发展要在保护资源、保护环境的前提下，充分利用好资源，这就必须采用新工艺、新技术、新设备、新材料，加强科学管理，努力提高技术人员素质，将重点从围绕资源优势向产业优势、经济优势、技术优势方面转型和升级，这是黄磷企业立足国内，放眼国际市场和今后继续努力发展的方向。

马龙产业作为云天化集团发展磷化工产业的重要平台，不仅拥有世界单台装置年生产能力最大（年产3万吨）、最先进的黄磷电炉，而且中、小磷炉炉型齐全，黄磷生产能力近年将达22.65万吨（目前在建产能还有6万多吨），位列全国第一。马龙产业公司秉承云天化集团“立根大地、志搏云天”的企业精神和“聚合天地精华、共创和谐繁荣”的企业核心理念，致力于成为世界磷及磷制品的最佳供应商。在组织生产过程中，一方面新员工入厂教育培训没有合适的教材，另一方面生产操作管理人员在调整控制时经常出现失调或过调的情况，有时不知道如何下手解决问题，导致消耗偏高，效益不佳，竞争力下降。目前市面上现有的黄磷生产专业书籍和参考书，基本都是以2000kVA 三相3 根电极小型磷炉为基础编写的，已远远不能满足和指导三相6 根、7 根电极中型磷炉的生产。

国内黄磷资深专家孙志立高工长期从事电热法制磷生产操作管理和技术研究开发，对多电极制磷电炉有较深的研究和认识，倡导提高一线工人整体技术素质，理论联系实际是节能降耗的核心，技术优化和创新理念是黄磷生产永恒的主题。近年来在多电极制磷电炉“电极、电流协调操作”的实践和理论等方面取得了重要的研究成果。

本书的出版是两位编者向社会奉献的一部高水平专业著作，对从事黄磷生产的工程技术人员和一线操作工人掌握和消化吸收多电极制磷电炉的生产管理、操作技术将起到积极的推动作用，无疑是对我国黄磷工业可持续健康发展的一个贡献。

2009 年 12 月 17 日

前　言

自1889年电热法制磷获得专利权并推广电热法生产黄磷以来,至今已有120年的历史。中国的黄磷工业后来居上,近几年已经赶上和超过了世界先进水平,成为世界最大的黄磷生产、消费和出口国。20世纪90年代后期是中国制磷工业在产能、技术等方面大提速的高峰期。在制磷技术上具有我国自主知识产权的多电极制磷电炉的出现,解决了国内现有条件下制磷电炉不用自焙电极可向大型化迈进、国产化发展的难题。实现了国人认识科学技术是第一生产力到自主创新是第一竞争力的跨越,可以说是中国制磷工业发展的一个新的里程碑。

电热法制磷是一个复杂的系统工程,它介于冶金和化工之间,涉及的学科较多,需要的知识面广。传统的操作管理模式已经跟不上新技术、新工艺发展的需要,转变思维定式,进行工业化操作管理的优化与创新,是黄磷企业走出技术低谷,可持续发展的永恒主题。

中国制磷科技人员前赴后继,呕心沥血,花费了毕生的精力和心血,做了大量的探索和实践。中国黄磷工业技术的欣欣向荣是和这些孜孜不倦奋斗的耕耘者分不开的。在本书出版之际,我们首先要感谢中国黄磷工业的先驱者和还在继续不断为之刻苦研究和奋斗的所有科技人员和工程人员。我们不会忘记曾经工作过的云南安宁大黄磷的黄磷车间,如果没有那些艰难的磨炼和坎坷的摸索,我们不会深感技术的重要和可贵,很多人都在其中为黄磷事业的发展起到了铺路石的作用。我们还要感谢未曾谋面的国内黄磷界元老陈善继高工不吝赐稿,几十年如一日,时刻把中国黄磷的兴衰挂记在心,共同的责任和爱心将我们联系在一起。通过我们坚持不懈的努力,把多年生产实践和理论研究的成果奉献给自己所热衷的事业,以期引起该领域专家学者及同行的重视,且得到他们更多的指导与帮助,使我国的黄磷生产管理技术从理论到实践进一步系统化和完善化。

本书编写过程中我们将二十多年在大中小型制磷电炉的生产技术管理、科研以及联系生产实践所积累的大量信息、经验和相关专业科技人员的意见,以及生产中的实际案例紧密地糅合在一起,从制磷理论分析入手,以生产中碰到的“疑难杂症”作为切入点,深入浅出,将问题和矛盾一层一层剥开,创新分析问题、解决问题的思路,最终找到问题的根源和处理的方法。书中针对现在国内黄磷生产的主要炉型——多电极制磷电炉设计、生产管理和工艺操作中的实际情况,提出了新的观点和理念。熔池相切理论、电极平衡理论、炉内电流合理分布理论等,对制磷电炉生产的“安稳长满优”起着至关重要的积极作用。我们期望通过我们共同的努力,达到本书的宗旨,就是在突出理论联系实际的过程中起到抛砖引玉的作用。实践是检验真理的唯一标准:理论要有实践作为支撑,实践必须以理论作为指导,实际生产操作要经过总结、升华才能真正成为有用的经验和方法。

本书在编写中得到了云天化集团、云南马龙产业集团股份有限公司、华宁磷化工公司各级领导、一线工人、《硫磷设计与粉体工程》编辑部及同仁的热心帮助和大力支持,其中陈善继、马国民、尹品云、杨保勇、李江滔、何良等参加了部分章节的资料收集和编写工作,提出了宝贵意见;云天化集团、马龙产业集团吕庆胜、汤允、束荣桂、李文星、朱德益、王庆田、赵群等参与了审核,在此一并致谢!

本书最后由昆明理工大学张锦柱教授审定。

由于时间仓促,编者水平有限,不足之处,恳请同行、专家和读者不吝赐教,提出宝贵的批评和建议,以便我们今后补充修改,更臻完善。

编　者

2009年12月于昆明

目　录

1 概　　述

1.1 制磷工业发展简史

1.1.1 磷的发展简史

磷是1669年德国汉堡炼金术士勃兰特首先发现的。他听说尿液中能提取黄金，就把砂、木炭、石灰跟尿液混合后在隔绝空气的瓶中加热。经过多次试验没有得到黄金，却意外获得了一种白色质软的物质，并能在黑暗中闪光发亮，于是勃兰特就将其称为“Phosphorus”，也就是今天的“磷”，另外也有发光的意思。此后有许多学者，如卡拉佛特（J. D. Krafft）、约翰·昆克尔（Johann Kunckel）、利勃尼兹（G. W. Leibniz）、罗伯特·波义勒（Robert Boyle）等，对磷的制备方法进行了大量的研究，但所有的这些研究工作都仅停留在实验室里。1737年以前，磷的制备方法还一直是保密的。直到1830年，才有人用硫酸处理磷酸钙（从骨灰中提取）制得磷酸，再将磷酸蒸浓与炭混合放入曲颈瓶内高温制得成品磷的小规模生产；以后又用熔矿炉法进行了工业化的尝试，但生产工艺技术都不够理想。

1888年，英国的雷德曼试用电炉法生产黄磷首次获得成功。1889年12月24日，雷德曼在美国取得了电炉法制磷的专利权（专利号417943），当时称为Readman（雷德曼）法黄磷。电炉法为近代黄磷生产找到了比较经济的制磷方法，翻开了黄磷生产史上新的一页。

1891年，世界上第一台工业化制磷电炉在法国的Coignet开始运转；1899年，法国Billandot获得采用带无水凝聚设备和气体洗涤收磷设备的新型电炉装置专利权；1902年，法国建成第一座磷炉底部构成电流回路的电炉。

1914 年,美国南方电气公司在北卡罗来纳州建成当时世界上容量最大的 4000kVA 黄磷电炉;1927 年,德国在 Piesteriz(彼斯特里茨)为 I. G. Farben(法本)公司建成世界上第一台容量为 10000kVA 黄磷电炉。

1940 年以后,为了进一步降低黄磷生产成本,满足热法磷酸、水处理、洗涤剂用磷酸盐以及战争的需要,各国竞相建设大容量电炉,制磷电炉的规模也越来越大。1942 年美国田纳西流域管理局(TVA)建设了容量为 15000kVA 制磷电炉;20 世纪六七十年代是世界黄磷工业发展比较快的时期,苏联、美国、联邦德国、荷兰、加拿大等国相继建成了 30000 ~ 90000kVA 大型制磷电炉 60 多台。

进入 20 世纪 80 年代以后,西方一些国家出于对磷矿资源、生态环境及本国利益的考虑,先后关闭了一些黄磷厂,世界主要黄磷生产转移到了苏联。当时苏联黄磷生产的 90% 集中在中亚的哈萨克斯坦,那里有苏联第二大磷矿基地——卡拉塔乌磷矿。卡拉塔乌矿区位于哈萨克斯坦江布尔省内,靠近我国新疆西部。在矿区附近江布尔、新江布尔、奇姆肯特等地建设有 50000kVA 制磷电炉 22 台,80000kVA 制磷电炉 13 台,黄磷生产能力在 80 万吨/年。苏联解体后,哈萨克斯坦经过近几年的经济结构调整,目前仅有新江布尔有制磷电炉生产。

1.1.2 我国黄磷工业发展简史

自 1889 年电炉法制磷获得专利权并推广使用电炉法生产黄磷以来,至今已有 120 年的历史了。中国的黄磷工业起步较晚,1936 年以前,除少数几家工厂用硫酸浸出兽骨液加入木炭屑混合,放入密闭坩埚中蒸得少量黄磷外,基本没有黄磷生产。1936 年 5 月,江苏锦屏山发现磷矿,曾一度计划进行电炉法黄磷生产试验,但终因种种缘故未能实现。

中国采用电炉法生产黄磷的创始人是潘履洁博士(1897 ~ 1979)。潘博士祖籍江苏苏州,1919 年毕业于东吴大学,后考取清华大学直接留美。1926 年在美国哥伦比亚大学获化学硕士学位及哲学博士学位，但化学是其特长。1934 年春回国，1936 年在上海一家研究院化学研究所担任研究员。当时中国的火柴紧缺，大部分是从国外进口的“洋火”。火柴工业专家林天骥博士常为火柴工业缺少磷类原料发愁，就努力促成潘博士利用研究单位的有利条件，进行电炉法黄磷生产的研究试验。1936 年10 月，潘博士完成了 20kW 单相制磷电炉全部设计，1937 年 3 月该试验装置在上海建设安装完工并投入试生产。原料分别采用江苏锦屏山的磷矿石，浙江宁波的海砂（硅石）、开滦煤矿的焦炭等。不料开炉仅 3 次，刚刚产出一点黄磷，北京就爆发了“七七事变”，不久“八·一三”事变接踵而来，而且战火逼近试验现场，只好中途停顿，将全套生产黄磷的设备内迁运往昆明，准备继续研究试验。

1938 年冬，潘博士被派往法国考察化学工业，将试验黄磷生产的工作交由王学海、钟道树两人负责。两人在昆明滇池附近的昆阳县（现为昆明市晋宁县）意外发现了高品质的磷矿石。当时听说有人在昆阳县境内开采火泥，其色灰白而质轻，王学海估计这种火泥含铝成分一定很高，是炼铝工业的好原料，即赴该地取样化验，分析结果却出乎所有人的意料，惊喜地发现是 P_2O_5 含量 35% 左右的磷矿石。这一发现为揭开云南磷矿资源宝藏的奥秘和工业化黄磷生产起到了领路人的作用，他们即利用这种磷矿石在昆明试验成功了电炉法黄磷生产工艺。

1939 年夏，抗日战争进入了战略相持阶段，西南各省的火柴工业因战事海运阻塞，一向依赖进口的磷类原料即告“断炊”。火柴厂商人人自危，深感濒临绝境有倒闭的危险。为了挽救火柴厂不致倒闭，上海的民族资本家刘鸿生先生和重庆大中华火柴厂厂长周太初发起筹建组成“中国火柴原料厂”。聘请林天骥博士为经理，潘履洁博士为总工程师兼厂长，江善襄工程师为第一任车间主任。

厂址选定在重庆长寿上东街的塘角湾，地处长江北岸，靠近县城正在兴建的桃花溪水力发电站。当时重庆虽是抗战后方，但物资极端匮乏，设计建设只能因陋就简，就地取材，不少容器是用柴油桶代替，磷炉主厂房还是砖木结构……在中国老一辈黄磷先驱者坚持不懈的努力下，项目建设克服重重困难得以顺利开展。

1941 年 11 月，中国首台 100kVA 单相黄磷工业电炉在重庆长寿顺利投产，年产黄磷 20t，保证了火柴原料供应的长期自给自足。

1943 年春末，潘履洁博士会同许乃波、江善襄、王师俊、丁侃公等工程师认真总结了中国电炉法黄磷生产试验以来的经验和教训，在单相电炉的基础上，进一步修改完善技术方案，重新设计了一台 150kVA 三相两根电极黄磷电炉。

1945 年 5 月，该台制磷电炉在昆阳海口利用当地的磷矿石、硅石、焦炭等原料建成投产，年产黄磷 30t，这是我国建成的第二台工业化黄磷电炉。

抗日战争胜利后，由于各种原因，国内制磷电炉遭到严重破坏，生产基本处于停顿状态。

新中国成立后，我国的黄磷工业才有了快速的发展，除个别省份外，各省普遍兴建了小型电炉法黄磷电炉。其主要用途在于满足磷制剂农药的需求。百废待兴，大力发展农药是为了减少病虫害，保证粮食丰收，支援国家经济建设和满足人民生产生活需要。因而当时对黄磷生产用电纳入了国家重点保证。

到了 20 世纪 60 年代后期，各省的小黄磷厂逐渐移向有磷矿资源和电力丰富的省份。1960 年云南昆阳磷肥厂建成一套 400 t/a 三相3 根电极黄磷电炉，这是解放后云南省的第一台制磷电炉。到20 世纪70 年代末，云南陆续又有个旧市磷化工总厂、宣威滇东磷酸盐厂先后共建成 4 套小黄磷生产装置，生产能力 2750t/a，实际产量仅 1916t/a。

1965 年，当时的化工部为了发展黄磷工业，将黄磷用途向磷酸盐、高效磷肥方面发展，要求建设两台 15000kVA 中型电炉，抽调了国内有关黄磷技术方面的设计人员到化工部第七设计院（现南京化工设计院），组织了由江善襄、陈善继为工程设计总负责人的上海大会战。15000kVA 黄磷电炉所需的石墨电极直径按设计计算要大于 800mm,当时仅民主德国和苏联有此技术,因无条件出国考察,只有自力更生,考虑采用自焙电极。在生产钙镁磷肥的自焙电极电炉上做试验,测定出该电极各部分的物理特性,推导出适合密闭制磷电炉用 ϕ950mm 自焙电极的各项技术参数,15000kVA 黄磷电炉的心脏和核心技术才得以确定。

1975 年 8 月 15 日,两套采用 ϕ950mm 自焙电极的 15000kVA 制磷电炉在广西柳城磷酸盐厂建成投产。这是我国黄磷电炉向大型化发展的第一步,为更大容量的电炉设计提供了实践的经验和数据,是老一辈制磷科技先驱留给后人的一笔技术财富。

1983 年 12 月 5 日,昆明三聚磷酸钠厂引进联邦德国赫斯特公司技术的 72750kVA(磷炉变压器容量)制磷电炉建成投产,自焙电极 ϕ1350mm。这是轻工部为了解决当时国内洗涤剂行业的原料短缺问题而建设的。

1997 年 3 月 16 日、6 月 13 日,云南磷肥工业公司(安宁大黄磷)引进苏联技术的 90000kVA(磷炉变压器容量)1 号、2 号制磷电炉分别建成投产,自焙电极 ϕ1700mm。

随着制磷电炉容量的不断增加,设计采用的自焙电极直径也越来越大。国内自行设计和国外引进的三种系列自焙电极制磷电炉,由于设计制造工艺复杂,建设投资大,维修、维护工作量大(主要指自焙电极浸没式把持器系统),自装置投产后再没有同类型电炉装置建设。其中最主要的原因是国内业主资金有限,设计上又没有降低制造成本的最佳优选方案。制磷电炉容量要扩大,采用国内现有最大直径的石墨电极如何降低电极电流密度来满足和适应黄磷生产工艺的特殊要求,这是摆在中国制磷科技人员面前的一道难题。

1990 年 9 月,云南宣威磷化工总厂大胆将石墨电极电流密度由常规 5 ~ 6A/cm^2 提高到 8.5A/cm^2,采用进口日本 ϕ600mm 电极的 15000kVA 制磷电炉建成。但在试车阶段历尽艰难和曲折,1990 年 9 月至 1993 年 1 月的第一阶段试车中,最长运行周期 16

天,最短仅6天,到1996年该装置才基本正常。这台电炉的建成投产虽然经历了漫长的岁月和艰难历程,但它的出现改变了大容量制磷电炉只能采用自焙电极的状况,是一次很有意义的实践。

20世纪90年代中后期是贵州、四川、湖北黄磷行业进入全面大提速的高峰期。在引进云南成功经验的基础上,贵州先后建设了13台三相3根ϕ600mm石墨电极15000kVA的制磷电炉。在消化吸收的基础上,为了解决单炉产量不达标等缺陷,针对该炉型存在的问题和不足,贵州天和磷业股份有限公司葛振华等提出用6根ϕ500mm的国产石墨电极替代3根ϕ600mm进口电极的设想(当时ϕ600mm的进口石墨电极价格为32000~36000元/t,ϕ500mm的国产电极价格为15000元/t),不仅解决了电极采购困难,价格高的问题,还可以达到降低电极电流密度,减少电极消耗和提高单炉产量的目的。

1997年,贵州天和15000kVA制磷电炉技改为三相6根ϕ500mm石墨电极的中国首台制磷电炉顺利投产(6根电极呈圆周形布置)。四川也不甘落后,仅攀枝花市就先后建成16500~20000kVA三相6根电极的制磷电炉18台。1999年8月,湖北兴发集团首台7500t/a三相6根ϕ500mm电极制磷电炉正式投产,经过连续三年的生产考验,各项经济技术指标优于同容量三相3根电极制磷电炉。该装置2003年4月获国家实用新型专利,专利号为ZL02229575.5。

2001年,原云南石屏磷酸盐厂厂长王敏忠在分别考察分析了国内各类制磷电炉炉型和三相6根电极制磷电炉后,认为三相6根电极呈圆周形布置,电炉熔池中间容易出现冷区,热量不足。回厂后与工程技术人员共同研究,通过反复修改设计方案,以一个企业家的超人胆识在原石屏磷酸盐厂21000kVA2号制磷电炉上采用了国内第一台三相7根ϕ500mm电极的设计方案。该炉2002年11月8日建成投产,并申报了专利。2004年3月24日国家知识产权局授予专利权,专利号为ZL03233160.6。

2005年6月19日,云南石屏方盛磷化工科技有限公司利用三相7根电极发明专利建设的23000kVA制磷电炉顺利投产。该装置在原来设计的基础上改进完善了有关技术参数,还采用了孙志立等的多项新技术、新工艺。如原 ϕ500mm 石墨电极改为 ϕ600mm,消除炉盖涡流新技术、原始开车烘炉首次采用电极直接烘炉,电极、电流协调操作法等。同年10月4日至6日,在电力部门大力支持和有关专家参与下,该装置成功进行了72h性能考核,各项经济技术指标均达到和超过了设计值,三天产量108t(平均日产39.33t),吨磷升华电11791kWh,达到了满意的预期目的。

多电极的出现,解决了现有条件下制磷电炉不用自焙电极可向大型化迈进、国产化发展的难题。在实际运用和推广中,其高效低耗的优良特点,已经得到了越来越多国内厂家的认可和采纳,实现了国人认识科学技术是第一生产力到自主创新是第一竞争力的跨越,可以说是中国制磷工业发展的一个新的里程碑。

多电极制磷电炉❶的设计原理是以生产实践和理论研究相结合,在尊重科学的基础上大胆突破禁区,进行宏观的、全方位的研究后得到的结果。它的设计理念结合了中国国情,是有自己独创的知识产权和中国特色的制磷装置。中国是目前世界上黄磷生产、消费和出口大国,在制磷技术上应该有自己独创的知识产权。

到2006年止,全国共有黄磷生产企业148家,主要生产地集中在有磷矿资源的云南、贵州、四川和湖北等省。有各种类型的制磷电炉300台左右,变压器总装机容量为400万kVA,设计产能由于现行用电政策的关系,厂家磷炉变压器铭牌与实际容量有相当的偏差,因此实际设计产能估计超过200万吨。云南是国内黄磷产量大省,年产量基本都在国内产量的50%以上。现有制磷电炉150台左右,产能90万吨左右(2008年实际产量为47.78万吨)。其中10000~20000kVA以及以上的磷炉有100多台,10000kVA以下的磷炉还有44台。全国、云南省历年的黄磷产

❶ 多电极制磷电炉:以三相6根、7根或三相多根石墨电极达到增大电炉容量、满足和适应黄磷生产特殊工艺要求的电炉。

能、产量见表1-1。

表1-1 全国、云南省历年的黄磷产能、产量 (t)

年份	全国		云南		年份	全国		云南	
	产能	产量	产能	产量		产能	产量	产能	产量
1975			2750	1143	1992		183505	108200	78325
1976					1993		215000	119200	78326
1977					1994		300000	143900	105400
1978					1995		348900	152900	134942
1979					1996		367500	197000	157121
1980	67000	42429	2750	1916	1997		387000	221500	173000
1981		40663		3550	1998		400000	228500	
1982		47764		4127	1999		471600	299500	217000
1983		59814	4300	3876	2000	870000	505900	340000	224800
1984		82938		23305	2001		604600	400000	275918
1985	135900	75845	40050	19378	2002	985000	695000	430000	382044
1986	140000	85490	40050	24081	2003		740000	450000	333276
1987	146000	109472	43050	32000	2004	1100000	670000	540000	329936
1988	159000	112843	50800	31612	2005	1200000	769900	728000	294100
1989	215000	132000	77300	34613	2006	1812000	830700	956000	373931
1990	295000	158900	91300	47890	2007	1900000	720000	1200000	348100
1991		176130	104700	56896	2008	2000000	815000		477745

1.1.3 国内黄磷产业现状与发展方向

黄磷是重要的基本化工原料之一,用途十分广泛,同时又是高能耗、高污染的行业。中国的黄磷生产从开始主要用来生产火柴,到后来生产农药、磷酸盐等,目前仍然多以基础产品为主。其产品主要为热法磷酸、三聚磷酸钠、饲料磷酸氢钙,前两种产品产量已位居世界第一,而精细化工产品只占4%。我国虽然是黄磷生产消费大国,但以黄磷为原料生产的无机及有机磷产品市场开发不够,从经济学的角度考虑,高能耗的黄磷产品用于生产低附加值的磷化工产品是不经济、不合理的。磷化工产品链各环节的产量比例失调,头大尾小是国内存在的实际情况。通常国外工业发达国家黄磷、中间产品、最终产品的合理比例约为1:3:5,而我国现在的比例却是1:1.5:0.8。磷化工产品结构的不合理导致初级磷化工产品低价出口,而有的行业,特别是高科技行业所需的精细磷化工产品又需从国外高价进口。我国以生产基础产品为主的磷化工产业现状亟待改变,应加快步伐发展精细磷化工产品。除注重磷化工自身的新品种和新技术的开发外,还应更多研究其他行业,包括电子、汽车、油气开采、钢铁、石油化工、合成材料、特种玻璃、特种陶瓷、表面处理、造纸、皮革、水处理、纺织、涂料及颜料、化妆及日用品、食品及饲料、机械加工、特种功能(催化、吸附、压电❶、发光、耐温)等的应用。

我国的黄磷发展曾经辉煌一时,一边大量出口,赚取外汇,还可退税;一边价格高涨,利润大增。价格大起大落,三五年一个轮回,表面像市场在捉弄人,其实是市场经济规律的自我调整。就黄磷企业而言,必须清醒地看到,虽然我们现在拥有了自己创新的黄磷生产技术和知识产权,称得上是世界黄磷老大。但规模小,布局分散,缺乏市场竞争力,没有从资源—基础产品—精细磷化工产品到各应用领域的完整的磷化工发展体系和优势企业集团,这是其一。其二是还存在装备落后、能耗高、故障多、污染较严重等情况。2006年国内几家大公司平均电炉升华电分别为:四川川投化学集团14246kWh/t. P_4,云南南磷集团14186 kWh/t. P_4,云南马龙产业集团13741kWh/t. P_4,湖北兴发集团13942 kWh/t. P_4,贵州黔能天和磷业公司14100kWh/t. P_4,没有一家低于13500kWh/t. P_4。磷收率一般在75% ~85%之间徘徊,90%以上磷收率的很少。其三是产品单一,结构不合理,新产品开发能力弱,相互技术交流和沟通少,副产品综合利用不够。一家公司一台电炉,一个地方五六家公司,鸡犬相闻,自我封闭、自我欣赏。

---

❶ 压电指具有压力—电压转换能力的材料,即当材料受压时产生电压,而作用电压时产生相应的变形。这种材料在实现电声换能、激振、滤波等方面有着极其广泛的用途。

磷矿是不可替代和不可再生的战略资源,中国黄磷工业的可持续发展要在保护资源、保护环境的前提下,充分利用好资源,这是历史和子孙后代赋予我们的责任和历史使命。加速技术改造,实行国内自主开发和中外合资、联营等各种方式引进国内外先进技术,尽量应用新工艺、新技术、新设备、新材料,加强科学管理,以人为本,提高技术人员素质,重视磷化工创新人才的培养和任用。制定新的可持续发展战略规划,将重点从围绕资源优势向产业优势上转型升级,突出精细磷化工,加快工业级磷化工产品向食品级、电子级产品的转变,无机磷化工向有机磷化工的转变,进一步优化调整产业结构和布局,建设一批科技含量高、市场前景好的重点项目。这是黄磷企业立足国内、放眼国际市场和今后继续努力发展的方向。

1.2　磷的性质

磷在自然界中没有呈元素状态存在的,而是以磷酸盐的形态构成许多种磷酸盐矿物。

磷在元素周期表中位于第三周期第Ⅴ族,原子序数15,相对原子质量30.9836±0.0006,元素符号P。

在800℃以下,磷及磷蒸气基本上是由4个磷原子构成的P_4分子;800℃以上,部分P_4分子离解为由两个磷原子构成的P_2分子。这时,磷蒸气中两者的比例与温度有关,温度越高,P_2分子所占的比例越高。磷蒸气中,单原子磷(元素磷)的含量极微,即使在1500℃的高温下,它在磷蒸气中的含量还不到0.1%。

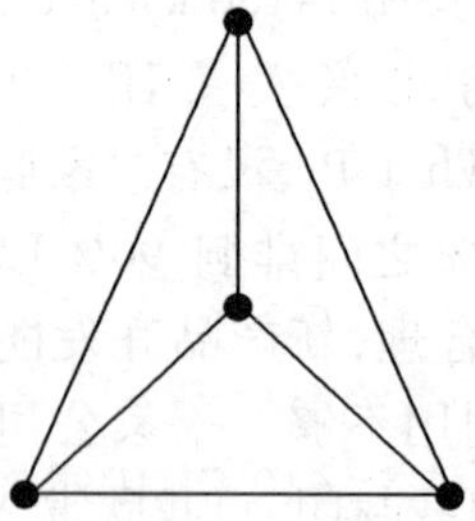

图1-1　磷的分子结构

磷的分子结构如图1-1所示。

磷分子为正四面体结构,P—P键能仅为79kJ/mol,容易断裂。因此P_4的化学性质活泼,燃点仅为35℃,在存贮、运输、包装时都应用水覆盖以隔离空气中的氧。

1.2.1 黄磷的物理性质

磷为白色蜡状有光泽的固体，所以又称白磷，由于光和热的作用，生成少量赤磷而使其呈黄褐色，故工业上一般称之为黄磷。受少量杂质的影响会呈红色、绿色或墨色等，但磷的纯度一般不会有太大变化。纯黄磷无味，但由于与空气中的氧化合生成低级氧化物，形成少量臭氧而带有蒜臭味。黄磷有剧毒，约0.1g剂量可使人致死。

黄磷难溶于水，每100g水中仅能溶解0.3mg黄磷，但溶于二硫化碳、液氨、液体二氧化硫、苯、甲苯等，尤其是二硫化碳，10℃下每100g二硫化碳能溶解880g黄磷，相当于质量分数为89.8%。

在隔绝空气、有催化剂存在的条件下，黄磷加热到240～250℃，会转化为赤磷（或称红磷）。如无催化剂，黄磷加热到350～510℃会迅速转化为赤磷。赤磷为一种深红色的固体，不溶于水、二硫化碳、乙醚，微溶于无水乙醇，能溶于三溴化磷和苛性钠中，在4.357MPa（43atm）下的熔点为590℃，着火点为200℃。

黄磷的熔点为44.1℃，沸点为280℃，液态黄磷50℃时密度为1.74g/cm³（固态时密度为1.82g/cm³），其他温度下的密度可由下列公式计算：

$$d = 1.7862 - 9.195 \times 10^{-4} \cdot t \quad (t = 10 \sim 280℃)$$

含有饱和水的液态黄磷的密度可用下式计算：

$$d = 1.782 - 9.0 \times 10^{-4} \cdot t \quad (t = 45 \sim 95℃)$$

磷有三种同素异形体：黄磷（白磷）、赤磷和黑磷，其转化关系为：黄磷在250℃隔绝空气恒温数小时可制得赤磷，其密度为2.3g/cm³，熔点为595℃；赤磷在360℃左右隔绝空气数小时可制得黑磷。结晶黑磷的密度为2.69g/cm³，熔点为610℃，其外观与石墨类似，在空气中十分稳定，并有良好的导电性。

熔融固态的黄磷、赤磷和黑磷均能得到性质相同的液态磷；而液态磷冷却，最终得到的是黄磷。液态黄磷蒸气压与温度的关系见表1-2。

表 1-2　液态黄磷蒸气压与温度的关系

T/℃	p/kPa(mmHg)	T/℃	p/kPa(mmHg)
20	2.666(0.025)	110	14.665(5.54)
25	3.333(0.049)	120	15.999(8.40)
30	4.000(0.072)	130	17.732(12.5)
35	4.666(0.089)	140	18.665(18.1)
40	5.333(0.122)	150	19.998(25.8)
44.1	5.880(0.173)	160	21.332(36.2)
45	5.999(0.19)	170	22.665(49.7)
50	6.666(0.26)	180	23.998(67.7)
55	7.333(0.35)	190	25.331(90.7)
60	7.999(0.46)	200	26.664(120)
65	8.666(0.62)	210	27.998(137)
70	9.333(0.81)	220	29.331(202)
75	9.999(1.06)	230	30.664(258)
80	10.666(1.36)	240	31.997(327)
85	11.332(1.76)	250	33.330(409)
90	11.999(2.24)	260	34.664(508)
95	12.666(2.84)	270	35.997(626)
100	13.332(3.56)	280	37.330(704)

1.2.2　黄磷的化学性质

一般而言，黄磷的反应活性比赤磷高得多，而赤磷在某种程度上又比黑磷高。黄磷或液态磷在空气中能自燃，故通常将黄磷贮存于水中。赤磷要稳定得多，在空气中不自燃，但若长期暴露于空气中，会与氧和水蒸气慢慢反应，若通风不良，反应热累积，也会使它着火燃烧。痕量铁、铜等金属存在，会加速这种氧化过程，而黑磷与火焰接触或用锤击都很难引燃。

黄磷的化学性质活泼，能与多种物质发生反应。现将主要的反应描述如下：

（1）黄磷与氧的反应。磷与氧接触在高于35℃时就能发生反应，放出光和热。根据反应条件不同，生成不同的氧化物如 P_4O_{10}（P_2O_5）、P_4O_6、P_2O_4、P_4O 等。

$$P_4+3O_2 \longrightarrow P_4O_6+Q$$

$$P_4+5O_2 \longrightarrow P_4O_{10}+3044\text{kJ/mol}$$

P_4O_{10}吸水性很强，能使硫酸和硝酸脱水分解生成硫酸酐和硝酸酐。

$$P_4O_{10}+6H_2O \longrightarrow 4H_3PO_4$$

（2）黄磷与某些金属的反应。黄磷能与性质较活泼的金属发生化学反应，生成相应的磷化物。如：

$$8Fe+P_4 \longrightarrow 4Fe_2P$$

（3）黄磷与氯气的反应。黄磷加热后同氯气反应，放出光和热，产生白色烟雾。根据反应条件不同生成 PCl_5 和 PCl_3：

$$P_4+6Cl_2 \longrightarrow 4PCl_3$$

$$P_4+10Cl_2 \longrightarrow 4PCl_5\text{（氯气过量）}$$

（4）磷的歧化反应。黄磷与 NaOH、KOH 等强碱性水溶液在加热条件下反应生成 PH_3 和次磷酸盐：

$$P_4+3NaOH+3H_2O \longrightarrow PH_3\uparrow+3NaH_2PO_2$$

$$P_4+3KOH+3H_2O \longrightarrow PH_3\uparrow+3KH_2PO_2$$

（5）磷与水的反应。黄磷在高温下与水反应生成含氧酸、PH_3 和 H_2：

1）与中性水反应（pH 值为 6～8），高温：

$$P_4+10H_2O \xrightarrow{\text{催化剂}} P_4O_{10}+10H_2$$

有催化剂铂、铑、钯时，反应温度为 700～800℃；无催化剂时，反应温度为 2000℃。

2）酸性介质（pH 值为 5～6）：

由电位图：$PH_3 \xrightarrow{0.89} P \xrightarrow{-1.79} PO_2 \xrightarrow{-1.12} PO_4^{3-}$

$$E_{P/PH_3}-E_{PO_4^{3-}/P}=0.89-(-1.12)=2.21\text{V}$$

故下列反应方程式成立：

$$2P_4 + 12H_2O \xlongequal{H^+} 5PH_3 + 3H_3PO_4$$

3）碱性介质（pH 值大于 8）：

由电位图：$PO_4^{3-} \xleftarrow{-0.28} PO_3^{3+} \xleftarrow{-0.05} P \xleftarrow{0.06} PH_3$

$$E_{PO_4^{3-}/P} = \frac{-0.05 \times 3 + (-0.28) \times 2}{5} = -0.14$$

因 0.06 > −0.14，故下列反应方程式成立：

$$P_4 + 16H_2O \xlongequal{OH^-} 4H_3PO_4 + 10H_2$$

1.3　黄磷的用途

在人类已经发现的近 120 种元素中，磷在宇宙中的丰度处于第 17 位，在地壳中的丰度处于第 11 位，含量为 0.12%。而人体中磷的质量分数为 1%，在遗传物质 DNA 中磷的含量为 9%，可以说磷与生命息息相关。

黄磷的直接用途除军事用磷外（主要用作杀伤剂、烟幕剂和燃烧弹的点火药）几乎没有，但它是生产热法磷酸及磷化物重要的母体原料，更是制备精细磷酸盐和精细有机磷化工的重要基础原料。

磷酸盐是无机盐工业中的重要产品系列。在工业、农业、国防军工、尖端科技和日常生活中被广泛应用。近年来，高纯度磷酸盐，特种磷酸盐，功能磷酸盐等，在尖端科技、国防工业等方面又得到进一步推广应用，出现了许多新型磷酸盐精细化工产品，如磷酸盐电子电气材料、光学、太阳能电池、传感元件、人工生物材料、催化剂、离子交换剂等。由于磷酸盐不断地向更多产业部门渗透，特别是尖端科技和新兴产业部门渗透，使磷酸盐这一古老工业面貌焕然一新。目前，世界上以磷为原料的无机磷化工产品有 300 多种，利用无机磷可以进一步生产有机磷化合物。全球生产的有机磷化合物有 10000 多种，它与 16 个科学领域有着密切的关系，涉及的部门多达 60 多个，是国民经济中具有重要地位的一个行业。

近50年来,磷化学的研究出现了令人瞩目的新进展,磷与人类的日常生活、工业发展密不可分,已经渗透到人类生活的方方面面。新型结构类型的磷化合物大量涌现,生命有机磷化学研究已经成为热点,有机磷药物的研究有重大发现,含磷的多功能材料在许多领域被广泛应用,磷化学的研究呈现出一派欣欣向荣的景象。

有学者将磷比喻为生命的元素。诺贝尔奖获得者托德教授曾指出:"哪里有生命,哪里就有磷。"他认为科学家们在太空寻找新生命的标志不仅仅应该有水,也应该有磷。面对将来可能存在的磷资源匮乏的问题,我们应该有所警惕,早做准备,大力发展循环经济,促进磷资源的综合利用。欧盟已经出台有关法律文件,规定其成员国中的磷工业不得再全部以磷矿石作为生产原料,而要求所使用的原料中必须至少有50%为回收磷。对于我们这样一个资源消费大国,在讨论研究磷的诸多用途的同时,更应该积极重视磷的回收再利用。磷及其磷酸盐产品的各种用途如图1-2所示。

1.4 黄磷生产方法

制取黄磷的方法很多,就目前掌握的资料介绍就有五六种。由于磷与氧之间结合得非常紧密,因此就使得从天然磷酸盐中提炼磷的过程变得复杂化,如流化床还原制磷法、等离子制磷法、太阳能聚焦法(20世纪70年代美国芝加哥煤气工艺研究所曾在新墨西哥美国导弹设施场内做过太阳能聚焦炉生产黄磷的试验,因未解决热损失和维持反应热温度等问题,尽管对今后能源有效利用起到促进作用,但这一试验最终未能继续下去)、天然气或甲烷还原制磷法等都只能在试验室的研究中得到结果。1960年,苏联已将试验室成功的天然气还原制磷进行到了中试阶段,但因种种困难未能取得成功而作罢。现在可以进行工业化黄磷生产的只有下面两种方法。

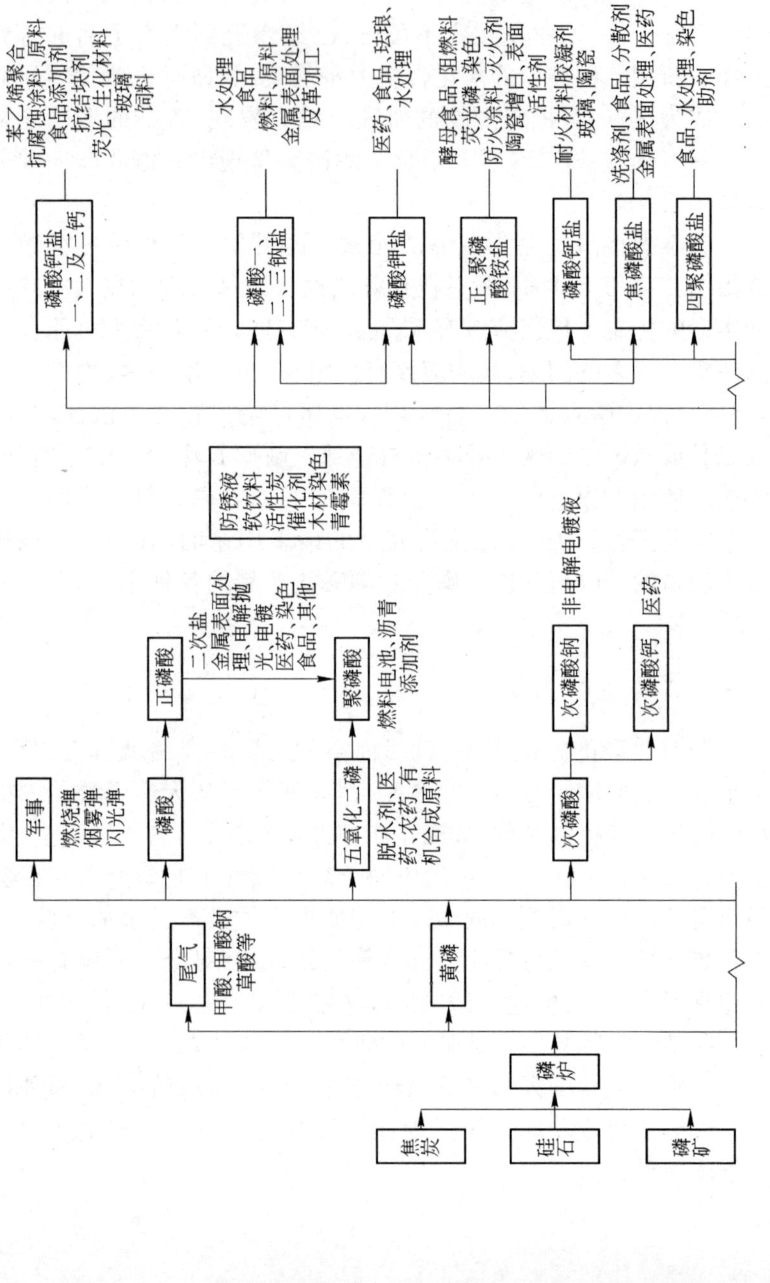
焦炭
硅石
磷矿
磷炉
尾气
甲酸、甲酸钠
草酸等
黄磷
军事
燃烧弹
烟雾弹
闪光弹
磷酸
正磷酸
二次盐
金属表面处理、电解抛光、电镀
医药、染色
食品、其他
聚磷酸
燃料电池、沥青添加剂
五氧化二磷
脱水剂、医药、农药、有机合成原料
次磷酸
次磷酸钠
非电解电镀液
次磷酸钙
医药
防锈液
软饮料
活性炭
催化剂
木材染色
青霉素
磷酸钙盐 一、二及三钙
苯乙烯聚合
抗腐蚀涂料、原料
食品添加剂
抗结块剂
荧光、生化材料
玻璃
饲料
磷酸一、二、三钠盐
水处理
食品
燃料、原料
金属表面处理
皮革加工
磷酸钾盐
医药、食品、珐琅、水处理
正、聚磷酸铵盐
酵母食品、阻燃料
荧光磷、染色
防火涂料、灭火剂
陶瓷增白、表面活性剂
磷酸铝盐
耐火材料胶凝剂
玻璃、陶瓷
焦磷酸盐
洗涤剂、食品、分散剂
金属表面处理、医药
四聚磷酸盐
食品、水处理、染色助剂

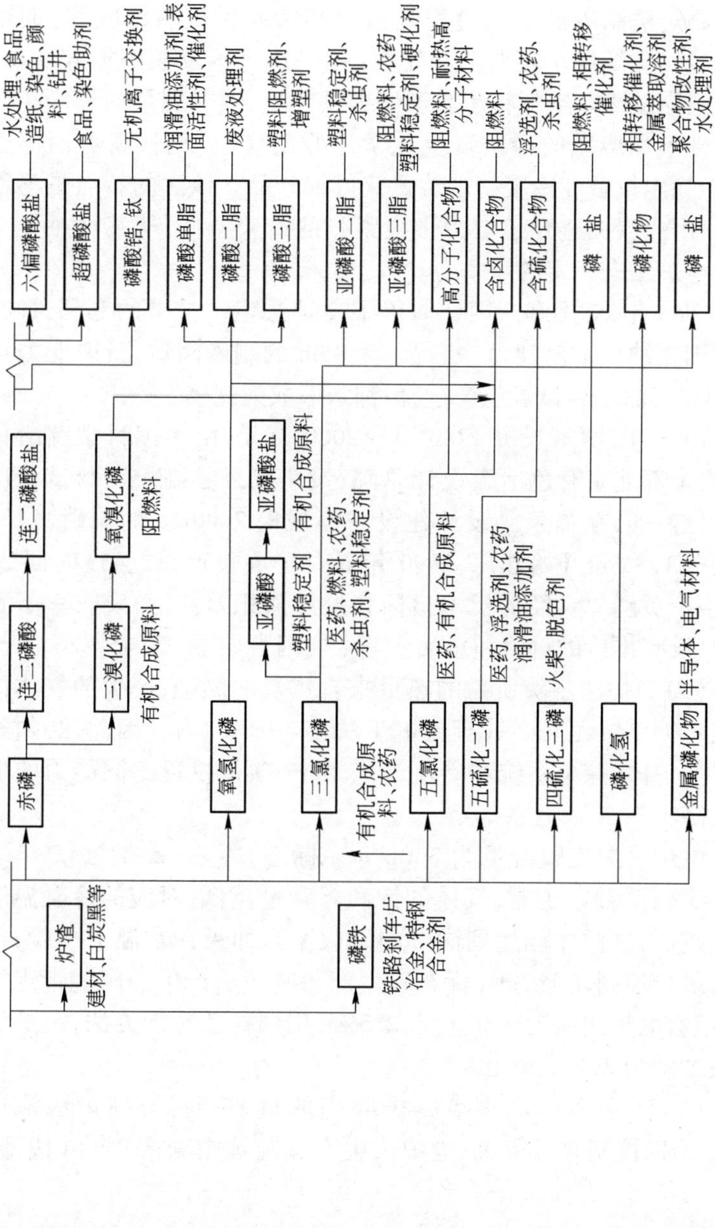

图 1-2　磷及其磷酸盐产品的各种用途

1.4.1 高炉法制磷

高炉法制磷的工艺过程是以块状磷矿为原料，硅石为助熔剂，焦炭、无烟煤作还原剂和燃料，按一定比例及顺序加入高炉。在炉内借助于热空气将焦炭燃烧提供热量，同时剩余的焦炭在高温条件下和熔融的磷矿发生化学还原反应，炉气从高炉顶部逸出，经除尘设备和冷凝精制装置获得磷产品。该法的特点是不用电，只用焦炭而避开了电力供应紧张的约束条件，从某种意义上讲对电炉法有一定的竞争力。

1868 年，英国和法国就取得了高炉法生产黄磷的专利，1929 年美国在纳什维尔建过一台高 22.86m 的制磷高炉，日产能力达 14.9t。苏联也曾试验生产过，但都未形成大规模生产。

1985 年，国家投资 1700 万～2000 万元，由中国科学院冶化所、冶金部北京有色冶金设计总院、贵州福泉县高炉制磷试验厂等单位参加，在福泉县设计建设一座规模 2600t/a 的制磷高炉。该装置 1985 年开始建厂，1990 年 6 月建成投产，试生产时间 23 天，生产黄磷 29t，经济技术指标和设计值相差甚远，磷收率不到 50%，没有推广的价值和意义。其主要因素如下：

(1) 高炉法制磷所需的热量来自焦炭的燃烧，产生的气体体积按每 1 单位元素磷计算比电炉法多 10 倍左右。因此，必须相应扩大炉体、除尘系统和冷凝洗涤系统，项目投资比同能力的电炉法高出 50% 以上。

电炉法炉气磷含量为 300g/m^3（标态）左右，高炉法仅 15～25g/m^3（标态）。通常，气体的饱和含磷量越低，对应的冷凝温度也就越低，这样才能达到同样的磷收率。如果在常温下冷凝，尾气含磷量控制在 1g/m^3（标态），生产每吨黄磷产生的尾气带走损失的磷，电炉法约为 2.5kg，占 2.5‰，用同样的冷却方法，高炉法损失的磷为 20kg，占 20‰。

(2) 渣中残磷的多少是磷收率的重要指标。高炉法渣中 P_2O_5 难以控制并且量大；电炉法生产每吨黄磷副产 7～8t 废渣，而高炉法就要多得多。电炉法要求渣中 P_2O_5 为 1.5%，在生产上控制并不困难，但高炉法就非常困难，一般都在 5% 以上。当渣中 P_2O_5 为 1.5% 时，磷收率下降 4.2% ~5.25%，若渣中 P_2O_5 在此基础上每增加 1%，则磷收率还得下降 2.8% ~3.5%。

(3)电炉法尾气中 CO 含量高达 85% 以上，除了可以作为热值很高的燃料外，经净化后可用来生产甲酸、草酸及合成甲醇等化工产品。而高炉法的尾气中 CO 含量仅 30% 左右且含氮多，在工业上回收利用的价值不大，用作燃料虽然可以，但由于 P_2O_5、H_2S 含量高，对设备的腐蚀比较严重。

制磷工业同其他工业一样，其工艺技术的发展同样经历了实验室、中试、小规模工业化，最后才发展为成熟的大规模制磷工艺。高炉法由于投资高、消耗大、磷收率低、经济技术指标差而被淘汰出局，这也是科学发展优胜劣汰的客观规律。

1.4.2 电炉法制磷

电炉法生产黄磷是将磷矿石、硅石和焦炭的混合炉料加入电炉内(硅石作为助熔剂，焦炭作为还原剂和导体)，通入电能转换成热能将其熔融产生化学还原反应，使其中的磷升华出来，含磷炉气经冷凝洗涤、精制分离得到成品磷。同时，副产磷铁和炉渣，尾气可作为燃料和下游化工产品的原料。

电炉法生产黄磷的主要工艺流程都是一样的，由于电炉容量大小、炉型各有不同，在设备配置、一般的工艺流程上有所差异。大型和中小型磷炉生产工艺流程如图 1-3 和图 1-4 所示。

国内 30000t/a 大型制磷电炉，采用烧结料或球团料入炉，所以它设有一套原料制备装置(炉料烧结机或炉料团化焙烧机)。电极采用大直径的自焙电极(ϕ1700 或 ϕ1350mm)，渣口是水冷铜质大小套，渣经水淬后由渣泵送往渣仓滤水外运。磷炉气要经静电除尘器后进冷凝洗涤系统，所以炉气温度高达 500℃，整个系统需要 N_2 密封或保温。有一套庞大的废气粉尘处理系统，自动化控制水平比较高，现在仍是世界上技术最先进的大型制磷电炉之一。

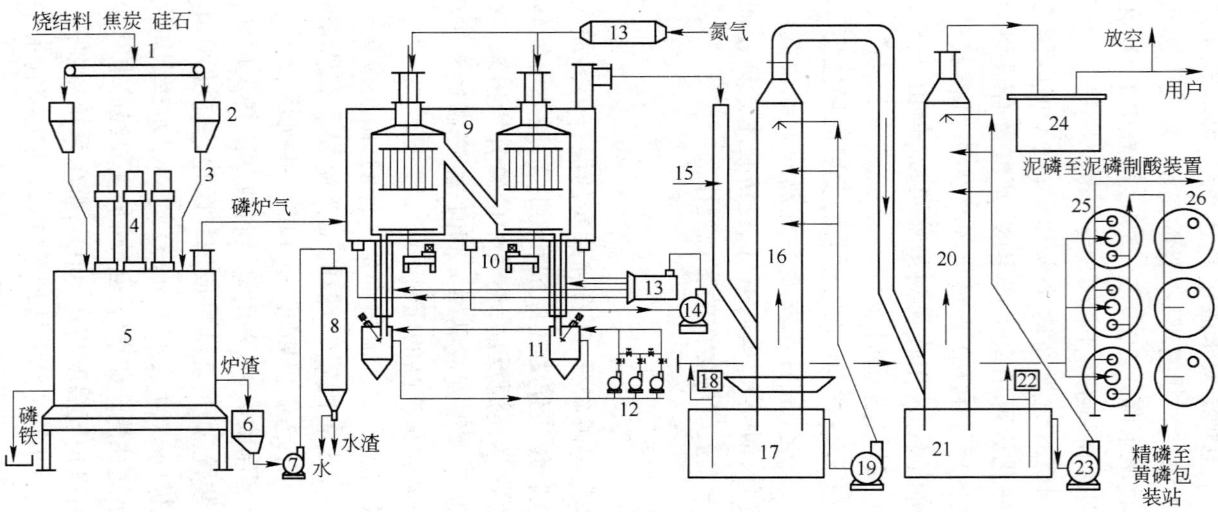

图 1-3　大型磷炉（30kt/a）生产工艺流程图

1—皮带；2—料仓；3—下料管；4—电极；5—电炉；6—渣水混合器；7—渣水泵；8—脱水仓；9—静电除尘器；10—静电除尘器灰扒；11—电尘浆槽；12—电尘浆循环泵；13—氮气加热器；14—热氮循环风机；15—下降管冷凝器；16—一段热冷凝塔；17—热塔受磷槽；18—热塔粗磷液下泵；19—热塔冷凝水循环泵；20—二段冷冷凝塔；21—冷塔受磷槽；22—冷塔粗磷液下泵；23—冷塔冷凝水循环泵；24—尾气安全阀；25—粗磷槽；26—精磷槽

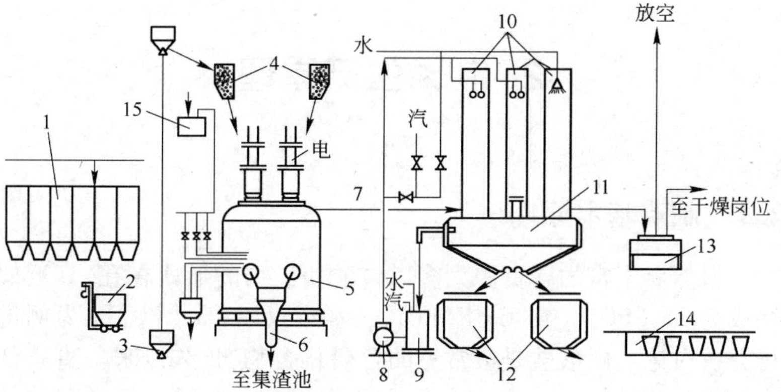

图 1-4 中小型磷炉生产工艺流程图

1—小料仓;2—配料车;3—料桶;4—料柜;5—电炉;6—排渣道;7—导气管;8—循环泵;9—热水槽;10—冷凝塔;11—受磷槽;12—精制锅;13—总水封;14—冷凝池;15—高位槽

国内具有自主知识产权的7000～10000t/a多电极中型制磷电炉，是目前各省黄磷生产采用的主要炉型，采用块矿入炉，有三相6根、三相7根ϕ500mm或ϕ600mm石墨电极的制磷电炉。电极的平面布置、接线方式各有不同，炉气温度一般低于200℃，电炉的几何尺寸和技术参数与传统的中小型电炉有较大的差异。如多电极制磷电炉的内高，现在最高的为6060mm，比大型制磷电炉的5650mm还高410mm。

2 制磷生产原理

2.1 制磷基本原理

自然界丰富的磷资源大多以磷酸盐矿物的形式存在，其近似组成为 $Ca_3(PO_4)_2$ 或 $Ca_5F(PO_4)_3$，本章仅以 $Ca_3(PO_4)_2$ 为例进行分析讨论。磷酸盐是最常见的含磷化合物，长久以来一直就认为对植物和动物的生命有着重要的作用。由于磷与氧之间的结合非常紧密，使得由天然磷酸盐中提取磷的过程变得复杂化。将磷从含磷化合物中分离出来，唯一的工业化方法就是以炭还原磷酸根，然后再除去生成的 CO、CO_2 和其他杂质。磷酸盐的还原反应需要大量而又集中的热量，而电热法解决了黄磷生产工艺技术和经济方面的诸多问题。因此，磷的应用及其生产方法的不断发展，总是和电的发展紧密联系，息息相关。

2.1.1 制磷反应热力学分析

热力学分析在化工生产中极为重要，通过热力学的研究分析可以确定体系内可能存在的反应和反应进行的程度，以及确定反应的最佳温度范围和为减少副反应的发生提供理论依据和指导。

热力学分析的方法是通过实验或数据计算，求得相应温度下吉布斯自由能（ΔG）和平衡常数（$\lg K_p$），根据 ΔG 和 $\lg K_p$ 的正负判断反应的进行程度和情况。

制磷电炉是一个化工反应器，由于炉料中含有很多杂质，加上电炉操作时工艺条件的变化，除了磷酸盐的化学还原反应外，还会发生不同的副反应和次级反应。因此，炉内的化学反应极为复杂，各国制磷科技人员就此做了大量的试验研究工作，对制磷炉内曾提出以下可能发生的化学反应。

$$Ca_3(PO_4)_2 + 3SiO_2 \longrightarrow 3CaSiO_3 + P_2O_5 \qquad ①$$

$$Ca_3(PO_4)_2 + 5C + SiO_2 \longrightarrow 3CaSiO_2 + 5CO + P_2 \quad ②$$

$$Ca_3(PO_4)_2 \longrightarrow 3CaO + P_2O_5 \quad ③$$

$$Ca_3(PO_4)_2 + 5C \longrightarrow 3CaO + 5CO + P_2 \quad ④$$

$$Ca_3(PO_4)_2 + 8C \longrightarrow Ca_3P_2 + 8CO \quad ⑤$$

$$SiO_2 + 2C \longrightarrow Si + 2CO \quad ⑥$$

$$Ca_3(PO_4)_2 + 5CO \longrightarrow 3CaO + 5CO_2 + P_2 \quad ⑦$$

$$Ca_3(PO_4)_2 + 5H_2 \longrightarrow 3CaO + 5H_2O + P_2 \quad ⑧$$

以上反应有的是希望发生的，有的则不希望发生。那么在理论温度1400℃左右时，存在哪些反应呢？

表2-1是磷酸三钙还原过程的热力学数据。从表中的热力学数据对以上各反应情况分析如下：

反应①：

$$Ca_3(PO_4)_2 + 3SiO_2 \longrightarrow 3CaSiO_3 + P_2O_5$$

该反应平衡进行的条件是温度高于2327℃，此时，$\Delta G \leqslant 0$，因此在1497℃下反应平衡趋向于磷酸三钙，析出的P_2O_5极少。

反应②：

$$Ca_3(PO_4)_2 + 5C + SiO_2 \longrightarrow 3CaSiO_2 + 5CO + P_2$$

该反应在1152~1177℃时$\Delta G < 0$，$\lg K_p > 0$的温度为1177℃，$\lg p > 0$的温度为1152℃。因此在1497℃下反应平衡趋向于生成P_2的方向。当温度为1227℃、$\lg K_p = 2.395$时，反应几乎可以进行完全。

表2-1 磷酸三钙还原过程的热力学数据

反应式		数据							
反应①	T/℃	25	927	1127	1527	1727	1927	2127	2327
	ΔG/J	599.83	432.63	390.83	301.796	247.874	131.25	106.59	34.276
	$\lg p$	105	−18.9	−14.6	−8.77	−6.4	−2.98	−2.3	−0.688
反应②	T/℃	25	927	1027	1127		1152	1177	1227
	ΔG/J	12028995	247581.4	143959.2	36909.4		12122	−19228	−68594
	$\lg K_p$	−211	−10.8	−5.78	−1.38		−0.445	0.694	2.395
	$\lg p$	−35.15	−1.8	−0.963	−0.25		0.0273	0.1155	0.399

续表 2-1

反应式		数据							
反应③	T/℃	25	1127	1727	2227	2727	3327		
	ΔG/J	816354	618222	438064	309320	10.9516	−22572		
	lg p	−143.5	−23.1	−11.53	−6.47	−0.162	0.326		
反应④	T/℃	25	927	1027	1127	1227	1327	1352	1377
	ΔG/J	2262968	506992	357724	238803	130290	17430	−5977	−33690
	$\lg K_p$	−251	−20	−14.28	−8.91	−4.54	−0.66	0.1925	1.068
	lg$p$	−11.8		−2.381	−1.485	−0.5757	−0.11	0.0329	0.1778
反应⑤	T/℃	25	927	1127	1527	1627	1677		
	ΔG/J	2274.338	1007.38	733.172	168.872	26.752	−39.71		
	$\lg K_p$	−398	−43.8	−27.8	−4.86	0.737	1.075		
	lg$p$	−49.7	−5.46	−3.41	−0.607	−0.092	0.135		
反应⑥	T/℃	25	927	1127	1327	1427	1527	1577	1627
	ΔG/J	626247	228060	160261	92252	54381	18183	8903.4	−17054
	$\lg K_p$	−110	−9.25	−5.98	−3.01	−1.677	−0.531	−0.0153	0.47
	lg$p$	−55	−4.65	−2.99	−1.505	−0.836	−0.266	−0.0076	0.235
反应⑦	T/℃	25	927	1127	1327	1527	1727		
	ΔG/J	827.64	672.144	634.524	599.412	564.3	529.19		
反应⑧	T/℃	25	927	1127	1327	1527	1727		
	ΔG/J	968.715	620.312	543.3	465.234	385.396	309.74		

注：表中 T—温度（℃）；ΔG—吉布斯自由能，J；$\lg K_p$—平衡常数的对数；lg$p$—反应蒸气压的对数。

反应③：

$$Ca_3(PO_4)_2 \longrightarrow 3CaO + P_2O_5$$

该反应的起始反应温度在 2727～3327℃之间，此时，$\Delta G<0$，$p>1.01\times10^5$Pa（1atm）的温度也在 2727～3327℃。因此在 1097～1497℃几乎无此反应进行。

反应④：

$$Ca_3(PO_4)_2 + 5C \longrightarrow 3CaO + 5CO + P_2$$

该反应的起始温度为1352℃，即在 $T > 1352$℃时，该反应能自发进行，平衡趋向于生成 P_2 的方向。但与反应②相比，起始的反应温度要高些，相同温度下反应进行程度稍低。

反应⑤：

$$Ca_3(PO_4)_2 + 8C \longrightarrow Ca_3P_2 + 8CO$$

该反应的起始温度为1677℃，在1497℃下平衡趋于反应的左边，所以几乎无此反应发生。

反应⑥：

$$SiO_2 + 2C \longrightarrow Si + 2CO$$

该反应的起始温度为1627℃，在1497℃下平衡趋向于反应的左边，所以几乎无此反应发生。

反应⑦：

$$Ca_3(PO_4)_2 + 5CO \longrightarrow 3CaO + 5CO_2 + P_2$$

该反应的起始反应温度为1727℃，在1497℃下几乎无此反应。

反应⑧：

$$Ca_3(PO_4)_2 + 5H_2 \longrightarrow 3CaO + 5H_2O + P_2$$

该反应的起始反应温度为1727℃，在1497℃下几乎无此反应。

从以上的数据分析中可以得出如下结论：在磷炉内的正常工况条件下，只有反应②、④发生的机会最大。从以上两个反应的比较还可以看到，有 SiO_2 存在时碳对磷酸三钙的还原起始温度要低些，还原程度也比无 SiO_2 时大。

反应①和反应③的起始温度在2000℃以上，炉内一般不可能达到如此高的温度，故不可能发生此反应，其余反应发生的几率也很小。只有在炉内产生过热区才会在局部高温时伴随有这样的反应发生，因此对有的反应还需具体问题具体分析。为了减少副反应的发生，炉内温度尽量控制在磷酸盐还原反应的最佳温度（1400℃）范围内。

2.1.2　制磷反应动力学分析

从上面的热力学分析已知，两个主要磷酸盐还原反应的起始温度都在 1400℃以下，其中反应②和反应④的起始温度分别为 1152℃和 1352℃。在 1400℃以下几乎都能使反应进行完成，也就是说在该条件下，磷酸盐还原反应所需的热量从热力学的分析是完全能够满足的。

然而，仅解决热量的问题还不够全面，还须从反应动力学的角度出发，分析研究制磷反应的速度问题。

2.1.2.1　动力学理论分析

从图 2-1 $CaO-P_2O_5$ 系统图和图 2-2 $CaO-SiO_2$ 系统平衡图可以看到，在 1152℃时为固－固反应，在该温度下无液相生成。在有 SiO_2 存在时，当温度上升到 1227℃时，有液相出现。当温度上升至 1427℃时，磷矿石形成液相。因此，反应可以大致分为两个阶段：第一阶段为固－固反应，第二阶段为固－液反应。

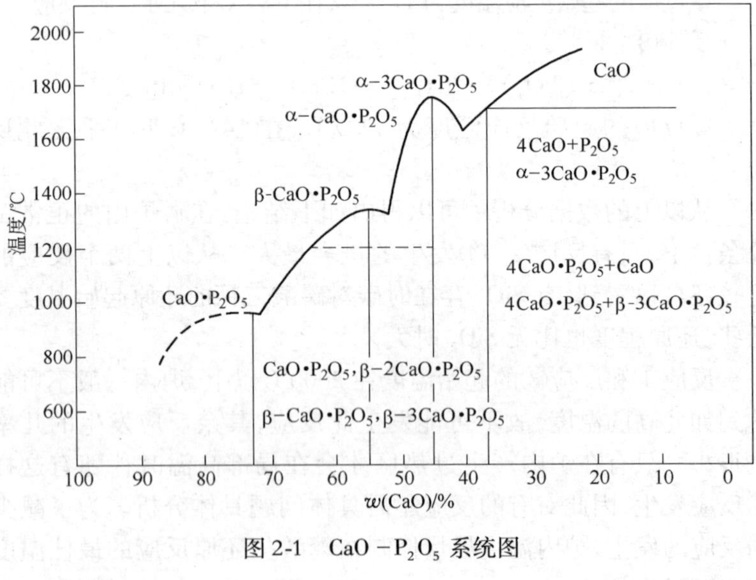

图 2-1　$CaO-P_2O_5$ 系统图

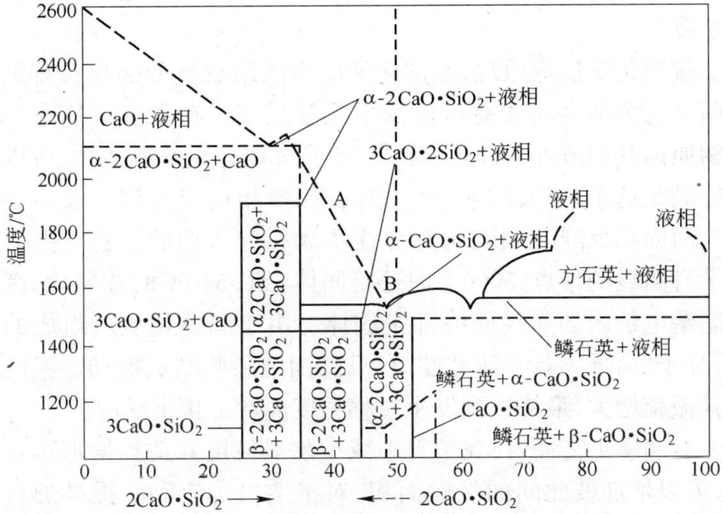

图 2-2 CaO－SiO_2 系统平衡图

我们对固体料层反应提出以下五个假设反应过程。首先是原料表面的黏结、掩盖；其次是扩散形成“假分子”及分子膜的活化；再就是分子表面膜的活化过程；接下来是晶体内部扩散的活化阶段；最后生成新的结晶中心。

通过以上假设的五个过程和进展，可以把碳还原磷酸三钙的过程描述为：

首先是碳、磷酸三钙和 SiO_2 相互间的接触、半熔融、黏结；随后是三种物料相互扩散的反应活化过程，形成反应空间（熔池）；接下来炉料在反应空间发生相应的化学反应，生成物形成膜层，反应物通过这个逐渐增厚的膜层而扩散；再就是各自晶体内部的物质向反应空间扩散；最后是生成物形成新的结晶中心以及生成物的扩散。

从以上的研究分析可以看出，影响反应的因素有以下几点：

一是反应物相互接触的表面积；二是化学反应进行的速度；三是反应物扩散到反应空间的速度；四是形成的新体系对反应的

影响；五是生成物的扩散，以及反应物通过生成物逐渐增厚膜层的速度。

按照化学反应原理，参加化学反应的组成部分必须具有足以克服库仑力活动时才有可能发生化学反应。在常温下气态和液态物质因其组成部分原子、分子、离子均具有充分活动性，所以能很好满足这个条件，故对于气相反应、液相反应人们一般不会怀疑。而固相反应在制磷行业往往不太引起人们的注意。由于焦炭没有明显的熔点，3000℃时还是固体，到3540℃时才气化，因此在制磷电炉内的焦炭始终都是固体。由于固体物质所组成的原子、分子、离子不具有活动性，它只能围绕某些结点振动。温度升高其振幅增大，最终达到发生位移程度而产生化学反应。

对制磷工艺而言，在炉料中减小焦炭粒度和适当增加焦炭用量，可以增加彼此间的接触面积，对扩散极为有利。提高炉料温度也能使相互间的碰撞机会增加，这就是磷酸盐还原率随温度升高而提高的根本原因。由于制磷炉料粒度远比磷矿熔融时的粒度大，所以磷矿石在熔化前其还原率是极其有限的，而当炉料熔化后，其熔融液不断渗透进焦炭的毛细孔（孔隙）中，这对扩散极为有利，反应速度迅速提高。因此，完整的说法是：磷酸盐的化学还原反应从固相反应（1050℃）开始，随着温度的不断提高至磷矿石的软化温度，还原率也逐步提高，当磷矿石熔化后其还原率迅速提高直至还原反应结束。

通过以上的分析研究，我们将反应速度用下式表示：

$$v = f[S \cdot (v_a + v_b)] + b \qquad (2\text{-}1)$$

式中，v 为反应速度；S 为表面积；v_a 为化学反应速度；v_b 为扩散速度，b 为常数。

$f[S \cdot (v_a + v_b)] + b$ 为以 S、v_a、v_b 为变量的与反应体系有关的函数。

我们由此从实验中得出如下结论：

碳还原磷酸三钙是由扩散速度控制的反应，化学反应速度极快，在研究该反应时可以忽略化学反应速度对整个反应的影响。

因此速度关系式可写为：

$$v = f(S \cdot v_b) + b \tag{2-2}$$

按费克定律，扩散速度方程式可表达为：

$$ds = -DF\frac{dc}{dy}dZ \tag{2-3}$$

式中，s 表示在时间 Z 通过面积 F 向低浓度一方扩散的物质量；$\frac{dc}{dy}$ 表示扩散梯度；D 表示扩散系数。

设浓度梯度为恒定，则 $\frac{dc}{dy}$ 可用 $(c_0 - c)/y$ 表示。

式中，c、c_0 表示扩散物质浓度；y 表示扩散所经过的膜厚。

因此可以用 dy 代替 ds，设 $F = 1$（单位面积），由于化学反应速度极快，可令 $c = 0$，则得：

$$\frac{dy}{dZ} = D\frac{c_0}{y} \tag{2-4}$$

积分得：

$$y^2 = 2Dc_0Z \tag{2-5}$$

因 D、c_0 为常数，因此可设 $K = Dc_0$

则：

$$y^2 = 2kZ \tag{2-6}$$

（1）由于直接测出反应产物膜的厚度很困难，有些科学工作者提出了正方形颗粒模型，设边长为 a，作用率为 $x\%$，因此 x 与 y 之间的对应关系可以表示为：

$$\frac{a^3 - (a - 2y)^3}{a^3} = \frac{x}{100} \tag{2-7}$$

$$y = a/2\left[1 - \sqrt[3]{(100 - x)/100}\right] \tag{2-8}$$

把式（2-8）代入式（2-6）得：

$$\left[1 - \sqrt[3]{(100 - x)/100}\right]^2 = (8Dc_0/a^2)Z = K_1Z \tag{2-9}$$

设 $\left[1 - \sqrt[3]{(100 - x)/100}\right]^2 = \phi$，则

$$\phi = K_1Z \tag{2-10}$$

为直线关系。

（2）现再用反应阻力的反应模型进行研究，由反应阻力动力

学方程式：

$$\mathrm{d}y/\mathrm{d}Z = K(c_0 - c)/W$$

$$= K(c_0 - c)/(W/F + 1/D)\int \mathrm{d}l/g \qquad (2\text{-}11)$$

式中，$W = W_R + W_D$，W_R 和 W_D 各为反应的化学阻力和扩散阻力；c_0 及 c 表示浓度；Z 表示时间；W 表示每平方厘米面积的反应比值（该面积上浓度 $c = 1 + A$）；F 表示反应面积；D 表示扩散系数；l 表示扩散层厚度；g 表示扩散表面积。

由实验结论：$W_R \ll W_D$

则：$\mathrm{d}y/\mathrm{d}Z = K(c_0 - c)/W_D = K(c_0 - c)/l/D\int \mathrm{d}l/g$　　(2-12)

将式(2-12)中的 $\int \mathrm{d}l/g$ 积分换成

$$\mathrm{d}y/\mathrm{d}Z = KDF/l(c_0 - c) \qquad (2\text{-}13)$$

式(2-13)与式(2-4)对应：

$$\mathrm{d}y/\mathrm{d}Z = KDc_0/l \qquad (2\text{-}14)$$

由 y 代 l，则有 $y^2 = K_1 Z$，其中 $K_1 = KD$

(3)球体模型：球体模型理论认为反应物料为球体，球体颗粒的反应动力学方程式为：

$$\mathrm{d}G/\mathrm{d}Z = \sqrt[3]{1 - G}/(1 - \sqrt[3]{1 - G}) \qquad (2\text{-}15)$$

式中，G 为转化率；Z 为时间。

根据扩散为反应控制步骤，积分并整理得：

$$1 - 2/3G - \sqrt[3]{(1 - G)^2} = KZ \qquad (2\text{-}16)$$

通过以上的数学分析，当扩散系数 D 一定时（T 一定），随着反应的进程，生成物厚度增加，c_0/y 变小，因此反应速度变小。当厚度增加到一定程度时，就会阻碍反应的进行，使还原进程变慢。随着温度的升高，由于扩散速度加快，反应速度必然随之发生变化，这里就用动力学方法研究反应速度与温度的关系。反应时间与还原率的关系如图 2-3 所示。

由范－阿方程式表示为：

$$K_T = K_0 \mathrm{e}^{-E/RT} \qquad (2\text{-}17)$$

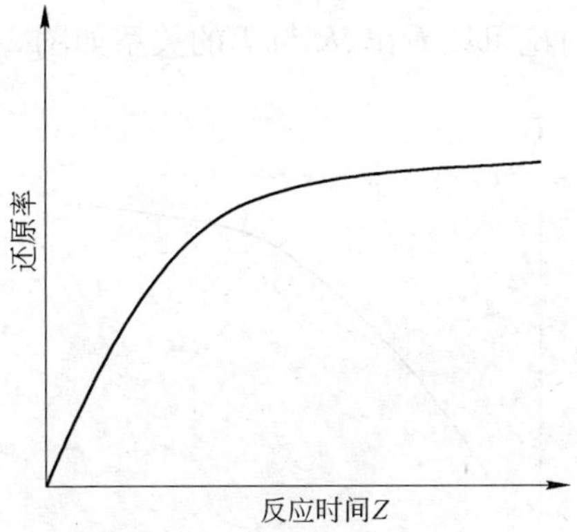

图 2-3 反应时间与还原率的关系

式中,K_0为常数;e 为自然对数的底;T 为绝对温度;E 为活化能;R 为气体常数。

对该式中的物理意义讨论如下:

由式(2-3)、式(2-5)、式(2-9)得:

$$K_1 = 8Dc_0/a^2 \tag{2-18}$$

而 a、c_0 可看作常数,则:

$$8Dc_0/a^2 = K_0\mathrm{e}^{-E/RT}$$

$$D = K_0a^2/8c_0x\mathrm{e}^{-E/RT} \tag{2-19}$$

因此,D 随 T 变化而变化,D 与 T 的关系为:

$$D = D_0\mathrm{e}^{-W/KT} \tag{2-20}$$

式中,D_0、W、R 为常数;W 为断裂能。

因此,固态反应速率常数与温度关系式相比可写成:

$$K_1 = C' \times \mathrm{e}^{-W/KT} \tag{2-21}$$

式中,C'为对单位面积而言的常数。

同常见的速度常数与温度的关系式相比可写成:

$$K_1 = C'\mathrm{e}^{-E/KT} \tag{2-22}$$

式中,E 表示活化能。

取对数,则 $\ln K = (-E/KT)\ln C'$

即:$\ln K$ 与 $1/T$ 的关系为直线关系。

通过以上讨论可以看出,K 与 T 的关系如图 2-4 所示。

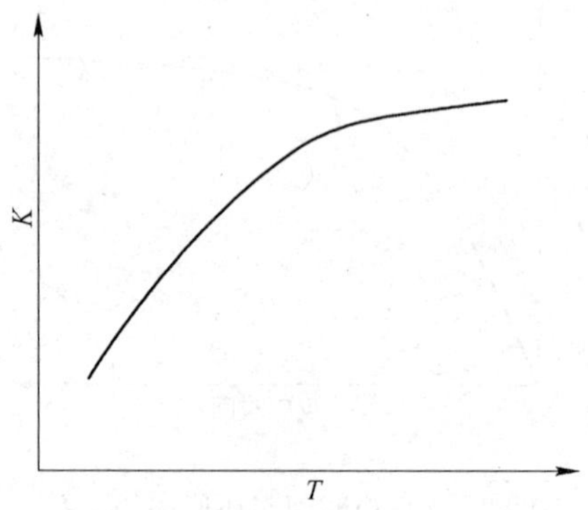

图 2-4　K 与 T 的关系

随着温度的升高,扩散速度加快,反应速度加快,反应率增大。

2.1.2.2　碳还原 $Ca_3(PO_4)_2$ 过程动力学试验

用过剩炭黑还原 $Ca_3(PO_4)_2$,在 1350℃,1300℃,1250℃ 和 1200℃ 下进行实验,结果如图 2-5 所示。

由图 2-5 可以看出,随还原温度的提高,单位时间内的还原率增加。对于在任何温度下,前 60min,还原率增加较快,以后则增加较慢。

由此可以得出结论:碳还原磷酸三钙的过程为扩散性质的过程。科学工作者通过数学模型分析,得出的结论与实验是一致的。

由于在实际的生产中都有 SiO_2 存在,科学工作者作了对比实验,结果如图 2-6 所示。

由图 2-6 可以看出,有 SiO_2 比没有 SiO_2 存在时用碳还原磷酸三钙的还原率高;同时也指出,在有 SiO_2 存在下,此过程性质仍属于扩散过程。

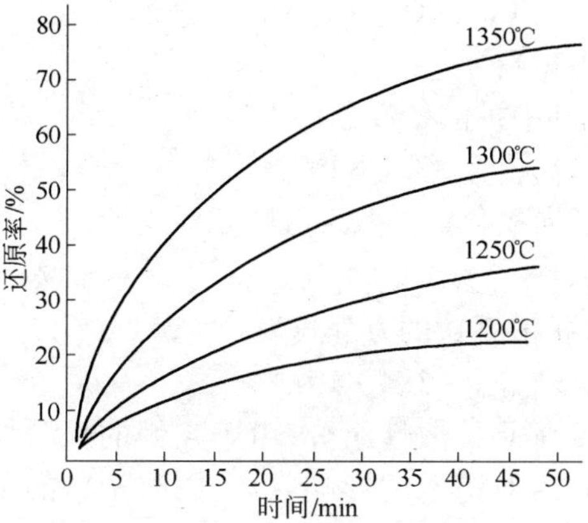

图 2-5 过剩炭黑(乙炔炭黑)在各种温度下还原 $Ca_3(PO_4)_2$, 的还原率

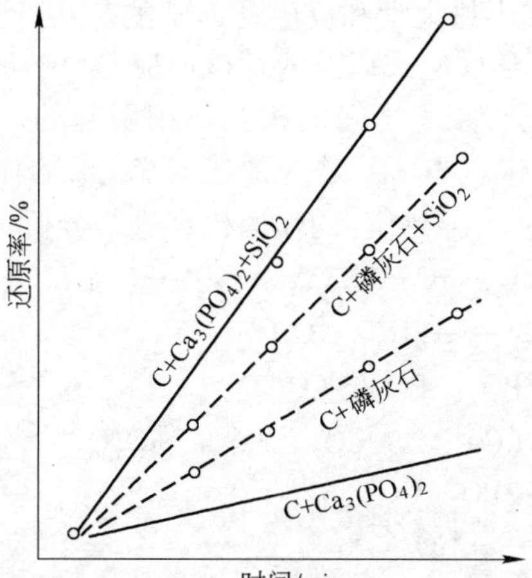

图 2-6 在有 SiO_2 存在下,磷和磷灰石的还原

(T =1300℃,焦炭 110%)

碳还原 $Ca_3(PO_4)_2$ 扩散模型可假设为:

$$Ca_3(PO_4)_2 \quad \rightarrowtail \quad \overset{CaO}{} \quad \leftarrowtail \quad C$$

根据式(2-20)：

碳向氧化钙中扩散系数方程式为：

$$D_{C\to CaO}=2.1\times10^4\times e^{17500/RT}\quad cm^2/s$$

PO_4^{-3} 离子向氧化钙扩散系数的方程式为；

$$D^{3-}_{PO_4\to CaO}=2.1\times10^5\times e^{17100/RT}\quad cm^2/s$$

CaO 向 C 扩散系数的方程式为：

$$D_{CaO\to C}=1.4\times10^5\times e^{12100/RT}\quad cm^2/s$$

PO_4^{-3} 和 C 都是扩散性组分，由于它们的扩散性质和离子分散性，物料的粒度对扩散的影响颇大，同时配料的堆密度对反应也有影响。

2.1.3　碳还原 $Ca_3(PO_4)_2$ 的机理假设

通过上面反应热力学和反应动力学的分析，已确定了碳还原 $Ca_3(PO_4)_2$ 的化学反应式以及清楚该反应是以扩散为控制步骤的反应，即是由离子、原子之间的相互作用引起的扩散来决定反应速度的，碳还原 $Ca_3(PO_4)_2$ 是 C 原子与 PO_4^{3-} 的作用。本节对有 SiO_2 存在时 C 原子与 PO_4^{3-} 的作用机理进行分析。

$$Ca_3^{2+}(PO_4^{3-})_2+5C+2SiO_2\longrightarrow\cdots\cdots$$

$$2(PO_4^{3-}+C)\longrightarrow PO_3^{3-}+CO \tag{1}$$

$$2PO_3^{3-}\longrightarrow PO_2+PO+3(O^{2-}) \tag{2}$$

$$3(O^{2-})+3(Ca^{2+})+SiO_2\longrightarrow Ca_3SiO_2O_7 \tag{3}$$

$$PO_2+C\longrightarrow PO+CO \tag{4}$$

$$PO+C\longrightarrow P+CO \tag{5}$$

$$2P\longrightarrow P_2\longrightarrow 1/2P_4 \tag{6}$$

$$\cdots\cdots\quad\longrightarrow Ca_3SiO_2O_7+P_2+5CO$$

2.1.4　天然磷酸盐被碳还原的机理

由于炉内各个料层范围内温度的变化不一样，主反应和副反应的反应温度高低不同,各化学反应相对稳定在炉内不同高度及前后不同的时间内相继发生,因此研究天然磷酸盐被碳还原的机理尤为重要。下面就按炉内料层几个温度范围进行分析研究。

(1)700~1000℃。炉内生料层中下部、半熔化层上部的固相及气相(热交换和粉尘过滤区域)

矿物质的化学变化:

块矿$\longrightarrow Ca_3(PO_4)_2 + Ca_4P_2O_9 + Ca_5F(PO_4)_2 + H_2 + CO_2$

形成偏磷酸盐:

$$Ca_3P_2O_8 + 2P_2O_5 \longrightarrow 3Ca_3(PO_4)_2$$

偏磷酸盐的还原:

$$3Ca(PO_3)_2 + 10C \longrightarrow Ca_3(PO_4)_2 + P_4 + 10CO$$

CO 的分解:

$$2CO \longrightarrow C + CO_2$$

铁的还原:

$$3Fe_2O_3 + CO \longrightarrow 2Fe_3O_4 + CO_2$$

(2)1000~1300℃。半熔化层中下部(熔化层上部的过渡区域)

磷矿石的直接还原:

$$Ca_3P_2O_8 + CO + SiO_2 \longrightarrow Ca_3P_2O_6 + \cdots + P_2 + CO_2 + mCaO \cdot nSiO_2$$

$$CO_2 + C \longrightarrow 2CO$$

固相扩散、矿石的还原:

$$Ca_3P_2O_8 + 2C \longrightarrow Ca_3P_2O_6 + \cdots + SiO_2 \longrightarrow P_2 + 2CO + mCaO \cdot nSiO_2$$

矿石的间接还原:

$$Ca_3P_2O_8 + 2H_2 \longrightarrow Ca_3P_2O_6 + 2H_2O$$

$Ca_4P_2O_9$ 的反应类似于其他的磷酸盐,反应生成的磷部分氧化为 P_2O_5。

(3)1300~1500℃。半熔化层下部,熔化层的固相、液相和气相(主要反应区域)

还原物熔化:

$$Ca_3P_2O_8 \rightleftharpoons 3Ca^{2+} + 2PO_4^{3-}$$

$$PO_4^{3-} + 4C \longrightarrow PO_3^{3-} \longrightarrow PO \longrightarrow P \longrightarrow \frac{1}{2}P_2 + 4CO$$

$$Ca_3^{2+} + SiO_2 \longrightarrow CaSiO_3$$

磷铁的形成：

$$4Fe + P_2 \longrightarrow 2Fe_2P$$

氟化硅的形成：

$$6CaF_2 + 7SiO_2 \longrightarrow 3SiF_4 + 2Ca_3Si_2O_7$$

（4）超过1500℃。熔化层中下部、渣层上部的固相、液相和气相（焦丁过剩而富集出现炉内过热区）

该温度下容易发生副反应，炉况不好，消耗上升。

SiO_2 的还原：

$$SiO_2 + C \xrightarrow{1500℃} SiO \longrightarrow Si + CO$$

$$mSi + Fe \longrightarrow FeSi_m$$

磷化钙的生成：

$$Ca_3P_2O_8 + 8C \xrightarrow{1600\sim1700℃} 3Ca_3P_2 + 8CO$$

碳化钙的生成：

$$Ca_3P_2O_8 + 14C \xrightarrow{1800\sim2000℃} 3CaC_2 + 8CO + P_2$$

从以上反应机理的研究分析可知，磷酸盐被碳还原的进程与反应的温度密切相关，反应区的温度低则还原率低，反应速度慢；温度过高则伴随着副反应的发生。苏联黄磷专家尼·尼·波斯特里科夫曾指出："磷酸盐还原反应在1190℃已有一定的还原率，1200～1300℃增加最快，1350～1400℃达到最大值。反应时间20s即达到还原率的90%。"而在实际生产中，在这一区域的时间远大于20s（一般在4h左右），所以还原率都可以达到95%以上。

分析研究还显示，对于低于磷酸盐还原温度的副反应是不可避免的，但Si（SiO）、Ca_3P_2、CaC_2 的生成量与炉内熔池产生过热区程度有关。任何可能引起熔池内温度升高和电炉熔池直径变小的因素必须避免，特别是焦丁的粒度和用量，它随时影响着电极的位置和熔池。电炉良好熔池形成的条件应该是这样：在磷酸盐还原反应结束时，熔池下部、渣层里面几乎没有剩余的焦炭，从而保证炉料电阻正常，避免1500℃以上的过热区在炉内出现。在电炉法黄磷生产中，反应区的温度指标控制是非常重要的，影响的因素很多、很复杂，必须引起高度重视，认真分析研究。

2.2 原料对黄磷生产的影响

2.2.1 磷矿石对生产的影响

天然磷矿的种类和组分是决定矿石物化性质的重要指标。组分和种类的不同，对入炉料的制备也各有差异。研究磷矿石的目的在于：

一是弄清物化特性，确定预处理的方法，如风化矿因机械强度很差，不适宜块矿入炉。

二是为可行性研究、设计技术参数的选定和操作控制指标优化提供依据，合理使用磷矿资源。

2.2.1.1 *磷矿品位的影响*

磷矿石的品位通常是以 P_2O_5 的质量百分含量表示，这是衡量磷矿质量最重要的指标之一。按 P_2O_5 含量的高低，可将磷矿石分成高品位、中品位和低品位。P_2O_5 在30%以上为高品位；20%～29%之间为中品位；19%以下为低品位（贫矿）。但是，很难说这种划分就是规范的，因为迄今为止尚没有一种统一规定，只是目前业内惯例而已，更何况不同的生产工艺对磷矿石还有特殊的要求。

磷矿石除 P_2O_5 外，还含有 CaO、SiO_2、CO_2、Fe_2O_3、Al_2O_3、MgO、CaF_2、K_2O、Na_2O 等杂质。由于产地和组分的差异，各种物化变化的温度范围也会有差异，对于所选用的磷矿应认真了解其物化特性，为确定热处理的最佳温度和炉况分析提供可靠的依据。

在黄磷生产中对磷矿的入炉品位有较严格的要求，因为

入炉混合料中 P_2O_5 每降低 1%，吨磷电耗将增加 300 ~ 350kWh、磷回收率下降 0.5% 左右。如果磷矿的品位和质量频繁波动变化，会使工艺操作控制变得复杂，炉况恶化，产量和质量不稳定。从事黄磷生产的人都有体会，稳定的磷矿品位和质量比单纯追求高品位磷矿更为重要。电热法黄磷生产，并不是磷矿品位越高越好、越经济，磷矿品位和入炉混合料中的 P_2O_5 并不成正比关系。

由于现在磷矿石在黄磷生产成本中所占的比重逐渐加大，既要考虑磷矿石本身的价格和消耗，也要考虑其他各项消耗指标的高低及投入产出的最终成本。黄磷用矿的不科学、不合理将会造成不可再生资源的浪费和长远用矿的潜在危机。

有的磷矿乍看品位很高，但经配料计算后却很不经济；有的矿虽然品位不高，但自身的 Mk（酸度系数）很合适，入炉品位反而不低。因此，对黄磷生产用矿首先要对其化学组分进行认真分析及经济技术指标的综合比较评价，进行科学合理的兑配，改变其内在质量，方可达到低矿高用，优矿增值，事半功倍的效果。这样既是对磷矿资源的充分利用，又可降低消耗、改善炉况和产生好的经济效益，促进黄磷生产企业的可持续发展。

2.2.1.2 粒度的影响

磷矿粒度对反应的影响主要有三个方面：其一影响炉气阻力大小；其二影响炉料的导电率及炉料分布；其三影响反应速度。

因此，入炉磷矿粒度符合工艺要求是保证炉气能均匀排出电炉的必要条件，而且还能使高温炉气和生料进行充分的热交换及良好的过滤除尘作用，最终获得正常的炉气温度、含尘量，使黄磷质量好，泥磷少，磷收率高。

粒度过大，易造成“架桥”堵塞料管，入炉后几种原料容易产生离析现象，改变炉料的电气特性和炉料比电阻，电极容易上抬或不升，破坏电炉熔池的良好形成，使炉况恶化，操作困难。

粒度过小，炉气则难以通过生料层，会形成桥形洞穴，结成硬壳，塌料频繁，使炉料不能均匀有序地降入熔融反应区（熔池），造成炉气压力剧烈变化，出渣时容易发生喷渣事故。所以，入炉块矿粒度应控制在 4 ~50mm，其中 30 ~50mm 大于 50%；15 ~30mm 大于 30%；4 ~15mm 不大于 15%；4mm 以下不大于 5%。

2.2.2 炭质还原剂对生产的影响

黄磷生产对炭质还原剂的要求是技术可行性和经济可行性两项。技术可行性主要取决于其进入炉内两大作用的发挥程度：一是作为磷酸盐中 P_2O_5 的还原剂，二是作为电流回路中的导电体和导热体。

经济可行性也由两个方面决定：一是炭质还原剂物化性能影响吨磷能源消耗指标，二是炭质还原剂的市场动态价格和综合经济技术指标。

2.2.2.1 无烟煤

无烟煤即煤化程度高的煤，挥发分不足 10%，密度大、燃点高、无黏结性，燃烧时多不冒烟，故得名——无烟煤。又因完全燃烧后的灰分呈白色，因而又称白煤。白煤属于强石墨化类，因而化学反应活性比焦炭差，反应速度相对较慢，但它具有坚硬、光泽强、比电阻较焦炭高等特点，可以制备具有较高电阻的炉料，从而可以在制磷电炉上采用较高的二次电压，为白煤代替焦炭入炉提供了可能性。

然而，由于白煤的成因和产地的不同，它的种类很多，并不是所有的白煤都适合黄磷生产。贵州的白煤用于黄磷生产有成功的经验，当地的白煤比焦炭便宜很多。而山西的白煤就不行，特别是焦丁中兑了煤丁用于黄磷生产更糟糕。且不说白煤活性差，更关键的是白煤常温下的电阻率与高温下的电阻率相差太大。200℃以下时，白煤的电阻率在 4000Ω · cm 以上，当温度由 200℃升到 1000℃时，比电阻直线下降，至 1200 ~1400℃时，电阻率不足 1.6Ω · cm 左右。而冶金焦的电阻率在温度变化很大时却相差不大，常温下为 2.36 ~9.89Ω · cm，1400℃左右时约为0.63Ω · cm 左右。这就是冶金焦优于白煤的主要原因。鉴于以上特性，用白煤替代焦炭用于黄磷生产必须注意以下几点：

(1)必须认真了解白煤的产地和物化特性，小规模试用成功后再大面积用于黄磷生产。

(2)入炉的白煤粒度以 3～15mm 较为合适，太大太小都会影响反应活性及熔池电阻。

(3)按理论需要量配白煤，过量系数取低限，*Mk* 值取高限，尽量不让白煤在炉内累积。

(4)10000t/a 以上的多电极制磷电炉和大型制磷电炉不宜使用白煤作为炭质还原剂。

2.2.2.2　焦炭

焦炭的种类有机焦、土焦、石油焦、沥青焦等。机焦是大工业生产的产品，质量、物化性能较好，是钢铁、铸造和铁合金等行业的主要原料，故又称为冶金焦。土焦是独家独户小型炼焦炉的产品，质量时好时坏，波动大，环境污染大，现在大部分已被取缔。石油焦、沥青焦是炼油厂、焦化厂的副产品，是生产石墨电极等炭素材料不可缺少的主要原料。

焦炭是合格炼焦煤在隔绝空气的炼焦炉中加热到 900～1200℃制得的固体产物，其主要成分是碳，是具有裂纹和不规则的孔孢结构体。裂纹的多少是衡量焦炭力度和抗碎强度的标准，孔孢结构指标影响焦炭气孔率、反应活性及强度。焦炭的强度通常用抗碎强度和耐磨强度两个指标来表示。抗碎强度是指焦炭受外来冲击力后不沿结构的裂纹或缺陷处破碎的程度，耐磨强度是指焦炭抵抗外来摩擦力而不产生碎屑或粉末的程度。

用于黄磷生产的焦炭质量要求为：固定碳高于 80%；挥发分 0.5%～2%；灰分低于 15%。

在实际生产中，各厂选用焦炭的质量各有不同，受供货商、当地资源和市场价格等因素的影响。但不管选用何种焦炭，必须从固定碳、电阻率、反应活性、气孔率以及机械强度、热稳定性等方面综合考虑。既要使还原剂与磷酸盐之间具有良好的化学反应活性及速度，又要使炉料有较高的比电阻和良好的过滤性能，使炉内电阻合适，电流热量分布均匀，形成最优惠工艺条件，稳产高产。对炭质还原剂质量的严格要求和认真选择，是黄磷生产降低消耗、提高生产效率和经济效益的一项重要管理工作。

2.2.2.3　用量的影响

焦炭用量对磷酸盐还原率的影响见表 2-2。

表 2-2　焦炭用量对磷酸盐还原率的影响

理论焦炭用量/%	90	95	100	105	110
磷酸盐的还原率/%	91	93	94	95	91

由表 2-2 可见，磷酸盐的还原率开始随焦炭用量增加而增加，但超过一定用量后，还原率反而有所下降。焦炭过剩量对磷酸盐还原速度的影响见图 2-7。由图 2 7 可见，随焦炭过剩量的增加，磷酸盐还原速度增大，但过量系数高于 3% 后，对还原速度几乎没有影响，反而有下降趋势。

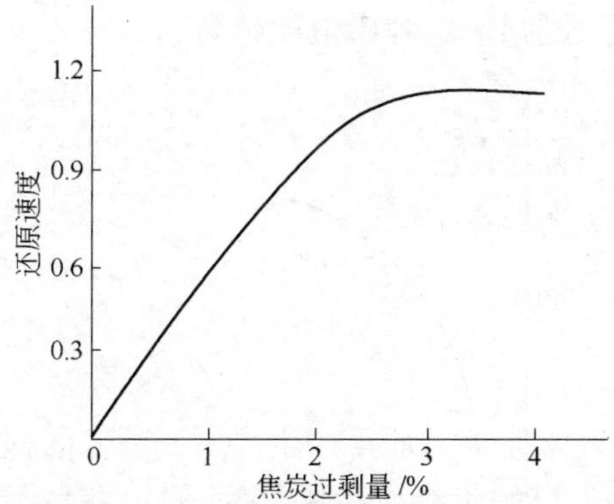

图 2-7　焦炭过剩量对磷酸盐还原速度的影响

焦炭用量不足，磷酸盐还原率下降，渣中 P_2O_5 升高。倘若炉料缺焦将导致熔融的磷酸盐与电极和炉衬中的碳砖发生反应，使电极消耗上升，加快炉衬腐蚀，缩短电炉使用寿命。

焦炭用量过多，增加炉料的导电能力，电极位置上抬，反应熔池缩小，炉壁、炉底、炉渣温度下降，渣流不畅、出渣困难。同时，炉气过滤层相对减薄，炉气含尘量增加，泥磷量增多，还会给炉内电流回路开辟一条导电性高的通道，干扰炉渣、磷铁流动性和排放，以致炉顶温度升高。

仅以指标控制的观点考虑，炉渣残磷越低越好。因为吨磷副产的渣量一般在 8～10t（渣量与吨磷入炉料总量有关），渣中残磷低，磷的损失就小，磷收率提高。但是，生产实践表明，渣中残磷不但与磷收率有关，还与产量、电耗及化料量关系密切。图 2-8 为炉渣含磷量与化料量的关系曲线。由图 2-8 可见，随炉渣残磷量的增加，化料量也相应急剧增加，当该值超过 1% 时，化料量增加不再明显。为什么炉渣残磷降低而化料量也相应降低呢？这是因为要控制低的渣中残磷，焦炭配入量就得增加，结果和上面介绍的焦炭用量过多的情况相类似。同时，焦比控制过高，会促使副反应的发生，均要消耗电能和损失磷，从而增加电耗，降低了电炉的热效率。图 2-9 为炉渣含磷量对电耗的影响，由图 2-9 可看出，炉渣含磷量控制越低，吨磷电耗越高。

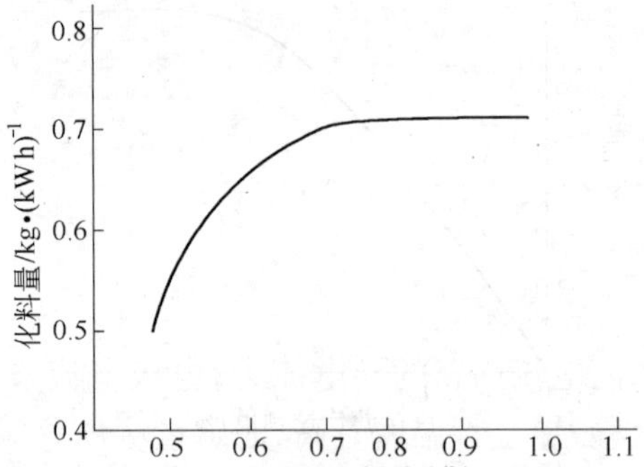

图 2-8　炉渣含磷量与化料量的关系

综上所述，焦炭的用量是一项重要的控制和调整指标，在配料时必须确定一个合适的焦炭过量系数。使用品质稍低的磷矿时过量系数选择 3%～5%；使用高品质磷矿、固定碳 80% 以上的

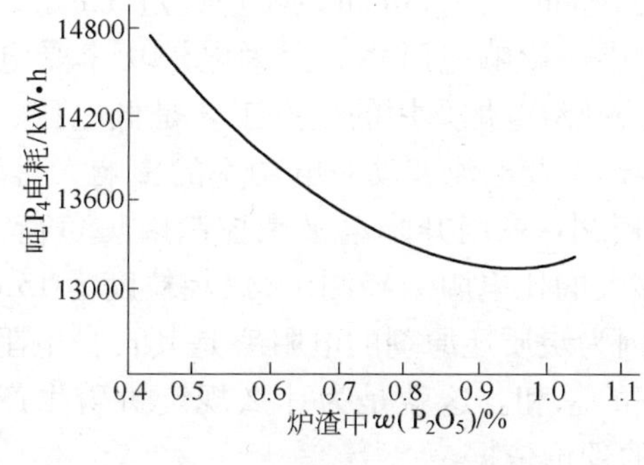

图 2-9 炉渣含磷量对电耗的影响

冶金焦丁时,不需考虑过量系数。还可以根据当时的炉况作必要的调整,在理论计算值上减少 1% ~2% 更好操作控制,特别是制磷电炉在 100% 负荷以上运行更是如此。

2.2.2.4 粒度的影响

入炉原料中,磷矿和硅石都比较容易熔化,但焦炭没有明显的熔点,3000℃时仍然是固体,3540℃才开始气化,而且气化的速度相当慢。因此,炉内的磷酸盐反应可以认为是一个液—固相反应过程,由于反应物之一焦炭是固相,两相间接触面积的多少就成了促进、影响反应速度的重要因素。

从理论上讲,还原剂粒度越小,液固两相间接触面积越大,越有利于还原反应速度加快;粒度过大,接触面积减小,还原反应不易完成,未反应完的焦炭还会在炉内集聚形成富焦区,使炉内电阻减小,增加炉内电流回路的导电能力,电极电流增大,导致电极上抬,反应区上移,导气管温度升高,泥磷量增加等不利因素。

若粒度小于 3mm 也是不利的,粉料太多影响炉料的透气性,容易形成结拱塌料(若采用静电除尘器还会造成除尘器内短路,降低除尘效率)。由于焦炭的密度仅为磷矿的 33% ~50% ,所以焦炭的粒度对炉料混合的均匀性影响很大,粒度过大或过小,操作过程中都会发生严重的离析现象,使炉料在炉内交替出现焦炭不足和过剩,造成炉况难以操作控制。通常要求焦炭粒度在

3～16mm，小于3mm、大于20mm的不应超过5%（质量计）。

粒度的大小还影响电阻率。因为电炉功率受电极的电压和电流大小支配，制磷电炉采用的生产工艺是低电压、大电流，而电压波动的影响远不及电流波动对电功率的影响大，操作中通过协调电极电流的大小，采用升降电极来控制磷炉负荷，这就需要炉内熔料有足够大的比电阻。经测定，焦炭粒度为15mm时炉料电阻最大，这是因为炭质还原剂的电阻率是其自身电阻率和颗粒间的接触电阻率的总和。这就是为什么规定黄磷生产用焦炭粒度为3～16mm的理论依据。

电热法黄磷生产最关键的问题是炉内必须形成最佳的电炉熔池，而形成最佳电炉熔池的前提条件是有好的熔池电阻，而影响熔池电阻的主要因素就是炭质还原剂的质量。从这个意义上讲，我们在计算焦炭用量的时候仅仅考虑磷酸盐的还原率及其组分需要的用量是远远不够的。炉料焦比的高低，将左右炉内的电阻变化，在配料和特殊情况下一定要全面综合考虑该问题。因为黄磷生产的控制过程实际就是熔池电阻的操作控制过程，这是黄磷电炉得以正常运行和发展的重要条件和基础。

2.2.2.5　灰分的影响

这里所指的灰分是焦炭燃烧后的残留物，并不是焦粒的灰分。焦炭质量越差，灰分越高，尤其是土焦，灰分可高达40%以上。表2-3是不同焦炭灰分中化学组分的对比情况。

表2-3　不同焦炭灰分中的化学组分对比表（质量分数/%）

品名	固定碳	挥发分	灰分	灰分中化学组分					
				SiO_2	Al_2O_3	MgO	CaO	Fe_2O_3	其他
冶金焦	84.9	1.45	13.64	41.5	39.36	0.76	4.85	8.94	4.59
土焦	70.01	2.94	27.05	39.05	19.11	1.71	4.5	30.95	4.68

从表2-3看，土焦灰分中的Fe_2O_3占30.95%，这在炉内要被还原并生成磷铁，多耗费焦炭，使磷收率下降，电耗上升。由于灰分中杂质多，给配料带来的不可知因素也随之增加，炉料配比的

准确性下降,对炉内磷酸盐的化学还原反应带来的未知影响也同样增加。因此,在选用入炉炭质还原剂时,不能仅从表面上看土焦价格比冶金焦便宜,必须认真总结分析由于土焦杂质含量高,质量不稳定对黄磷生产带来的弊端。计算原料最终的使用成本是企业管理者指导生产的重要手段之一。对那些固定碳低,硫、挥发分、灰分中 Fe_2O_3 含量高,水分、粒度超标的焦炭不宜入炉生产。

2.2.3 硅石对反应的影响

硅石作为助熔剂参加碳还原磷酸盐的反应,从前面的热力学分析可知,加入 SiO_2 生成易熔的偏硅酸钙,促使反应向正方向移动。磷酸盐还原反应是吸热反应,而生成硅酸盐的反应是放热反应,引起局部温度升高而增加了扩散速度,使还原速度和还原率增加,反应生成易熔的炉渣,降低了反应温度。因此,有 SiO_2 存在时,更有利于磷酸盐的还原反应进行。

2.2.3.1 酸度的概念

炉渣酸度(Mk),又称酸度指标、酸度系数、酸度值、酸度。凡炉渣成分中二氧化硅占优势的渣称酸性渣,氧化钙占优势的渣称碱性渣(有的资料介绍,$Mk>1.07$ 称酸性渣,$Mk<1.07$ 称碱性渣,我们认为并不准确)。黄磷炉渣根据此定义属于碱性渣,但是我们又把磷渣中的 SiO_2/CaO 称之为炉渣酸度。其实这是一种习惯叫法,并不是说炉渣是酸性渣,而是指这种渣的碱度比较低。

对炉渣酸度的定义有两种:一种只考虑炉渣中的 CaO 和 SiO_2 的含量,其酸度表达式为:

$$Mk=n(SiO_2/CaO)$$

另一种不但考虑 SiO_2 和 CaO,还要考虑其他酸性、碱性物质,其中最主要的是 Al_2O_3 和 MgO,其酸度表达式为:

$$Mk=n[(SiO_2+Al_2O_3)/(CaO+MgO)]$$

前者称二元酸度,后者称为四元酸度。由于 MgO 和 Al_2O_3 在磷矿中的含量通常很低,国内黄磷企业一般只用二元酸度进行配料计算。

高温下 SiO_2 是呈酸性的，它作为一个反应物与炉料中的 CaO 结合生成易熔的硅酸钙炉渣。因为炉渣的熔点低于炉料中的各组分，它就以流体介质可促进反应的进行，并易于将其排出。因此，SiO_2 的用量直接影响到磷酸盐的还原反应温度、还原率、炉渣含磷量、炉渣流动性、炉气含尘量及电耗等，它是衡量炉内化学还原反应完全与否的一把尺子，是电热法黄磷生产中工艺操作与控制的重要经济技术指标之一。

2.2.3.2 硅石作用、酸度及其控制

硅石在制磷过程中作为助熔剂，以降低炉料的还原温度。从图 2-2CaO $-SiO_2$ 系统平衡图可以看出，炉渣的熔点决定于渣中 $m(SiO_2/CaO)$，其值（以下均按质量计）在 0.75～0.85 时，炉渣熔点较低，对抑制副反应，降低电耗是有利的。

硅石作为助熔剂，在磷矿石还原时主要生成二硅酸三钙，它的酸度为 0.715，由于二次反应才生成偏硅酸钙，它的酸度为 1.07。

$$Ca_3Si_2O_7 + SiO_2 \longrightarrow 3CaSiO_3$$

因此，炉料中的硅石并未全部生成二硅酸三钙，过量的部分是不参加反应的。多余的 SiO_2 在还原温度下直接升华进入炉气（在过热区发生副反应时产生的），并在冷凝中成为泥磷。因此，混合料中的硅石用量不宜超标，以使炉料中的全部 CaO 生成 $Ca_3Si_2O_7$ 为佳。一般而言，碱性炉料的 SiO_2 升华量比酸性炉料少得多。

从图 2-2 还可以看出，若酸度值在 0.80 左右时，即处在温度变化缓慢的 B 位置，即使酸度有所波动，温度变化也不大，对操作不会带来大的影响；反之若酸度过低，即位于曲线比较陡直的 A 位置，就会造成熔点高、电炉效率低，副反应多，对电炉运行反而不利。而过大的酸度值同样会造成炉渣量大、副反应多、增加磷的杂质、使磷回率降低和增加消耗。

由图 2-10$Ca_3(PO_4)_2$ 还原程度随温度变化曲线和图 2-11 反

应时间对 $Ca_3(PO_4)_2$ 还原程度的影响还可以看出，SiO_2 对制磷反应的影响。

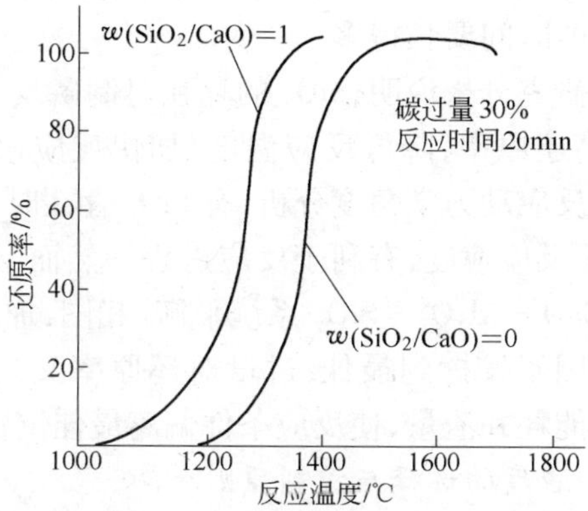

图 2-10 $Ca_3(PO_4)_2$ 还原程度随温度变化的曲线

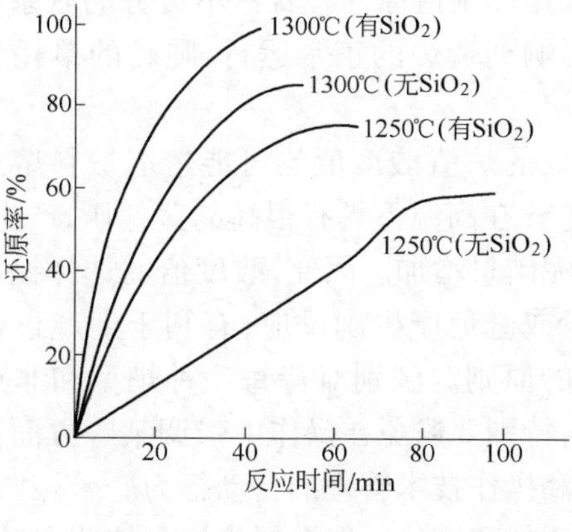

图 2-11 反应时间对 $Ca_3(PO_4)_2$ 还原程度的影响

(1) 在同一温度下，无 SiO_2 存在比有 SiO_2 存在时的磷还原率低。

(2) 达到同一还原率，无 SiO_2 存在比有 SiO_2 时的反应时间长。

(3) 有 SiO_2 存在时还原率提高得最快的反应温度在

1200～1300℃。无 SiO_2 存在时还原率提高最快的反应温度在1300～1400℃，两者相差200℃。

（4）在反应温度相同的条件下，无 SiO_2 比有 SiO_2 存在时，达到同一还原率的时间要长得多。

从以上的研究分析说明，SiO_2 的存在对制磷反应的影响相当大，能有效提高还原率，降低反应温度，加快反应速度，缩短反应时间。从化学反应动力学角度分析，有 SiO_2 存在时的扩散系数加大，因此加快了反应速度，有利于反应进程。然而，加入量应遵循化学剂量和"$CaO-Al_2O_3-SiO_2$ 系统平衡"相图，加入量不足则不能使这一有利因素发挥到最佳，过量对还原率又几乎没有影响，相反还会增加能耗和渣量，使反应条件偏离最佳位置。

2.2.3.3　酸度的选择与控制原则

根据长期生产经验，各厂的磷炉对炉渣酸度值有不同的控制要求。因为它和炉料的化学组分、配料比、渣中残磷量、出渣情况、炉型及其操作控制指标等有着密不可分的联系，互为条件，息息相关，直接影响到磷炉的正常运行、吨磷的单耗和经济技术指标的好坏。

过高或过低的炉渣酸度值均可能造成炉料熔点升高。余量的 SiO_2 升华成Si在高温下具有很高的蒸气压，产生大量烟雾，进入冷凝系统使泥磷量增加。因此，酸度值的选择控制要本着科学合理、尽量减少或避免产生副反应，有利于生产正常进行并符合经济技术指标的原则。区别对待每一种炉型和非正常条件下炉况的特殊需要，特别要避免在操作中强调某一方面而忽视另一方面的偏激做法和操作技术管理的盲动行为。

国内小黄磷的酸度值一般选择指标都控制在0.75～0.85，我省多数厂家都控制在0.8左右，有的厂家认为0.75左右的下限最好操作，各项经济技术指标、炉温、炉况和生产都不错。若使用高硅矿生产，即使炉料中不配硅石炉渣酸度指标超过0.85时，必须加入一定数量的高磷低硅矿，以调整炉渣酸度指标。

德国伍德公司（UHDE）K厂在配料时以实际计算酸度值0.9

(质量分数)为基准,然后再根据渣流、炉况和渣样分析结果作适当调整,硅石用量一般都是在理论计算值中减去5% ~12%。

哈萨克斯坦新江布尔黄磷厂和马龙产业安宁厂均采用$m(Al_2O_3+SiO_2)/m(CaO+MgO)$表示酸度,控制在0.8~0.9。如果炉料中$Al_2O_3$含量增加,将使炉料、炉渣的熔点都降低($CaO-SiO_2-Al_2O_3$体系熔点较低),从而导致反应区温度降低。所以,在使用Al_2O_3含量高的磷矿时,若采用四元酸度作为配料依据,$Mk=0.8\sim0.9$,则使$m(SiO_2/CaO)$达不到0.8~0.9,造成渣中P_2O_5上升。

酸度值对炉渣残磷量有一定的控制作用。从图2-12酸度值对炉渣中残磷量的影响可见,在不同的焦炭用量下,酸度对炉渣中残磷量有不同的影响。当焦丁用量一定,炉渣残磷量随酸度的提高而下降;当酸度值一定时,炉渣残磷量随焦炭的用量增加而下降。图中显示,当炉渣残磷量在0.8% ~1.0%(质量分数)时,其酸度值为0.8~0.77。因此,在不能增加焦炭用量(如炉况不好抬电极、出渣间隔缩短)时,可将炉渣酸度适当提高,以控制炉渣的残磷量和使生产尽快恢复正常。

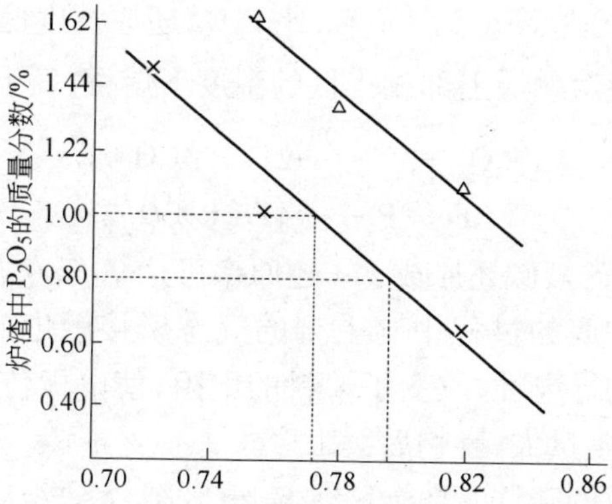

图2-12 酸度值对炉渣中残磷量的影响

△—焦炭过量系数为108%;×—焦炭过量系数为111%

2.3 原料中其他组分对反应的影响

炉料中除了含有 P_2O_5、C、SiO_2 外，还含有 CaO、CO_2、Fe_2O_3、Al_2O_3、MgO、K_2O、Na_2O、F、As 和 I 等，实际炉料中的组分还远不止以上这些。有关资料表明，炉料中还含有锰、钛、铬、钒、镍、铅等的氧化物或硫化物。在生产过程中几乎都被还原并富集于磷铁中。这些杂质有的含量很低，对黄磷生产影响不大，可忽略不计。因此，仅对那些常见的，影响大的逐个进行简要分析研究。

2.3.1 Fe_2O_3 对反应的影响

磷矿石、硅石、焦炭三种原料中都含有 Fe_2O_3，而 Fe_2O_3 对电热法黄磷生产危害极大，所以原料中 Fe_2O_3 含量从来都要进行重点分析研究。一般来讲，磷矿中 Fe_2O_3 至多不应超过 3%，硅石中不超过 1.5%，焦炭中不超过 3%。如果采用自焙电极要带入钢壳，钢壳的主要成分是 Fe 和 Fe_2O_3，每吨黄磷的带入量大约在 2～8kg。

2.3.1.1 还原温度低的影响

Fe_2O_3 的还原温度为 730℃，比 P_2O_5 还原温度低得多，这样就促使炉料在半熔融层上部相当低的温度下熔融，发生下列反应：

$$Fe_2O_3 + 3C \xrightarrow{730℃} 2Fe + 3CO - Q$$

$$8Fe + P_4 \longrightarrow 4Fe_2P + Q$$

Fe_2O_3 首先被碳还原成 Fe（还原率可达 90% 左右），熔融的元素铁在流向炉底的过程中与上升的气态磷接触生成磷铁。增加了上部炉料的导电性，改变了熔料的电阻，使电极位置上移，炉气温度升高，含尘量大，影响后续工序。

炉内生成的磷铁一般含磷 22%～28%，大致组成为 Fe_2P、FeP 的混合物，见图 2-13Fe－P 体系状态图。影响磷铁含磷量的主要因素是炉料中的焦比，当制磷电炉具备强烈的还原条件时（炉内出现过热区），部分 SiO_2 被还原成 Si 而与磷铁化合，从而降低了磷铁的含磷量。Fe_2O_3 的还原率与炉渣酸度指标有关,当 *Mk* 高于 0.8 时,还原率低于 90%。

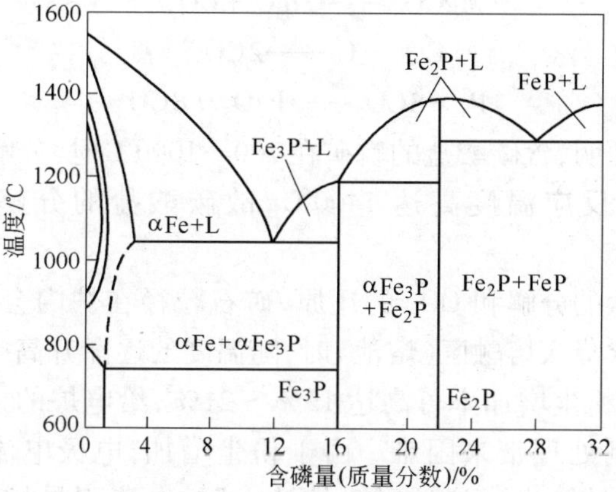

图 2-13 Fe－P 体系状态图

2.3.1.2 对电炉热效率、磷收率的影响

还原 Fe_2O_3 所耗的热量大于生成磷铁时释放的热量,其次后者释放的热量大部分被炉气带走。所以炉料中 Fe_2O_3 的还原反应是一个净热损失过程。假如磷矿中 Fe_2O_3 含量为3.3%,输入炉内的电能约有1%耗于生成磷铁,约有0.9%耗于磷铁排放时带走的显热。同时磷铁中的磷含量挤占总磷约6.5%,导致了电炉的热效率和磷收率下降。

根据理论计算和实际生产的消耗统计,当磷矿的品位在30%,磷收率按90%计,化学组分中的 Fe_2O_3 每增加1%,每吨成品磷多耗电120kW·h、焦炭20kg,成品磷减少13kg。

2.3.2 碳酸盐(CO_2)对反应的影响

磷矿中碳酸盐主要以方解石($CaCO_3$)或白云石($CaCO_3$·$MgCO_3$)的形式存在。碳酸盐的分解温度在700～1000℃,分解出来的 CO_2 随即被 C 还原成 CO 或与磷反应生成低级氧化物。也就是我们通常说的灼失(烧灼量)。灼失高也就是分解出来的 CO_2

量高,所以一般我们也用 CO_2 表示灼失。其化学反应如下:

$$CaCO_3 \longrightarrow CaO + CO_2\uparrow$$

$$MgCO_3 \longrightarrow MgO + CO_2\uparrow$$

$$CO_2 + C \longrightarrow 2CO\uparrow$$

$$P_4 + 8CO_2 \longrightarrow P_4O_8 + 8CO$$

实践证明,含碳酸盐的磷矿在700~1000℃时,分解率为82%以上,炉内反应温度高达1400℃,故碳酸盐的分解率可视为100%。

碳酸盐的分解和 CO_2 的还原,矿石粒径在炉内会发生变化。当炉料依次降入熔融区(熔池)时,随温度的逐渐升高磷矿爆裂使粉尘增多,粉尘增加率可高达12%~21%,给电炉的正常运行和粗磷的精制处理带来困难。由于粉尘增加,电极电流易发生波动,炉内容易结拱,塌料频繁,熔池电阻、电流不易控制,炉压剧增,严重时引起电极密封处喷火,烧坏电极悬挂等设施,还给炉面工(护炉工、电炉工)的正常操作维护带来潜在的安全隐患。这种情况在湖北宜昌地区的黄磷厂时有发生,磷矿中碳酸盐的含量过高是其中的主要原因之一。

磷矿中的 CO_2 每增加1%,每吨黄磷要增加电耗200kWh、焦炭30kg、泥磷量10%~20%;此外,在700~900℃条件下 CO_2 与电极发生氧化反应还会增加电极消耗。

2.3.3 MgO 对反应的影响

磷矿中所含的 MgO 亦和炽热的焦炭发生以下反应:

$$MgO + C \longrightarrow Mg + CO + Q$$

该反应的还原率在80%~100%,生成的 Mg 分布于磷铁、炉渣、泥磷(或电尘灰)或残留在成品磷中。由于该反应是放热反应,大量的热量产生在料层上部,使炉气温度升高,严重时会使导气管发红。同时,MgO 的还原反应作用会降低电炉效率,增加焦炭消耗。MgO 还原产物的燃烧妨碍了电炉的正常操作运行,甚至毁坏炉衬,危及炉子寿命。

有关资料报道,Mg 是化学性质最活泼的金属元素之一,生成的 Mg 从熔池内上升至料面时又与 CO 反应:

$$Mg + CO \longrightarrow MgO + C$$

式中生成的部分 MgO 又随炉料下降,重复发生上述还原反应,如此往返循环的反应消耗了大量电能。这一现象在电石炉生产中得到验证:当电石炉突然断电时,从炉内取样分析其 MgO 含量高达 20%,远远高于炉料中原来的含量。这充分证实上述化学还原反应是存在的。危害更大的是生成的 MgO 会在料面上结成硬壳,影响料层的透气性,这对炉料缓慢有序地下降产生不利影响,容易引起塌料。上述现象虽然发生在电石炉生产中,但电热法制磷电炉生产过程与其有相似、相同之处,不能不引起关注和研究。

据我国各矿区 65 个磷矿样的综合分析数据表明:磷矿中的 MgO 大部分在 0.14% ~8.96% 范围内,一般在 1% ~4% 之间,若 MgO 按 2% 计,反应率为 80% 考虑,吨磷的电耗将增加 448kWh。因此,磷矿中的 MgO 含量越低越好,可以避免炉内不良影响的产生。

2.3.4 Al_2O_3 对反应的影响

黄磷生产中,炉料中 99.5% 的 Al_2O_3 进入炉渣与磷矿石中的 CaO、SiO_2 作用形成新的化合物,成为 $CaO-Al_2O_3-SiO_2$ 三元系统的熔融物排出。从图 2-14$CaO-Al_2O_3-SiO_2$ 系统平衡图可知,当 Al_2O_3 含量增加到 11% 时,就会使 $CaO-Al_2O_3-SiO_2$ 系统的熔融温度降低,因而磷矿石的熔点随其中的 Al_2O_3、Fe_2O_3 含量的增高而降低。

根据实验,Al_2O_3 在磷矿还原过程中可以代替 SiO_2(依据化学反应大约 1.5kg 的 Al_2O_3 可代替 1kg 的 SiO_2,在配料中可列入但同时也要将 MgO 引入),但其反应温度高达 2160℃,若熔池内无过热区,一般情况下炉内不可能出现如此高的温度,它在炉内发生还原反应的可能性不大。在相同的温度和时间下,SiO_2 作为助

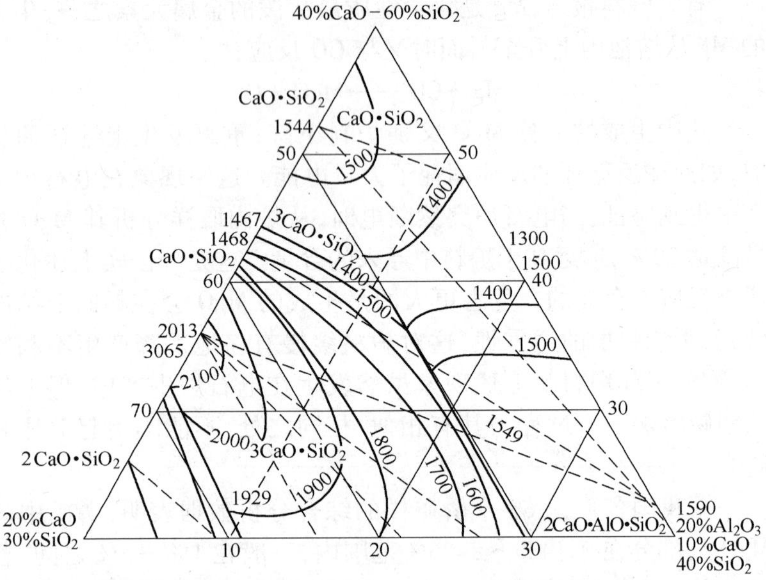

图 2-14　$CaO-Al_2O_3-SiO_2$ 系统平衡图

熔剂比 Al_2O_3 作为助熔剂对磷酸盐的还原率要高。

当采用酸性炉渣时，由于炉料中 Al_2O_3 的存在，会使炉渣发黏，影响渣的流动性。这时低铝熔融炉渣不容易与磷铁分离，还会使排渣困难。

然而，当 Al_2O_3 含量增加到 11% 时，熔渣的熔点反而下降，这是由于降低了 $CaO-Al_2O_3-SiO_2$ 系统的熔融温度。由此可见，Al_2O_3 的存在对炉渣的熔化温度有很大影响。当磷铁不沉降、分离不好、渣的流动性差、排渣困难并伴有磷铁下水爆炸时，请注意原料和渣中的 Al_2O_3 是否含量变化或升高。尤其是当渣中 *Mk* 超过 0.95 时，在确定酸度指标时，必须从 $CaO-Al_2O_3-SiO_2$ 体系进行分析，以确定 SiO_2 加入量，确保制磷电炉正常操作运行。

2.3.5　H_2O 的影响

H_2O 是入炉原料中的一种杂质。在电热法制磷过程中，H_2O

要消耗一定的热量(汽化热),不仅在磷酸盐的还原反应中增加副反应的发生,而且成为工艺气体中的杂质,对管道、设备等造成各种不良后果。

原料中 H_2O 从结合状态来看分为两类,即游离水和化合水,游离水又分外水和内水。附在物料颗粒的表面上,容易蒸发离去的水分称外在水分(外水);被吸附到物料内部毛细孔内(孔隙,如焦丁的蜂窝孔),难以蒸发除去的水分称内在水分(内水)。外水可在常温下经一定时间风干后蒸发离去,因此又叫风干水分;内水须经100℃以上温度烘干作用一段时间后方能蒸发离去,因此又叫烘干水分。以化合方式与物料中矿物质相结合的 H_2O 称化合水,又叫结晶水。如硫酸钙中有两个结晶水($CaSO_4 \cdot 2H_2O$),高岭土中有两个结晶水($Al_2O_3 \cdot 2SiO_2 \cdot 2H_2O$)。结晶水在物料中所占比例不大,一般可忽略不计。因此,物料都含有一定量的 H_2O,如果遇到雨季或烘干效果不好,H_2O 含量更高。生产中大部分 H_2O 入炉后被蒸发随炉气进入冷凝洗涤系统,一部分随炉料进入高温区与炽热焦炭和 CO 反应生成 H_2、CO_2,H_2 又与磷反应生成磷化氢,即:

$$H_2O + C \longrightarrow H_2\uparrow + CO\uparrow$$

$$H_2O + C \longrightarrow H_2\uparrow + CO_2\uparrow$$

$$6H_2 + P_4 \longrightarrow 4PH_3\uparrow$$

在常态下,当湿料入炉后,由于生成水煤气($H_2 + CO$)同炉料中带入的少量空气及上升的 H_2 燃烧,而使料层上部温度升高,以至于炉料的电阻降低,扰乱炉内电流回路。

H_2O 还会与上升炉气中的氧化物反应生成偏磷酸。偏磷酸质黏,易粘在炉气导气管管壁,吸附粉尘,越结越厚,甚至堵塞导气管。有时偏磷酸沿下料管上升粘在下料管管壁上,同样会造成下料管的堵塞,处理起来非常困难。

其次,H_2O 的存在使焦粉粘在颗粒焦上不易筛分,导致配料计量误差增大,焦粉量增加,料层易于结壳和塌料,结壳的料层电阻显著降低,使支路电流增加,电极电流控制操作困难。如果装置流程中设有静电除尘器，还会引起高压电路短路，使静电除尘器丧失除尘功能。

由于以上的这些反应和原因，有 H_2O 存在就会降低磷产量、增加电能、电极消耗，腐蚀损坏设备，给生产带来意想不到的麻烦和困难。因此，我们认为入炉原料中的 H_2O 是电热法制磷过程中一种不易被引起注意的杂质，务必经过烘干达到质量要求，焦炭更是如此。

2.3.6　CaO 的影响

磷矿中的 CaO 和 SiO_2 是黄磷生产中的造渣主要成分，CaO 含量的多少对经济技术指标的影响一般容易被忽略。在实际生产中，大家对 SiO_2 的含量比较重视，但对 CaO 的多少反而未引起注意。据有关资料介绍，当磷矿中 P_2O_5、SiO_2 含量不变时，磷矿中的 CaO 上升 1%，则入炉 P_2O_5 下降 0.24% ~0.26%，吨磷矿耗上升 74 ~88kg，电耗上升 98 ~117kWh。

当磷矿中内在的 *Mk* 达到或超过 1 时，反而会使炉渣流动性变差，还原反应温度升高，炉渣和磷铁形成共熔体夹带磷铁，在炉渣水淬时易发生爆炸。为了控制合理的 *Mk* 需外加碳酸钙，结果降低了入炉料中的 P_2O_5 含量使渣量增加，从而增加了电的消耗和磷的损失。这种矿云南文山广南县、越南老街省比较多，单独使用时经济技术指标较差，对炉衬碳砖腐蚀较频繁，需经合理兑配处理后方能使用。比如和高磷低硅矿科学合理兑配，改变其内在质量，既是对磷矿资源的优化配置，又可以降低消耗，对改善炉况和产生好的经济效益，将起到事半功倍的作用。

2.3.7　F 的影响

各种磷矿石中所含的 F 组分，通常情况下是以氟磷酸钙 [$2Ca_5F(PO_4)_3$] 的形式存在。炉料中的 F 一部分以 CaF_2 的形式进入炉渣，另一部分则以 SiF_4 的形式升华逸出。

磷矿石中化合态的 F 按下式反应：

$$2Ca_5F(PO_4)_3 + 15C + 6SiO_2 \longrightarrow 3P_2 + 15CO + 3Ca_3Si_2O_7 + CaF_2$$

$$6CaF_2 + 7SiO_2 \longrightarrow 3SiF_4 + 2Ca_3Si_2O_7$$

SiF_4 随磷炉气一同逸出,并在磷蒸气冷凝过程中被水解生成氟硅酸和硅酸:

$$3SiF_4 + (n+2)H_2O \longrightarrow 2H_2SiF_6 + SiO_2 \cdot nH_2O$$

F 的逸出受 Mk 的影响,当炉料中 SiO_2 含量增加,Mk 值达 0.90 以上时,F 的逸出率可高达 80% ~90%。当 Mk 值为 0.8 左右时,F 的逸出率仅为 30% ~50%。将 Mk 控制在合适的指标内,让大部分 F 以 CaF_2 的形式留在硅酸钙炉渣中一起排出,是减少污染、稳定和改善生产环境的有效方法。

2.3.8 碱性氧化物的影响

磷矿中含有少量的 K、Na、Mg 等氧化物,在磷升华的同时,也有不少部分的碱金属升华,碱金属的升华率随 Mk 的降低而升高。由于这些金属蒸气在炉子的上部,其中一部分与 CO 迅速反应生成氧化物,放出大量热量,如:

$$Mg + CO \longrightarrow MgO + C + Q$$

类似的反应发生在料层上部,金属蒸气燃烧使炉气温度升高,严重时可使导气管发红,损坏炉拱、炉衬,妨碍电炉正常操作。同时 CO 的分解反应生成碳膜(炭黑),这层碳膜的存在会改变炉料的导电率,使输入炉内的电能不能集中在熔池内转变成热能,降低了电炉热效率,这对黄磷生产极为不利。

2.4 “结拱”对反应的影响

不同类型的磷矿石其化学组分差异导致它们的软化温度和熔化温度不同。在前面的分析研究中多次叙述到,任何情况导致炉料在炉内相对低的温度下,使料层上部发生结壳或熔融产生的“结拱”现象和原因(炉料中化学组分、粒度、H_2O 的变化波动,带入炉内和炉内形成的细粉增加等),都会给炉内反应带来极大的危害和影响。

2.4.1　"结拱"的成因及危害

一旦炉内料层发生"结拱"形成一个硬壳，它就会阻止炉料缓慢有序地落入熔池，干扰、影响炉内的操作电阻，这样熔池内磷酸盐还原反应所需要的热量锐减，而电能仍在继续通过电极输入熔池，结果导致输入的热量和消耗的热量不平衡，使熔池内温度升高，为下列化学反应的发生创造了条件，消耗了大量的热能和损失了磷。

$$SiO_2 + 2C \xrightarrow{1500℃} Si\uparrow + 2CO$$

$$Ca_3(PO_4)_2 + 8C \xrightarrow{1600 \sim 1700℃} Ca_3P_2 + 8CO$$

$$CaO + 3C \xrightarrow{1800 \sim 2000℃} CaC_2 + CO$$

有关资料表明，根据黄磷炉料粒径的组成和炉料配比情况，经测定炉料孔隙率为20.81%。小型电炉操作经验说明：当炉料中细粉（小于4mm）量在15%以下时电炉可以正常生产操作；若细粉量增至25%时，炉内有轻微塌料，操作电流不太稳定。假若细粉达到30%以上，炉内就出现猛烈的塌料，电流、炉压频繁波动，含尘量大增，最高时可达到$90g/m^3$以上。大中型电炉比小型电炉要求高，根据经验，炉料细粉在5%～10%可正常操作，在10%～15%有轻微波动，在15%以上就很难操作控制了。

2.4.2　"结拱"对炉内料层结构的影响

由于炉料"结拱"使料层厚度变薄，高温炉气和炉料不能充分进行热交换，导致炉气出口温度升高。不但降低了电炉的热效率，而且增加了电耗，还使炉况恶化。当"结拱"的硬壳承受不了上面料层重压发生塌料时，炉料突然跌入熔池，一方面造成熔池内温度急剧下降，熔料溅起，电阻率急剧增加，电极电流锐减。如果频繁发生塌料，料层温度分布和熔池温度不能稳定在适宜的范围内，对磷酸盐还原反应极为不利。

此外，塌料使落入熔池内的炉料突然升高温度，炉料中水分蒸发逸出，接触高温炉气而发生如下反应，增加磷的损失。

$$P_4 + 6H_2O\uparrow \xrightarrow{500^\circ C} 2H_3PO_4 + 2PH_3\uparrow$$

同时，磷矿石遇到突然温升，因爆裂而产生的细粉率高达12% ~21%，这又为下一次的炉料“结拱”创造了条件，周而复始的塌料使炉况形成恶性循环，最终还会引起电极接二连三折断。

因料层结构的破坏而使生产处于不稳定被动状态的现象要杜绝，它不仅扰乱了炉内的电流分布和热量平衡，而且破坏了电炉熔池的良好形成和最优惠工艺条件。因此，必须高度重视，认真分析和减少炉内料层结构对电热法黄磷生产的影响。

3 原料及原料加工

3.1 磷 矿

磷矿是一种不能再生、不可替代的资源，它是指在经济上能被利用的磷酸盐类矿物的总称，是生产磷化工产品的主要原料。磷在自然界中分布很广，它和氧的亲和力很强，一般以磷酸盐的形式存在于矿石之中，地壳中含磷矿物大约有 120 种之多，在工业上的应用已经有 100 多年的历史。但具有工业价值的为数不多，主要为磷灰石型磷酸盐和铝磷酸盐。

3.1.1 磷矿的分类

(1)磷灰石型磷酸盐矿。由于矿物组成、结构和杂质含量的不同，其物理、化学性质各异。按其成因不同，一般又可分为两大类——磷灰石和磷块岩。

磷灰石表示式为：$3M_3(PO_4)_2 \cdot CaX_2$，式中 M 代表 Ca^{2+}；X 代表氟、氯或 OH 基。

磷酸盐分子中的钙可以被锶、稀土元素、钠以及其他元素进行同晶取代；PO_4^{3-} 离子可以被 SO_4^{2-} 和 SiO_4^{2-} 同晶取代。其中 P 也可被 As、V 取代。在自然界中最常见的、能够组成矿床的有以下五种：

1)氟磷灰石 $Ca_5(PO_4)_3F$：含 P_2O_5 42.23%，CaO 50.03%，F 3.8%，自然界中存在数量最多。

2)氯磷灰石 $Ca_5(PO_4)_3Cl$：含 P_2O_5 40.91%，CaO 48.47%，Cl 6.8%。

3)碳磷灰石 $Ca_{10}(PO_4)_6(CO_3)$：含 P_2O_5 35.97%，CaO 48.31%，CO_2 4.46%。

4)羟基磷灰石 $Ca_5(PO_4)_3(OH)$：含 P_2O_5 42.40%，CaO

50.23%。

5)碳氟磷灰石:$Ca_{10}(PO_4,CO_3OH)_6(F,OH)_2$。

磷灰石矿中除磷灰石外,还含有霞石$(Na,K)AlSiO_4 \cdot nSiO_2$、辉石类——霓石$NaFe(SiO_3)_2$、钛磁铁石$Fe_3O_4 \cdot FeTiO_3 \cdot TiO_2$、钛铁石$FeTiO_3$、榍石$CaTiSiO_5$、长石、黑云母、异性石等。磷灰石矿由熔融的岩浆冷却结晶而成,属于分布在火成岩中的矿物。

磷块岩,也称纤核磷灰石,是由古代海洋湖泊中许多含磷物质的微小颗粒在海底或湖底沉积而成,也可以说分散状态的磷灰石是形成磷块岩的原始物质。磷块岩的特点是细晶结构,微粒有较高的分散性和气孔性,常有结晶水,且多与含有碳酸钙的矿物共生或同晶取代。有的呈无定形胶凝状态,有的呈明显的结晶形式,有的具有许多过渡状态的颗粒,所含磷酸盐物质的显微结构相差很大。颜色有灰白色、浅绿色、黄褐色和灰黑色等。用力摩擦碎块,可以嗅到一种像火柴燃烧时所产生的刺激性气体味道。

磷块岩中一般含有下列矿物杂质:海绿石——水溶性硅酸盐型$[(R_2O+RO)R_2O_3 \cdot 4SiO_2 \cdot 2H_2O]$。

式中,R_2O为Na_2O或K_2O;RO为MgO、CaO或FeO;R_2O_3为Fe_2O_3或Al_2O_3。还含有褐铁矿$Fe_2(OH)_6 \cdot Fe_2O_3$、方解石$CaCO_3$、白云石$CaCO_3 \cdot MgCO_3$、硅酸镁$MgSiO_4$、高岭土$H_2Al_2Si_2O_8 \cdot H_2O$、硫铁矿$FeS_2$、长石、石英、花岗岩等及有机物质。

磷块岩因矿床的性质不同,又可分为两大类:层状和结核状(卵石状)。层状磷块岩是片状氟磷灰石与碳酸盐及硅酸盐共生的磷矿,我国西南地区已发现的几处较大的磷矿就属于此类,特点是P_2O_5含量较高,铁铝杂质含量较少。结核状的磷块岩则以不规则的卵石状存在于砂石或黏土中,有时与石灰石、硅酸盐、黏土等胶黏在一起。通常,砂质结核状磷块岩P_2O_5含量较低,酸不溶物(SiO_2)含量较高,黏土型结构状磷块岩P_2O_5较高,碳酸盐含量较高,酸不溶物含量较低。

(2)含铝磷酸盐矿。含铝型磷酸盐矿床在世界上分布相当广泛,如我国四川省什邡磷矿中的硫磷铝锶矿、美国佛罗里达的陆地岩砾磷矿床的含铝磷酸盐岩,圣诞岛中的 C 级磷矿矿层。

含铝磷酸盐矿主要是纤磷铝石 $CaAl_3(PO_4)_2(OH)_5 \cdot H_2O$、水磷铝碱石 $(Na/K)CaAl_6(PO_4)(OH)_4 \cdot 3H_2O$、银星石 $Al_2(OH)_3(PO_4) \cdot 5H_2O$。与磷灰石一样,可以有各种取代成分,通常铁是铝的取代成分。目前含铝磷酸盐矿用量较小,可作硝酸磷肥或经煅烧后直接使用。

3.1.2　磷矿的性质

3.1.2.1　磷矿的物理、化学性质

纯磷灰石颗粒的硬度为 5(莫氏硬度);结核磷块岩的硬度介于 2 ~5 之间。磷灰石属六角形晶体结构,晶形常呈六方长柱状或短柱状,结构坚固而致密,不含结晶水,难溶于水,只能溶于强酸。

磷灰石的熔点在 1500 ~ 1570℃,25℃的标准生成热等于 117.23kJ/mol,质量热容为 780J/(kg · K)。标准磷灰石精矿在大堆堆放时的平均堆密度为 $1.8t/m^3$,小型料斗中堆放时为 $1.5t/m^3$,标准精矿的平均静止堆角取 37°。

3.1.2.2　磷矿的活性

磷矿石的反应活性与其组成和形成的条件有关,不同的产地磷矿活性有所差别,磷矿的活性与其反应能力及农业的增产效果有关,活性越大,增产效果越好。对于黄磷生产,活性好,反应能力增强,反应速度加快。

3.1.3　我国磷矿资源的特点、现状与可持续发展

3.1.3.1　我国磷矿床的地质特征

我国磷矿资源丰富,矿床类型齐全,含磷层位较多。中元古界、南方震旦系上统、寒武系下统及泥盆系上统是我国沉积磷块岩和沉积变质磷灰岩矿床的重要含磷层位。其中以寒武系下统梅树村阶含磷最丰,次之南方震旦系上统的统陡山沱组磷块岩,

而中元古界的沉积变质磷灰岩和泥盆系上统的海相再沉积磷块岩,储量较少、品位较低。此外,北方震旦系、寒武系下统沧浪辅阶、寒武系中统、奥陶系下统、志留系上统、泥盆系中统、石炭系下统及二迭系上统等层位,也有少许探明储量。

3.1.3.2 我国磷矿的形成种类、分布状况

沉积变质磷灰岩矿床为元古代海相沉积磷块岩经后期区域变质作用形成。工业矿床分布在江苏、安徽、湖北三省;含磷岩系自苏北锦屏经安徽肥东、宿松至湖北黄梅、大梧构成断续分布的成矿带,主要矿物为磷灰石、石英、长石等。

晚震旦世陡山沱期磷块岩主要分布在扬子西区的贵州、湖南、湖北三省;在川北、陕南、赣东北、浙西等地区也有少量分布。该含磷地层主要由白云岩、磷块岩、黏土岩及其过渡岩石组成,在鄂西荆襄、宜昌、保康、神农架等地颇多出现。矿物组成主要为胶磷矿,其次是少量的细品磷灰石,脉石为白云石、石英、黏土等。

早寒武世梅树村期磷块岩主要分布在云南、贵州、四川三省,其中云南的蕴藏量居首,约占该期磷矿总量的80%左右;另在陕南和湘西有少量探明储量,赣西和浙西也有零星分布。矿石主要为致密状磷块岩、条带状磷块岩、白云质磷块岩及生物碎屑磷矿岩,含磷矿物主要为胶磷矿。胶磷矿在磷块岩中成颗粒和胶结物两种形式存在。脉石主要为白云石、方解石、石英、黏土等,其次为海绿石、黄铁矿及炭质物等。

晚泥盆世海相再沉积磷块岩,在四川中部什邡、绵竹两县西侧,呈东西向带状,延绵长约50km。矿床规模大、质量好,是我国重要的磷矿产地之一。其矿床由下部磷块岩和上部的硫磷铝锶矿层组成。磷块岩矿物成分主要为胶磷矿(碳氟磷灰石),其次为水云母、黄铁矿、有机质等。矿石主要化学组分含量见表3-1。

表3-1 晚泥盆世海相再沉积磷块岩化学组分 (%)

P_2O_5	SiO_2	CaO	MgO	CO_2	Fe_2O_3	Al_2O_3	F	Sr	S	I	有机质
28.01	5.46	38.53	0.7	1.81	3.04	4.68	2.54	1.86	2.56	0.0124	0.05~1.4

内生磷灰石矿床主要分布在我国北方辽宁、河北、山西、陕西、山东及黑龙江等省，在福建、广东、广西、内蒙等地也有少量探明储量。一般 P_2O_5 含量较低，伴生铁、钛、钒等，矿石可选，也可综合利用。

3.1.3.3　*云南省磷矿的形成、分布情况*

云南省磷块岩聚磷区属于川滇成磷带的一部分，位于扬台的西南隅，西邻康滇古陆，南屏越北古陆，还有旁系古陆孤岛，海隆散居于海盆之中，构成了濒海前缘海盆聚磷区。纵贯南北的小江、普渡河两断裂带控制着聚磷盆地，东西向断裂制约孤岛、海隆和优质磷矿赋存的盆地。

云南磷矿资源有两个成磷期，即早寒武纪梅树村期与中泥盆纪东岗期。后者产地仅文山广南县布达一处具有工业价值，其工业储量在 189.4 万吨左右，地段平均 P_2O_5 含量 12% ~25%，酸不溶物（SiO_2）较高，磷矿自身的酸度一般在 0.9 ~1.2 之间。其他均系梅树村期沉积磷块岩矿床，其主要分布于滇东地区，北起金沙江与四川毗邻，南到江川、华宁，长 450km，东西宽 50 ~150km，面积约 40000km^2，共划分为 11 个磷矿带，构成三个主要含磷区。即滇池区域、东川区域、金沙江流域区域。

滇池磷矿区包括武定、禄劝、寻甸、嵩明、富民、安宁、呈贡、宜良、澄江、江川、华宁及昆明等地。南北长 170km，东西宽 80km。重点是昆阳、海口、晋宁、安宁县街、江川、尖山、澄江渔户村等。矿山环抱滇池，集中分布在滇池西—东南一线，面积 1200km^2。

滇池地区磷矿床属滨海生物—化学沉积型磷块岩矿床，主要成分均由磷酸盐、碳酸盐和硅酸盐三大类物质组成，由于地表露头线长（全省露头线达 1280km），埋藏浅，开采技术条件简单（全省磷矿总储量的 80% 以上均可露天开采，而且剥采比低），而闻名于国内外。特别是第三纪以来，在我国南方特有的干湿条件影响下，云南磷矿普遍风化，加强了碳酸盐的淋滤流失，MgO 等杂质降低，P_2O_5 相对富集增高，大自然赋予滇池磷矿区特有的优越成矿条件。

云南是中国的富磷省，拥有丰富的磷矿资源，远景预测储量达233.06亿吨,探明储量近60亿吨。截止到1998年末,按国家固体矿资源储量标准套改,全省磷资源保有量29.4亿吨,平均品位$P_2O_5$22.45%,位居全国首位。可采(预可采)储量3.87亿吨,平均品位$P_2O_5$27.5%,占资源保有储量的13.16%,其中I级品1.75亿吨,平均品位$P_2O_5$31.22%,占资源保有储量的5.95%;基础储量8.9亿吨,平均品位$P_2O_5$27.6%,占资源保有储量的30.27%,其中经济储量4.9亿吨,平均品位$P_2O_5$27.9%,边际经济储量4.0亿吨,平均品位$P_2O_5$27.2%;资源量20.5亿吨,平均品位$P_2O_5$20.3%,占资源保有储量的69.73%。

1.75亿吨I级品是云南目前及今后一段时间的主要开采对象。应当看到,在1998年储量套改时由于存在对富矿储量核减不足,套改储量偏大的问题,据专家估计要比实际减少5000万吨左右,若再考虑近几年的采损、浪费和开采统计不完全等因素,目前I级品资源保有储量在1亿吨左右,按近几年1000万吨/年的开采速度,I级品资源开采维持不到10年(云南2002年到2004年磷矿石的产量分别为:1256万吨、1182万吨、1200万吨)。因此,云南富矿资源危机已明显凸显,开发利用中低品位磷矿资源的工作已经迫在眉睫。

3.1.3.4 我国磷矿资源的实情及国外对比情况

在美国地质调查局的报告中,世界上基础储量(指开采成本低于100美元/t的磷矿)最丰富的国家为摩洛哥,第二位是中国。中国的经济储量(指开采成本低于35美元/t的磷矿)位居世界第一位。但是,在这个统计数据中,中国的经济储量包含了低品位的矿石。截至2002年底,有关部门的统计数据显示,我国共查明磷矿产地412处,磷矿资源储量167.86亿吨。其中资源量127.32亿吨,在现有技术上可以利用,真正具有经济价值的磷矿储量只有40.54亿吨,仅占总储量的24%。这说明我国真正可用的磷矿资源并不丰富,资源禀赋较差,人均占有量少。据有关专家测算,我国每年的磷矿实际开采量现在已超过1亿吨。若继续按此开采速度,有经济价值的磷矿储量仅能维持40年的开采期。

我国的磷矿床类型齐全，内生、外生、变质矿床均有存在，但磷矿的平均品位很低，选矿成本相对较高。据资料介绍，俄罗斯、摩洛哥、美国以及非洲的一些国家都是富矿汇集的地区，磷矿品位一般都在30%以上，最高达39%。而我国90%以上的磷矿品位低于26%。全国磷矿石P_2O_5含量大于30%的富矿仅占6.4%，24%～30%的占7.4%、14%～24%的占72.9%，3%～14%的占13.3%，全国磷矿平均品位仅为16.85%，是世界上磷矿品位最低的国家之一。我国磷矿的另一个特点是难选矿多，易选矿少，难选矿占全国总储量的65%以上，开采综合成本较高。

我国现在是世界磷矿资源开采、消费大国，资源消耗加速，储量锐减。由于长期以来受“有水快流”的粗放型开发利用思想以及体制机制等因素的影响，矿产资源价值观念和人均资源量少的观念淡薄，开发利用方式粗放，资源浪费损失严重。我国磷资源的实际情况是矿层倾斜、矿体薄，难以开采的矿多，适合于大规模开采的矿少，75%以上的矿层呈倾斜至缓倾斜状，为薄及中厚层，增加了开采成本，这就导致了磷资源回采率高低不均的现象。据有关资料报道，国外产磷大国的回采率都能达到95%～98%，我国露天大矿如云南晋宁磷矿、湖北黄麦岭磷矿的回采率能达到95%以上；洞采大矿如贵州开阳磷矿的回采率可达71.1%；但我国小型企业的回采率仅为30%，有的甚至更低。

我国的磷矿资源分布过于集中，并且都在运输不便的中西部地区。从分布比例看，云南、贵州、四川、湖北四省的磷矿储量占国内保有储量的66%。其中$P_2O_5$30%以上的富矿储量，四省更是占到了97%以上。除湖北宜昌濒临长江外，云、贵两省均地处内陆，运输极为不便。而美国磷矿资源的57.9%集中在佛罗里达州，该州拥有众多的港口，磷矿石的运输条件良好。摩洛哥的磷矿资源大部分集中在卡萨布兰卡东南地区，可以方便地通过港口通达世界各地。

3.1.4 磷矿资源的保护

3.1.4.1 世界磷矿资源国的资源保护

美国地质调查局的统计数据显示，世界已探明的磷矿石基础储量为500亿吨，其中经济储量为180亿吨，主要分布在非洲、北美、亚洲、中东、南美等60多个国家和地区；经济意义较大的磷矿资源国主要是摩洛哥、美国、中国、南非、约旦、俄罗斯等国。目前世界上共有30多个国家生产磷矿石，生产能力约为1.72亿吨，年产量约1.38亿吨。

美国曾经是世界磷矿生产大国，出于保护本国资源的考虑，从1980年开始削减磷矿开采量，减少磷矿出口。目前，美国的磷矿产量已低于中国。由于近几年磷产量下降了20%，美国已开始从摩洛哥进口磷矿。

摩洛哥是世界的第三磷矿生产国和最大的磷矿出口国。1980年该国出口磷矿496万吨（折合P_2O_5），到2000年减少为315万吨（折合P_2O_5），总量下降36.49%，平均每年递减1.92%。不仅是美国和摩洛哥，出于对本国磷资源的保护需要，各国相继出台了相关政策限制磷矿石的出口。有关数据显示，1999年世界磷矿石的出口量为3278万吨，2006年降至2965万吨，总出口量下降9.57%，年平均下降1.59%。从出口地区分布看，除非洲的磷矿石出口量在上升外，其他地区的出口比率都在逐年下降。

3.1.4.2 中国磷矿资源的保护措施

2005年初，国家取消了黄磷出口退税的鼓励政策；同年6月1日起，又将黄磷出口关税定为20%，以压缩产量，提升外销价格，减少磷矿资源消耗。2008年4月18日财政部公告宣布自本年4月20日到9月30日，对包括磷肥在内的出口化肥在现有税赋基础上加征100%的特别出口关税。政策公布后，国际磷矿石价格持续上涨，我国该年4月份磷矿石出口量增至14.7万吨，环比增长1.3倍，创2007年以来我国磷矿石月度出口量的次高。

同年5月，财政部再次公告宣布自本年5月20日到12月31

日止，对所有贸易形式、地区、企业出口的磷产品，在现有出口税率的基础上，以出口完税价为基础，加征 100% 的特别出口关税。

2008 年 11 月 10 日，国家商务部发布公告宣布，自 2009 年 1 月 1 日起，对磷矿石出口实行出口配额许可证管理，2009 年磷矿石出口配额总量为 150 万吨。至此，磷矿也被纳入规范出口秩序，保护资源和环境，促进行业可持续发展的基本国策。

3.1.5　科学、合理用矿是今后黄磷生产的重要课题

就世界范围而言，随着磷矿资源的不断开发使用，磷矿石品位逐年下降，因此科学、合理地利用磷矿资源就显得越来越迫切和重要。

就中国而言，由于大规模开发利用磷矿资源的系统工程刚刚起步，从思想认识，宏观调控到矿山建设，经营管理等方面均存在着大量的主客观原因，现行的用电产业政策和现时利益等因素的影响，造成黄磷企业抢先占用了有限的酸法高浓度磷复肥需要的优质磷矿，黄磷生产用矿的不合理将造成不可再生资源的浪费和长远用矿的潜在危机，这一现象必须加以政策性地遏制。

对于电热法黄磷生产，并不是磷矿品位越高越好，还必须看其内在的化学组分是否适合黄磷生产及分析经济技术指标如何。由于现在磷矿石在黄磷生产中所占的成本比重逐渐加大（以前占 10% ~15%，现占 20% ~25%），既要考虑磷矿石本身的价格和消耗，也要考虑其他各项消耗的高低及投入产出的最终成本。科学、合理利用磷矿，改变其内在质量，既是对磷矿资源的优化配置，又可达到低矿高用，优矿增值的经济效益，对改善炉况，增收节支，挖潜增效可以起到事半功倍的效果。

磷和氮等元素的生物化学循环完全不一样，是单相流动的，难以再生。因而磷矿是一种不可再生、不可替代的资源。全球磷资源将会成为下一种各国激烈争夺的战略资源，世界范围内为确保磷供应而展开的经济战已经悄悄打响。科学、合理用矿既是今后黄磷生产的重要课题，更是科技人员的一份责任。从现在开始

必须树立起忧患意识，对磷矿资源的开发利用，应有危机感，充分吸取国内外的先进经验，树立科学的新资源观，克服盲目乐观情绪和警惕“资源禀赋陷阱”，切实加强宏观调控和行业自律。禁止滥采乱挖、优矿低用、低矿废弃。加大与提高地质勘探力度和采用卫星探矿等高科技，尤其是寻找磷矿的新方法和新手段，摸清全国磷矿资源储量家底，建立完善全国磷矿资源信息系统，以及超大型矿床合理开发及采选的新技术，提高磷矿资源的回采率和综合利用率。国家有关主管部门应考虑在税收、用电等政策上鼓励，支持使用中、低品位磷矿，并运用必要的法律和行政手段，使磷矿资源达到优化配置。在有条件的地区，统一对黄磷用矿进行烧结等预处理，使原来不能使用或者很不经济的中低品位磷矿、高硅、高 CO_2 磷矿得到充分合理的利用，提高其使用的综合经济技术指标，保障我国磷化工行业的可持续发展及磷矿资源的长期稳定供应。

3.2 炭质还原剂

电热法制磷由于使用不同种类的炭质还原剂，使黄磷生产过程差别很大，直接影响生产和经济技术指标。

黄磷生产选用的炭质还原剂有煤炭和焦炭两种，它们的主要成分是元素碳。实际上它们是由碳、氢、氧三种元素为主体，并以芳香烃缩合环为基本单元所构成的一种非常复杂的高分子有机化合物。煤炭中氧与氢元素的含量与炭化程度成反比，炭化程度越高，则氧与氢元素的含量越少，煤炭中的其他元素含量比氧与氢还要少得多，几种主要的煤炭和焦炭的元素组成见表3-2。

表3-2 几种主要煤炭与焦炭的元素组成（质量分数） （%）

项目	碳	氧	氢	氮	硫
泥煤	50~60	20~40	6~8	1~3	0.5~2
褐煤	60~75	10~30	5~6	1~3	0.5~2

续表 3-2

项　目	碳	氧	氢	氮	硫
烟　煤	75～90	2～10	4～5	1～3	0.5～2
无烟煤	85～95	1～2	2～4	1～3	0.5～2
冶金焦	80～90	～0.2	～0.2	0.5 以下	0.5～1.5
沥青焦	98～99	～0.2	～0.2	0.5 以下	0.5
石油焦(生焦)	93～95	1～3	1～3	0.5 以下	0.5～4
石油焦(煅后)	99.0	0.1	0.1	0.5 以下	0.5

注:上述组成为不包括灰分杂质的元素成分。

3.2.1 煤炭的成因及性质

煤炭是几百万年以前的古代植物在地壳变动时被埋入地下,受到一定的温度与压力炭化形成的。煤炭是泥煤、褐煤、烟煤、无烟煤等的统称。各种不同品种的煤炭其理化性质相差很大,这种差别与各种煤炭的初始植物的种类、炭化程度、形成温度及杂质含量有关。泥煤的炭化程度最差,因此泥煤中含有大量的挥发物,结构疏松;无烟煤炭化程度高,所以无烟煤的挥发物含量较少,密度与强度都比较高。各种煤炭的成煤过程见表 3-3。

表 3-3　各种煤炭的成煤过程

<table>
<tr><th colspan="4">地质作用</th><th colspan="2">原始物质及递变产物</th><th>时　间</th></tr>
<tr><td rowspan="3">成煤过程</td><td>第一阶段</td><td colspan="2">泥炭化作用或腐泥化作用</td><td>植物
高等植物
↓
泥炭
↓</td><td>低等植物
↓
腐泥
↓
腐泥煤</td><td>几千年
几万年</td></tr>
<tr><td rowspan="2">第二阶段</td><td rowspan="2">煤化作用</td><td>成岩作用</td><td>褐煤
↓</td><td rowspan="2">烟煤：长焰煤、气煤、肥煤、焦煤、瘦煤、贫煤</td><td>几百万年
几千万年</td></tr>
<tr><td>变质作用</td><td>烟煤
↓
无烟煤</td><td>几亿年</td></tr>
</table>

由于变质作用的程度不同以及成煤条件、成煤期远近等不同，各地所产的无烟煤质量差别也很大。如有的无烟煤灰分较大，有的无烟煤在矿井中开采时多数还是呈块状，并有一定的强度，但到地面后极易风化碎成煤粉，这样的无烟煤是不能作为炭质还原剂的；有的无烟煤比电阻随温度的变化相差很大，比电阻的稳定性很差，200℃以下时比电阻在 4000Ω · cm 以上，温度由 200℃升至 1000℃时比电阻直线下降，至 1200 ~ 1400℃时不足 1.6Ω · cm。从常温到 1400℃，比电阻相差 2500 倍。这样的无烟煤是绝对不能作为炭质还原剂的，否则将改变炉料电阻，严重干扰电极电流的正常操作控制。四种煤样不同温度下比电阻的测定见表 3-4。

表 3-4 四种煤样不同温度下比电阻的测定

温度/℃	粒度 5 ~ 10mm 低温焦炭			粒度 5 ~ 10mm 冶金焦炭			粒度 5 ~ 10mm 焦作无烟煤			粒度 5 ~ 10mm 阳泉无烟煤		
	电阻/Ω	比电阻/Ω · cm	$\lg\rho$	电阻/Ω	比电阻/Ω · cm	$\lg\rho$	电阻/Ω	比电阻/Ω · cm	$\lg\rho$	电阻/Ω	比电阻/Ω · cm	$\lg\rho$
25							706500	11775	4.07		5788	3.76
100							151300	2521.7	3.40	230400	4099	3.60
200										3144000	55893	4.74
220							63200	1052.3	3.02			
300				302000	1800	3.25	12440	190.7	2.28	3144000	55893	4.74
350	1214000	6650	3.82									
400	2519000	13803	4.13	108700	634.8	2.80	3305	55.8	1.74	1654000	29404	4.46
450	1818000	9961.6	3.99									
500	781800	4284	3.63	37120	217	2.33	1373	22.9	1.35	594000	10338	4.01
550	246900	1353	3.13									
600				1070000	6242.9	3.79	810.4	13.5	1.30	250000	4444	3.64

续表 3-4

温度/℃	粒度 5～10mm 低温焦炭			粒度 5～10mm 冶金焦炭			粒度 5～10mm 焦作无烟煤			粒度 5～10mm 阳泉无烟煤		
	电阻/Ω	比电阻/Ω·cm	lg*p*	电阻/Ω	比电阻/Ω·cm	lg*p*	电阻/Ω	比电阻/Ω·cm	lg*p*	电阻/Ω	比电阻/Ω·cm	lg*p*
605	183400	1005	3.00									
650				118400	691.4	2.83						
690										26750	475.5	2.67
700	18000	98.06	1.99	66400	380.4	2.57	71800	1196.6	2.07			
750	5887	32.26	1.50									
790							45100	751.6	2.87			
800	2500	13.7	1.13	3000	17.5	1.24				8711	151.5	2.18
850				3300	1.93	0.28	18660	311	2.49			

3.2.2　焦炭的种类

焦炭是烟煤（炼焦煤）或某些含碳量高的物质在高温下隔绝空气加热使之焦化的产物。用烟煤焦化后可得到冶金焦；用石油沥青或渣油焦化可得到石油焦；用煤沥青焦化可得到沥青焦。

焦炭具有一些和一般煤炭不同的理化性质，如强度大、耐磨、含碳量高，多数焦炭经 2000℃ 以上的高温处理都能转化成石墨。

3.2.2.1　石油焦的生产及种类

石油焦是石油提炼时的残渣经高温处理炭化而得到的固体产物，是石油炼制过程中的副产品之一。它的特点是：灰分杂质含量低于 1%，并且在高温下容易石墨化，生成的石墨质量较好。

石油焦是利用原油经过常压蒸馏、减压蒸馏、或者是裂化后得到的渣油及石油沥青作为焦化原料生产的。焦化温度一般在 450～500℃之间开始。首先渣油发生热分解，一部分高分子碳氢化合物裂解成低分子碳氢化合物，同时发生复杂的缩聚反应，小分子聚合成大分子，所以焦化的主要产物是石油气、汽油、柴油等,最终残留物才是石油焦。石油焦的产率很低,一般只占焦化原料的10% ~25% 。

石油焦根据其焦化方法的不同,可分为釜式焦、平炉焦、延迟焦、接触焦、硫化焦等。延迟焦化法发展很快并已成为主要的焦化方法。现在我国有些炼油厂也在着手试制生产高质量碳和石墨制品所用的针状焦。这种焦的颗粒结构呈针状,故称针状焦。其制品的电阻系数的各向异性因数较大。沿颗粒方向的电阻小,能通过比一般电极大2至3倍的电极电流(额定电流密度可达$36A/cm^2$),故用来生产超高功率石墨电极。它的热膨胀系数小,能耐热冲击,机械强度高,氧化消耗小。

3.2.2.2 石油焦的生产方法及影响质量的因素

釜式焦化是一种使用较早的焦化方法,它分为立式釜焦化和卧式釜焦化两种。一般采用卧式釜的较多。卧式釜从底部加热,因此釜内温度不均匀,上层料的温度约为400℃,釜底部约为700℃。由于上下层温升速度不同,成焦过程也有所不同。上层焦炭挥发分较多,气孔较大,机械强度较低,称为焦花;下层焦炭则相反,结构致密,机械强度高,称为焦根,但因沉降的杂质较多,所以灰分偏高。

延迟焦化是由这样的生产工艺过程得来的:即渣油在管式炉中得到了进行热分解所需的足够热量,但其变成焦炭(同时分离出油和汽油等)不是在炉管中,而是延迟到进入焦化塔后再进行,所以顾名思义,将这种炼焦方法称为延迟焦化法。该法是一种较为先进的焦化方法,生产能力大,两台焦化塔轮流充焦、出焦、可连续生产作业。

釜式焦和延迟焦的生产工艺有所不同,得到的石油焦的质量也有差别。

釜式焦是在较平稳的状态下成焦的,而且成焦温度比较高,所以釜式焦块状多,机械强度大,挥发分较低,一般在3% ~7% 。从微观结构看,釜式焦的纹理结构比较明显,基本上沿流体方向平行定向。焦体孔径较大,微孔较少,有区域性的致密结构。而延迟焦则是在渣油不断吹喷的情况下成焦的,且成焦温度较低(450~480℃),所以延迟焦得到的粉焦较多(小于6mm的粉焦约2/3),焦体内H_2O、挥发分含量较高(挥发分一般为10%~14%,有时高达18%~20%),机械强度较低。从微观结构上看,延迟焦纹理不明显,结构疏松,微孔较多。

石油焦质量除与焦化方法有关外,还与原油的品质密切相关。如有的原油含硫量高,在炼制过程中硫大部分残留在石油焦中,含硫较高的石油焦用于生产各种石墨化产品时,不仅煅烧过程中易腐蚀加料装置,而且对成品的质量及成品率有比较明显的不利影响,如比电阻较高,裂纹废品较多。

3.2.2.3 沥青焦

沥青焦是一种低硫、低灰分焦,是煤沥青在焦炉中焦化的最终产品。

煤沥青的焦化是一个蒸馏、热缩合和热分解的复杂过程。在450℃以前主要是蒸馏和热缩合,450~500℃则发生一个显著的吸热反应,并放出大量气体(低分子碳氢化合物),随后形成半焦。当焦饼中间达到700℃以上时焦炭逐渐形成,最后的成焦温度在1100℃以上。

炼焦用的沥青可以是中温沥青,也可以是高温沥青(高温沥青是中温沥青在氧化釜中用热空气氧化而成)。高温沥青黏度大,不易渗透到焦炉炭化室的砖缝中,装炉温度较高,能延长炉体寿命,挥发物含量小,有利于装炉操作。由于沥青焦的成焦温度较高,和冶金焦的成焦温度差不多,相当于炭素制品工厂中煅烧的温度,所以沥青焦要是作为石墨制品原料,可以不经过煅烧就直接使用。但沥青焦出炉时一般采用湿法熄焦冷却,因此含水量较大,使用前必须进行烘干。沥青焦的质量指标如下:

灰分	≤0.5%
硫分	≤0.5%
挥发分	≤1.0%
固定碳	>98%

3.2.2.4 冶金焦

冶金焦是电热法制磷必不可少的主要原料之一，它作为磷酸盐反应的还原剂，炉内电流、热量的导电体和导热体，使炉内形成电流回路和物料熔融形成熔池。

冶金焦还是生产各种炭块、炭电极、电极糊等炭素材料的主要原料；还可以作为焙烧的填充料，石墨化的保温料和电阻料。由于冶金焦的成焦温度在1200℃左右，因此在生产炭素制品时可不经煅烧即可使用。冶金焦的灰分含量相比石油焦，沥青焦较高，一般均在10%以上，比电阻相对较高，比较不容易石墨化，煅烧或石墨化后导电性能也较石油焦和沥青焦差。

冶金焦是几种炼焦煤按一定的比例在炼焦炉中高温干馏焦化而得到的一种固体产物。其生产是将选好的炼焦煤进行破碎，然后按一定的配比称重计量配料，混合均匀后送入贮煤仓，通过装煤机将贮煤仓中的煤定量送入炭化室进行高温干馏，15h 后当焦饼的中心温度达到1200℃时，炼焦即告结束。出焦时打开炉门，然后用推焦机将炭化室中的冶金焦推出，送到熄焦塔用水冷却熄焦，最后进行筛分，粒度分级后分别进入堆场贮存。冶金焦的质量标准如下：

灰分	≤13.5%
挥发分	≤1.2%
硫分	≤0.8%
固定碳	>80%
抗磨试验剩余量	≥300kg
水分	≥4.0%

3.2.3 电热法制磷对炭质还原剂的选用原则

黄磷生产对炭质还原剂的要求，也就是炭质还原剂的选用原则。有一种观点认为，黄磷生产无论使用哪一种还原剂，无非是利用其中的碳……这是不够全面的。在其他条件相同的情况下，炭质还原剂的性能和选择决定了黄磷电炉反应的好坏及经济技术指标、生产效益的高低。

3.2.3.1 石墨化性能

自然界里，碳有三种同素异形体：金刚石、石墨及无定形碳（以煤、石油产品及其他有机化合物制取的炭素材料在石墨化前大都是无定形碳）。金刚石和石墨是结晶形体，无定形碳是非结晶形体。其中石墨最稳定，导电性能也最好。

石墨的碳原子处于六角形结构的角上，所有的碳原子层相互平行，排列有序，电子容易通过其中，故电阻率小。而无定形碳的碳原子排列是无序的，电子难于通过其中，所以电阻率大。焦炭的性质介于无定形碳和石墨之间。

石墨化起始温度为1600～2500℃，大于磷酸盐还原反应的温度1400℃，所以我们在使用炭质还原剂时不用担心黄磷电炉内会产生石墨化影响，而只需考虑还原剂自身的石墨化程度。炭质还原剂可分为石墨化类和非石墨化类。非石墨化类的炭质还原剂通常是用含氧量高及热分解开始阶段不软化的物质炼成的，如褐煤焦、木炭。石墨化类炭素材料主要是用含氢高，在热分解开始阶段就软化的低氧物质炼成的，如石油焦、沥青焦及焦化性煤炼制的焦炭。

试验研究结果认为。炭素材料的石墨化性能越好，则化学活性越差，比表面积和电阻越小。因此，按一般规律，由于无烟煤属强石墨化类，所以无烟煤的化学活性比煤气焦和冶金焦差，在炉内的还原反应速度相对较慢，还会促使炉况恶化。然而，无烟煤的电阻率却异常大，又不符合石墨化性能越好、电阻率越小的规律，这属于个例。

3.2.3.2 电阻率（比电阻）

炭质还原剂的电阻率（堆比电阻）是其自身电阻率及其颗粒间接触电阻率的总和。堆比电阻是表示粒度为3～6mm的炭质还原剂在负荷为20kPa（0.2kgf/cm^2）的条件（相当于炉内物料承受的平均压力）下，测定的堆层比电阻值。

该值依其焦化的温度、原煤的灰分、挥发分含量、以及成煤期远近等不同而有很大差别。在一般情况下,炭质还原剂的灰分和挥发分含量高的,其比电阻值也大。

在高温焦化条件下,各种炭质还原剂的比电阻大幅下降,然而它们之间也存在着差异,如有的半焦在高温下的比电阻值仍然很高。大多数炭质还原剂的比电阻在比较低的温度下与挥发分含量有关,在高温下则与灰分含量有关。如高灰分和低灰分的半焦经1700℃煅烧后,前者的比电阻为0.1711Ω·cm,后者为0.0415Ω·cm。试验结果还表明,焦化终期的温度越低(如半焦),则炭质还原剂高温时的比电阻下降得越多。此外,用近期煤经高温焦化的炭质还原剂,其比电阻比用变质度高的煤焦化的要高得多。

综上所述,正因为冶金焦的高温电阻率与常温的电阻率相差不大,使用冶金焦生产黄磷,在其他条件相同的情况下,出渣前后电极位置差值不大(电极下降数基本平衡);而无烟煤的高温电阻率与常温的相差太大,在其他条件相同的情况下,出渣前后电极位置差距较大(电极下降数参差不齐)。使用冶金焦时,刚刚堵渣后电极位置均衡、适中,而使用无烟煤在同一条件下电极位置一般都较低,甚至0.5h电炉负荷都很难恢复,三相电极位置、电流无法调整平衡。尤其是使用掺了无烟煤的炭质还原剂生产黄磷,随着熔池液位的升高,只要一活动电极,电极电流瞬间飞涨,炉压突升,电极水封窜火,炉况恶化,甚至到了无法继续维持生产的地步。

因此,在不考虑其他因素时,由于无烟煤常温及高温时比电阻都比冶金焦大,同等条件下选用无烟煤时电炉内还原反应持续时间长。无烟煤在常温及高温下电阻率的稳定性差距太大,因而当反应到达一定温度时,如大幅度的活动电极,塌料等,首先反映在仪表操作盘上是电流大,电极位置上涨过快,导气管温度高,破坏了电炉熔池良好的形成,使无烟煤中碳的利用率和熔融料中P_2O_5的还原率降低,工艺控制中最明显的生产现象是:使用无烟煤在同等条件下炉渣中P_2O_5含量偏高,抬电极、出渣间隔缩短。

3.2.3.3　化学活性

炭质还原剂的化学活性也称炭质还原剂的反应性能，是表示在特定的反应下，对一定氧化物的化学活性，通常是用 CO_2+C 的相互反应性能来评定。

为了弄清炭质还原剂与 CO_2 以及 SiO_2 相互反应的特性，对石墨、无烟煤、冶金焦、褐烟半焦、木炭等的反应性能进行了试验研究。结果表明，褐煤半焦的反应性能（按 CO_2+C 反应）最大，木炭次之，这是由它们的反应比表面积大决定的。前者的比表面积为 278m²/g，后者为 243m²/g，后者反应的比表面积仅是前者的 87.41%。

炭质还原剂在 1700℃下与 SiO_2 的相互反应性能按 SiC 的生成速度评定。使用褐煤半焦及半焦时，SiC 的生成速度最大；使用石墨及无烟煤时，SiC 的生成速度最小；冶金焦居中。温度继续升高，反应时间增加时，除生成 SiC 外，尚有多余的 SiO_2 与 SiC 进行破坏性反应，且 SiC 生成速度快的那些还原剂，SiC 被破坏的速度也大，否则反之。

前面讲过，还原剂的比电阻随着温度的升高而明显下降。在一般情况下，比电阻较高的炭质还原剂其化学活性也较大（只有无烟煤例外）。

综上所述，对 CO_2+C 反应性能最强的炭质还原剂，也对 SiO_2 具有最大的反应活性。尽管炭被 CO_2 和 SiO_2 所氧化的机理有所不同，但是可以按其温度反应情况作为选择哪一种炭质还原剂更适合电热法制磷的依据。

3.2.3.4　密度与气孔率

密度是视密度、真密度的总称，通常视密度的波动范围很大，主要取决于炭质材料的气孔率。

A　密度

试验研究结果表明，密度越大的炭质还原剂，它的导电性能越好，导电性与其密度成直线关系。密度较低的炭质还原剂通常是导电性能差、比电阻和反应性能高。另外，此类炭质还原剂可使炉料疏松，从而保证了炉料具有良好的透气性，对高温气体的热交换和降低导气管温度均有好处。但无烟煤密度大，导电性能好，比电阻也大，这在炭质还原剂中属于个例。无烟煤与冶金焦的视密度分别为1.590g/cm^3、0.849～1.126g/cm^3；比电阻分别为4190Ω·cm、2.36～9.89Ω·cm（200℃温度以下）。

B 气孔率

气孔率是炭质还原剂的气孔体积占总体积的百分数，它是影响炭质还原剂视密度、电阻率、比表面积和反应性能的主要因素之一。对磷酸盐的化学还原反应，炭质还原剂的气孔率越大，化学反应性能越好。

气孔结构特性是造成炭质还原剂在物理化学性能上存在差异的主要原因。试验证明，当炭质还原剂加热至高温时，它们的气孔结构发生了变化，细小的气孔组织变得密实，致使比表面积和吸附性能下降，例如当焦炭由500℃加热至1200℃时，其吸附能力下降95%～97.5%。

对于制磷电炉来讲，SiO_2 对炭质还原剂的气孔率及结构具有很大的影响。在一般情况下，由于焦炭中 SiO_2 晶体转变和 SiC 的生成使焦炭的结构变得紧密和疏松，因而相应地使其气孔率变小或增大。在炉内除了主要的磷酸盐化学还原反应外，焦炭中的 C 与其中的 SiO_2 相互反应的速度也较快。一方面是由于在还原初期 C 与 SiO_2 的接触面积很大，另一方面是在还原反应时焦炭的结构疏松，气孔率增大，因而使熔融的 P_2O_5 易于渗透入还原剂的深处。可能由于上述原因和情况，选用 SiO_2 作为电热法制磷的助熔剂，在磷酸盐的化学还原反应工艺上有很大的优越性。

无烟煤和焦丁的气孔率分别为4%～10%和40%～50%，因而无烟煤的反应比表面积比焦炭小得多，反应活性差得多。尽管如此，由于无烟煤的电阻率相对较大，从而使混合料具有足够大的比电阻，电极易于深插，同等条件下还原反应周期相对较长。也正因为如此，才有现在有的黄磷生产企业仍选用价格相对较低的无烟煤替代焦炭（如贵州的大部分黄磷厂家）作为炭质还原剂生产黄磷的举措。在此需要提醒和引起黄磷生产、管理者重视的是，由于无烟煤的成煤过程，原始物质及递变产物非常漫长和复杂，其高温电阻率与常温电阻率存在很大的差距，不是什么地方的无烟煤都能选用。总之，不管选用什么品种的炭质还原剂生产黄磷都不能仅凭一纸分析单就能判断是否实用，必须依照以上的选用原则和经过工业化生产试验其使用效果再下定论。

3.3　硅　石

硅石又称云母、石英、长石、高岭石、海砂（河道中的卵形硅石）等，其主要成分为 SiO_2，在自然界中分布很广，外观呈灰白色、白色，含铁量较高的呈淡黄色，密度为 2.2～2.66g/cm^3，不溶于水和酸，溶于氢氟酸，微粒时能与熔融的碱类起作用。硅石是生产元素硅、硅铁、耐火材料、玻璃、水玻璃等的主要原料，也是磷酸盐还原反应的助熔剂，因此是黄磷生产中的主要造渣成分。它与磷矿石中的 CaO 结合生成易熔的炉渣——硅酸钙——而易于出渣，从而使磷酸盐的化学还原反应在相对较低的 1400℃ 下进行。

硅位于元素周期表第三周期Ⅳ族，是典型的亲氧元素。硅酸盐矿物在自然界中分布非常广泛，种类很多，约在 800 种以上，占自然界已知矿物种类的 1/3 左右，是主要的造岩矿物。按质量计占地壳质量的 85% 以上；按 SiO_2 的不同含量，地质学上把硅酸盐岩石划分为超基性岩（SiO_2 含量低于 45%）、基性岩（SiO 含量为 45%～52%）、中性岩（SiO_2 含量为 52%～65%）和酸性岩（SiO_2 含量高于 65%）。因此，只要有磷矿的地方几乎都可以找到可供黄磷生产用的硅石矿。作为电热法黄磷生产，通常要求硅酸盐矿中的 SiO_2 含量高于 95%，其中的杂质 Fe_2O_3、Al_2O_3 等相对较低。

但有一种磷和硅的伴生矿，见表 3-5。SiO_2 含量和常用于黄磷生产的硅石比较品位虽然不算高，但它含有一定量的 P_2O_5，用来作为硅石的替代品，特别是兑配低硅高磷矿很有经济意义。

从表 3-5 看，SiO_2 61.28%，P_2O_5 14.99%，其他组分也不算太高，对于生产黄磷，充分利用不可再生磷矿资源很有现实意义。

所以当碰到低品位的磷矿（$P_2O_5$15%左右）时，不要轻易废弃，最好做一个全分析，看看其他组分可不可以综合利用。

表 3-5 高硅低磷伴生矿物

组分	SiO_2	P_2O_5	CaO	MgO	Fe_2O_3	CO_2	Al_2O_3	F
%	61.28	14.99	14.78	4.05	1.49	2.49	0.57	0.35

3.4 原料加工

将物料进行系列、必要的加工处理，达到化学反应所要求的质量和状态的过程称为原料加工（原料预处理）。

电热法制磷需要消耗大量的原料，生产每吨磷的原料消耗定额视原料组分、质量、工艺控制管理而定，各有差异。以入炉料 P_2O_5 综合品位25%左右计，吨磷的原料消耗一般分别为：磷矿8.5～10t，焦丁1.5～2.0t，硅石0.3～2.5t；吨磷消耗的入炉料总量一般在10～14.5t。仅从数量上讲，就可以说明原料的制备加工任务相当繁重。实践证明，重视原料的预处理是黄磷行业从粗放型向科学型、效益型转变过程中投资省、见效快、效益好的一条捷径，也是提高企业市场竞争力和黄磷生产技术含金量的基础。表3-6是三种原料加工的规格标准。

表 3-6 三种原料的加工规格标准

品　种	粒度/mm	含水量（质量分数）/%	主要成分含量（质量分数）/%
磷　矿	4～50	<1	$P_2O_5 \geqslant 25$
焦　炭	3～16	≤1.5	FC >80
硅　石	4～50	<1	SiO_2 >95

3.4.1 原料加工现状

目前的黄磷生产企业，大多数都不建原料加工装置，根据生产的需要,直接进合格的入炉磷矿、焦丁、硅石,主要是从经济的角度考虑。

以云南的情况为例,大多数厂家距矿山在 30 ~ 200km 范围内,若拉原矿到厂里自己加工,损耗大,粉矿多,不好处理,污染环境,还增加运输成本。直接进合格矿,可以减少厂区的占地面积,选择的余地也大,对保证入炉料的质量要求更有利。

云南的矿山都有很大的料场,露天开采,破碎筛分后分级堆放,可根据用户的要求组织发货。即便黄磷企业自己有矿山,也很少拉到厂里来加工。只有大型制磷电炉是拉原矿到厂内加工,原因还是从经济角度和工艺的特殊要求考虑。

湖北的情况就有所不同,磷矿都是洞采,矿山的料场很小,原矿从洞内采出,马上拉走。所以你到矿山看,没有像云南的矿山有几千、几万吨料场的壮观场面。因此湖北的黄磷厂家又大都是原矿拉到厂内加工。不管采用什么加工方式和方法,只要因地制宜,经济技术指标等良好就行。下面介绍中小型制磷电炉物料的处理。

3.4.2　中小型制磷电炉原料的烘干处理

3.4.2.1　原料的烘干(干燥)原理

烘干的过程实质是将原料中的水分从固相转移到气相中去。这个过程得以进行,必须有外供热源使被干燥的物料表面形成的蒸气压超过干燥介质的蒸气分压,才能使物料表面水分汽化。由于其表面水分不断汽化,物料内部与表面间形成一定的湿度差(温度差),物料内部的水分得以不断扩散到它的高温表面,最终达到烘干物料的目的。

因此,凡借助热能使固体物料中水分汽化,而经烟气将水分带走的方法,称为固体物料的烘干或干燥。

虽然物料中水分的内扩散和表面汽化是同时进行的,由于受物料的性质、结构、最初 H_2O 含量、空气湿度及烟气等周围介质的影响,干燥机理往往有所不同。这是因为一般情况下固体物料中水分的内扩散速度和表面汽化速度不尽相等,其中速度较慢者为烘干过程的控制步骤。如焦丁在相同水分含量下就比磷矿、硅石难烘干。

3.4.2.2 回转圆筒干燥机(以下简称干燥机)

干燥机是一种常见的烘干设备,具有运转可靠,操作弹性大,适应性强等优点,广泛应用于冶金、建材、化工、制磷等行业,适合用来烘干含水量不高、量大的固体颗粒性物料。

干燥机按被干燥物料的加热方式可分为直接传热干燥、间接传热干燥、复式传热干燥、蒸汽煅烧干燥、喷浆造粒干燥等几种。制磷原料干燥处理中主要采用直接传热干燥。直接传热干燥按物料移动方向与载热体流动方向相同或相反又可分为并流(顺流)、逆流法两种(也有顺、逆流合用的)。

直接传热顺流式干燥机工作原理为:电机通过减速箱、小齿轮和大齿轮转动,最终带动干燥机筒体旋转;待干燥物料和燃烧形成高温烟气从筒体一端进入筒体内,物料被扬料装置(抄板)抛洒形成料幕,与高温烟气充分接触,进行热交换,从而被烘干;烟气、汽化蒸发的水蒸气和烘干后的物料从筒体另一端排出。干燥机的结构如图 3-1 所示。

顺流和逆流两种物料干燥方法各有优缺点,要因地制宜,根据实际情况选择。顺流法,由于开始是湿含量大的物料与温度高而湿含量低的热介质接触,所以在后期干燥速度很慢,影响设备生产能力的发挥;但由于后期整个干燥过程已经基本结束,物料的水分已干燥到控制指标,粉末容易分离,大部分粉末可随烟气排到除尘洗涤系统。相反,如果采用逆流法,物料和热介质从相反的方向进入,各阶段的干燥速度相对比较均匀;但由于物料的入口和废烟气的出口在同一位置,恰恰在这个位置的物料刚刚开始烘料,水分含量大,不利于物料中粉末的分离,烘干过程结束后,若不设置筛分,容易将过多的粉末带入炉内。

干燥机的筒体通常用 12 ~18mm 的锰钢钢板焊接而成(锰钢的热稳定性比普通钢板好,不容易热变形),加厚处 26 ~36mm,长

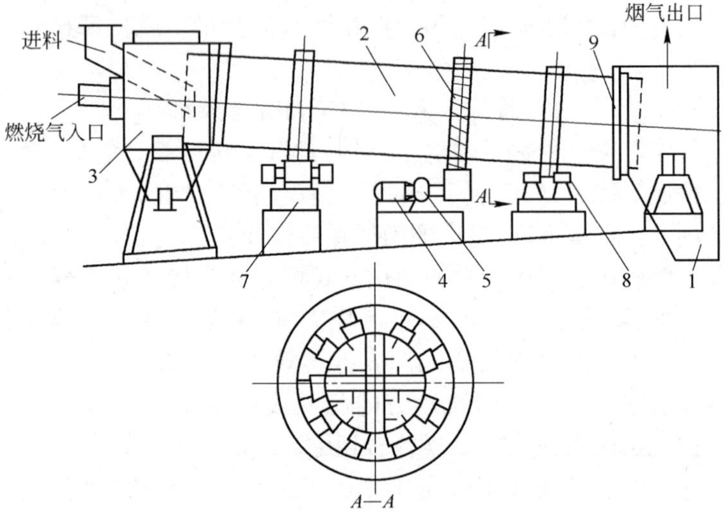

图 3-1　直接传热顺流式干燥机

1—卸料箱;2—转筒;3—进料箱;4—马达;5—减速箱;6—传动齿轮;7—支承拖轮;8—挡轮;9—密封装置

度与直径之比为 4∶8,安装的倾角与筒体的长度有关,一般倾角为 2°~5°。转筒外壳上装有两个轮箍,整个转筒的重量是通过轮箍传到支承托轮上,并在托轮上滚动。操作中调整托轮的位置,可以改变转筒的倾角。对于不易烘干的物料,倾角应该小一些。

转筒的转数由物料在筒体内干燥所需的时间来决定,一般设计成可调 3~6r/s。为了控制筒体变形量、挠度在标准范围内,使干燥机的强度和刚度完全能满足生产要求,干燥机筒体的最大应力应小于 10MPa(100kgf/cm^2)。为了提高干燥效率,在转筒内安装(焊接)有槽铁或抄板,以便将被干燥的物料强力搅散,使物料比较均匀地分布在转筒截面的各部,方便与热介质充分接触。

抄板有升举式(a)和四格式(b)两种,如图 3-2 所示。对于大块或易于黏结的物料,用升举式抄板较好,对密度大而强度好的物料用四格式为好。为了使湿物料加入转筒后分布均匀合理,可在转筒进料口 1 ~1.5m 处设置螺旋形抄板便于分料。筒体内实际容纳物料体积与转筒体积之比(充填系数),一般不大于 0.25,目前采用范围在 0.1 ~0.15 之间。

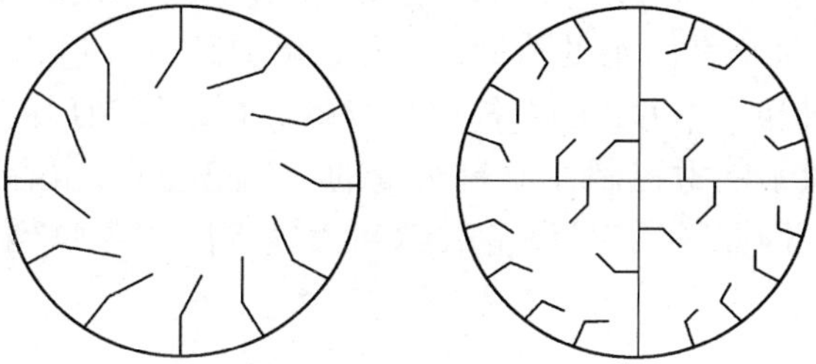

图 3-2 抄板
a—升举式;b—四格式

3.4.2.3 干燥机操作注意事项

(1)给料均匀是干燥机正常运行、控制烘干物料水分达到标准的根本。好多厂对干燥机的进料是否均匀都很重视,设计上都在干燥机的入口装有定量给料器(振动给料器),主要是解决给料量忽多忽少的问题。给料多了,设备超负荷运行,损坏传动设备,物料水分上升;给料少了,增加动力消耗,降低生产率。烘焦丁时如果给料少,温度骤然升高,会将焦丁仓的焦丁点燃。如果设计上未考虑安装定量给料器或是因为其他原因停用,一定重新加装和恢复,人工控制和随意控制都不能做到给料均匀合理。

(2)尽量利用本装置的副产品黄磷尾气作为燃料气。一是环保,废物利用,可减少 CO 排放量和减少污染;二是改善工艺状况,提高经济效益。磷炉尾气燃值为 11000kJ/kg,比煤气燃值 7800kJ/kg 高 41%,故使用磷炉尾气可以提高干燥介质温度和干燥效果(烧嘴的设计和操作控制上要做到燃烧完全)。

(3)严格控制水分含量低于 1.5%(以干燥机的最低转速为限),水分含量上升,可适当调低干燥机转数达到烘干效果,但产率下降。在有条件的企业,要建设雨棚料场,特别是焦丁的吸水量大,在雨季若露天堆放,水分含量可超过20%,原料烘干质量难以保证,恶化炉况,成本上升。

目前,干燥机有负压和正压两种操作,负压操作粉尘飞扬少,特别适合于在干燥过程中产生有毒、有异味气体或粉尘的物料,其次还有利于表面水的汽化,干燥效果更好。最后需要强调一点,烘干机和操作方式的选择应与黄磷产量及能利用的尾气量等相配套,烘干能力控制在原料用量的1.5倍左右,留有足够的富裕量,不要因原料供应、设备故障和天气等因素影响到磷炉的正常生产。

3.4.3　大型制磷电炉的原料加工处理

电热法制磷工业中,磷矿原料的优劣直接影响着产品的质量与磷收率、生产状况、耗电量以及对周围环境的污染程度。因此,各国制磷科技人员都十分重视改善磷矿内在质量来满足生产、环保的要求。

欧美等国家的大型制磷电炉的入炉原料都采用热处理的方法,如烧结法、球团法、瘤结法、压制团化法等,不直接使用块矿入炉。苏联经过数十年的研究开发,已掌握了适用于大型制磷电炉的多种原料预处理方法,并积累了各种物料在大型制磷电炉中长期稳定运行的经验。然而,原料预处理方法的选择,主要是取决于磷矿的物化特性与方法的经济性。

为了保证炉内气流分布均匀,使其发挥更有效的热传递,所以大规模黄磷生产企业一般很少采用天然块矿,而是将磷矿进行预处理后才入炉。其目的是:

(1)可将砂状或碎粉状磷矿成形为合适的粒度。破碎筛分下来的粉矿、机械强度很差的风化矿,经过预处理都可用来生产黄磷。

(2)在磷炉尾气还未规模化回收利用前,使用廉价的热源进行热处理,降低单位成本消耗,并使成形后的物料具有满意的机械强度和物化特性。

(3)原料经热处理后,提高了入炉物料中磷的品位,减少了其中的杂质含量。例如,一部分低熔点及碳酸盐的分解逸出率可达到95%以上,对减少泥磷量,提高磷收率,减轻对环境的污染起到事半功倍的作用。

3.4.3.1 烧结法

磷矿烧结过程就是将一定数量的焦粉(粒度0~3mm)与磷矿粉(粒度0~10mm)均匀混合,经喷水润湿造球后布料在烧结台车上,借助点火烧嘴将其中的燃料焦粉点燃,在抽风机的作用下形成负压,依靠从大气吸入料层的空气自发地继续燃烧,从而使烧结面由上往下逐渐推移直至底部。焦粉燃烧产生的热量将混合料加热到1250℃左右,完成物料的脱水,并使其中的碳酸盐、有害杂质等逸出,形成强度较高含低共熔点化合物的烧结料。

要使烧结料达到预处理的目的,必须确保两个条件:一是单位面积上的通风量;二是点火烧嘴的燃烧高温条件必须足以使台车上的物料烧透。

马龙产业安宁厂(原云南安宁大黄磷)1997年2月投产的烧结装置,烧结面积为312m^2,烧结机长78m、宽4m,台车走动速度为1.5~1.75m/s,生产强度为0.5t/(m^2·h)合格烧结料,设计生产能力为90万吨/a(同类型烧结机生产铁矿烧结料可达到600万吨/a),是目前世界上电热法制磷原料加工处理使用的最大烧结机。

每吨合格烧结料消耗磷矿粉1.18t,焦粉0.12t,燃料气100m^3,动力电110kWh。烧结生产工艺本身是一个较为复杂的过程,而且磷矿的烧结生产效率不及铁矿烧结的1/6,也就是说比同样粒度的铁矿烧结时所达到的生产强度低,这是由于磷矿烧结料堆积量低和垂直烧结速度缓慢引起的。这也是磷矿烧结成本比铁矿烧结成本高的原因之一。

然而,烧结工艺用于黄磷生产的优势在于可以充分利用廉价的中低品位风化矿及粉矿资源,有较好的社会效益及环境综合治理能力,但是作为企业的经济效益来讲目前显然较差。随着磷矿资源的不断消耗和减少,现在的黄磷生产用矿品位正在以每年一个百分点递减,磷矿烧结作为黄磷生产的配套、首选工程,它有着其他工艺无法替代的优势,前景是光明的。我们要在实际生产中消化吸收引进技术,不断探索积累经验,通过设备改造,技术创新,使磷矿烧结在高负荷低成本下长周期稳定运行,为磷矿资源的合理利用及黄磷的生产提供优质的入炉原料。

3.4.3.2　球团法

将磷矿磨至70%~80%粒度小于0.1mm粉状,然后在旋转的倾斜造粒盘内边喂入矿粉边喷黏土浆,使物料充分混合滚成直径为8~25mm小球团,送至焙烧炉中干燥、高温焙烧。焙烧后的产品进行筛分,合格的送入球团料仓备用,细粉返回造粒。这种方法在西欧一些国家广泛采用,这些国家都有一个共同的特点:即本国磷矿资源短缺,主要进口苏联卡拉塔乌、美国佛罗里达或摩洛哥等非洲国家的高品位精选磷灰石,这种磷矿形如砂粒,硬度也比较小。

马龙产业昆明厂(原轻工部昆明三聚磷酸钠厂)1983年从德国伍德公司引进赫斯特技术建成投产球团法原料加工处理装置。每小时生产合格球团料36~40t,主要设备有两台球磨机,两台直径为4.6m的造粒盘和一台球团链箅焙烧机。其主要消耗及技术数据如下:

(1)每吨合格球团的主要消耗:燃料146.5万千焦,动力电120kWh;

(2)生球含水:14%;

(3)平均焙烧温度:700~800℃;

(4)焙烧后碳酸盐脱除率:65%;

(5)返料量(粒度小于5mm):20%~22%;

(6)球团强度:2m高度球团自由落至钢板不碎。

球团法是TVA(美国田纳西流域管理局)最初在开发烧结法时,注意到入烧结机的磷矿团粒所形成的大小与转鼓内物料的水分含量有关,从而受到启发。控制物料较高水分时可制得较大的球团,将这种球团料干燥、焙烧后便为合适的入炉料。但这种方法所得的球粒,表面密度相对较大,在焙烧过程中,H_2O、CO_2 等杂质气体的扩散速度都比较低,过快就会引起球粒爆裂;并且 8 ~ 25mm 的粒度,对大型制磷电炉稍微偏小了一些,对炉料透气性有一定影响,炉气温度易升高。

3.4.3.3 瘤结法

该法不需要预先进行团化,利用衬有耐火砖的回转窑将碎粉矿高温焙烧至 1200 ~ 1470℃,使其半熔融,在回转窑的滚动下黏结团化成瘤结体。这种瘤结体粒度大小不一,通常在 3 ~ 50mm 之间,大块物料需要破碎,筛分后细粉返料量约为 30% 左右。

回转窑用磷炉尾气外加重油或煤粉作为燃料,火焰与物料成逆向流动;进窑磷矿碎粉可干可湿,不需加黏结剂;物料在窑内停留时间 25 ~ 30min,所含水分、有机物、碳酸盐及部分氟在瘤结过程中逸出,所以成品料中 P_2O_5 含量比瘤结前有所增高。

瘤结法所用设备少,基建投资低,自从 20 世纪 30 年代黄磷工业开始兴起后,就被美国采用。原美国西部和田纳西、佛罗里达黄磷厂大都采用瘤结法对磷矿进行热处理。由于磷矿在回转窑内完全依靠外热源焙烧,其表层磷矿的温度势必要比中心高而先开始熔融,难免会使一些磷矿黏结在窑壁上形成大小不一的瘤体,需要经常停炉清理,维修清理费用高,生产率偏低。

3.4.3.4 压制团化法

压制团化法是靠两个相互反向旋转的辊子施加压力来实现。根据辊子表面有无模子及模子形状不同,又可分为压块、压球和压片法。该法适合于含有一定数量黏土,而且粒度分布较为合适的磷矿,但不利于 SiO_2 含量高的磷矿预处理,在常温下很难获得有足够强度的团化料,需要进行热压。

该法所处理的物料,粒度比较均匀,并且大小可以进行调节,细粉返料量比球团法少。为了使压块团化物料获得较为理想的物化特性,美国 FMC 公司与美孚化学公司当年在爱达荷州波卡特洛黄磷厂、佛州皮尔斯黄磷厂分别用爱达荷磷矿、佛罗里达精选矿压块团化，然后在链箅焙烧机上经1000℃左右温度焙烧，再经冷却筛分后入炉。

爱达荷磷矿的黏结性能较好，压块时不需加任何黏结剂；佛罗里达的精选矿黏结性较差，需用稀磷酸作为黏结剂。稀磷酸为36% P_2O_5 的湿法酸，磷矿与磷酸加入量之比为100:3。压成的块状料为六边形扁块状，6mm ×3.5mm ×2.2mm。目前国外采用该法进行原料加工的已经很少。

3.4.4　原料加工的其他方法

3.4.4.1　间歇式烧结法

该烧结装置为固定式烧结床，由尺寸为1000mm ×900mm ×300mm的多个方形烧结床连成一排，烧结床炉箅下有统一的抽风装置，便于物料点燃后供给足够的空气燃烧完全。生产时将粒度小于7mm的磷矿碎粉料及粒度小于5mm的焦粉按100:6的比例加水混合（使混合料水分含量在8% ~10%），采用混凝搅拌机拌和2 ~3min后，按顺序将物料依次放入方形的烧结床内。

然后将移动式点火装置移于烧结床，用磷炉尾气作为燃料，点火烧嘴点燃磷炉尾气后，热量自上而下加热物料，烧结3h左右（其中点燃物料30min左右），待物料中的焦粉燃尽且使物料成块后烧结结束，经冷却、破碎、筛分、粒度5 ~50mm为合格料，粒度小于5mm返回重新进行下一轮的烧结生产，故称为间歇式烧结。

生产中烧结率为76.5%，成品率为62.6%，烧结温度1200℃左右，物料中的碳酸盐及水分脱除率在90%以上。

间歇式烧结法自1980年开始国内菱湖化学厂就已经使用，据资料介绍，该厂将经烧结处理的烧结料与干燥的块矿按6:4比例混合入炉，经济技术指标比只用块矿时有大幅度提高。

3.4.4.2　磷矿粉水泥团块法

该法在20世纪80年代中期湖南岳阳磷肥厂采用水泥作为黏结剂生产水硬性团块已取得实质性的效果，具体方法是用湖北荆襄、湖南浦市小于5mm的磷矿碎粉，分别加入4% ~12%的水泥

(水泥逆减量为1%),经混砂机搅拌均匀,在压缩比为1:8:1的板压式制砖机上压制成不同水泥配入量的机制砖块(240mm×115mm×53mm),然后进行40min的蒸汽养护。

用水泥作为黏结剂团块的固化机理属于结晶硬化和胶体硬化反应。整个过程发生水化、水解的化学反应。其中各组分在水溶液中与水作用生成凝胶。

$$3CaO \cdot SiO_2 + mH_2O = xCaO \cdot SiO_2 \cdot nH_2O + (3-x)Ca(OH)_2$$

$$2CaO \cdot SiO_2 + H_2O = 2CaO \cdot SiO_2 \cdot H_2O$$

$$3CaO \cdot Al_2O_3 + 6H_2O = 3CaO \cdot Al_2O_3 \cdot 6H_2O$$

$$4CaO \cdot Al_2O_3 \cdot Fe_2O_3 + mH_2O = 3CaO \cdot Al_2O_3 \cdot 6H_2O + CaO \cdot Fe_2O_3 \cdot nH_2O$$

用水泥作为黏结剂发生上述反应时,水化硅酸钙实际上不溶于水,而$Ca(OH)_2$很容易溶解于水。溶液饱和以后,石灰将以胶体状的$Ca(OH)_2$析出。$2CaO \cdot SiO_2 \cdot H_2O$、$3CaO \cdot Al_2O_3 \cdot 6H_2O$、$CaO \cdot Fe_2O_3 \cdot nH_2O$立即成为胶体状的凝胶。无论是凝胶还是结晶都充填在磷矿团块的空隙中,使得团块变得紧密,强度明显增加。水泥作为黏结剂与各类结晶矿物之间均具有良好的附着力,而且随着被黏结物粒度越细,表面活性越大,附着力也越强。

水泥团化技术检验标准:

(1)最适宜水泥配入量6%~9%;

(2)水分配入量以手捏成团0.5m跌落不散为宜;

(3)2m单块跌落整块率70%~80%;

(4)抗压强度7.2~8.1MPa(72~81kgf/cm²);

(5)热稳定性测试:在950℃马弗炉恒温30min后取出从1.5m高跌落,只出现块状裂纹。

通过试验证明,水泥团块经破碎筛分可以用于黄磷生产。

3.4.4.3 泥磷磷矿粉瘤结法

用泥磷瘤结磷矿粉同时产生磷酸的新工艺既利用了泥磷的燃烧热瘤结磷矿粉,使磷矿的热处理费用最经济,同时又消化了目前黄磷生产中尚难处理的泥磷,副产磷酸,消除了污染,为企业增加了收益。

该法是用粒度小于3mm的磷矿粉与含磷22%以下泥磷按一定的比例混合，在挤压机中挤压，经斜溜槽成团后滚入回转瘤结窑内；磷炉尾气送至回转瘤结窑内点火燃烧泥磷中的磷，燃烧反应产生1400℃左右的高温使物料加热至表面熔融后瘤结成团；泥磷中的磷燃烧反应后生成P_2O_5气体进入窑外部的水化塔吸收成磷酸，瘤结料从窑尾翻板出料后经冷却筛分为合格炉料。

20世纪80年代初期广西南宁化工厂的试验表明，泥磷瘤结磷矿粉，既保持了瘤结法的优点：工艺简单、设备少、易于投产，又吸收了混合造粒焙烧法的特点，泥磷变成了黏结剂和燃烧剂，保证物料得以很好团化，又提供了焙烧的热源，一举两得；而且还消除了瘤结法结瘤现象和克服了产品脆性。

设计中需要引起注意的是，由于泥磷中含氟量较高，燃烧过程中几乎全部逸出被吸收在磷酸中，因此氟的含量随磷酸浓度的提高而上升，腐蚀性很大，水化吸收系统采用石墨板或炭素材料替代金属材料为佳。

3.5　物料筛分与输送

工业上，习惯将被破碎的松散物料和各种粒级分成近似相等的操作过程称为筛分。

在筛分的过程中，凡大于筛孔的颗粒称为不可筛过物，小于筛孔的称为可筛过物。实际生产中，可筛过物一般不会全部通过筛孔，因此，实际通过筛孔的物料称为筛过物，筛过物与可筛过物的质量百分比称作过筛效率。

过筛效率与很多因素有关，如物料的湿度、筛孔和物料颗粒的形状、物料在筛网上的厚度及移动的速度等。一般情况，当物料颗粒接近圆珠形、移动速度适当合理、筛网上物料厚度薄一点，过筛效率相对较高，当以上条件一定时，过筛效率与物料的含水量（湿度）有着直接的对应关系。物料含水量越大，过筛效率越低。所以，物料含水量多少对筛分过程和整个黄磷生产的影响是不容忽视的。

物料的筛分方式多种多样,筛网有金属丝、铸铁、橡胶孔等,其中振动筛和回转筛(转筒筛)在制磷工厂使用最为广泛。其特点是产量大,效率高,筛孔较少堵塞,操作调整简单易行。

3.5.1　惯性振动筛

图3-3是惯性振动筛。这种振动筛的筛网系金属丝编织而成,分上下两层,筛孔有长方形和正方形两种,筛面倾角一般为10°~45°,振动次数为900~1500次/s。

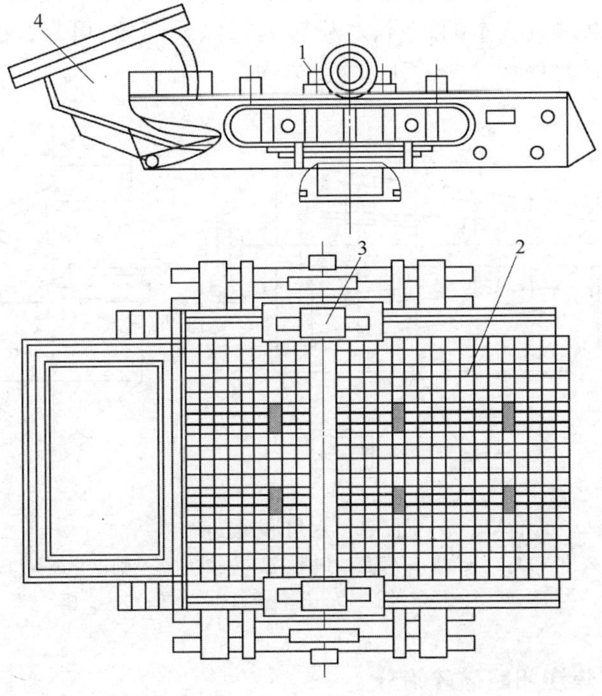

图3-3　惯性振动筛

1—弹簧;2—筛网;3—转动轴;4—溜子

3.5.2　六角形回转筛

图 3-4 是六角形回转筛，转筒长 1400mm，直径 800mm，转筒与水平面成 5°倾角，由电动机经减速箱、传动装置而使其旋转。筒面上为筛网，高侧采用 0.700mm(25 目)的筛网，低侧采用直径为 5mm 的圆钢焊成 30mm ×30mm 网格。

过筛时，物料由高侧进入筒内，细料可穿过筛孔排出，粗料则沿滚筒继续前移至筒体的低侧排出，筛上物回破碎机再次破碎。这种转筒筛特别适用于原矿的破碎筛分，但自重大，可调范围较小。具体采用哪种筛分方式，要因地制宜，简单方便，使之适用于高、中、低水分含量的原料，对粉矿的筛除要高效、可靠，又能保证最低的矿粉量和原料的质量标准要求。

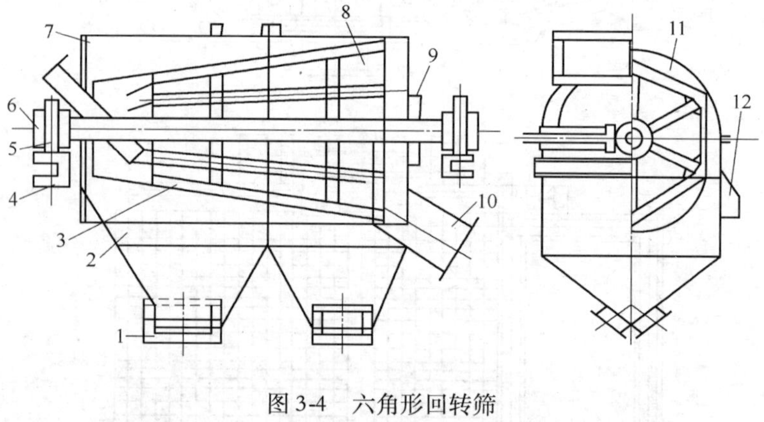

图 3-4　六角形回转筛
1—出料口；2—贮斗；3—筛身；4—支架；5—轴承；6—轴；7—进料口；8—筛网；9—密封盖；10—出料口；11—上罩；12—支座

3.5.3　焦炭闭路破碎筛分

对于大规模的黄磷生产企业，若自己加工入炉焦丁，为了减少焦粉的数量，充分利用资源，可采用焦炭闭路破碎筛分工艺，如图 3-5 所示。

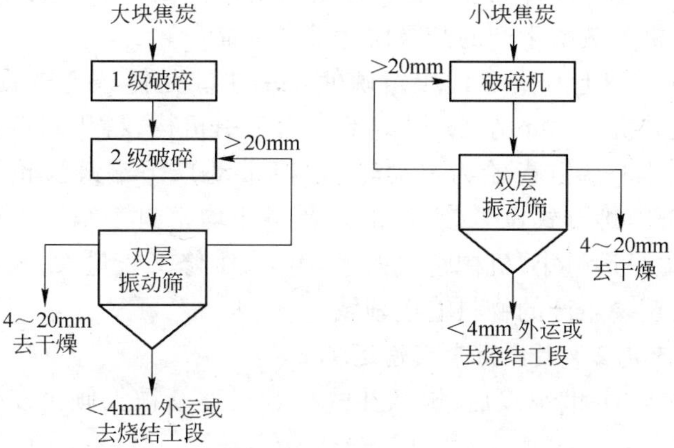

图 3-5 焦炭闭路破碎工艺示意图

从图上看到,焦炭闭路破碎筛分工艺分级破碎(大块焦炭两级破碎,小块焦炭一级破碎),双层筛分,整个系统的筛分处理设计比较合理,保证了质量要求。焦丁粒度可满足 4 ~10mm 占 50%左右,10 ~20mm 占 40%左右的要求。

物料中的粉末增多对电热法制磷生产工艺影响极大,表面上看仅仅是破坏了料层的透气性,但从深层的研究分析发现,它给炉内的电弧产生创造了条件,易于形成硬壳而改变炉内的操作电阻,使炉内出现电弧高温"过热区",为副反应的发生和氧化物的升华提供了可能。一项工艺指标的控制疏忽,可能带来一系列的连锁反应,这种反应的滞后性和隐蔽性带来的恶果,有时往往让人一时摸不着头脑。筛分是保证入炉物料质量重要的手段和措施之一,在日常生产管理中要经常对这一工序加以重视和关注。

3.5.4 原料的输送

3.5.4.1 输送方式介绍

托辊皮带输送机是黄磷生产广泛使用的运输设备,随着制磷电炉容量的不断扩大,生产工艺流程的不断改进,皮带运输在运量、维修、总体设计布置、土地有效利用等方面就显得力不从心，而提升机为黄磷生产的升级换代带来了福音。

20 世纪七八十年代小黄磷使用的主要是链条斗式提升机。这种提升机高 10m 左右，以链条作为牵引机构，料斗固定在链条上。机体上端链齿轮为主动轮（电机带动），下端链齿轮为从动轮，上部有螺旋式拉紧装置，链条及料斗均密封于钢壳内以防粉尘，缺陷是运量小，机械磨损大，噪声大，维修工作量大，现在已逐步退出黄磷生产的物料输送领域。

3.5.4.2　大倾角带式输送机

进入 21 世纪以后，链条斗式提升机逐渐被大倾角皮带输送机所取代。

大倾角皮带输送机在我国是一种新型输送机，近年来发展较快，被广泛应用于各行各业。大倾角带式输送机除具有带式输送机的优点外，还具有提升高度高，输送量大，物料不易散落，占地面积小，工艺布置方便，可缩小基建规模，降低工程造价等优点。

结构及输送原理：大倾角带式输送机是在平形橡胶输送带两侧，增加不同高度的可弯曲伸缩的橡胶波形立式“裙边”，带体中间具有一定强度和弹性的 T 形或 C 形橡胶横隔板。使物料在一个匣形的容器中进行输送。输送倾角小于 40°，使用 T 形横隔板，倾角大于 40°时，使用 C 形横隔板，倾角最大可达 90°。

维护使用和调整与普通带式输送机相同，但初始安装必须保证施工质量，例如整条皮带要平稳，垂直中心线偏差不得大于 3mm 等。

3.6　原料加工除尘

在原料加工处理过程中，随着物料的破碎、烘干、筛分、输送，会产生许多粉尘。将这些粉尘集中收集下来的生产过程统称为除尘。

除尘器可分为两大类：一是干式除尘，包括静电除尘器、袋式除尘器、旋风除尘器、重力沉降室、惯性除尘器。二是湿式除尘器，包括水喷淋塔、冲击式除尘器、文丘里洗涤器、泡沫除尘器和水膜除尘器等。

3.6.1 静电除尘器

静电除尘器是利用电场产生的电场力使尘粒从气流中分离的设备。由于静电除尘器具有压力损失小、处理烟气量大、能耗低、对细粉尘有很高的捕集效率,可在高温或强腐蚀性气体下操作,因此在黄磷生产中常用于净化磷炉气和原料干燥中产生的粉尘。静电除尘器主要由除尘器壳体、灰斗、放电极、集尘极、气流分布装置、振打清灰装置、绝缘密封等组成。

静电除尘器的不足之处是:设备庞大、一次投资费用高、结构较复杂,制造、安装的精度要求高、对粉尘的比电阻有一定要求。详细介绍参见第四章第一节。

3.6.2 袋式除尘器

3.6.2.1 袋式除尘器除尘原理

袋式除尘器的原理是尘粒在穿过滤布纤维时因惯性力作用与纤维碰撞而被拦截。在脉冲和气箱式脉冲除尘器中,粉尘附着在滤袋的外表面。含尘气体通过除尘器时,粉尘被捕集在滤袋的外表面,而干净气体通过滤料进入滤袋内部。滤袋内部的笼架用来支撑滤袋,确保滤袋不被吸扁而导致过滤失效,净化的气体通过滤袋内部进入布袋除尘器上腔,然后从排放管排出。

袋式除尘器的最大优点是除尘效率高,可达到99.6%,粉尘排放浓度可控制在10mg/m^{3}以下,最低可达到2mg/m^3,这是袋式除尘器的过滤机理所决定的。

袋式除尘器根据清灰方式可分为:机械振打清灰方式、反吹清灰方式、反吹和振打联合清灰方式、脉动反吹清灰方式、脉冲喷吹清灰方式等几种。

如LQMC型布袋除尘器属脉冲喷吹清灰方式,主要由壳体、灰斗、排灰装置、支架和脉冲清灰系统等部分组成。当含尘气体从进风口进入收尘器后,首先碰到进风口中间的斜隔板,气流便转向流入灰斗,同时气流速度变慢,由于惯性作用,使气体中粗粒粉尘直接落入灰斗,起到预收尘的作用。进入灰斗的气流随后折向上通过内部装有金属骨架的滤袋,粉尘被捕集在滤袋的外表面,净化后的气体进入滤袋上部的清洁室,汇集到出风管排出。每个收尘室装有一个提升阀,清灰时提升阀关闭,切断通过该收尘室的过滤气流,随即脉冲阀开启,向滤袋内喷入高压空气,以清除滤袋外表面上的粉尘。各收尘室的脉冲喷吹宽度和清灰周期,由专用的清灰程序控制器自动控制。

3.6.2.2　袋式除尘器使用注意事项

在使用中要注意操作温度的控制,温度过高,滤袋会被烧坏,温度过低,若低于烟气露点温度(一般控制大于露点温度20℃左右),滤袋结露,尘粒黏附在布袋上,振打也很难将尘粒振落,使布袋过早失去除尘功效。除温度外,滤袋的使用寿命与其材质、烟气成分、露点、粉尘性质等因素有关,同时还受到过滤风速、入口粉尘浓度、清灰频率和管理维护质量高低的影响。图3-6是布袋除尘器气体流向示意图。

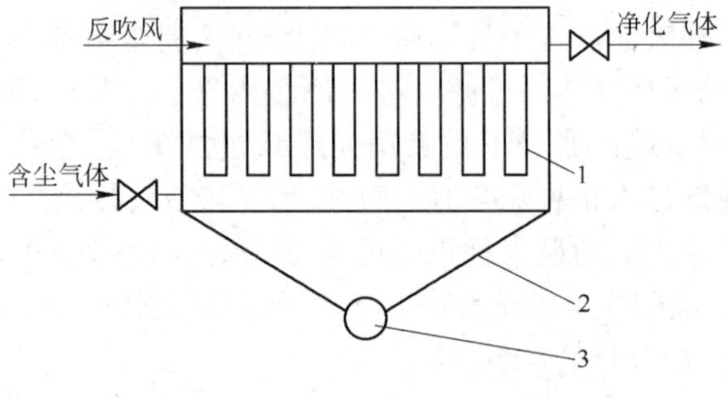

图3-6　布袋除尘气体流向示意图

1—布袋;2—灰斗;3—螺旋运输机

3.6.3　旋风除尘器

3.6.3.1　工作原理

旋风除尘器的工作原理如图3-7所示,含尘气体从入口导入除尘器的外壳和排气管之间，形成旋转向下的外旋流。悬浮于外旋流中的粉尘在离心力的作用下撞向器壁，失去动能落入除尘器下部，由排尘孔排出。净化后的气体形成上升的内旋流并经过排气管排出。

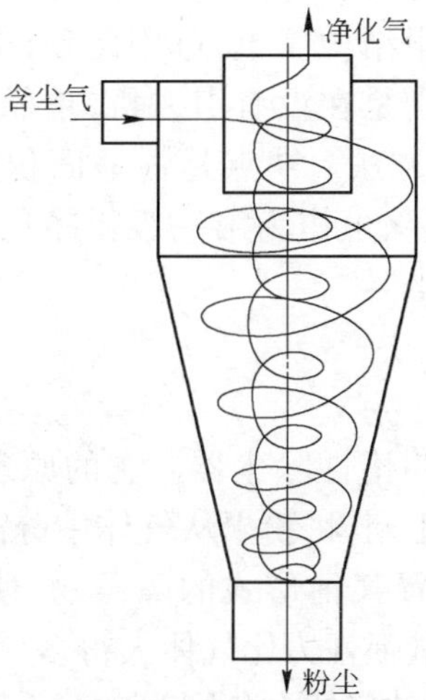

图 3-7 旋风除尘器工作原理示意图

3.6.3.2 应用范围及特点

旋风除尘器适用于净化大于 5 ~ 10 μm 的非黏性、非纤维性的干燥粉尘。它是一种没有运动部件，结构简单、耐高温操作、设备运行稳定、费用和阻力较低 800 ~ 1600Pa（80 ~ 160mmH_2O）的净化设备，旋风除尘器在净化设备中应用得最为广泛。

3.6.4 重力沉降室除尘

重力沉降室是一种最简单的除尘器，它是依靠重力的作用使尘粒从气流中分离出来。沉降室实际上是一个断面较大的空室，含尘气体由断面较小的风管进入沉降室后，气流速度大大降低，尘粒便在重力作用下沉降下来。对于密度一定的尘粒，粒径越大，沉降速度越大；粒径越小，沉降速度越小。所以，要使微细的尘粒在沉降室中靠重力作用沉降下来，沉降室就要造得很长；若要减小沉降室的长度，就得把气流的水平流速取得很低，等于把沉降室的断面加大，这在实际生产中往往行不通。因此重力沉降室仅适用于捕集粒径大于 50μm 以上的粉尘。

重力沉降室除尘结构简单，可用砖砌，造价便宜，施工容易，维护管理方便。特别是在没有引风机，单靠自然通风的条件下，是一种较好的除尘方法。缺点是占地面积大，除尘效率低。因此，一般只把沉降室除尘作为第一级粗净化，而在它后面串联效率较高的第二级除尘器。

3.6.5　惯性除尘器

惯性除尘器也叫惰性除尘器。它的原理是利用粉尘与气体在运动中惯性力的不同，将粉尘从气体中分离出来。一般都是在含尘气流的前方设置某种形式的障碍物，使气流的方向急剧改变。此时粉尘由于其惯性力比气体大得多，尘粒便脱离气流而被分离出来，得到净化的气体在急剧改变方向后排出。

3.6.6　大、中小型制磷装置原料的除尘系统

黄磷原料生产的除尘有旋风除尘、袋式除尘，泡沫洗涤除尘，静电除尘等。中小型制磷电炉一般设计时选用旋风加喷淋洗涤除尘，而大型制磷电炉设计时选用袋式、静电除尘，只不过在大小、选型上各有不同而已。

3.6.6.1　中小型制磷电炉旋风、喷淋洗涤除尘系统

该系统由旋风除尘器、输送管道、抽风机、喷淋洗涤塔、喷淋水循环泵、污水沉淀循环池等组成。物料经烘干分离扬起的粉尘随烟气离开烘干机进入旋风除尘，将大粒度的粉尘首先沉降，抽风机将微粒粉尘与烟气送入洗涤塔下部与塔顶喷下的水雾逆流接触而将粉尘洗涤下来，经喷淋洗涤的烟气达到排放标准排入大气；喷淋洗涤后的浑浊污水进入沉降池，经折流沉降后的水返回

喷淋泵入口,整个系统形成一个喷淋洗涤的封闭循环水系统。没有污水外排,只需根据循环池的水位定期清理污泥和补充一定蒸发水量。这种旋风除尘加喷淋洗涤配套使用,实践证明,除尘效果较为理想,处理费用低、环保。

旋风除尘器有单管、双管、四管,现在一般设计选用四管扩散式旋风除尘器。该装置具有结构简单,制作方便,对易凝集的粉尘,在旋风分离锥底下料处不易堵塞的优点,粉尘粒径在 2~5μm 时除尘率可达 95% 以上,压强一般为 1300~1600Pa(130~160mmH_2O),效率比一般旋风除尘器要高。扩散式旋风除尘器由旋风体、圆形短筒、倒锥体、反射屏和斜形受灰斗组成,如图 3-8 所示。

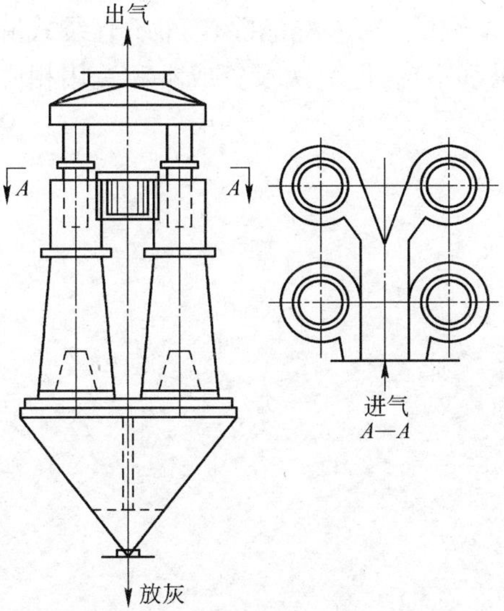

图 3-8 扩散式旋风除尘器

扩散式旋风除尘器工作原理是,含尘气体自矩形入口管进入旋风体,沿切线方向经圆形短筒至倒锥体,部分气流随粉尘一道落入受灰斗,当气流返回旋风体内出口管时,由于受到反射屏的作用,有效地防止了 5~10μm 的粉尘被返回气流重新卷走而降低除尘效率的问题。

中小型制磷电炉在除尘主体部分仅此系统,在设计施工制作扩散式旋风除尘器时,首先,要充分考虑反射屏角度、环境面积与粉尘性质的对应关系。假若单位时间内分离下来的粉尘量较大,则反射屏的环境面积应设计选择大一点;反之,则小一点。对流动性好、休止角比较小的粉尘,反射屏倾角选择宜小一些,以提高气流停留时间;反之,则宜大些,使落下的粉尘易于排出。其次,反射屏的表面应光滑,以免积灰。

3.6.6.2　大型制磷电炉的原料除尘系统

大型制磷电炉的原料除尘考虑比较全面,几乎每个产生扬尘的位置都有真空吸尘,并且由管道连成一个系统,分段吸尘,统一处理。例如,皮带运输机的交接处、振动筛、加料口处等都设有真空吸尘罩。除了旋风、泡沫洗涤除尘外还有袋式除尘器、静电除尘器,使用效果都不错,但一次投资成本和费用相应增加。

4 磷炉气除尘、收磷及磷的精制

4.1 磷炉气除尘

制磷电炉中的粉尘，一部分是原料中夹带粉尘和炉料在电炉内受热炸裂产生，另一部分是炉料中挥发分遇高温挥发逸出和化学反应生成挥发性化合物，温度降低后又冷凝下来（磷炉气中含尘量一般在 50 ~ 150g/m^3）。前者产生的粉尘颗粒较大，超过 10μm，后者则分散度很高，一般小于 10μm。不同气体中不同粒度粉尘的分离，应采用相应的除尘设备，才能达到最佳的效果。当粉尘粒度大于 100μm 时，采用重力沉降室除尘；5 ~ 1000μm 时，采用离心分离除尘；小于 10μm 时，采用静电除尘器除尘。不管采用什么方法除尘，都必须因地制宜，既要简单实用，又要经济实惠，满足生产工艺要求。

4.1.1 箱式除尘器

箱式除尘器是一种简单的重力除尘设备。图 4-1 是 W 形箱式除尘器简图。

它的除尘原理是：当炉气进入除尘器后，由于体积突然扩大，流速急剧下降，炉气中夹带的粉尘由于自身的重力作用而落下得到分离。除尘率的高低受气体阻力和气体浮力的影响。

该除尘器虽然工艺简单，但设备庞大，除尘效率偏低，当停留时间为 20 ~ 60s 时，设计最高除尘率为 50%（西南某厂 15000kVA 制磷电炉曾设计采用箱式除尘器，经多年的生产运行测定，除尘效率仅 20% 左右）。如果保温不善，一旦在低于露点温度下操作，除尘器内壁就会有黄磷凝结。凝结的黄磷又黏粉尘，不断重复会逐渐地使除尘器内空间减少而影响除尘效果。如果操作时空气漏入系统内还会生成磷酸，磷酸混杂在粉尘中使粉尘发黏，造成收尘和排灰困难。排灰操作时，劳动条件很差。炉气虽经除尘处理，仍有不少泥磷产生。

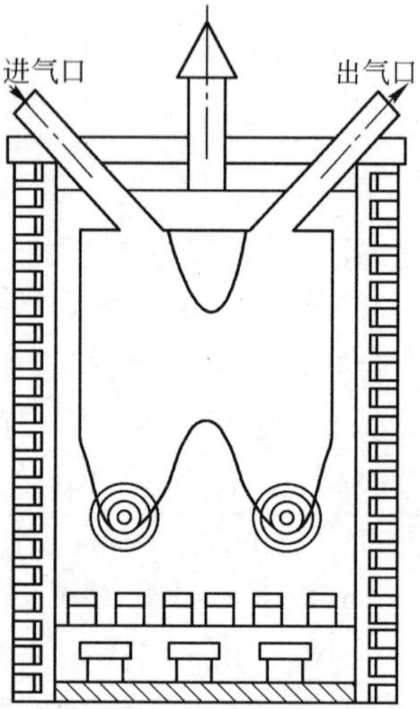

图 4-1　箱式除尘器

由于箱式除尘器没有保温夹套，为了保持磷蒸气不在室内冷凝，除箱体进行必要的保温外，一般利用尾气燃烧直接加热除尘器。因此容易出现除尘器受热不均匀，温度波动较大。如果碰到紧急停炉和短期停炉等原因，都会造成燃料气的短缺或不足，当温度低于磷的露点时，就会出现黄磷凝结影响除尘效果的情况。箱式除尘器若不进行技术改进和升级，很难在黄磷行业中推广使用。

4.1.2　静电除尘器

4.1.2.1　静电除尘器的发明及应用过程

静电除尘器（又称电除尘器）在工业上的应用已逾百年，1907 年科特雷尔（F. G. Coottrell）发明了电除尘器在控制酸雾排放获得成功后，迅速在其他工业烟气污染源中得到应用。1910 年美国首先应用在冶炼铜、铅、锌时回收烟气中的金属氧化物，数年后波特兰水泥厂、纸浆和造纸厂、发电厂等都安装了静电除尘器。随后世界各国在冶金、建材、化工等行业广泛推广使用。

1930 年德国彼斯特里茨(Piestritz)首先在 10000kVA 制磷电炉装置上安装静电除尘器取得成功，随后美国等也在黄磷生产工艺流程中采用。

1954 年，吉林铁合金厂在其冶金电炉装置上安装了我国首台棒帏式静电除尘器；1965 年，包钢烧结厂又安装了两台干法静电除尘器。随后，冶金部组织了静电除尘器的试验考核小组，对静电除尘器的结构生产操作等技术参数进行了进一步的研究、改进和完善，推动了静电除尘器在冶金系统中的广泛应用。到 20 世纪 90 年代末期，我国冶金行业的静电除尘技术水平已经达到了国际同期水平。

1973 年，由南京化学工业公司设计院完成设计的 0.64m^2 静电除尘器在南京化工公司磷肥厂 1 号制磷电炉上安装，经试生产获得成功，并取得了良好的效果，为我国黄磷行业研究开发使用静电除尘器取得了许多重要的技术数据和宝贵的生产操作经验。

目前，世界上黄磷装置采用的静电除尘器多为立式、管型、双室、双电场分别供电。除尘室的核心部分由沉淀极和电晕极构成，沉淀极一般为圆管式、扁长圆管式，也有用一排金属棒构成极排成为棒帏式，在管中和极排之间悬挂电晕极线，接入高压直流负极电形成电晕区等形式。

4.1.2.2 大型制磷电炉除尘器

20 世纪 80～90 年代我国分别从德国、苏联引进的三台 30000t/a 大型制磷电炉都采用静电除尘器除尘。从苏联引进的为干法、立式双室电除尘器，型号为 ЗВЦТ2 －5.5 －24K。每台静电除尘器长 15.4m，宽 8.06m，高 14m，质量为 262t，有效收尘面积为 24 ㎡，同极间距离 350mm，设有两个电场。两个电场的内壳为圆筒形，它们之间相连的倾斜气体导管安装在外壳内，外壳即为加热夹套。由电加热器、热氮风机等组成的热氮循环系统为保温夹套提供循环热氮气，氮气温度控制在 300～350℃。入室的磷炉气温度最高可达 600℃，因此，内壳材质选用 0Cr18Ni11Ti 以保证在高温下具有一定的热稳定性和防腐性能。

每台制磷电炉配备有两台静电除尘器并联操作，根据操作电压情况每 15 天为一个操作周期（停止使用进行清扫，现在最长的运行时间可达 30 天左右）。每台静电除尘器从结构上可分为以下几个主要部分：内外壳体组成的夹套加热系统，集尘系统和电晕极、绝缘和供电装置、高压电进线装置、气体分布系统、N_2 密封系统、排灰、电尘浆搅拌输送系统等。

4.1.2.3　静电除尘器的保温

电除尘器的加热保温方式有两种，一种是煤气或尾气燃烧后的烟气在夹套内循环保温，另一种是电加热氮气保温。前者温度波动较大，还曾出现过烟气漏入室内引起电除尘器爆炸的重大事故，为了安全起见，现在国内外的大型制磷电炉采用的都是后者，控制安全稳定，但耗电多。静电除尘器夹套保温运行成本这么高，不保温行不行？说到这个问题，有必要简单介绍一下磷炉气中磷的露点问题。

气体混合物在压力不变的条件下降温冷却，当冷却到产生第一个微小液滴时的温度，称该混合气体在该压力下的露点温度，简称露点。应当指出，物质的露点与该物质的混合气体压力有关。在电热法制磷生产中，根据化学反应，每生成 1 分子的 P_4，同时产生 10 分子的 CO。两种气体的体积比是 1∶10，磷蒸气占总体积的 1/11。磷蒸气的分压为 9211.217Pa（760mmHg ×1/11）。由表 1-2 查得相应的露点温度为 180.7℃（纯磷蒸气的露点为 281℃）。也就是说该组分的混合气体温度在 180.7℃以上时，磷以气态形式存在。一旦温度低于 180.7℃，就有磷蒸气开始冷凝，这一温度称为该混合气体磷的露点。

在制磷电炉中，实际上炉气中 CO 含量比上述理论含量要高。因为还有部分 CO 来自原料中的 Fe_2O_3、CO_2 的还原，加上有过量焦炭、其他气体、尤其是体积很大的水蒸气的存在，上述气体中磷蒸气分压还要低于9211.217Pa(69.09mmHg),所以磷炉气中磷蒸气的露点温度肯定低于180.7℃。

综上所述,为了保证磷炉气中磷以气态存在,确保人身、设备安全,在静电除尘器室内,现在设计时都考虑炉气温度必须保持在180.7℃以上,实际上夹套保温的热 N_2 温度为300~350℃,远远高于露点,所以,在静电除尘器的正常清扫中,至今还没有发现除尘器室内有磷冷凝的现象。

4.1.2.4　除尘原理

静电除尘器的除尘原理是基于在强电场(直流60~80kV)作用下,局部区域内的气体发生电离,使气体中悬浮着的尘粒或雾滴粒子带电,进而在极间电场作用下,进行静电分离并收尘。如图4-2所示,将两端绝缘的细金属丝悬挂在接地金属圆筒的轴心上,并在它的上面加负电压,当负电压达到某一值(电晕起始电压 Vc)以上时,在金属丝表面附近的区域内产生电晕放电,并有负离子电荷从金属丝向圆筒方向移动。当从下边向圆筒内通入含有粉尘或雾滴的气体时,粉尘及雾滴粒子与负离子碰撞而带负电,在电场力的作用下,它们向圆筒运动被吸附在圆筒的内壁上并堆积起来,而清洁气体从圆筒上部逸出。

4.1.2.5　静电除尘器的工作原理

将高压直流电输入静电除尘器收尘室的两极后,当达到临界电压时,其相应的电场强度亦达到临界电场强度,在电晕极附近就产生了电晕放电。这时在电晕区里有大量的自由电子和负离子逸出并飞向阳极。负离子在运动中也常常几个粘在一起成为重离子,继续向阳极运动。空气离子向阳极运动的速度可达60~100m/s(如图4-2所示)。

当带有粉尘的气体通过收尘室时,这些带负电的离子就会在运动中不断地碰到和吸附到灰尘颗粒上,从而使粉尘带负电,荷电后的粉尘在电场力的作用下,在几秒钟之内就先后到达阳极放出电荷,粉尘本身沉积在阳极板上。

除集尘极外,在电晕区这个小范围内,所有的正离子则以与

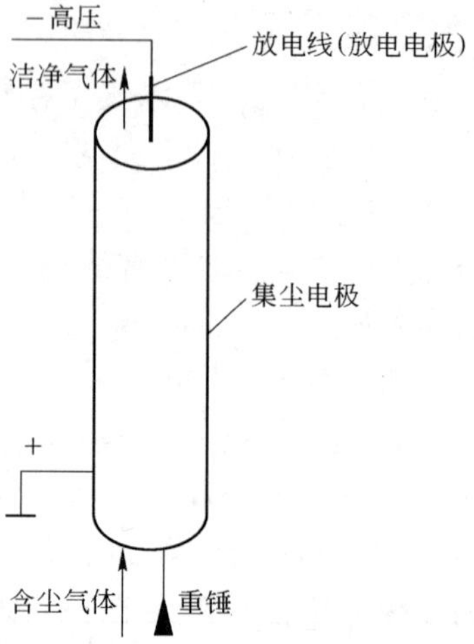

图 4-2　圆筒形静电除尘器除尘原理示意图

电子相反的方向朝着电晕极运动。运动过程中有的与电子相遇复合成中性分子,有的则一直到达电晕极。在这些正离子的运动中,同样也会使电晕区里的粉尘带正电,并移向电晕极。所以在电晕极上也会不断地集灰,只是灰尘的总量较集尘极的总量要少得多。

静电除尘器的极板在收集到这些粉尘后,经过振打集尘极将积灰振落,经下灰管排出,含尘气体就得到了净化。静电除尘器设计除尘率是99%以上。

4.1.3　静电除尘器在制磷装置的应用及现状

用于制磷电炉生产中的静电除尘器的基本结构与冶金、化工、水泥等行业使用的大致相同,但还有其特殊性,不能一概而论。

4.1.3.1　在制磷电炉中除尘的可行性

从磷炉气中所含粉尘的化学成分看,大部分为 P_2O_5(即磷酸盐),其次是 SiO_2、碱金属及焦粉(以炭黑形式存在)等。凡是粉尘

颗粒都具有不同的电阻系数,大致可分为三类:

一类电阻系数: $<10^3\sim10^4\Omega\cdot cm$

二类电阻系数: $10^4\sim10^{10}\Omega\cdot cm$

三类电阻系数: $>10^{10}\Omega\cdot cm$

根据粉尘的物质特性,具有第一类电阻系数的颗粒是不可能在干式电除尘器中除尘的;第二类电阻系数的颗粒,在一级技术条件可以沉降除去;第三类电阻系数的颗粒就需加入“凝结剂”,如水汽或某些化学物质以降低颗粒电阻后才能除去。

经测定,磷矿、硅石的电阻系数在 $10^7\sim10^{10}\Omega\cdot cm$ 之间,属二类电阻系数,故容易除去;焦炭的电阻系数仅为 $44.7\Omega\cdot cm$,一般不易除去。由于磷炉气中存在一定数量的水蒸气,故在一定程度上可改善除尘效果。因此,从理论和技术操作上讲,静电除尘器用于制磷电炉炉气除尘的工艺技术是完全成熟可靠的。

4.1.3.2 实际问题

静电除尘器在制磷电炉上尚未广泛推广使用存在的实际问题。以苏联引进的大型制磷电炉设计配置的静电除尘器为例:第一是每台静电除尘器的建设费用在2000万元人民币左右,除此之外还有一套庞大的配套设施。技术要求高,维修费用大,对原料制备的质量要求和工艺指标近似苛刻。如入炉焦炭的水分、粒度、炉气的温度等。

第二是氮气用量大,需要配套相应的空分装置。整台电除尘器用于密封、夹套保温的 N_2 每小时消耗 $3603.88m^3$,吨磷耗 N_2 为 $864.05m^3$(2008年厂内统计数据)。仅 N_2 加热器、风机这套循环加热系统,按额定负荷计算,耗电为 $400kWh/tP_4$,电尘耗电 $50kWh/tP_4$。正常情况下,N_2 加热器可少开几组电阻丝(保证夹套温度就行),最经济的测算:电除尘器、N_2 加热器、风机的耗电总量最少也要达到 $280kWh/tP_4$。这还不算其他机泵等设备的电能消耗。

第三是除尘效率很难达到设计指标。设计指标除尘率应达到99%以上,但从目前实际运行的情况看,最好是在90%左右,一般情况下是70% ~80%。除尘率偏低的原因是多方面的,电尘室电压升不起来,清扫运行周期缩短这些都是日常生产操作中表现出来的问题和现象,深层次影响的因素很多。

加拿大的魁北克瓦斯伦黄磷厂认为,只要炉料符合质量要求,以不采用静电除尘器为好。该厂有两台23MW的中型制磷电炉,磷收率在89%左右,若包括泥磷回收在内,总回收率可达94%。美国孟山都公司旗下的三个黄磷厂,很多情况是用最简单、最经济的技术装备,得到最低的成本、最高的质量和最佳的效益。注意新老技术有机结合,不追求高、大、全,但需适用、简单、维护操作成本低、稳定性好。在选用设备技术方面,侧重因地制宜,以可靠适用、经济为原则。

鉴于以上原因,现在中小型制磷电炉上的磷炉气除尘在设计中都没有采用静电除尘器。影响的因素大致是:设备投资大,单位成本高、技术要求严、除尘效率不稳定、受炉料质量的制约太大,不易长期达到设计要求等。

4.1.4 中、小型制磷电炉在降低粉尘方面的经验

为了减少炉气中的含尘量,现在设计的制磷电炉在原料制备工序都设计有物料的烘干和筛分设备,只要入炉料水分能控制在1%以内,带入炉内的粉尘将大大减少。

(1)控制使用灼失(CO_2)高的磷矿和对磷矿进行预处理。对磷矿中CO_2大于3%的原料矿在价格上加以严格调控,CO_2每升高1%价格下调5~10元/t,以经济手段抑制原料中CO_2的升高。有的厂家对高灼失和机械强度差的磷矿已建有原料预处理装置对物料进行烧结处理,这是一条值得积极推广的有效措施。可以充分利用磷炉尾气和筛分下来的磷矿、焦粉,既环保又节约成本,一举两得。

(2)对现行的制磷电炉几何尺寸进行必要的改进和完善。炉气温度是一个重要的工艺控制指标,大型制磷电炉在500℃以内,中小型制磷电炉以前一般是不大于250℃。炉气温度高,说明生

料层薄,不仅炉料的热交换效果差,而且过滤效果也不好,炉气中粉尘增大。大型制磷电炉要考虑进入静电除尘器时温度不能低于露点,中小型制磷电炉磷炉气到冷凝洗涤喷淋塔的距离仅5m左右,又不设静电除尘器,完全没有必要设计控制高的炉气温度。现在的多电极制磷电炉正常操作运行时,炉气温度一般在150℃(导气管)左右,最低的在80℃左右(导气管),操作很稳定。炉膛的内高一般在5.5m左右,最高的已达6.06m,生料层的厚度从以前的2m以上提高到4m左右,原来设计时担心的炉内电极长度增加后断电极几率上升的现象很少。只要炉内熔池形成良好,下料均匀,电极受力平衡就不会断电极,国内现在生产的石墨电极质量完全可以满足和适应这种生产环境和条件。最终的效果是生料层厚度增加,等于过滤层厚度增加,磷炉气带出的粉尘量减少,实际上起到了自我除尘净化的功效。现在操作管理得好的多电极制磷电炉装置,泥磷量可控制在100kg/tP_4左右,这是很好的例子。

(3)加强科学的操作管理也是降低、减少炉气中含尘量的必备条件。磷炉气的成分比水泥、冶金、化工等行业的复杂,其中除磷蒸气外还含有CO_2、H_2S、SiF_4、N_2、H_2O等。不同组分和灰分的含量取决于很多因素,主要是磷炉操作运行时的电气和工艺条件,如功率、二次电压、电流、炉渣酸度Mk、焦炭组分、炉气温度等。除了在设计、原料采购上加强科学管理外,工艺操作的调整控制也是相当重要的。

4.1.5 静电除尘器的发展前景

静电除尘器是高效的气体净化和重要的环保设备,在制磷电炉上使用的历史已经近80年了,工艺技术是完全成熟可靠的,采用静电除尘器无疑可以提高除尘效率,大大减少泥磷的产生量,对减少污染和改善环境功不可没。很多省份和集团公司都把在制磷电炉装置上设置静电除尘器作为今后黄磷生产削减污染、升级换代的一项措施。如果在制造费用、运行成本和技术上有新的突破和发展，我们相信静电除尘装置一定会在黄磷行业得到广泛的应用和积极的推广。

4.2 磷蒸气的冷凝洗涤

冷凝是指气态物质转化成液态物质的过程；和冷凝相反的过程是液态转变成气态，叫气化或蒸发过程。前者是放热过程，后者是吸热过程。纯物质的冷凝，压力和温度是不改变的。如在1个大气压下，100℃的水蒸气进行冷凝，那么冷凝的全过程都将维持在100℃，直到获得100℃的液态水为止。全部蒸汽都冷凝成液态水后，水才由100℃开始降温。

磷蒸气由导气管进入洗涤收磷塔后，磷炉气就经历了冷凝和冷却的过程。然而，它的冷凝和纯物质的冷凝不一样，因为磷炉气是含有多种组分的混合物。这一混合物在冷凝时，各种组分冷凝过程的温度也在变化，形成每个塔对应的气相组成也是变化的。

4.2.1 收磷原理

收磷的原理是依靠在冷凝塔中喷淋水对磷炉气的冷却使其中的磷蒸气冷凝下来。磷蒸气中磷含量一般为300～350g/m^3，其相应的露点温度为160～170℃，也就是气相到液相的冷凝起始温度。在该过程中，传热和传质同时发生。一方面，磷炉气通过对流与喷淋水进行热交换，磷炉气温度降低而喷淋水温度升高。另一方面，磷蒸气由于放热而温度降低发生相变，由气相变成液相并随同喷淋水一起落入受磷槽。同时，喷淋水由于受热将有部分被蒸发随冷却后的尾气带走，致使尾气中的水蒸气含量增大。因此，该过程实质上是磷炉气的冷却冷凝过程。

另外，从液态黄磷的饱和蒸汽压表（参见表1-2）可以看到：液态磷在高温区（120～300℃）的饱和蒸汽压随着温度降低，其下降的幅度比低温区（20～110℃）要大得多。这说明，磷蒸汽在冷凝时，随着温度的逐渐降低，将出现快速冷凝（热冷凝段）→匀速冷凝→缓慢冷凝(冷冷凝段)的过程。

在热冷凝阶段,由于磷炉气有极大的温差,“晶核”——灰分粒子成为冷凝中心,这就不可避免地形成不同的液滴分布:温差越大,雾滴越细。

如果磷炉气骤冷将形成极细微的雾滴,其有阻止雾滴分离和结构破坏的特性。因此,磷炉气在第一个收磷洗涤塔中的冷凝必须避免骤冷,以保证磷蒸气形成大颗粒的雾滴。为此,假如在热冷凝阶段温度偏低时可通入蒸汽加温。蒸汽对磷炉气的预处理会使粗磷的沉降能力有所提高。

4.2.2 磷炉气的冷凝

磷炉气的冷凝过程应尽可能做到以最短的冷凝时间取得最大的冷凝效率。冷凝时间短可以缩小冷凝设备的容积,提高单位容积设备强度,冷凝效率高可以提高磷收率。

4.2.2.1 温度与冷凝的关系

图 4-3 显示“温度对炉气中磷蒸气含量与气压的影响”。图中右边的曲线为磷的蒸气压,左边的曲线表示在不同的温度下炉气中的磷含量,以炉气出口中总磷的质量百分数表示。

图 4-4 则显示“炉气冷凝后含磷量与温度的对应关系”。图中斜线 1 为每 m^3 炉气(标态)所含的磷(g),斜线 2 则为每 kg 磷炉尾气所含的磷(g)。

炉气的冷凝是将磷蒸气冷却到露点以下,使磷冷凝为微小的液滴,并逐渐增大,直至沉降下来。微细的液滴增大有两种途径:一种是气相中磷蒸气的继续凝聚,即新的磷蒸气在原有晶体上冷凝;另一种是液滴之间的相互碰撞,合并成更大的液滴。

当炉气冷却到磷的露点以下时,由于过饱和度的提高,晶核的生成速度迅速增加,因而就生成微小的液滴(雾核)。这种液滴不易沉降下来,容易被气流带走,造成雾核损失。生产中为避免这种情况的出现,总要设计安装一至三个冷凝洗涤塔,并以不同温度的水喷淋冷凝,使过饱和度适当超过临界数值,以便磷冷凝

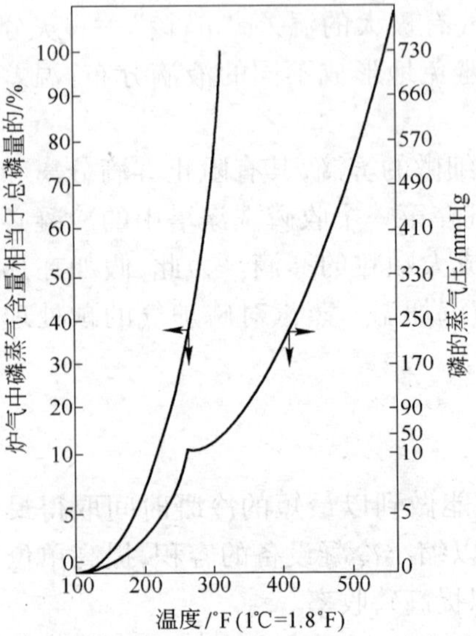

图 4-3 温度对炉气中磷蒸气含量与气压的影响

(1mmHg =133. 322Pa)

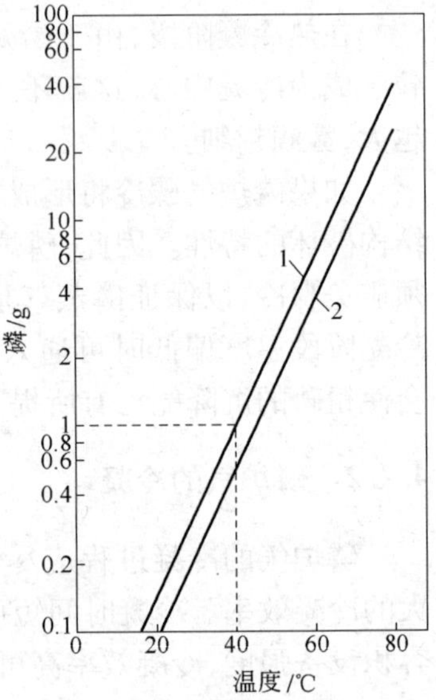

图 4-4 炉气冷凝后磷含量与温度的对应关系

1—1 立方米磷炉气(标态)的 P_4 含量,g;

2—1 公斤磷炉气的 P_4 含量,g

成较大的液滴,减少磷损失。现在的制磷电炉装置一般都设计有三个冷凝塔(也称吸收塔、洗涤塔和收磷塔)。大型制磷电炉分三段冷凝,下气管蒸汽冷凝,热冷凝塔、冷冷凝塔冷凝。随着《国家黄磷行业准入条件》要求把尾气的综合利用率提高到90%以后,洗涤塔的设计、形式还会有不断的改进。如有的厂在放空管下部又增加一个半塔喷淋洗涤尾气,有的厂在尾气放空(回收)前先进入两个填料塔洗涤等。

1 号冷凝塔用温度为 60 ~70℃的渣池热水喷淋;2 号冷凝塔用大循环与小循环的水兑配喷淋,温度 50℃左右;3 号冷凝塔全部采用废水处理站来的大循环水,温度低于 40℃(越低越好)。1 号塔采用热水喷淋的好处在于可以加快冷凝洗涤速度,防止大量的磷在塔壁上凝固(磷的熔点为44.1℃,低于该温度就有磷的凝固发生),保证冷凝塔的有效容积充分发挥作用。正常情况下95%以上的磷将在第一个冷凝塔被洗涤收集下来,如果热量不够,水量不足,将会加重后面冷凝器的负荷。1号冷凝塔在整个收磷系统中是工艺控制的重点。

3号塔严格讲应称冷冷凝塔,冷却冷凝过程与其他两个塔相似,为使磷炉气与喷淋水能充分接触换热,需要气相的分散度、喷淋水密度更大,停留时间较长。为此,大型制磷电炉的冷冷凝塔都比热冷凝塔设计的截面积大,且塔更高一些。冷冷凝塔内磷蒸气的含量较前两塔低,冷凝的速度将越来越慢,为保证磷的充分回收,控制最终尾气中的磷含量不超过国家1g/m^3(标态)的排放指标,在操作控制时应尽可能采用低温水进行3号塔的喷淋洗涤。从图4-4可以看出,在保证磷炉尾气出塔温度不超过40℃时,即可达到1g/m^3(标态)的排放指标;若控制在30℃时,尾气中磷含量可降到0.4g/m^3(标态)以下,这就是3号塔喷淋水温度控制越低越好的理论依据。

4.2.2.2 停留时间与冷凝的关系

试验证明,水蒸气的存在对磷的冷凝影响不大,只要停留时间在60s以上,冷凝率就可达到95%左右。磷蒸气在塔内的停留时间一般设计为100~120s,气流速度为2~4m/s(小型电炉的气流速度为0.1~0.2m/s),尾气温度在35℃以下,就能保证磷的冷凝率达到99%以上,尾气中含磷量不超过1g/m^{3}的标准(标态)。

现在的收磷系统都采用封闭式的循环水喷淋洗涤,这样节约用水,便于含磷污水的统一处理和综合管理。系统排出的含磷污水pH值指标控制在4以上,经处理后的循环喷淋水pH值指标控制在4~6之间,保持封闭处理和循环的喷淋水有稳定的水质和整个装置中的水平衡。

一般气流速度在合适的范围内,磷炉气在塔内的停留时间都能满足要求,下面以20000kVA制磷电炉为例计算气流速度和停留时间。

变压器容量	20000　kVA
平均负荷系数	0.95
操作间断系数	0.98
电炉功率因数	≥0.95
导气管温度	≤200℃
冷冷凝塔出口温度	<40℃
3 个冷凝塔尺寸	ϕ2000 ×15000
吨磷产生尾气	2500m^3

每小时的产磷量 G：

$$G=\frac{20000\times0.95\times0.98\times0.95\times1}{14000}=1.264\text{t/h}$$

则尾气流量为：

$$2500\times1.264=3160\text{m}^3/\text{h}$$

$$T_{平均}=(200+40)/2=120℃$$

所以该温度下的实际流量 Q：

$$Q=3160\times\frac{273+120}{273}=4549\text{m}^3/\text{h}$$

则平均的气流速度 v：

$$v=4549/3600\times\frac{\pi}{4}\times2^2=3.97\text{m/s}$$

平均停留时间 Z：

$$Z=3\times\frac{\pi}{4}\times2^2\times\frac{15/4549}{3600}$$

整理上式得：

$$Z=\frac{3\times\frac{\pi}{4}\times2^2\times15\times3600}{4549}=111.8\text{s}$$

通过以上计算，20000kVA 制磷电炉在塔内的平均气流速度为 3.97m/s，平均停留时间为 111.8s，现在的冷凝塔高度设计为 15～18m，完全可以满足磷蒸气在塔内的停留时间及喷淋洗涤的工艺要求。

4.2.3 影响磷炉气冷凝的因素

磷炉气的冷凝过程是炉气与喷淋之间的传热、传质过程,对气液两相传热、传质有直接或间接的影响。下面分别对影响因素予以分析讨论。

4.2.3.1 冷凝过程中两相物化特性的影响

对于液相(喷淋水),由于磷在水中的溶解度非常小,故喷淋水可以近似看作同温度下的水,其物化数据用同温度下水的物化数据代替。

对于大型制磷电炉的磷炉气,影响其物化性质的主要因素为静电除尘器出口磷炉气的温度和静电除尘器的除尘效率。温度越低,磷炉气黏度越大,气体质点的分散度和扩散度都将减小,对冷凝是不利的。磷炉气经除尘器进入下气管的进口温度一般控制在250~350℃。含尘率降低,则气体的质量热容下降,黏度下降,热导率下降。由于大型制磷电炉设计有静电除尘设备,因此,磷炉气中的含尘量变化范围很小,对磷炉气的影响甚微。

现在国内10000t/a中型制磷电炉和小型制磷电炉几乎都没有设置磷炉气静电除尘设备,磷炉气中带入冷凝系统的含尘量一般达50~150g/m^3,这给磷蒸气的冷凝带来一定困难。

在冷凝过程中,冷凝液滴的出现和长大都需要有“晶核”粒子,磷炉气中的粉尘可以充当这些“晶核”离子。故从理论上讲,粉尘在磷炉气的冷凝过程中可以充当促进剂的作用,但在实际生产中是不可取的。原因是粉尘在冷凝过程中将被冷凝的磷液滴所包容,形成结构紧密的泥磷杂质,不仅增加泥磷量,而且在精制磷的沉降过程中形成极难分层的过渡区域,使磷的精制净化分离困难。

4.2.3.2 气-液两相流动状况的影响

前面已经说过,磷蒸气的冷凝属于对流传热过程,炉气将热量传给液膜,然后再传到整个分散的液滴内部。同时,炉气中磷蒸气因温度降低而冷凝成液滴,这部分液滴与分散的喷淋水液滴混合，使传热效果更好。

整个传热过程主要靠气-液两相质点的移动及混合完成。因此，两相的流动状况，即两相的分散程度，对冷凝效果起着至关重要的影响作用。冷凝时两相的流型变化可设想为图 4-5 所示。显然，两相的分散度越大，其接触的表面积就越大，传热效果就越好，这就要求塔顶喷淋水喷嘴的布置形成理想的伞面喷淋，减少喷淋水伞面的过度重叠，使之均匀和具有良好的雾化效果。

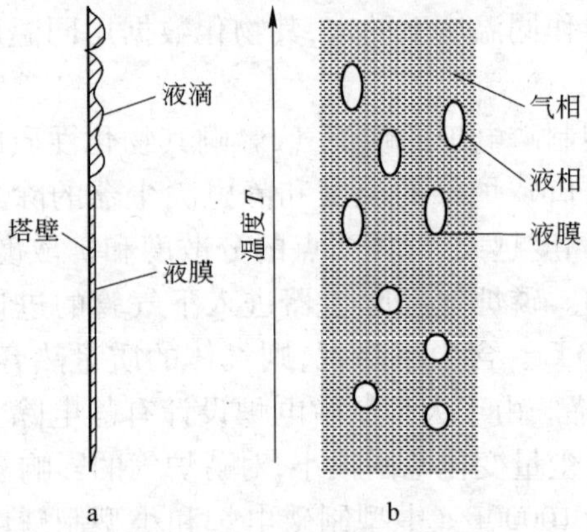

图 4-5　气相冷凝过程机理

a—塔壁面；b—塔中部；

4.2.3.3　喷淋水量和温度的影响

冷凝收磷过程中必须有足够的喷淋水量和充足的热量来满足喷淋洗涤效果。第一塔采用逆流，喷淋水量 $80m^3/h$ 左右，温度控制在 60 ~70℃之间，以使炉气温度下降缓慢，减少气液两相温差，降低"晶核"的生成量；最后一塔也采用逆流，喷淋水量在 $100m^3/h$ 左右，温度控制在 40℃ 以下，使用来自污水处理站的循环水喷淋，温度相对较低，要求尽可能降低气体温度以获得最高的磷收率，达到控制尾气中含磷量最低的目的。

这里需要强调的是，磷炉气在冷凝过程中应该避免出现骤冷现象。温差大，在冷凝过程中会形成晶核（雾滴），温差越大，晶核越细。磷炉气骤冷时形成的极细雾滴（晶核）有阻止雾滴分离和破坏结构的特性,最终形成数量多而体积小的磷晶核,不利于收集精制。尤其是第一个塔,除了要保证有充足的喷淋水量外,还必须有足够的热量,才能使95%以上的磷蒸气快速在该塔中冷凝下来,又可防止大量的磷在冷凝器内壁上凝固。

4.2.3.4 水质的影响

磷蒸气在冷凝的同时,从炉气中升华出来的杂质也将被冷凝下来,其中的酸性和碱性氧化物发生水合反应,灰分也从磷炉气中分离出来。在受磷槽中将可能发生下列反应:

$$3SiF_4 + 2H_2O \rightarrow 2H_2SiF_6 + SiO_2$$

$$SiF_4 + 4MeOH + nH_2O \rightarrow 4MeF + SiO_2 \cdot (n+2)H_2O$$

以上两个反应的发生,SiO_2 将沉积下来形成泥磷。因此,必须保证喷淋洗涤水 pH 值指标控制在 4~6,维持水质良好,使粗磷和循环水之间的杂质形成稳定的分布,同时减少水质的恶化、设备的腐蚀堵塞。为了解决这一问题,好多资料都有介绍:为了避免生成的氟硅酸或者氟的碱和盐类,必须随时添加一定量的新鲜水和放出相应量的系统循环水。

然而,现在收磷系统用的喷淋水和整个装置中的含磷废水都是封闭处理循环使用的,渣池水蒸发量大,系统中水不平衡时添加新鲜水是没有问题的,但要放出相应量的系统循环水是绝对不可能的,首先环保不允许,其次是对水资源的浪费。

我们认为改变现行的收磷喷淋水系统工艺流程就可以很好地解决这一问题,用渣池水作为 1 号塔的喷淋水,喷淋后的水直接返回污水处理站。就形成了一种新的喷淋水循环使用工艺流程渣池水淬水→喷淋冷凝→污水处理站→渣池水淬。水淬渣粒内部有很多孔隙空间,可以起到吸附过滤的作用,这样既能保证达到良好的喷淋水质,又能在喷淋水系统形成一个自我净化循环使用的工艺流程,为磷蒸气的冷凝提供优良的工艺条件。

4.3 粗磷精制

中小型制磷电炉磷炉气中所含的粉尘,由于分散度很高,表面积非常大，在磷蒸气冷凝时自然成为冷凝晶核。磷就冷凝在这些粉尘上，而且会形成比较稳定的胶状黏结物，这种含有相当杂质的混合物，称其为粗磷。

对于采用静电除尘器的大型制磷电炉装置，冷凝得到的液态磷纯度已达到 90% 以上，只需在精制槽内经简单搅拌沉降就能得到合格的黄磷产品。苏联磷的精制采用自然沉降法。

德国赫斯特技术采用磷过滤器精制黄磷。磷过滤器其实就是一台压滤器，内有 14 个覆有滤网的水平扁平滤盘（$15m^2$），一个叠一个地装在一根垂直开孔空心轴上，放在密封压力容器中。过滤能力为 $6m^3/h$，最佳过滤温度为 70℃。通过 1% ~2% 硅藻土悬浮液循环，在带滤网的滤盘上形成预滤层，然后泵入粗磷，杂质留在滤层上，穿过滤层的合格磷进入空心轴内，再经滤液管线从过滤器中排出。滤渣由高速转动的离心力甩出滤盘，排出磷过滤器。该法自动化程度高，产能大，操作环境较好，但设备结构复杂，操作维护费用高。

4.3.1　粗磷精制原理及影响因素

4.3.1.1　粗磷精制原理

粗磷的精制是在一定的条件下破坏磷和杂质间的胶状结构，并利用液态磷（连续相）的密度大于杂质（分散相）的物化原理，使杂质上浮而同液磷分离。密度较小的泥磷杂质则悬浮于磷液面上，密度较大的磷因沉降速度大而沉积于槽底，这就是粗磷的精制原理。

4.3.1.2　粗磷精制条件及其影响因素

粗磷精制的条件主要是控制温度。借间接、直接蒸汽加热，将粗磷温度逐步提高，有利于破坏杂质和磷形成的胶体结构，使粗磷中的杂质慢慢漂浮出来。在通入蒸汽加热的同时，通入 60 ~70℃ 的热水对粗磷进行搅拌和漂洗，也能达到同样的效果。流动热水的存在，可及时将分离出的杂质带走，促使杂质和液磷的分离净化。适当添加蒸汽用量，使粗磷不断地被加热又不至于沸腾

(避免有微黄色烟雾冒出为标准)。由于粗磷中的这种胶状结构比较稳定,加热漂洗时间一般需要3~8h,静置沉降时间在24h以上。

为了使粗磷精制在沉降时能够沉降完全,应保持液磷具有良好的流动性,因此,精制槽都设有夹套保温或蒸汽加热保温,以保证精制槽内温度稳定在70℃左右,使液磷达到较小的黏度。液磷黏度与温度的影响关系如下:

$$\lg n = -1.3879 + 5144/T$$

式中 n——磷的黏度;

T——磷的温度。

随着温度上升,液磷的黏度下降,例如50℃时,液磷的黏度为 1.694×10^{-3} Pa·s;65℃时为 1.359×10^{-3} Pa·s;80℃时为 1.171×10^{-3} Pa·s。由此可见,温度控制合理适当,有利于杂质的分离,还可以缩短分离时间。

沉降分离的最终效果则取决于两界面是否清晰,65.6℃时,液态磷的密度为1.72g/cm³,泥磷的密度为1.498g/cm³,两者相差仅15%。同时,由于泥磷中含有吸附能力较强的 $SiO_2 \cdot H_2O$、炭黑粒子及其他粉尘微粒,致使泥磷与液磷的界面成为一种介于两相之间的悬浮浑浊状态,界区连续过渡。

实际操作中,漂洗、静置自然沉降法净化一般不会出现清晰的界面,为避免成品磷中带有泥磷等杂质,通常在磷包装时都将界面取在液磷层以上。

4.3.2 粗磷精制与二次漂洗

4.3.2.1 磷的精制与操作

磷的精制通常是间歇操作,利用位差及胶管将粗磷从受磷槽虹吸入精制锅(精制槽)中,然后通入蒸汽加温,并一边加入热水,使之起到均匀搅拌的作用。开始蒸汽加入量可适当大些,随着加温时间的延长,蒸汽量要慢慢减少,以使粗磷中的胶状杂质徐徐分离漂浮,然后置于70℃左右的热水中静置保温,自然沉降24h

以上得到成品磷。

磷与杂质分离的好坏，除温度、热量控制外，与静置分离的时间有很大关系，一般说来，时间长些固然好，但无限期的延长也是不现实的。如果突然发现磷不合格，质量达不到标准，或是出现红磷、黑磷等不正常现象，往往和泥磷量及炉况发生波动有关系。假如发现泥磷量增多、不好漂洗等异常情况，就要引起高度重视和注意，及时和生产工艺管理人员取得联系，反映精制过程中出现的反常现象，找出根源，及时加以调整。

4.3.2.2　二次粗磷的漂洗

前面已经讲过，由于自然沉降法精制净化黄磷不会出现清晰的界面，每次精制结束后都有一定数量的泥磷排入泥磷槽，受磷槽、精制槽溢流管也有浮磷、泥磷等流入泥磷槽，这些物质是磷、固体杂质和水的混合物，组成波动很大，磷含量在 10% ~90% 之间不等，固体杂质有 SiO_2、CaO、Fe_2O_3、Al_2O_3、NaO、K_2O 等，含量在 5% ~40% 之间，水含量在 10% ~80% 之间。必须进行二次漂洗回收，我们称之为二次粗磷的漂洗。

将泥磷槽的泥磷用泵打入精制槽，加入蒸汽升温到 70℃ 左右（可比一次粗磷漂洗温度稍高一点），从精制槽表面插入管子向槽底各个点加浓度 20% 的 NH_3 水，保温静置 1h 左右，然后进行热水漂洗。加 NH_3 水的目的主要是破坏泥磷中比较稳定的胶状结构，在相同的温度下进一步降低液磷的黏度，有利于杂质的分离和磷的沉降。这种方法在实际操作中效果很好，可以增加磷收率 3% ~5%，但在加 NH_3 水时必须注意以下几点：

(1) NH_3 水浓度 20%（浓度低需要增加用量），加入量按每吨磷耗 1 ~2kg 计，NH_3 水通过位差用胶管插入精制槽底呈米字形各点加注。为了便于抽插，胶管端头接一根长 2m 左右的钢管。

(2) NH_3 水加入不要过量，若一次漂洗不行可再次加 NH_3 水漂洗。如生产中泥磷量突然增加或有红磷出现，也可以采用该法漂洗，不过 NH_3 水加入量要根据实际情况合理增减控制好。

(3) 具体的操作步骤为：先提温→加 NH_3 水→静置→漂洗→

自然沉降。

通过二次粗磷的漂洗,可将泥磷量从每吨磷500kg左右下降到200kg以内,泥磷中磷含量从30%～60%下降到20%以下。

4.4　黄磷质量分析

4.4.1　磷的质量(纯度)分析方法

4.4.1.1　工业黄磷的国家标准

以磷矿石为原料制取的黄磷,必须达到表4-1的国家标准:

表4-1　工业黄磷质量国家标准(GB 7816—1998)

项　目	指　标	
	优 等 品	一 等 品
外观	石蜡状,淡黄色至微黄绿色	石蜡状,黄绿色至棕绿色
黄磷含量(质量分数)(不小于)/%		
在苯中	99.90	99.50
在二硫化碳中	99.90	—
不溶物含量(质量分数)(不大于)/%		
在苯中	0.10	0.50
在二硫化碳中	0.10	—

从表4-1可以看出,国内黄磷纯度指标是99.9%为优等品。德国的黄磷指标为99.6%。出现不同的标准,主要是由于测定黄磷的方法不一样所致。国内的黄磷纯度分析方法是用CS_2溶解黄磷,控制CS_2不溶物小于0.1%,黄磷纯度大于99.9%,其中也包含了CS_2的溶解物。

德国的分析方法是采用甲苯可溶性有机物溶解黄磷,控制杂质不大于0.4%。其中0.3%是甲苯可溶性有机物,0.1%是杂质。故得出黄磷纯度分析结果是99.6%。若用同种方法分析测定,所得的黄磷纯度指标是一致的。工业黄磷的国家标准中没有 As 含量指标，若有特殊要求才进行分析。云南的黄磷纯度在正常的精制合格后，As 含量一般在（100～200）$\times 10^{-6}$，要控制 w(As)低于 100×10^{-6}，必须挑选低砷磷矿方能达到。

4.4.1.2　分析原理及方法

分析原理。利用黄磷能溶解于有机试剂的性质，使其与残渣分离，以此测定黄磷纯度及残渣量。采用的试剂为 CS_2 或苯。

分析方法：将黄磷试样溶解在二硫化碳或苯中，经过滤、干燥、称量，计算出二硫化碳或苯不溶物的含量，得出分析结果。下面以二硫化碳为例介绍黄磷纯度的分析、计算步骤。

试样的制备：戴好橡胶手套，将装有黄磷的样品杯放入水浴缸中，加热至约 70℃使黄磷熔融。用内径为 5mm 或 6mm 的玻璃采样管，插入样品杯中，缓缓搅拌后，提取需要的黄磷。用手指封住采样管上端，慢慢将采样管提到水层（注意：采样管底端不要离开水面），将管中黄磷注入预先放进水浴中的瓷坩埚里，将盛有试样的瓷坩埚从水浴中取出，置冷水中冷却，待黄磷凝固后，用镊子取出，贮于装有水的广口瓶中备用。

测定手续：用镊子夹取约 3～5g 黄磷试样，迅速用滤纸吸干试样表面附着的水分，置于盛有无水乙醇 50ml 的烧杯中脱水。然后用滤纸吸干并迅速放入装有水的称量瓶中进行称量，精确至 0.01g。

在 105～110℃烘至恒重的玻璃砂坩埚与真空泵抽滤瓶连接，向坩埚中加入 15mL 二硫化碳，迅速用滤纸吸干黄磷试样表面附着的水分，并置于玻璃砂坩埚中，待黄磷溶解后接通真空泵进行抽滤。当液层近干时停止抽滤。再加约 5mL 二硫化碳，溶解后抽滤。这样反复操作，直到黄磷全部溶解滤净，以滤液滴在滤纸上，挥发后不冒白烟为止。将洗好的玻璃砂坩埚于室温下，待二硫化碳全部挥发后，放入 105～110℃的烘箱中，烘至恒重。

结果计算：二硫化碳不溶物 X(%)按下式计算：

$$X=(m_2-m_1)\times 100/(m_4-m_3)$$

式中 m_1——空坩埚的质量,g;

m_2——坩埚同残渣干燥后的质量,g;

m_3——装有水的称量瓶的质量,g;

m_4——装有水的称量瓶与黄磷试样的质量,g。

平行测定结果的绝对差值不大于0.02%。

4.5 磷的输送与包装

大型制磷工厂都有火车专用线,磷的输送与包装主要由火车槽罐完成,既方便又简单,每吨黄磷可节约750元左右的包装费用。每个槽罐可装磷60t,由磷贮槽通过管道泵送到灌装站计量装车。管道外壁有保温层,送磷前后要对管道进行热水冲洗暖管,防止磷在管道中凝固。

中小型制磷工厂由于产量小,工厂分散,很少有铁路专用线,一般采用汽车专用槽车和桶装运输。汽车专用槽车根据车型不同有载重20~30t不等,必须持有国家安监部门签发的危险化学品运输等证件才能运输。桶装黄磷现在发往国内、国外都是标准的净重200kg/桶,国内桶重17kg,出口桶重21kg。先将28kg(出口桶29kg)热水放入桶内,然后灌磷计量,每桶磷的净重误差控制在±0.5kg以内,总重为245kg(出口桶为250kg)。

桶装黄磷劳动强度大,车间内部的灌装、计量、转运全靠手工操作,看似简单,稍不注意,容易发生烧伤事故。另外消耗大量钢材,按现在国内200kg标准桶,每只桶耗钢材20kg,一个年产10000t的黄磷厂每年消耗在包装容器上的钢材就达1000t。

磷的输送与包装,应本着循环经济的原则,既安全又经济,贵州在这方面有值得借鉴的经验。随着黄磷的用途越来越广泛,相信在这方面会有新的突破。

5 制磷设备使用与维护

5.1 设备技术水平与划分

设备是企业生产的物质技术基础和必要条件,在现代企业生产中,主要的生产活动是由人操作设备,设备把原料变为人们所需要的产品。设备反映企业的现代化程度和科学技术水平,设备的技术性能决定了企业的生产效率和产品质量。

5.1.1 设备技术水平衡量指标

设备技术水平的高低通常由下列几个指标来衡量:

(1)工艺适应性。

(2)质量稳定性。

(3)技术先进性,即生产效率高,物料和能源消耗低,运行安全稳定、环保可靠。

(4)自动化程度满足工艺、生产管理需要。

因此,正确选择、使用、维护检修好设备是降低检修费用、减少停机损失、降低成本、确保生产安全稳定运行的基础。

5.1.2 设备功能划分

黄磷生产设备按生产功能不同分为生产专用设备(如磷炉、收磷洗涤设备)和辅助通用设备(如给水、送风、起重、运输等设备);按运行性能分为转动设备(如风机、泵、输送皮带等)和静止设备(如炉、槽、塔、桶、罐等)。转动设备因为结构复杂,使用维护要求的技能高,工作量大。在生产中,任何一台设备运行不正常都可能使生产线停车。为确保设备的正常运行,必须正确使用、维护、检修和改造。下面分别对黄磷生产中主要设备的原理、结构、使用、维护的相关知识作一些介绍。

5.2 磷　炉

磷炉是黄磷生产的主体设备,其特点是炉内生成的气体容易控制,甚至可抽成真空,物料加热快,加热温度高。因此,炉衬承受着高温和化学腐蚀。

磷炉主要由炉体(包括炉壳、衬里)、电极和电极升降装置、水冷系统、密封装置、电炉变压器、监测和控制仪表等组成,如图 5-1 所示。

5.2.1　炉体

炉体是炉料进行加热、熔融并发生化学反应的容器,炉体需承受大电流、高温和化学腐蚀,还要承受出渣、出铁时的热冲刷。因此,炉衬的下段和底部用炭砖砌筑,上段用耐火砖砌筑,顶部用高温混凝土浇筑成喷涂。在炉体下部留有出渣口和出铁口(一般产能小的磷炉不需设有铁口,在渣道上做一个坑让磷铁沉降)。

5.2.1.1　*炉壳*

炉壳是用碳素钢卷制焊接而成,根据磷炉直径的大小和强度要求,厚度一般在 12～30mm。炉壳的焊接质量是制作过程中的关键环节,如果焊接质量不过关,不但影响炉体的强度,还会因焊缝的缺陷造成磷炉气外泄。因此,对炉壳的焊接焊缝必须按规范要求严格控制和检查验收。

5.2.1.2　*炉衬结构和砌筑*

磷炉炉衬一般由缓冲层(石棉板或修理糊)、耐火砖和炭砖组成。炉衬的结构形式有两种:宽缝式和细缝式。

(1)炉衬结构。炉膛下部的炉壁(距炉底表面以上的 1200～2000mm),即高温区。由耐火砖(标砖)和炭砖(约 1000mm 厚)组成,炉底三至四层耐火砖,三层炭砖(约 1200mm 厚),炉膛上部用耐火砖砌筑,耐火砖与炉壳之间贴有一层石棉板,炉顶(炉拱)用耐火混凝土浇筑或喷成平顶。石棉板的作用主要是缓冲、隔热和绝缘。炉体下部和底部的耐火砖主要是保温作用,高温、腐蚀、冲

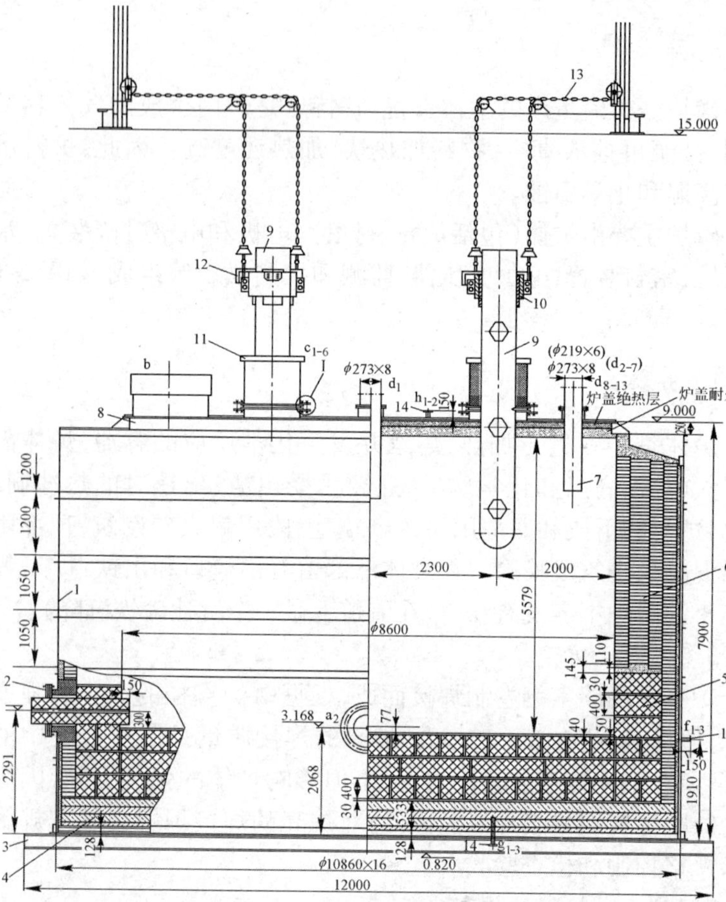

图 5-1　10kt/a 制磷电炉炉体结构图

1—炉壳；2—渣口；3—炉底支横梁；4—隔热层；5—炭砖；6—耐火砖；
7—下料管；8—炉顶；9—电极；10—导电铜瓦；11—电极密封装置；
12—电极夹持装置；13—电极升降装置；14—测温点

刷由炭砖承担。

(2)宽缝炭砖砌筑。炭砖砌筑前，炭砖表面要打毛，加热烘干，吹扫干净，砖的平缝约 40mm，直缝约 30mm，充填热电极糊捣实。宽缝砌筑对炭砖的表面要求不高，缝隙方便捣实，砌筑方便，不足之处是炉底容易出现漂砖。筑炉用的炭砖要求具有较好的导电、导热性和较好的物化特性。

(3)细缝炭砖砌筑(如图5-2所示)。细缝砌筑主要是大型磷炉采用,要求炭砖表面平整,砌筑砖缝小于1mm,缝隙用细缝糊涂刷,炉壳与炭砖之间有一层70mm左右的修理糊充填层,起缓冲和密封作用。细缝砌筑对砌筑平整度要求较高,缝隙难填实,砌筑难度大,但不容易漂砖。并且炉壁需用循环喷淋水冷却,炉底采用蛇形冷却管通水循环冷却。

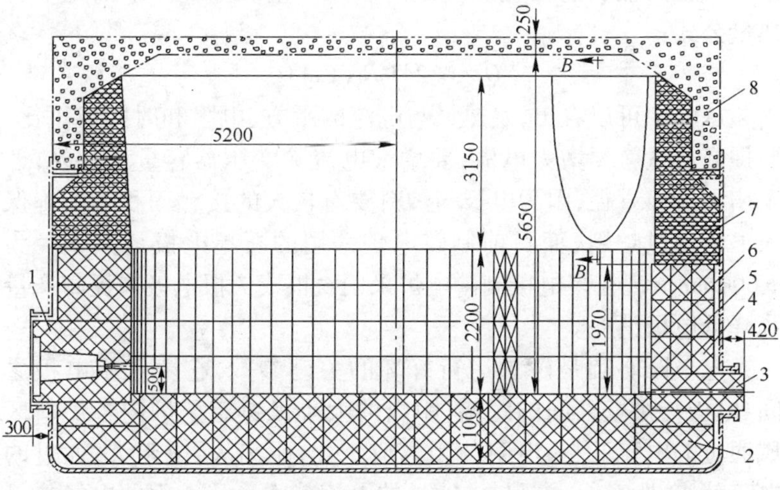

图5-2　细缝炭砖砌筑示意图

1—渣口;2—底部炭砖;3—铁口;4,5,6—壁砖;7—耐火砖;8—炉顶(浇筑层)

(4)耐火砖砌筑。耐火砖的砌筑砂浆用耐火泥加高铝矾土水泥,50%水和50%的水玻璃调制,砖缝小于等于2㎜。用于与高温物料接触和侵蚀性气体接触的耐火砖主要有黏土质耐火砖和高铝质耐火砖,高铝质耐火砖较黏土质耐火砖耐温,体积密度、耐压强度高,耐磨性能和热稳定性好,但价格较高,在选用时要考虑性价比。隔热用耐火砖主要有黏土质隔热耐火砖和高铝质隔热耐火砖,两种隔热耐火砖都有不同的规格,根据体积密度、耐压强度、热导率、价格，选用不同的规格，隔热质耐火砖不能用于直接与高温熔融物料接触的部位。

(5)炉内几何尺寸。磷炉的运行性能与炉体的几何尺寸有很大关系，炉体设计合理，磷炉的运行效果好，有效功率就高。在功率一定时，炉体容积越大，电炉的容积强度就越低，炉子内径越大，炉底功率强度就越低。炉子内高过低，生料层减薄，炉气温度高，大量的热能被磷炉气带走，不但热量损失大，而且电炉热效率变低，还会因炉气温度过高，损坏后续设备。

炉膛内径及电极直径决定磷炉的产量和电耗。下面是电能热量公式：

$$Q = 0.24 I^2 R t (\mathrm{Cal})$$

从式中可以看出，发热量与电流的平方、电阻和时间成正比，要提高产量就要增大电流，要增大电流除变压器容量增加外，还要增大电极直径，因为电极与炉料要有较大的接触面积才能确保大电流通过炉料，而目前制磷电炉采用的石墨电极最大直径为 $\phi 600$mm。现在多电极制磷电炉采用 6 根或 7 根电极来提高产量和降低电极消耗。

电极圆心圆是磷炉运行好坏的关键参数，它决定了电极之间、电极与炉壁之间的距离，距离的大小又决定了炉内各炉料区域通过的电流，因为电阻与距离成正比，距离大，电阻大，通过的电流就小；距离短，电阻小，通过的电流就大。从上面的电能热量公式得知：在其他条件相同的情况下，电极之间、电极与炉壁之间的距离（电阻 R）决定着炉内热量分布的合理性。

5.2.1.3　渣铁口

由于渣口承受高温和热冲刷，是整个炉衬腐蚀较快的部位，要求具有耐高温、耐冲刷和一定的强度。常用的形式有三种：一是炭砖三开口；二是选用石墨电极做渣口，增加抗冲刷能力；三是在炭砖渣口上安装水冷铜套（如图 5-2 所示），保护渣口炭砖免受冲刷，铜质渣口套损坏后可更换，此种结构形式主要用于生产能力大，渣流量大的大型制磷电炉（马龙产业昆明厂从德国进口、安宁厂从苏联进口的3万吨磷炉均属此种结构)。

5.2.2 电极把持器及升降装置

5.2.2.1 石墨电极把持及升降装置

石墨电极把持及升降装置,如图5-3所示,主要由夹持器、导电铜瓦、提升钢绳(或链条)、绝缘子、电极升降液压缸及液压系统、电器控制系统等组成。

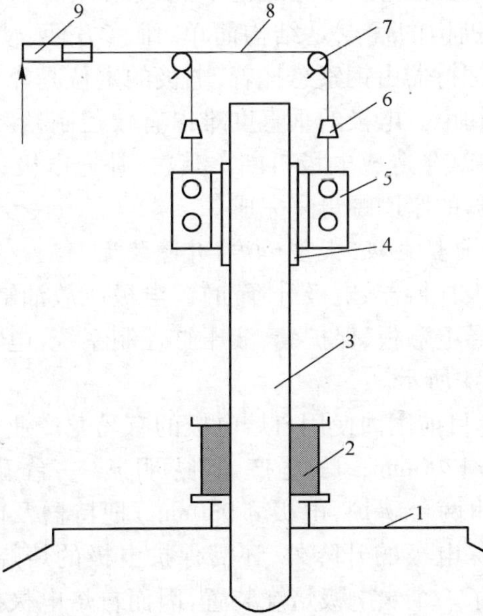

图5-3 石墨电极把持器升降装置

1—炉盖;2—电极密封装置;3—石墨电极;4—导电铜瓦;5—电极夹持器;6—绝缘子;7—导向滑轮;8—提升钢绳或链条;9—电极提升油缸

工作原理:变压器输出的电流经短网、软母线或水冷电缆输到导电铜瓦4上,铜瓦外面是夹持器(也称压力环),其作用是压紧铜瓦并夹持住电极,使电流均匀的通过铜瓦,再由铜瓦经电极传给炉内的物料做功。压力环是由两个半环组成的,内通冷却水，冷却水先进入下腔，然后沿着外圈水冷腔由下而上循环冷却。夹持器要求有足够的夹持力来确保导电铜瓦与电极接触良好并保证电极提升力的要求。夹紧力可根据需要调整紧固螺母来实现。钢绳 8 固定在夹持器上，通过油缸的升降从而达到电极 3 升降。悬挂绝缘子 6 的作用是钢绳与电极之间的绝缘，需定期检查绝缘电阻是否满足规范要求。

此种电极把持器的电极升降现在大多数是控制液压系统的油缸来实现的，也还有部分是通过涡轮或蜗杆传动机构来实现的。该种升降机构的优点是结构简单、维修方便、使用成本低。缺点是电极及把持器由钢索悬挂着，电极的定位是靠砂封或水封部位和炉料来约束。电极的垂直度难以有效控制，容易发生电极歪斜，歪斜过多就会造成电极折断。其次，补充电极（提夹头）需手动松开夹持器的紧固螺母来完成。

5.2.2.2　自焙电极（大型磷炉）升降装置

主要由电极把持器、电极升降油缸、电极压放油缸、电极夹持油缸、绝缘子、导电颚板、保护套、液压缸控制系统、电气控制系统等组成，如图 5-4 所示。

自焙电极（目前国内使用自焙电极的有马龙产业安宁厂两台磷炉，电极 ϕ1700mm；马龙产业昆明厂一台磷炉，电极 ϕ1350mm；柳州两台磷炉，电极 ϕ950mm）把持器及电极升降机构的作用除确保电极的升降外，还需保护电极的焙烧，相当于在把持器内形成了一个炭电极焙烧装置，因而自焙电极把持器及电极升降机构比石墨电极把持器的结构复杂得多。

各部件的原理和作用：

自焙电极 1：外壳由冷轧钢板卷制而成，内壁焊接有筋板，电极糊装入壳内，通过电阻热和辐射热焙烧而成。

保护套 2：夹套内通有循环冷却水。导电颚板装在保护套内，强度需支撑导电颚板及颚板夹紧机构。电极的焙烧过程在保护套内完成，保护套还要随电极升降，其外壳与炉盖之间是盘根密封，因此保护套外表面需进行精加工。

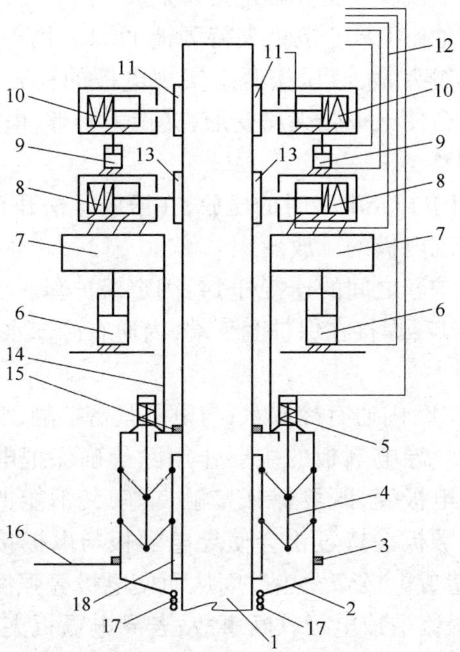

图 5-4　自焙电极结构及升降示意图

1—自焙电极;2—保护套;3,15—密封盘根;4—连杆机构;5—导电颚板松紧油缸;6—电极升降油缸;7—电极升降横担;8,10—电极夹持油缸;9—油缸;11,13—电极夹持颚板;12—液压油管;14—横担与保护套之间的连接杆;16—炉盖;17—水冷环管;18—导电颚板

密封盘根3,15:用于保护套与炉盖之间、电极与保护套之间的磷炉气密封。

连杆机构4,导电颚板松紧油缸5:用于夹紧和松开导电颚板,油缸内装有碟形弹簧,在弹簧力的作用下拉紧连杆机构使导电颚板抱紧在电极上。

电极升降油缸6:是磷炉操作过程中电极升降的主油缸,通过电磁阀来达到控制电极的升降。

电极升降横担7:整个把持器和电极的重量全部支撑在上面,

由主油缸 6 来实现整个把持器的升降。

电极夹持油缸 8,10,电极夹持颚板 11,13:用于夹持电极,夹持油缸通过弹簧夹紧,液压松开来实现电极的补充,在检修时弹簧力调得过紧会使电极壳夹扁变形,夹持力不够,电极会下滑,应严格按规范调整。

油缸 9:用于补充电极时的压放,在压放时松开 8,抱紧 10,油缸 9 动作来实现电极的压放。

横担与保护套之间的连接杆 14:固定保护套。

水冷环管 17:焊接在保护套下端,内通有冷却水,保护保护套和导电颚板。

导电颚板 18:内通有冷却水,与电极紧密接触,变压器输出的断网与之连接。导电颚板的主要作用除了确保把电输送到电极外还要固定好电极壳,既要保证接触良好,又不能把电极壳挤压变形。若导电颚板夹持过松会使导电颚板与电极接触不良或接触面积不够,造成电极壳发热过度从而使电极壳强度降低、软化,甚至烧穿等,最终造成电极软断事故;若导电颚板夹持过紧,会使电极壳变形,电极压放困难。

自焙电极在焙烧过程中要求高;因此在安装、检修时对导电颚板的夹紧力、同心度、接触面积要严格按规范修理。自焙电极制磷电炉和石墨电极制磷电炉最大的不同点是:后者使用的石墨电极是已经焙烧好的成品,在操作中不用考虑电极的焙烧,而前者还要重点考虑电极糊的焙烧,过程控制不好,轻者电极强度不够,电极端面在炉内掉块或硬断,重者出现电极流糊软断。

5.2.2.3 电极升降液压控制系统

液压传动系统由于具有远程控制方便的优点,现在大小磷炉都用其作为电极升降的动力(电动丝杆和卷扬机升降,因控制精度不高,已逐步被液压传动所取代)。液压传动系统由油泵、方向控制阀(单向阀、换向阀等)、压力控制阀(溢流阀、减压阀、顺序阀等)、流量控制阀(节流阀、调速阀)、蓄能器(在短时间内供应大量的压力油、保持系统的压力、当油泵发生故障时继续供油、吸收冲击压力和油泵的脉冲压力)和执行机构油缸组成。

液压传动系统的油泵主要有齿轮泵、叶片泵、柱塞泵等,在磷炉电极提升的液压传动系统中通常采用齿轮泵和柱塞泵。

液压传动之所以用于电极的升降控制,主要是依据以下优点:

(1)由于液压传动是油管连接,因此可以方便灵活地布置传动机构,这是比机械传动优越的地方。

(2)液压传动装置的重量轻、结构紧凑、惯性小。

(3)可在大范围内实现无级调速。

(4)传递运动均匀平稳,负载变化时速度较稳定。

(5)液压装置易于实现过载保护——借助于设置溢流阀等,同时液压件能自行润滑,使用寿命长。

(6)液压传动容易实现远程自动控制。

液压传动系统维护的重点是液压油必须清洁、干净,如果润滑油不清洁,会使阀芯卡住或阀内的小孔堵塞,造成阀芯不动作,卸压小孔不卸压,从而出现液压系统故障。

5.2.3 电极密封装置

制磷电炉的操作是靠电极的升降实现的,提升电极靠液压系统向油缸供油来实现;下降时油缸处于回油状态,靠自重下降。电极的上部分在炉外,下部分在炉内,既要保证电极升降自如,又要确保磷炉气不外溢。若密封形式选择不当,不是密封不好就是电极升降困难。现在使用的密封形式主要有下面几种:

(1)盘根密封。盘根密封结构简单,更换方便,但要求密封滑动面要有一定的光洁度,选用耐高温夹镍丝石墨盘根质量较好,大磷炉采用此种密封。

(2)沙封。沙封的优点是结构简单,使用维护方便,处理电极时不需要拆卸沙封装置,尤其在电极出现故障处理时,省力又省时。缺点一是沙进入炉内增加了电耗;二是密封效果不太好。

(3)水封。水封的结构相比沙封要复杂,但优点是密封效果好,不存在沙漏进炉内,缺点是电极故障处理时需要拆卸水封罩,费力又费时,维护保养不好还会使水漏入炉内,存在一定的安全隐患。

5.2.4　短网的安装

短网的作用是把变压器输出的电能通过电极输送到炉内,因通过的电流较大,安装和使用中应注意以下几点:

(1)在保证电极升降的前提下,尽量减小短网长度,因为短网的电阻与其长度成正比,电阻大、电损就大。电炉变压器要尽可能靠近炉体,短网布置要尽量处在同一水平面上。

(2)尽量减少接头,短网的连接头多,接头处电阻增大,不仅增大了短网功率的损耗,还会使连接处发热烧红,加速了接触面的氧化,形成恶性循环,接头电阻应在合格值的范围内。

(3)尽量采用水冷短网(铜管),磷炉工作时,随着温度的升高,电阻增加,短网损耗增大。有关资料表明,在10kA下运行的短网,温度每升高1℃,每米导电母线约增加3~6W的功率损耗。因此,降低短网的工作温度,对降低电能损耗的效果不可忽视。

(4)减少短网周围的铁磁物质,应尽量避开炉体等金属构筑物,这些铁磁物质中产生的涡流和磁滞损耗,会引起短网附加损耗的增大;其次所有固定和连接用的螺栓,必须采用非磁性材料,尽量避免用铁磁材料包围短网及导体。

(5)大容量磷炉变压器短网采用多支路出线,在电极接线上形成闭合三角,目的是为了抵消三相电抗。

(6)为降低接触电阻,在短网制作安装时,从电炉变压器出线端到电极所有连接处的表面应平整(精加工处理),采用双面夹接,对不经常拆卸的部位采用焊接或增大接触面积的办法对接,并涂上导电膏使之有足够的接触压力,防止空气、水分进入而造成接触表面氧化,引起接触电阻增大。运行中,定期对接触处用红外线测温仪进行温度检测,发现温度超标,应及时采取冷却措施或进行停电检修处理。处理后应再次测量接触电阻并使其保证在合格值的范围内。

由于短网处于高温、粉尘、腐蚀性烟气的环境中,必须对其进行冷却和定期清扫。

5.3 风机的使用与维护

用来抽吸、排送气体和压缩气体的机械称风机,按工作原理不同,风机分为叶轮式风机和容积式风机两大类。叶轮式风机包括离心式风机和轴流式风机,容积式风机包括活塞式风机和旋转式风机。按排气压力的不同分为:通风机、鼓风机、压缩机、真空泵等。

5.3.1 离心通风机

5.3.1.1 离心通风机的工作原理

离心通风机如图 5-5 所示。

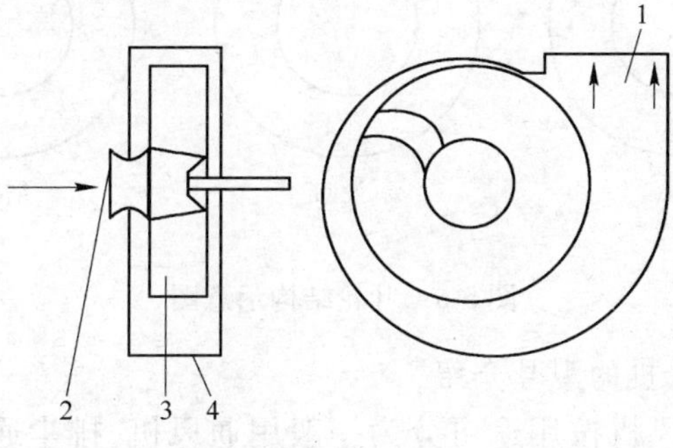

图 5-5 离心通风机工作原理示意图

通风机的机壳 4 内装有叶轮 3,叶轮安装在传动装置带动的传动轴上,叶轮内有一定数量的叶片,叶片之间形成了气体的通道。进风口 2 安装在靠近机壳中心处,出风口 1 同机壳的周边相切。当叶轮旋转时,处在叶片之间的气体在惯性离心力的作用下,从叶轮的周边甩出叶轮,气体的动能和势能都有所提高。当叶轮中的气体甩离叶轮时,在进风口处产生一定程度的真空,使得气体吸入叶轮,汇集在叶轮周围的流道中,然后沿着流道向出风口向外排出。这样气体就连续不停地被吸入和排出。

机壳做成螺旋蜗卷状,因而叶轮周围的流通截面逐渐扩大,以使从流道流过的气流的一部分动能转变为压力能,形成一定的风压。

5.3.1.2 通风机的型号及结构

A 叶轮的结构

叶轮一般有前向、径向和后向三种(如图5-6所示,旋转方向为顺时针)。在相同的风压、风量之下工作时,前向离心风机具有尺寸小、转数低的优点,但效率比后向离心通风机低。

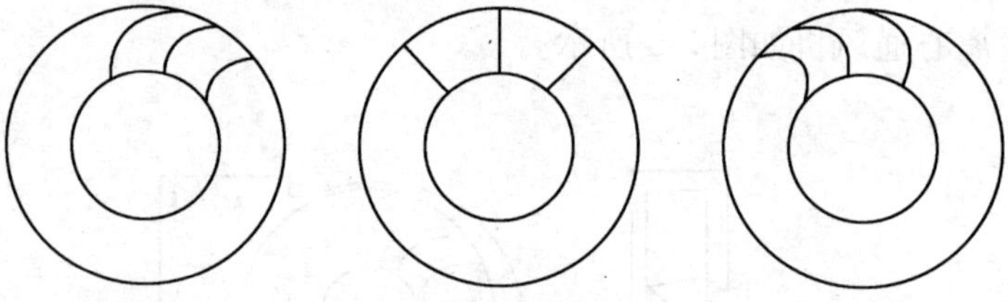

图5-6 叶轮结构示意图

B 通风机的型号介绍

离心通风机按用途可分为一般用通风机、排尘通风机、锅炉引风机、煤粉通风机等。例如,4-74-11№20D左。

4表示风机在最高效率点时全压系数约为0.4。

74表示风机在最高效率点时的比转数约为74。

第一个1表示单侧吸风(双侧吸风用0表示,二级串联吸入用2表示)。

第二个 1 表示通风机的设计顺序为第一次。

№20 表示机号为第 20 号,叶轮直径为 2000mm。

D 表示传动方式为 D 式(通风机的传动方式共有 A、B、C、D 四种,A 式表示无轴承箱装置,用电动机直接传动;B 式表示悬臂装置,皮带传动;C 式同 B 式,但皮带装在轴承外侧;D 式表示悬臂支承装置,用联轴器连接传动)。

左—表示风机的旋转方向为左旋,人站在动力输入端顺时旋转为右旋,一般不标注。反之为左旋。

5.3.1.3　离心风机的主要性能参数

性能参数是风机使用特性的表征,是使用的基本要求,主要有:风机的全压、流量、功率、效率等。

(1)风机的全压即风机的全风压(一般用 H 表示),等于每一立方米的气体经过风机之后的压力能和动能升高了多少焦耳。单位一般用帕(Pa)表示。

(2)流量,每秒从叶轮流过的气体量,用 Q 表示,单位一般用米³/秒(m^3/s)表示。

(3)因风机运行有内部损失和外部损失,因此风机一般效率都不能太高,效率一般用 η 表示。

(4)功率计算,单位一般用 kW 表示:功率 $N = \dfrac{QH}{1000\eta}$

5.3.1.4　离心通风机的使用

离心风机是一种流体动力风机,气体由低压变为高压,并不是由于叶轮对流体的直接推压,而是通过旋转的叶轮对气体产生的作用,气体产生运动,依照流体动力学的关系,使气体获得能量,从而由低压变为高压气体。从离心通风机的性能曲线可知,此类风机的风量是随风压的大小而变化的,而风压又自动限制在某一限度以内,无论设备系统的阻力怎样,风压都不可能超过这一限度,就是把出风口堵死,这时气体不能排出风机外,也就没有气体吸入风机内,风机内部的风压不会继续升高。只是机内的气体随着叶轮旋转而已。所以离心风机叫做定压式风机,我们把它送出的风叫做“软”风，定压式风机可以通过进出口阀门来调节风量。

根据离心风机的特点，风机在启动时必须关闭阀门，可关闭进口阀门也可关闭出口阀门，关闭阀门是无负荷启动，待启动正常后立即打开阀门。要注意：若不关闭就直接启动，此时启动电流较大，会出现启动不起来或烧坏电机的现象，如果是高压电机还需按规范设定启动时间，确保不因长时间的大电流烧坏电机。启动正常后立即打开阀门，否则，长期关闭阀门运行会造成风机温度升高和喘振损坏风机。

5.3.1.5 离心风机常见的故障及处理方法

几乎所有的风机故障都会使风机振动，下面介绍分析几种主要引起风机振动的原因：

(1)转子不平衡引起振动。转子不平衡是引起风机振动的主要原因，而引起转子不平衡的原因又有很多，主要有：叶轮磨损、叶轮有裂纹、叶片表面疲劳剥落、叶轮上有粘附物等。此类故障可以通过对叶轮修补和清洗后来达到要求，叶轮修补后要做动静平衡，当动静平衡达到要求后才能投入使用。

(2)风机轴弯曲。风机在使用过程中因冷热不均或长期不盘车叶轮的自重使轴弯曲。轴弯曲的特征是径向跳动大。处理方法是换轴，若转速低、轴弯曲较小还可以通过动静平衡的方法来解决。

(3)联轴器不对中。联轴器不对中可分为平行不对中、偏角不对中和平行偏角不对中三种情况，造成的原因主要是风机在检修安装时未按规范进行，没有达到安装要求的同心度。联轴器不对中会降低轴承的使用寿命，风机发生振动，严重时会造成轴承座损坏。因此，在风机检修后一定要重校同心，误差调至说明书要求的范围内。特征：径向振动以 2 倍基频为主，轴向振动有稳定的高峰值，并且比径向振动大。风机在检修后一定要校好同心度，同心度误差需在规定的范围内，转速越高，对同心度的要求就越高。

(4)其他原因引起的振动。轴承走内外圆、轴承间隙较大、轴承损坏的振动特征是径向振动大,振动不稳定,有高次基频振动。地脚螺栓松动的特征是垂直方向的振动大于水平方向的振动。轴存在裂纹、油膜涡动和油膜振荡都会引起风机振动。若风机管路系统不畅、关闭阀门运行会引起风机喘振。

5.3.1.6 风机维护

(1)风机在停用时要定期盘车,以免造成轴弯曲和轴承损坏。

(2)在开车前要检查设备润滑情况,不能缺油,也不能加得过多,油加多会使轴承温度升高。高转速风机对润滑油的要求相对较高,不能随意变换润滑油的牌号,油一定要清洁。

(3)启动前要盘车灵活后才能启动。

(4)要经常检查轴承温度和风机的振动量,它们也是衡量风机是否正常运行的重要指标,风机运行中要经常检查振动情况和轴承温度,当出现振动和轴承温度急剧上升时说明风机存在故障,此时要立即停运风机,检查异常的原因,排除故障后才能投入运行。

5.3.2 其他风机介绍

5.3.2.1 轴流风机

轴流式通风机的工作原理如图 5-7 所示:通风机叶轮上的叶片 1 做成螺旋面,叶轮旋转时,气体从轴向吸入,在叶轮的作用下又沿着轴向排出,获得动能和压力势能。

轴流通风机的转速较高,气流沿着轴向吸入和排出。根据气体动力学的计算,可使叶轮叶片具有最佳的翼型,故轴流风机具有流量大,效率比离心风机高,结构紧凑,宜在风量大、风压低的情况下使用。

5.3.2.2 活塞式空气压缩机

活塞式空气压缩机工作原理如图 5-8 所示,曲柄 1 和连杆 2 使活塞 8 在气缸 4 内作往复运动,当活塞自左向右运动时,气缸内产生真空,排气阀 7 关闭,吸气阀 3 开启,气体经吸气管 5 进入气缸内。等到活塞自右向左运动时,气缸内的气体受到压缩,吸气阀关闭,直到气体的压强略高于排气管 6 内的气体压强时,排气阀就被推开,气缸内压缩气体经排气管排出,活塞到达死点位置又再向右运动,压缩机又重新开始下一工作循环。

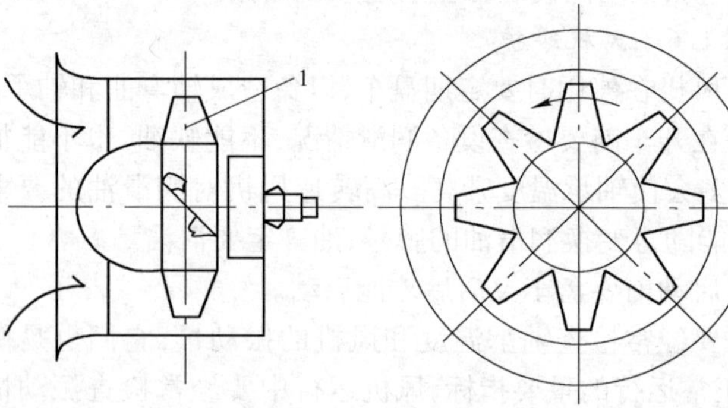

图 5-7　轴流式通风机工作原理示意图

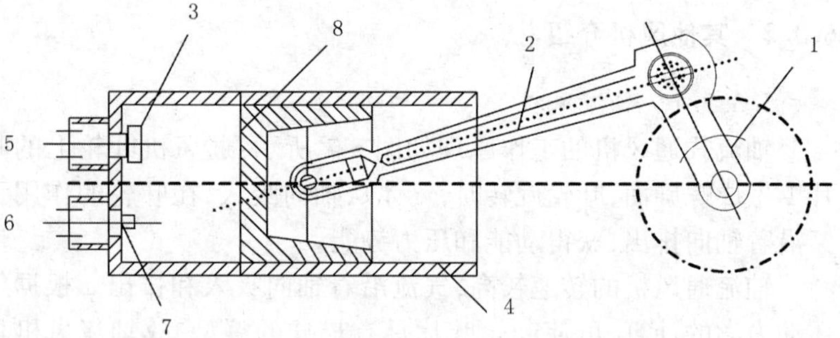

图 5-8　活塞式空气压缩机工作原理示意图

5.3.2.3　罗茨风机

罗茨风机是一种旋转式鼓风机(如图 5-9 所示)。靠安装在机壳 1 中的两根平行轴 6 上的两个“8”字形的转子 2 及 5

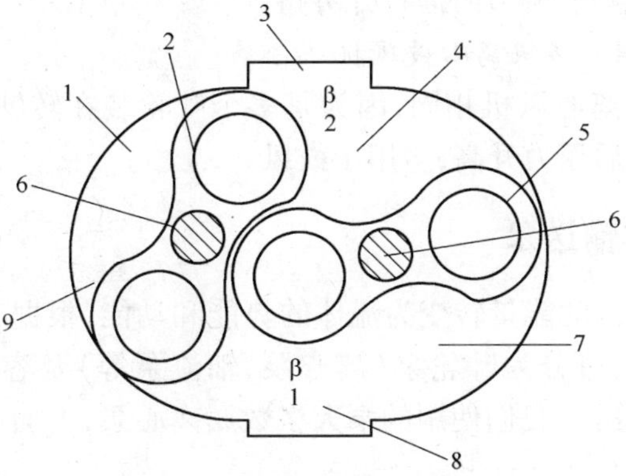

图 5-9 罗茨风机结构示意图

对气体的作用而鼓送气体,转子相当于空气压缩机中的活塞。转子由装在轴末端的一对齿轮带动相向旋转,当转子旋转时,在空腔 7 内从进风管 8 吸入气体,在空腔 4 内的气体被逐到出风管 3,而空腔 9 内的气体则被围困在转子与机壳之间,随着转子的旋转向出风管方向移动,当气体排到出风管内,气体的压强突然升高,增加的大小取决于出风管阻力情况。所以罗茨风机中的气体是在容积不变的情况下升高压强的,这个过程叫等容过程。

活塞式空气压缩机和罗茨鼓风机工作原理与离心风机是截然不同的,它是通过活塞运动或转子转动直接将气体推压到出风口的,只要活塞移动和转子转动,总有一定体积的气体排到出风口,同时也有一定体积的气体吸入,在理论上所产生的风量是一定的。由于风机是将气体“硬”塞到出风口的,风机的风压取决于设备系统的阻力情况而无限制。因此,送出的风称“硬”风。这类风机为定容式风机或体积式风机。

在启动时不能关闭进出口阀门来启动,要检查管道不能有阻塞,也不允许关闭出风阀和进风阀来调节风量,若关闭进出风阀会使压力无限升高，直至把风机、电机烧毁损坏（一般有过电流保护），因此，启动、调节时需打开旁路。

5.3.2.4　多级离心鼓风机

原理与离心风机相同，因为是多个叶轮装在转轴上，气体通过多级压缩后压力升高，多用于鼓风。

5.4　液体输送泵

泵把输入的能量转变为流体的势能和动能，根据工作原理和结构的不同，可分为叶轮泵（离心泵、轴流泵等）及容积泵（往复泵、回转泵等）。我们使用的泵大多数属离心泵，下面着重介绍离心泵。

5.4.1　离心泵

5.4.1.1　离心泵的工作原理

如图 5-10 所示，泵壳 3 内装有一个工作叶轮 1，叶轮安装在传动轴上，叶片 2 之间形成液体通道。吸入管 4 装在泵壳中心，出口管 5 则同泵壳周边相切。为防止液体倒灌，必须使开动时泵壳内充满液体（现在大多数泵的入口管安装都比液位低，打开入口阀，液体就充满叶轮间）。叶轮旋转时，充满于叶片之间的液体在离心力的作用下从叶轮的周边甩出叶轮，然后沿着泵壳的水道向出口管流去。当一部分液体甩出时，在叶轮的入口片产生一定的真空，在大气压力的作用下，液体进入泵内。这样，液体不断地吸入和压出。

5.4.1.2　叶轮形式

与风机叶轮的结构形式相近，同样分为前向、径向和后向式三种，前向式叶轮能产生较高的压力，但效率较低，离心泵后向式叶片较普遍。离心泵叶轮的材质可用铸件，根据液体性质的不同选用不同的材料，如耐磨、耐腐蚀等。在输送泥浆或污水时，为避免堵塞减少叶片数或做成开式叶轮，但开式叶轮和叶片数少的叶轮，效率较低。

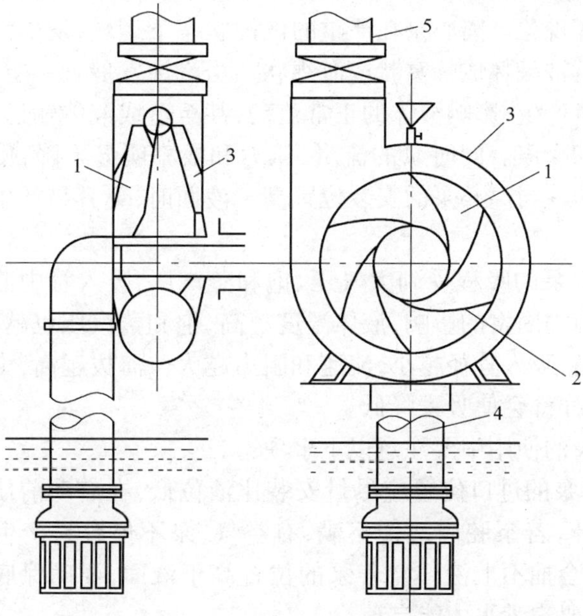

图 5-10 离心泵工作原理示意图

5.4.1.3 离心泵使用应注意的问题

当离心泵工作时,吸入的液体向着压强逐渐降低的方向流动,当液体进入叶轮时,压强降低到最小值,如果在压强最低的地方,液体的压强等于或低于在该温度下液体的饱和蒸汽压强,就会有蒸汽及溶解在液体中的气体从液体中大量逸出,形成许多蒸汽与气体混合的小气泡。这些小气泡随液体流到高压区时,气泡马上凝结,在凝结的一瞬间,从四周向气泡中心高速运动的液体质点骤然停下,产生很高的局部压力。如果这种凝结发生在金属表面附近,则局部压力便作用在金属表面上。在这种局部压力的频繁作用下,金属表面逐渐因疲劳而破坏,通常把这种破坏称为剥蚀。在所产生的气泡中如果还夹杂着活泼气体,在气泡凝结时所放出热量的影响下,对金属起化学腐蚀作用。在化学腐蚀和机械剥蚀的共同作用下,加快了金属的损坏速度,这种现象就叫做汽蚀破坏现象。离心泵在严重的汽蚀状态下运转,发生汽蚀的部位很快就被破坏成蜂窝状或海绵状。当汽蚀发展到一定程度时,气泡大量产生,影响液体的正常流动,甚至造成液体输送中断,产生振动和噪声。同时泵的流量、压力和效率明显下降,使泵不能正常工作。当离心泵的安装位置高于液面时,更容易产生汽蚀现象。

离心泵的吸程受到大气压、饱和蒸汽压、吸入管中液体的流速和阻力等因素的影响,液体温度越高,饱和蒸汽压也越高,叶轮转速越高,吸入管径越小,流速和阻力越大。海拔越高,大气压就越低,这样都会使吸程降低。

在泵的使用中要注意以下事项:

(1)泵的进口位置应尽量安装比液位低,在启动前使泵腔内充满液体,若泵腔内液体不满,有空气,泵不但容易产生汽蚀现象,而且会抽不上液体。若泵的位置高于液面,要确保底阀不泄漏,同样要充满水才能启动。

(2)不能开空泵,若开空泵,就形同离心风机,因离心泵的制作和材质未按风机考虑,因此,开空泵容易发生损坏事故。

(3)虽然离心泵和离心风机结构和原理相似,但离心风机可以关闭进口和出口阀门来启动,而离心泵不能关闭进口阀启动,因为进液不足容易使泵产生汽蚀。

(4)在启动时打开进口阀,关闭出口阀启动,但启动正常后要尽快打开出口阀,长期关闭出口阀运行会使水温升高,水气化,造成汽蚀损坏泵。

(5)泵停止使用时要把泵内的液体排净,进口阀要关闭。若输送介质的扬程较高,在泵的出口要装止回阀,以免在停泵时因水锤作用把泵损坏。

5.4.1.4 离心泵常见故障及处理方法

离心泵常见的故障及处理方法如表5-1所示。

表5-1 离心泵常见故障及处理方法

故障现象	故障原因	处理方法
泵在运行中电流大,过负荷跳闸	泵装配不好,动静部分摩擦或卡住	对泵进行重新装配,使之转动灵活
	泵启动时出口阀门全开,启动负荷大	将出口阀门关闭,启动后慢慢开启
	填料压得太紧,或填料压盖卡住,若是机械密封,机封调得过紧	松开填料压盖,将压盖调正,对称拧紧螺母,不要太紧,让盘车正常
	检修后的泵轴向间隙小,开始不紧,运行一段时间卡死	慢慢松动压盖检查,若是重新加垫子
	轴承座螺栓过紧使轴承卡死	适当松动轴承座螺栓
流量不足	吸入管或泵进口堵塞	检查是否有异物,若有取出堵塞物
	出口阀没有打开或开度不够	打开出口阀
	叶轮吸入口口环磨损,间隙过大	检查并更新口环,保证间隙在规定范围内
	泵的旋转方向不对(或叶轮装反)	检查,若是重新装叶轮
	驱动电机转速不够	检查是否达到泵的额定转速
振 动	转子不平衡	将转子重新找平衡
	机组同心度差	按规范找正
	轴承磨损,间隙过大	修理或更新轴承
	地脚螺栓松动	将地脚螺栓紧固
	轴弯曲	矫直轴或更换轴
	支架不牢引起管道振动	加固管道支架
	叶轮中有异物	消除异物
	转子零件松动或磨损	检查并紧固转子,并采取防松动措施。更换磨损零件
	泵内部摩擦	将泵拆开检查,消除内部摩擦
	泵内有气体	排 气
	转子轴向窜动量大,	重新按规范安装

续表 5-1

故障现象	故障原因	处理方法
轴承温度高	轴承磨损间隙过大或松动	更换轴承
	轴向或径向间隙小	重新按规范安装
	润滑油加得过多或不足,油质不好,润滑不良	加适量合格的润滑油或彻底换油
	负荷大	调整负荷

5.4.2 其他离心泵简介

5.4.2.1 水环式真空泵

水环式真空泵是一种粗真空泵,简称水环泵。水环泵也可用作压缩机,但它所能获得的压力有限,因此属于低压压缩机。由于水环泵压缩气体的过程是等温的,故可抽除易燃、易爆的气体,此外还可抽除含尘、含水的气体。因此,磷炉尾气的输送广泛使用水环式真空泵就是基于此种特性。

A 工作原理

图 5-11 为水环泵的工作原理示意图。水环泵是由叶轮、泵体、吸排气盘、水在泵体内壁形成的水环、吸气口、排气口、辅助排气阀等组成的。

叶轮安装在偏心的泵体中,泵体内保持一定的水位高度,当叶轮按顺时针(如图 5-11 所示)方向旋转时,泵内的水被叶轮抛向四周。当叶轮继续旋转时,由于离心力的作用,水形成了一个与泵腔形状相似的等厚度的封闭水环。水环的上部内环面恰好与叶轮轮毂相切,水环的下部内环面刚好与叶片顶端相接触。此时,叶轮轮毂与水环之间形成了一个月牙形空腔,而这一空腔又被叶轮叶片分成与叶片数目相等的若干个小腔。如果以叶轮的上部为起点,那么叶轮在旋转 180°到达底部时,小腔的容积逐渐由小变大,压力会逐渐降低,且与吸排气盘上的吸气口相通。当

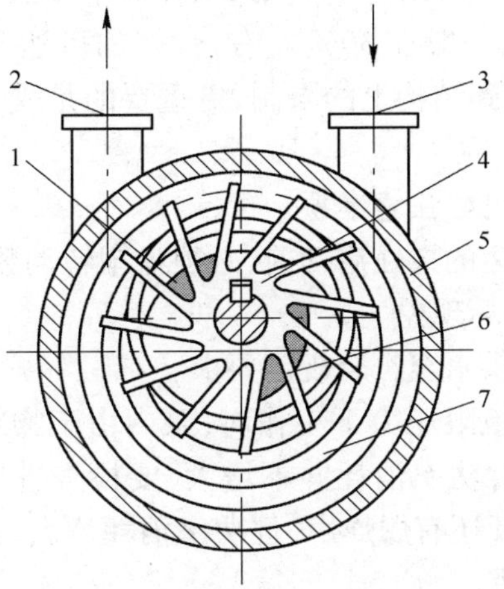

图 5-11 水环泵工作原理示意图

1—排气孔;2—排气口;3—吸气口;4—叶轮;5—泵体;6—吸气孔;7—水环

小腔空间内的压力低于被抽容器内的压力时,根据气体压强平衡的原理,被抽的气体不断地被抽进小腔,此时正处于吸气过程。当吸气完成时与吸气口隔绝,小腔的容积正逐渐减小,压力不断地增大,此时正处于压缩过程,当压缩的气体提前达到排气压力时,从辅助排气阀排气。而与排气口相通的小腔的容积进一步的减小,压强进一步升高,当气体的压强大于排气压强时,被压缩的气体从排气口被排出。在泵的连续运转过程中,不断地进行着吸气、压缩、排气过程,从而达到连续抽气的目的。水环式真空泵则是靠泵腔容积的变化来实现吸气、压缩和排气的,因此它属于变容式真空泵。

B 水环真空泵的特点

(1)结构简单,制造精度要求不算太高,结构紧凑,一般无须减速装置。

(2)压缩气体过程中温度变化很小,基本上是等温压缩。由于泵腔内没有金属摩擦表面,无须对泵内进行润滑,而且磨损很小。转动件和固定件之间的密封可直接由水封来完成。

(3)吸气均匀,工作平稳可靠,操作简单,维修方便。

(4)效率低,一般在30%左右,较好的可达50%;真空度低,这不仅是因为受到结构上的限制,更重要的是受工作液饱和蒸汽压的限制。

C　使用过程中注意事项

(1)长期停运的泵在启动前,必须盘车转动数周,保证泵内没有卡住或其他损坏现象。

(2)向泵内供水至符合规定要求。

(3)当泵在极限压力下工作时,泵内由于物理作用可能发生爆炸声时,若此时功率消耗并不增大,要检查进气管路上的阀门是否打开,若打开还有爆炸声,且功率消耗增大,则表明泵已发生故障,应停车检查。

(4)停车后关闭进气管上的阀门和供水阀门,停止向泵内供水,如果停车时间超过一天,必须将泵及汽水分离器内的水排空,以防锈蚀。在冬季停车都必须排空工作液,以防设备冻裂。

(5)经常检查轴承的工作和润滑状况,轴承正常工作状态下比周围温度高15~20℃,最高不允许超过60℃,要定期加油,半年至少清洗一次,更换润滑油。如采用填料密封,应定期压紧填料,填料因磨损而不能保证密封性能时,应更换填料。填料不能压得过紧,正常状态下允许水成滴滴出,从而保证冷却和密封效果。如果采用机械密封,出现泄漏时,应检查机械密封的动、静环是否损坏,或是密封圈老化,根据情况决定是否需要更换机械密封。

(6)如果出现振动、轴承损坏就会使水环不等厚,影响月牙形的空腔空间,使进排气量发生变化,若水位高和低也同样会出现月牙形空腔的变化,使气量不足。另外,两端间隙过大、进出管堵塞都会造成送气量下降。

5.4.2.2　轴流泵

轴流泵也是一种叶轮泵,但叶轮不像离心泵那样是扁平的圆盘,而是一个圆柱体,如图5-12所示。叶轮旋转时,液体受到叶轮的推力作用,从吸入管3吸入,并送到压出管2。泵内的固定桨叶1与锥形渐扩管构成导流器,将液体的动能转换成压力势能。

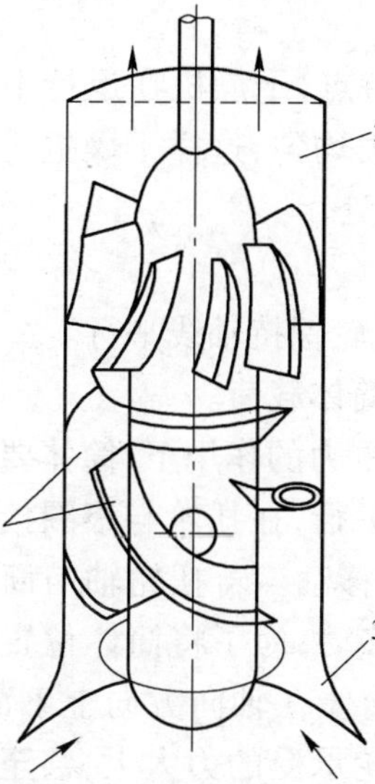

图5-12 轴流泵原理示意图

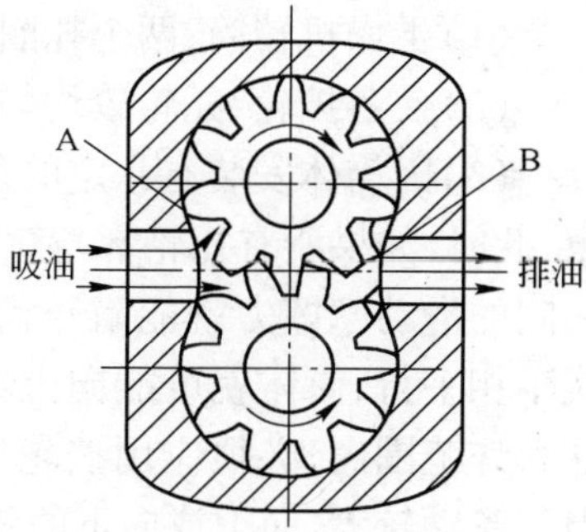

图5-13 齿轮油泵原理示意图

5.4.2.3 齿轮油泵

齿轮油泵如图5-13所示,在泵体中装有一对回转齿轮,一个主动,一个被动,依靠两齿轮的相互啮合,把泵内的整个工作腔分两个独立的部分。A为吸入腔,B为排出腔。齿轮油泵在运转时主动齿轮带动被动齿轮旋转,当齿轮从啮合到脱开时在吸入侧A就形成局部真空,液体被吸入。被吸入的液体充满齿轮的各个齿谷而带到排出侧B,齿轮进入啮合时液体被挤出,形成高压液体并经泵排出口排出泵外。

齿轮油泵特点:结构紧凑,使用和保养方便;具有良好的自吸性,故每次开泵前无须灌入液体;齿轮油泵的润滑是靠输送的液体而自动达到的,故日常工作时无须另加润滑油。

5.5　转筒干燥机常见故障及处理

5.5.1　干燥机的窜动调整

根据转筒干燥的工作原理、结构特点，干燥机在运行中有小幅度的往复窜动，使得托轮、托圈的磨损均匀，这样干燥机运行就容易平稳，对长期安全运转有较大的好处。

5.5.1.1　确保小幅窜动的要求

(1)干燥机转筒、两个托圈、两组托轮保持轴线平行。

(2)使各挡轮、托轮较均匀地承担筒体载荷。

(3)因筒体安装有一定的角度，在重力的作用下，筒体要向下窜，此时，如果所有托轮都与筒体轴线平行，在托轮与滚圈接触面之间的滑动摩擦力就能阻止筒体向下移动。若托轮轴与筒体轴线不相平行，筒体就可能向上或向下移动，为了将筒体位置限制在允许范围内，必须应用挡轮以阻止筒体在轴向方向上下窜动，但若窜动较大，向上或向下的较大，挡轮承受的力太大，甚至把挡轮顶坏就不正常了，需要调整。

5.5.1.2　调整方法

检查挡轮受力、转动及滚圈与托轮的相对位置是否处于中间。若不，要根据筒体回转方向调整托轮改变托轮组的中心线，采取朝某一方向同时歪斜托轮，使其与筒体中心线形成微小的偏角。调整后，产生螺旋向上或向下的推力，通过反复进行，使其与筒体上下窜动力基本平衡，让筒体在相对稳定的位置上运转，也就是滚圈处于上、下挡轮间自由往复窜动。具体调整步骤如下：

当筒体下移时，将图5-14中调节螺栓1和4、5和8松几圈，螺栓2和3、6和7就拧紧几圈。拧紧圈数与松退圈数相等，就是保证所有托轮与筒体的偏斜角相同，这样即按图示方向运转时产生向上的螺旋推力。通过运行观察，若筒体不再下移，运行正常，就停止调整，紧固好托轮的地脚螺栓。若还在下移，证明调整量不够，还需再按上面方法调整直到达到要求。若筒体上移，调整

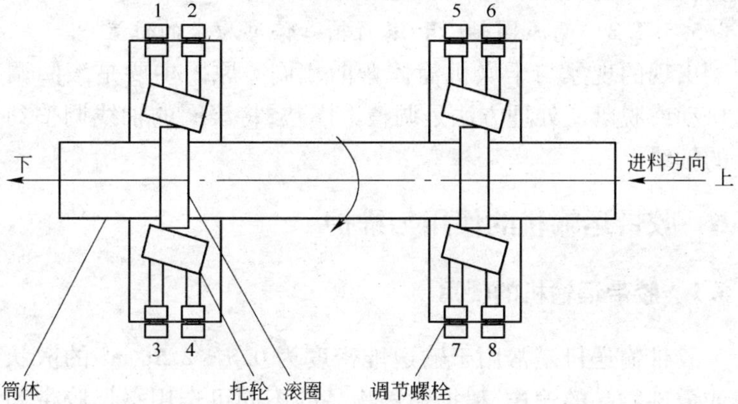

图 5-14 转筒干燥机调整示意图

方法同上，螺栓的松紧与上述相反。

在调整过程中，如果下移太多，滚圈与托轮难以归中，为使筒体尽快上移，可以在滚圈上粘一些锯末，增加摩擦力，迅速将筒体推上去，然后清除锯末。浇一点润滑油，也会使筒体缓慢上移。上移后调整步骤同上，但螺栓调整相反。调整的快慢与调整者的技能有关，但一般都要进行反复调整才能达到不窜动的要求。

5.5.2 干燥机其他故障处理

5.5.2.1 干燥机筒体弯曲

若出现筒体弯曲的故障，电机、减速机就会出现异响，在旋转一圈内，异常声音时大时小，感觉半圈受力大，半圈受力小。筒体弯曲的主要原因如下：

(1)升降温不均匀、升降速度过快，进料不均或者堵塞。

(2)在温度升降过程中，干燥机没有运转。

(3)干燥机停运后未按规定盘车，筒体长期停放在一个位置。

处理方法：把物料清理干净，让筒体慢慢升温、转动，消除由于上述原因带来的趋向应力，运行一段时间后筒体就会恢复正常,若还不能恢复正常就要调整滚圈来解决。

5.5.2.2 两滚圈轴心和滚筒轴心偏离原来的位置

出现的现象与干燥机筒体弯曲相同。原因主要是滚圈调整垫松动或脱落。处理方法是调整滚圈垫,将滚圈的轴线调整到正常的轴线上。

5.6 胶带运输机的使用与维护

5.6.1 胶带运输机的使用

胶带输送机是常用于输送堆密度为 0.5 ~2.5t/m^3 的散状物料或成件物品的输送,根据输送物品的不同可选用平形胶带和槽形胶带输送。当输送角度较大时(一般大于 30°)选用大倾角胶带机。黄磷原料输送一般选用通用固定式槽形胶带输送和大倾角胶带输送机。

胶带运输机由电机、减速机、驱动辊筒、改向辊筒、机架、托辊、胶带等组成。电机根据需要可选用调速电机和非调速电机,在输送易燃、易爆物品时选用防爆电机。减速机是把电机输出高转速、小力矩转变为低转速、大力矩,根据安装位置的不同,可选用直交轴减速机和平行轴减速机。直交轴减速机占地面积比平行轴减速机小,但因伞齿轮的加工难度大、成本高,因此投入和使用成本比平行轴减速机高。在输送距离短,驱动力矩不大的场合选用结构更为紧凑的外装式电动滚筒和内装式电动滚筒驱动。胶带的规格较多,根据物料的特性、输送的距离、腐蚀情况和温度选用不同的胶带,若输送距离短不宜选较厚的胶带。

5.6.2 胶带运输机的维护

胶带运输机在运行过程中因为多种原因的影响,经常出现跑偏现象。出现这种故障主要有下料冲击、物料重心变化、设备维护保养不良、机架变形、辊筒之间轴线不平行、安装的尺寸精度差、胶带的张紧度变化等原因。

(1)安装调心托辊组自动调整。调心托辊组一般为槽形,下面的托辊为圆柱形,两侧的为圆锥形,并且小头向上。当胶带偏向一边时,胶带重心在锥形托辊上运行,此时胶带运行的线速度不变,而锥形托辊的大头和小头走过的路径相同,而同一托辊运转时,大小端走过的路径不相等,此时,胶带向中心产生滑动(槽形胶带机中心位置低),从而达到调整的目的。另外,调心托辊支座是活动的,当胶带偏向一边时,这边的托辊摆向前,此时在水平方向阻挡或产生横向推力使皮带自动向心,从而达到调整皮带跑偏的目的。在皮带运输机长度较长时或双向运行时采用此方法比较理想,避免调整困难。

(2)调整承载托辊组。胶带整体跑偏时可调整托辊组的位置来调整跑偏,在制造时托辊组的两侧安装孔都加工成长孔,以便进行调整。具体调整方法是皮带偏向哪一侧,托辊组的哪一侧朝皮带前进方向前移,或另外一侧后移。

(3)调整驱动滚筒与改向滚筒位置。驱动滚筒与改向滚筒的调整是皮带跑偏调整常用的方法。所有滚筒的安装位置必须垂直于皮带运输机长度方向的中心线,若偏斜过大必然发生跑偏。在调整驱动或改向滚筒前要先检查驱动辊筒和改向滚筒的安装位置是否准确,若不准确,先调试准确后,看是否还跑偏,若仍然跑偏再按下面方法调整。

调整方法与调整托辊组相似,对于头部滚筒,若胶带向滚筒的右侧跑偏,则右侧的轴承座应当向前移动,若胶带向滚筒的左侧跑偏,则左侧的轴承座应当向前移动,相对应的也可将左侧轴承座后移或右侧轴承座后移。尾部滚筒的调整方法与头部滚筒刚好相反。经过反复调整并试运转,直到皮带调到较理想的位置。

(4)张紧处调整。皮带张紧处的调整是皮带运输机跑偏调整的一个非常重要的环节,张紧处的改向滚筒必须垂直于皮带长度方向以外,还应垂直于张紧力垂线,若不垂直要调整垂直。使用螺旋张紧或液压油缸张紧时,张紧滚筒的两个轴承座应当同时平移,以保证滚筒轴线与胶带纵向方向垂直,具体的皮带跑偏的调整方法与滚筒处的调整类似。

(5)双向运行胶带运输机跑偏调整。双向运行的胶带机胶带跑偏的调整比单向胶带运输机跑偏的调整相对要困难许多,在具体调整时应先调整一个方向,然后再调整另外一个方向。调整时要看胶带运动方向与跑偏趋势的关系以便考虑如何调整。重点应放在驱动滚筒和改向滚筒的调整上,其次是托辊的调整与物料落料点的调整。同时应注意皮带在接头时应使皮带断面长度方向上的受力均匀,在采用导链牵引时两侧的受力尽可能相等。

(6)转载点处落料位置对皮带跑偏的影响。转载点处物料的落料位置对皮带的跑偏影响非常大,尤其两条胶带机在水平面的投影成角度交叉时影响更大。通常应当考虑转载点处上下两条胶带机的相对高度,相对高度低,物料的水平速度分量大,对下层皮带的侧向冲击也越大,同时物料也很难居中,物料在胶带上偏斜导致皮带跑偏。若物料偏到右侧,则胶带向左侧跑偏,反之亦然。在设计过程中应尽可能地加大两条胶带机的相对高度。若受空间限制的移动散料运输机械的上下漏斗、导料槽等的形式与尺寸更应合理,一般导料槽的宽度应为皮带宽度的2/3左右比较合适,可增加挡料板阻挡物料及改变下落的方向和位置,使物料落在胶带的中心。

5.7 设备润滑及润滑油使用

设备润滑是设备维护的基础,它决定了设备的使用寿命,很大一部分设备故障都是由于润滑不良引起的,因此,正确使用润滑油和设备得到良好润滑是提高设备完好率及运转率的关键。

5.7.1 润滑原理和润滑油选用原则

5.7.1.1 润滑原理

润滑剂黏在机件摩擦面上形成一层油膜,使机件间的摩擦变为润滑剂分子间的摩擦,从而起到减少机械摩擦和磨损的作用。

5.7.1.2 润滑油的选用

常用的润滑油主要有液压油、齿轮油、汽轮机油、压缩机油、冷冻机油、变压器油、真空泵油、轴承油、防锈油脂、气缸油等。此外，还有以润滑油为基础油，并添加稠化剂和其他添加剂的润滑脂。润滑油的基本性能和主要选用原则是黏度，一般来说，在中转速、中载荷和温度不太高的工况下，选用中黏度润滑油；在高载荷、低转速和温度较高的工况下，选用高黏度润滑油或添加极压抗磨剂的润滑油；在低载荷、高转速和低温的工况下，选用低黏度润滑油；在宽高低温范围、轻载荷和高转速工况下，选用合成润滑油。

5.7.1.3 润滑脂的选用

润滑脂的基本性能和主要选用原则是锥入度，以锥入度来划分润滑脂稠度等级。一般来说，使用润滑脂的轴承所承受的负荷大、转速低时，应该选用锥入度小的润滑脂。反之所承受的负荷小、转速高时，就要选用锥入度大的润滑脂。在宽高低温范围、轻负荷、高转速和低温很低时，以及有其他特殊要求时，应选用合成润滑脂。

润滑脂的种类较多，根据用途的不同具体选用，下面介绍几种常用润滑脂的特性。

(1)钙基润滑脂。具有抗水性，适合在潮湿多水的条件下使用，但不耐温(-10 ~60℃)，按锥入度不同分为四个牌号。

(2)钠基润滑脂。不耐水，但耐温(-10 ~110℃)，按锥入度不同分为两个牌号。

(3)锂基润滑脂。耐水又耐温(-30 ~120℃)，按锥入度不同分为三个牌号。

二硫化钼复合钙基、铝基、锂基润滑脂等，加入了二硫化钼，提高了极压抗耐磨、机械安定、氧化安定、耐温等性能。

5.7.2 润滑油润滑脂使用的注意事项

(1)不能混入水和杂质，润滑脂不能加热使用，不同牌号的润滑油润滑脂不能混合使用。

(2)优先考虑黏度指标,一般选用黏度稍大的润滑油代替,但不大于50%,对精密机械和液压系统用油,要选用黏度稍小的润滑油代替,加有添加剂的油品可代用不加添加剂的油品。

(3)工作温度高的部位的代用油闪点应高于工作温度20~30℃,工作温度变化大的设备应选用黏温性能好的油品代替,在低温下工作的设备应选用凝点低于使用温度的油品代替。在代用时应把原用润滑油清洗干净。

(4)变压油不宜代替润滑油,透平油和液压油不宜用在高温机械上。

6 制磷电炉生产操作与管理

6.1 制磷电炉工艺技术特性

制磷电炉看似简单，它与一台矿热炉的工艺流程和（前半部分）操作几乎没有什么两样。但它具有易燃、易爆、有毒和腐蚀介质接触的特殊环境；处在高温、低电压、大电流，并伴有激烈化学反应的特殊条件下，是典型的集化工、热工、电工于一体的生产装置。因此，制磷电炉无论是从结构还是在操作控制上，都具有其独特性，可以认为它是介于冶金与化工之间的综合体系。

6.1.1 操作要点

制磷电炉操作中，电压的波动对功率的影响不大，电炉的负荷可以用电流的大小来表示输入炉内功率的大小。电流的大小是借助电极升降进行调节，欲增电流，将电极下降；欲减电流，则上提电极；对于电极位置的升降，炉内所有电极端头在同一平面做功有利于良好熔池的形成，由于每根电极电流的高低受炉料及熔池电阻大小的影响而需要随时调整，经常活动电极。其活动的范围和时间是每一个出渣周期，出渣后电极位置最好下降 800mm 左右，最多不超过 1000mm，最少不小于 600mm；而每小时上升的幅度在 150mm 左右（对 10000t/a 多电极制磷电炉而言），炉况操作好坏的标准以每次出渣后的电极位置回到上次出渣后的位置，所有电极都能降到位（出渣后电极位置平衡）为最好。

6.1.2 制磷电炉的特点

6.1.2.1 制磷电炉是一个复杂的化学反应器

制磷电炉是一个复杂的化学反应器，亦可以说是一个气体发生器，因加入炉内的物料经化学反应后约 20% 转变为气体。生产黄磷所用的原料——磷矿、焦丁、硅石料管连续不断向炉内加入并预热、熔化；电极将电能输入并转变为热能，以保证磷酸盐与碳的化学还原反应所需的热量。除了主反应的发生，还有很多化学反应也在发生。从目前的科学研究及测试手段推导，能说清楚的就有 20 多个化学反应。与合成 NH_3 生产相比，转化造气、变换、合成塔内的化学反应理论上都一清二楚，同是化工生产，它们之间在本质上存在很大差别。黄磷生产的主要化学还原反应式如下：

$$Ca_3(PO_4)_2 + 2SiO_2 + 5C = P_2 + 5CO + (CaO)_3 \cdot (SiO_2)_2 - 1544.5\text{kJ}$$

由上式计算，生成 1×10^6g 磷的理论电耗为：

$$(2 \times 1544.5 - 224.4) \times 1 \times 10^6 (4 \times 30.97 \times 3600) \approx 6420\text{kWh}$$

式中 224.4kJ 是 $2P_2 \rightarrow P_4$的生成热。

从上式可知，理论电耗远远低于实际电耗（14000kWh（每吨 P_4 消耗）左右）。这主要是磷矿中含有各种不同的其他杂质，在磷酸盐化学还原反应过程中还存在着不同的副反应和次级反应，消耗了一定的热能；加上这些副反应和次级反应并不是恒定的，它和制磷电炉的操作控制、工艺条件差异、配料配比等有直接关系。即便是以制磷电炉做实验所取得的数据也很难将其解释清楚。加上不少杂质含量很低，又缺乏必要的试验和数据，这些杂质引起的副反应、次级反应是在主反应之前、之后或是同时发生都很难确定，所以说制磷电炉是一个极其复杂的化学反应器。

6.1.2.2 制磷电炉又是一个分离器

炉料中的 Fe_2O_3 在 730℃的温度下被碳还原成 Fe，并和上升的磷蒸气接触生成 Fe_2P，磷铁如果没有落入熔池是很难分离的。它生成在半熔融层之上，影响干扰炉内电流回路和透气性。如前面所述，炉内熔融料中 P_2O_5 经还原后升华为磷蒸气，随同反应中所产生的 CO、CO_2、SiF_4 等气体、物质携带着大量热量逸出，自身的热量逐步传导给下移的炉料。炉气与生料层之间既起到了热交换的作用，又使随炉气上升的粉尘在通过生料层时得到初步过滤、分离(除尘作用)。

生成的 Fe_2P 由于密度大,最终沉积于炉底,反应后的残余炉渣(主要成分为 $CaSiO_3$、CaF_2 等物质),未消耗完的富积焦丁(或大粒度焦丁)通过渣、铁口定期排出,整个磷炉的生产过程就形成了一个连续不断的化学还原反应,连续不断的气体、炉渣分离、排出的分离器。因此,制磷电炉是一个反应产物的初级分离器。

6.1.2.3 制磷电炉是一个电能转换热能的转换器

磷炉的电气特点是变压器、短网结构和磷炉本体系三位一体的有机组合,热能消耗大,变压器长期处于满负荷运行,炉料的阻抗随炉料熔化程度变化而发生变化,难以控制。因此,磷炉和炉料必须符合电气特性方面的电学原理要求,即炉料应具有一定的导电性和电阻率。炉料是由合格磷矿、焦丁、硅石按一定配比混合入炉。据有关资料介绍,在1100℃时纤维磷灰石的电阻率为 $12\times10^6\Omega\cdot cm$、磷灰石·霞石的电阻率为 $4\times10^6\sim5\times10^6\Omega\cdot cm$,常温下该矿的电阻率为 $10\times10^6\Omega\cdot cm$。由此可见,制磷电炉中的炉料电阻率还和炉料温度有关,当炉料在1200℃以下时是不导电的,具备了可靠的电气绝缘性能,可使炉膛内在充满炉料的情况下,电能转换成热能的电路通道畅通。同时,被加热的物料(焦丁)本身是发热体,电流通过炉料形成的电阻热将电能转换成热能,使熔池内热量充足,这是制磷电炉得以正常运行的重要理论依据。因此说制磷电炉是一个电能转换热能的转换器。

6.1.2.4 制磷电炉又是一个热工设备

这就要求制磷电炉结构和炉料性能满足热工方面的要求,尽可能提高电炉热效率。例如在操作中要尽可能降低随炉渣、磷铁带走的热量,减少炉内发生副反应而消耗的热量,以及降低炉壳、二次短网等的热损失。另外从炉气和炉料充分热交换角度考虑,要求炉内生料层有足够的厚度(设计时炉体的几何尺寸选择合理),降低炉料中的 H_2O 和细粉含量,避免炉内结拱,确保炉气量排出均匀。因此,保证制磷电炉内外温度分布和热量分配合理,是提高电炉热效率,满足热工设备的必要条件。

6.1.2.5　制磷电炉与炼钢电弧炉及矿热炉的区别

炼钢电弧炉的供能特点是电极引进的电流与钢材作用形成电弧柱，电弧柱产生的高温将钢材熔化，冶炼的生产过程为间歇式，周期短，并伴有倾斜动作。此种方法电极不插入炉内料层，散热条件好，无外力冲击，熔池可以一目了然。

冶炼铁合金矿热炉为连续生产，多为大型电炉，加热方式为复合加热，电弧和电阻加热各半（非正常时有出入），通常情况下电极也埋入炉内料层之中，但插入深度很浅。如 SiFe 炉仅在 1～1.5m，并且电炉多为敞开式，容易观察炉内熔池形成状况和电极工作情况。

制磷电炉的结构特点是密闭式，产品是靠炉内升华的磷蒸气冷凝精制而成，因而整个系统必须是密闭的，所以又称为密闭炉。而矿热炉的产品则是从炉眼排出（相当于制磷电炉收集副产品磷铁），最终产品的获得方式和制磷电炉恰恰相反。其次是制磷电炉电极深插炉料熔融层（熔池），无法观察炉内的熔池形成和电极工作状况，现在的多电极制磷电炉，炉内的电极长达 5m 左右，为矿热炉的 3 倍以上。再就是为什么称制磷电炉为电阻炉，而称炼钢炉为电弧炉呢？

图 6-1 和图 6-2 分别是制磷电炉电流波形曲线及炼钢电炉的电流波形曲线。

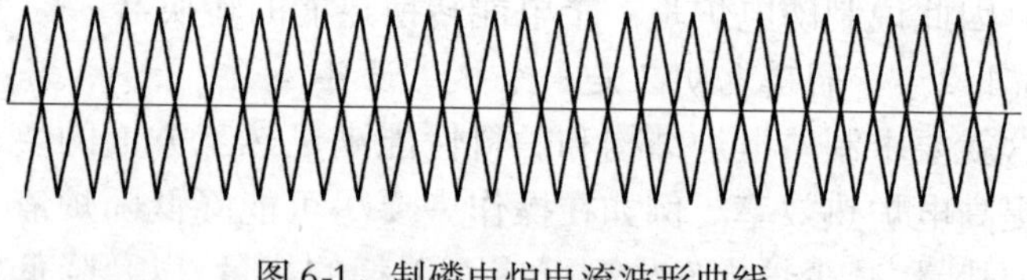

图 6-1　制磷电炉电流波形曲线

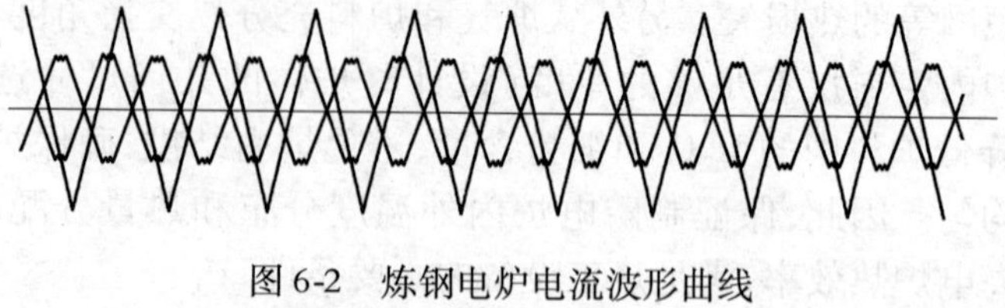

图 6-2　炼钢电炉电流波形曲线

从图6-1可以看出,制磷电炉的电流波形图基本上成正弦曲线,而炼钢炉(图6-2)测出的电流波形曲线存在着高次谐波。根据电学原理,电流波形呈正弦曲线是以电阻热为主的电炉;而存在着高次谐波的电流波形曲线是以电弧热为主的电炉。

正常生产的制磷电炉,电流控制一般比较平稳,其主要原因是入炉物料组分稳定,电阻值相对恒定,制磷电炉的电热机理是以电阻热为主,其电流必然稳定。倘若二次侧电压选择不适宜,当操作电压超过了优惠电压值的范围时,则电弧热的比例加大,表现在操作控制上是电极电流波动大,升降电极频繁,炉况不易调整控制。又如电石、铁合金以及炼钢电炉,它们的共同特点是电流波动都很大,调整电流平稳就成了主要的操作控制手段。从分类讲,它们都属电弧炉,故从电流稳定条件看,也可以认为制磷电炉是以电阻热为主的电炉。

然而,制磷电炉虽然是以电阻热为主,但并不是炉内就不存在电弧的产生。炉内物料中焦丁与焦丁的接触,电极与物料之间的滑动、接触(表现在塌料之前的电流波动),电极端头的电弧段同样存在有轻微的电弧产生,只不过这些电弧在整个热量产生的过程中所占比例很小。所以,我们说制磷电炉是以电阻热为主的电阻(电弧)炉,这也是制磷电炉和炼钢电弧炉及矿热炉的主要区别之一。

6.2 熔池理论对工艺操作的意义

良好"熔池"的形成是判断炉况优劣的标准和依据。综合分析考虑炉底、炉壁、导气管温度、渣中残磷、酸度等工艺控制指标,重点调控各相电极位置的相对平衡,适时监控功率因数的变化,确保炉内良好熔池的形成是前馈调节、主动操作、减少波动、稳定炉况、优质高产的积极生产控制手段和工艺管理方法。

6.2.1 电炉熔池

6.2.1.1 熔池标准

对于传统的三相3根制磷电炉,3根电极在炉膛截面的布置都设计成等边三角形。每根电极有对应的一个熔池,称电极熔池;3 根电极形成的电极熔池相互连成一个整体,成为一个直径更大的熔池,称电炉熔池。理想的电炉熔池标准是指炉内 3 根电极熔池的外圆相切于电极布置圆中心轴线,见图 6-3c。此时相互间电极熔池重叠的面积最小,没有过热、过冷区,这就是判断熔池好坏的标准,也是我们常说的“熔池相切理论”原则。

6.2.1.2　三相 3 根电极的几种布置

图 6-3a 3 根电极的熔池外缘互不相连,电极间和电极中心出现“冷区”,这是由于电极布置圆直径选择过大。在电炉内径和输入功率不变的情况下,电极到炉壁的间距缩小,其间的电阻减小,电流流向炉壁的份额相对增加,炉壁的“挂料”层减薄甚至消失,炉壁温度升高,导致随炉壁散失的热量增加,严重时还会使炉壁发红。

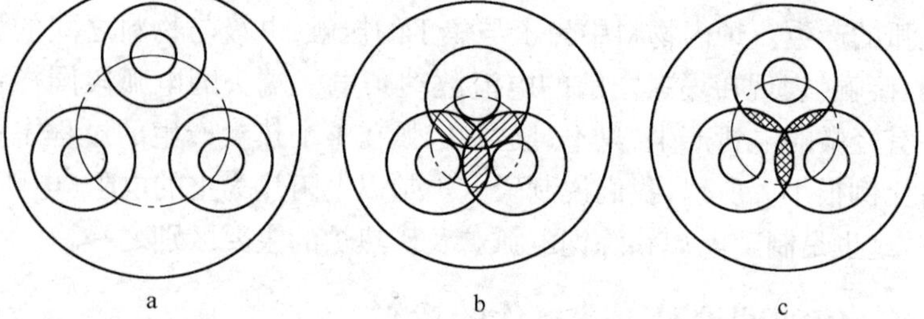

a　b　c

图 6-3　三个不同的电炉电极熔池示意图

图 6-3b 3 根电极的熔池相交过多,重叠部分过大,并且电极熔池在中心部位多次形成重叠“过热区”,这是由于电极布置圆直径选择过小。在制磷电炉内径和输入功率不变的情况下,势必造成电极至炉壁间距增大,电流流向炉壁的份额相对减小,促使炉壁挂料层加厚,炉壁温度下降。虽然随壁温下降损失的这部分热量减少,但由于电极间距缩小,电流通过电极间的份额相应增加,致使电极上抬,出渣周期缩短,生料层厚度减薄,炉气温度骤升,随炉气带走的热量、粉尘上升,最终导致泥磷量增加,给磷的精制

带来困难。

此外,由于3根电极熔池间相交部分的面积太大,且中间出现多次重叠的“过热区”,中心区热量过于集中,不利于热量的有效利用。熔融层(熔池)温度升高促使发生副反应的几率增多,增加电耗,同时还会造成电极主电流至炉底炭砖的份额相应减少,渣层温度降低,流动性差,出渣困难等。

图6-3c 3根电极的熔池外缘相交于电极布置圆中心,此时3根电极的熔池既相连,并且电极熔池重叠部分最小,又无“冷区”或“过热区”,这就是制磷电炉电极布置时必须遵循的“熔池相切理论”原则。根据这一原则设计的制磷电炉,在实际生产中熔池电阻合适,各部分的电流及炉内各区域的热量分配合理,炉内形成的良好熔池使热量既能保证磷酸盐还原反应温度需要(1400℃),又能有效杜绝出现“高温区”,避免和减少副反应的发生。同时使炉壁内侧炭砖温度在1200℃以下,减少了炭砖的化学侵蚀。另外在保证炉渣正常流动性的情况下,炉渣温度最低,随其流失的热损失最少(炉渣带走的热量损失一般占总热量的30%左右)。

6.2.1.3 三相6根电极的几种布置

图6-4a是贵州省制磷企业首先采用的把6根电极均匀布置在同一圆周的设计方式,称“电极呈圆周均匀布局制磷电炉”。这样,各电极和炉壁的距离完全一致,炉壁挂料非常均匀,炉壁温差很小(炉况正常时),但相邻电极间的间距稍小,每根电极熔池边缘重叠的部分过多。

由图6-4a可以看出,若要减少每根电极熔池边缘过多的重叠部分,电极布置圆的直径必须扩大,那么,电炉熔池中心的“冷区”面积还将会比原来的增大。

图6-4b是云南制磷企业在圆周布局基础上改进的电极布置形式,称“电极内三角外三角布局制磷电炉”。其内三角的电极布置呈等边三角形,3根电极的熔池外缘相交于炉体的中心轴线,但外三角的电极布置在各电极熔池外缘靠近炉体的中心轴线。因

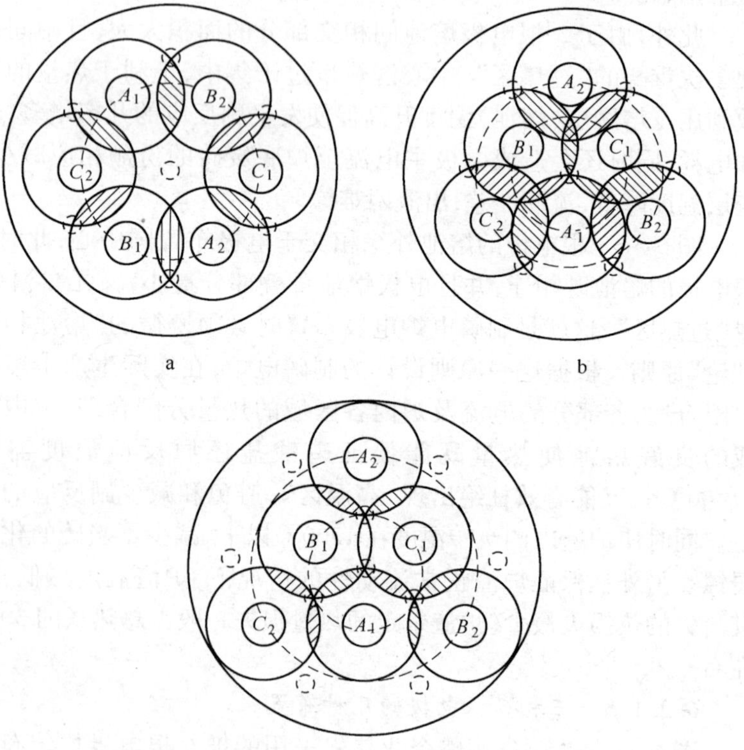

图 6-4　三相 6 根电极的几种布置形式示意图

此，各电极熔池间重叠部分较多，局部“过热区”面积较大，内三角电极正对炉壁的距离稍大，炉壁挂料厚度不均衡。

图 6-4c 是双等边三角形的电极布置，称“电极大三角小三角布局制磷电炉”。6 根电极分别均匀分布在两个同心圆的圆周上，构成了完全相等的 4 个等边三角形。此时 6 根电极熔池的重叠面积是最小的。但从图中也可以看出，大三角顶部的电极熔池外缘已和炉壁靠在一起，这里炉壁温度肯定相对较高；而小三角顶部的电极熔池外缘与炉壁距离太大，这部分明显是炉内的“冷区”。为解决这个矛盾，原昆明三聚磷酸钠厂引进德国赫斯特技

术的电炉截面，把这部分"冷区"削去，形成修边圆三角炉膛截面，使电极与炉壁的距离相等，减少炉壁挂料，满足生产工艺的要求，可称得上精确的设计。不过该种炉体制作和筑炉施工均比圆形炉体难得多，目前在多电极制磷电炉上还尚未有此类炉型布置的设计。

6.2.1.4 三相7根电极的布置

图6-5是三相7根电极的平面布置示意图，称"7根电极呈梅花状布局制磷电炉"。图中显示，炉内各电极布置遵循"电极熔池相切理论"原则，电极熔池连成的电炉熔池重叠部分最小，没有"过热区"和"过冷区"，炉内电极间距、电极与炉壁的距离相等。因此，炉内电流、热量分布均匀合理，磷酸盐的化学还原反应能最大限度地利用热能、快速提升负荷，可减少不必要的副反应发生，电损小，功率因数高，是扩大制磷电炉容量的一种优化选择，但操作控制和生产管理相对其他类型的多电极制磷电炉较难。目前，国内仅云南有该类型的制磷电炉6台，单台制磷电炉产量已超过10000t/a。

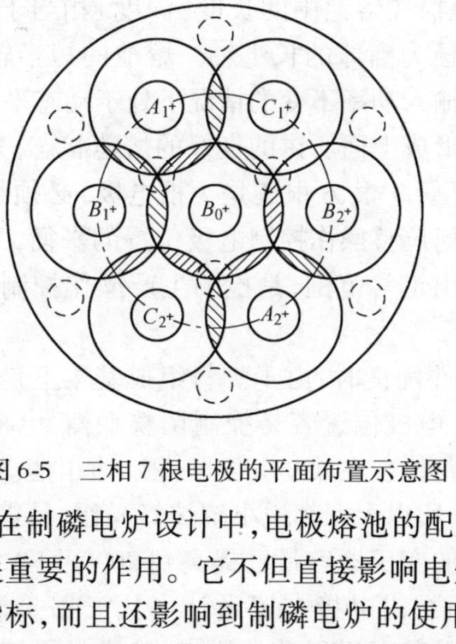

图6-5 三相7根电极的平面布置示意图

综上所述，在制磷电炉设计中，电极熔池的配置对炉内的热量分配起到至关重要的作用。它不但直接影响电炉的热效率和各项经济技术指标，而且还影响到制磷电炉的使用寿命。因此，不管设计建设什么类型的制磷电炉，都必须遵循和考虑"电极熔池相切理论”原则对日后生产的影响。否则,我们将不能建造优质、高产、低耗的节能型制磷电炉。

6.2.2 影响熔池形成、大小的因素

熔池的形成、大小受设计技术参数的影响,但不等于说只要电炉的几何尺寸、设计技术参数选择合适了,日后的生产装置就能顺利试车运行,万事大吉了。相同的设计,同样的炉型,在不同的地方或由不同的人操作和管理,生产运行效果和经济技术指标相差却是很大的。

6.2.2.1 电极位置对熔池的影响

前面已经讲过,炉内每根电极下有一个电极熔池,所有的电极熔池连成一片,形成一个更大直径的区域称电炉熔池。熔池从上到下,半径逐渐扩大,到电极尖(端头)半径达到最大值,称最大熔池半径。电极尖以下,熔池又有所收缩,从电极周围的熔融炉料开始到渣层上部为止的距离,称为熔池深度。整个熔池近似于橄榄椭球形,电极在熔池中的长度(深度)相当于椭球的短半轴,熔池的最大半径为椭球的长半轴。熔池的短半轴和长半轴在制磷电炉内径和输入功率不变的情况下处于动态平衡。

要使炉内形成上面所讲的良好的熔池状态,先决条件是炉内的电极端头(不管3根、6根还是7根电极)必须相对保持在一个水平线上。如何调整操作控制电极位置的平衡,又不至于其他工艺技术指标超出正常范围,是检测生产操作控制、管理水平的一个重要标准。

在工艺条件优良时,由于炉料组成基本上是稳定的,其电阻率也比较稳定,电极位置容易控制调整平衡,电极熔池相互间能很好连成一个整体。在6300kVA三相3根电极的小制磷电炉上更是显而易见,所以大家都说小磷炉好操作、易管理。目前,中型制磷电炉单台的变压器容量已提高到20000kVA以上(最大的已到28000kVA);炉内电极布置设计也从三相3根发展到三相6根、三相7根,随着电极组数的增加,炉内电极熔池也随之增加,

要使各根电极熔池相互连成一个整体，单从电极数量上讲操作难度是原来的2倍以上，影响的因素还更多。

倘若炉内操作电阻发生了变化，炉料配比变化超过了正常范围、熔池温度瞬间下降（塌料）、焦丁离析、炉壁挂料增厚等等，电极电流都要发生波动和变化，倘若此时只注意炉况的单一现象，根据电流表的波动将各根电极电流调平，势必就会人为将炉内的电极位置搞得高高低低，不在一个相对平衡的水平面上，优惠工艺条件下形成的良好熔池就要遭到破坏，炉内操作电阻、良好熔池的自我修复和调整功能也将悄悄消失殆尽，会给后续的电炉操作和管理带来隐患和困难。

在操作中我们可能会碰到类似的情况，相邻的两根电极，一根电流很高，而另一根电流很低，按传统的电流操平法，电流高的只有提升电极，低的降低电极，其结果是两根电极的水平位置相差越来越大，有时这个差值在500～700mm，甚至更多。这种炉况可从炉底及导气管温度观察，从炉内熔池、电阻变化入手分析处理（实际生产中也是如此）。

电流高的一根电极是由于下面有局部结拱（或挂料层增厚），因此电阻减小，导电性能好，所以电极电流大，熔池上移；邻近的一根电极电流低是因为自己的熔池此时不能和其连通，温度下降（从炉底温度降低可以说明），电阻增大，导电性能差，所以电极电流低，故不敢提电极。这种情况是个别电极下面局部结拱，还没有影响到全局，因为导气管温度不高，处理的方法是多活动电流高的电极（其他电极可配合活动，但电流低的电极慎动），适当将其电流值控制稍高一点，促成"人工主动操作塌料"，使炉内的熔池、操作电阻、各条电流回路、电极位置的操作平衡恢复正常，变被动的传统操作为主动操作。把准炉况运行的"脉搏"，是在工艺操作和管理中善于"牵牛鼻子"，积极、主动、科学的工作方法。

6.2.2.2 影响熔池大小的因素

每根电极下形成的电极熔池大小与低压侧二次电流、电压（电极到炉底的电压降）及熔料电阻率有关。表6-1是某厂制磷电炉历次停炉清理时记录的各根电极形成的熔池直径与电极电流整理后的统计数据。由表 6-1 可以看出，由于炉内电极间存在着功率转移，每根电极所形成的熔池直径各不相同。在输入功率和电极电流相同的情况下，电极熔池直径最小 800mm，最大 1500mm，相差将近 2 倍。另一个趋势是随着电极电流的增加，熔池平均直径也随之扩大。

表 6-1　某厂制磷电炉电极电流与熔池平均直径

电炉输入功率/kW	电极电流/kA	电极熔池直径/mm			
		1 号	2 号	3 号	平均
1200	4949	1200	1000	1150	1117
1650	5954	1400	800	1500	1233
1950	6623	1500	1400	1100	1333
2600	7900	1625	1250	1500	1458
3200	9238	1800	1300	1700	1600

注：此表摘自 2003 年第 2 期《硫磷设计与粉体工程》。

表 6-2 是根据钙镁磷肥电炉试验得出的二次电压与熔池大小的统计。从表 6-2 可以看出，随着二次电压的提高，电极形成的熔池直径也随之变小。在制磷电炉的日常操作中，实际情况也与此相同。随着电极电流的增加，电炉负荷得到相应提高，熔池直径随之逐渐扩大，可以从炉壁温度的上升观察到。随着二次电压的提高，熔池直径变小，炉壁温度下降（与电流增加时相反）。在增加负荷的同时提高二次电压，熔池直径扩大并不明显，炉壁温度变化也较小。这就是为什么要坚持挡位与负荷相匹配的理论依据，高挡位（提高二次电压）低负荷，熔池要缩小；低挡位（降低二次电压）高负荷，熔池要扩大，对炉衬的腐蚀也加大。利用这一原理，当炉壁挂料增厚，熔池上移，炉底温度下降，渣口难烧时，适当降低挡位运行一段时间，对良好熔池的恢复很有实际意义。但是，制磷电炉不提倡在 50% 以下负荷长期运行，在错峰、让峰、充分利用峰谷平电价的同时，要认真组织、安排生产并及时协调工

艺,不然非但起不到节能降耗的目的,反而破坏了良好熔池的稳定,缩短了制磷电炉的使用寿命。

表 6-2 钙镁磷肥电炉二次电压与熔池大小统计

二次电压/V	熔池深度/mm	熔池直径/mm
70～120	60	>800
140	60	<800
173	60	700
244	60	600

注:表摘自 1956 年第 1 期《浙江化工技术导报》。

6.2.2.3 炉料焦比对熔池的影响因素

炉料焦比和熔池直径的关系往往不易被引起注意,在制磷电炉负荷基本稳定的情况下,炉料焦比的变化与炉壁、炉底温度有直接关系。从表 6-3 可以看出,随着炉料焦比的降低,炉壁,炉底温度相应升高,说明电极的熔池直径在扩大,电极插入熔池的深度也增加了。由于熔融层的炉料电阻率与炉料焦比成反比关系,炉料焦比降低说明其电阻率增加;炉料焦比上升,其电阻率下降,熔池直径缩小,炉壁、炉底温度下降。分析了解影响电极熔池直径大小变化的因素,为探讨和制定制磷电炉的最佳操作方案和方法提供了理论依据。然而炉料焦比的增加或是降低,还要与其他工艺控制指标联系起来综合考虑。因为炉料焦比的降低将意味着渣中残磷的上升,千万不要顾此失彼。

表 6-3 炉料焦比与炉壁、炉底温度的关系

炉料焦比(质量分数)/%	炉壁温度/℃			炉底温度/℃		
	1 号	2 号	3 号	1 号	2 号	3 号
17.26	525	600	412	692	697	600
15.40	600	–	460	735	740	620
13.02	590	680	–	720	730	610
5.30	–	740	500	750	750	660
5.16	740	745	480	780	770	660

注:表内数据摘自 2003 年第 2 期《硫磷设计与粉体工程》。

6.2.2.4　工艺操作控制对熔池的影响因素

从图6-3c可以看出，电炉熔池的直径是电极熔池直径的两倍。但我们每次扒炉后测量的数据并不一定如此，3根电极正对炉壁的腐蚀并不相似，有的严重，有的轻微，3根电极所形成的电极熔池直径大小不等，从表6-1的数据也可以说明这一点，电极熔池外缘的相交点不一定通过电极布置圆中心轴线，这说明电极间的功率的确存在着相互转移的现象。

实际生产中，磷炉的工艺控制指标有所波动和变化，需要通过操作加以调整，电极熔池的直径也随之发生变化。因此，电炉熔池的直径可能大于或小于电极熔池直径的两倍。只有在优良工艺条件下满负荷运行，电炉熔池的直径才是电极熔池直径的两倍，此时的工艺技术和经济技术指标才是最好的，称最佳经济运行负荷。

操作的优良工艺条件影响电炉熔池的直径。据资料介绍，电极熔池的直径与熔料电阻率、电极电流成正比，与电极对地电压成反比，其值如下式：

$$D = C\frac{\rho I}{E}$$

式中　D——电极熔池直径，mm；

C——无因次常数，$C=1.26$；

ρ——熔料电阻率，Ω · cm；

I——电极电流（二次电流），A；

E——电极对地电压（二次电压），V。

由上式可知，电极熔池直径D的大小取决于熔融层的炉料电阻率ρ、电极电流I及对地电压E的比值。倘若磷炉处于最佳期的I/E值时，电炉熔池的直径主要取决于炉料的电阻率ρ，而影响电阻率ρ的主要因素是焦丁的粒度与炉料焦比，这两个因素是制磷电炉正常运行的必备条件。

当炉料电阻率ρ基本稳定并处于最佳值时，电极熔池直径的大小则取决于I/E值，倘若此时I/E太小，电极熔池直径会因过小而形成“死相”,同时造成电极间的功率转移,对于10000t/a以下的制磷电炉,I/E(电流电压比)最好不要小于70。

6.3 炉内料层结构、电流、热量分布及其影响

6.3.1 炉内料层结构及作用

炉内料层自上而下分为生料层、半熔融层、熔融层、熔渣层和磷铁层。除此以外,还应该包括气室空间(气相区域)和炉壁挂料(挂料层区域)。炉内料层结构见图6-6,下面分别介绍。

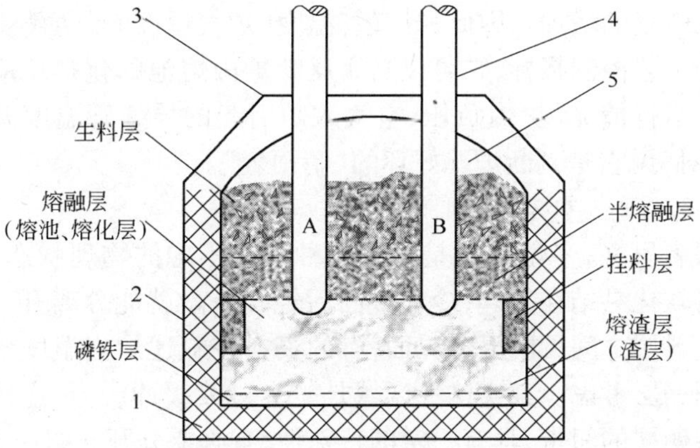

图6-6 炉内料层示意图

1—炉底;2—炉壁;3—炉盖;4—电极;5—气室空间

6.3.1.1 生料层

所谓生料层是指炉内经加热但尚未改变其物体外形特征的固体物料(磷矿、焦丁、硅石)区域称生料层。炉料在进入半熔融层前,由于炉气和炉料存在温差而进行热交换,热量主要来源于从熔池反应逸出的高温炉气。这部分热量并不直接消耗电极输入的电能,而是充分利用了炉内高温炉气的余热,提高了制磷电炉的热效率,降低了黄磷产品的单位电耗。生料层的下限温度小于200℃,低于导气管温度,上限温度为1150℃,这个温度是磷矿

的软化温度(熔点为1350℃)。

炉内的生料层是一个重要的控制区域,现在的多电极制磷电炉该层厚度可达3m以上(原来小磷炉在2m以上),它必须具有良好的透气性,整个生料层的料面出气均匀,可起过滤除尘的作用,有利于高温炉气和生料的热交换。如果H_2O含量上升,粉料增多,炉料粒级搭配不合理,灼失超标,都会降低和堵塞生料层的气孔,使透气性下降,除尘效率降低,影响热交换,造成炉内结拱、塌料;如果电极上抬,熔池上移,生料层减薄,高温炉气与生料的热交换也将受到影响,大量的热量将被炉气带走白白浪费,还导致了泥磷量的增加。因此,导气管温度(炉气温度)是黄磷生产中重要的工艺控制指标,它可以真实反映炉内熔池的化学反应和生料层的运行情况(炉内负压、空气入炉引起的导气管温度升高除外),我们说它是判断炉况好坏的"晴雨表"。

6.3.1.2　半熔融层

顾名思义,半熔融层是处在一种即熔不融的物理状态,高温使炉料软化黏结在一起,冷却凝固后轻轻一敲就能分离开。由于它与生料层之间无明显分界面,有的资料在叙述炉内温度分布时作为同一层考虑。其实这一区域是一个过渡缓冲层,是连接生料层和熔融层的纽带,具有一定的特殊性,有必要分开介绍一下。

炉料半熔融层的下限温度为1150℃(并不明显,随磷矿组成的变化而变化),上限温度为1350℃。热量的来源都是从熔池反应上升的高温炉气热交换而得的,熔池的好坏及提供热量的多少,决定半熔融层的厚度和温度。有关资料介绍,1400℃是磷酸盐的化学还原反应温度,该反应是在熔池内进行的,由上而下首先经过这一区域。其实,有资料和试验表明,磷矿石熔化前存在着固相反应。

20世纪50年代末,苏联制磷方面的学者尼·尼·波斯特里科夫为当时成都工学院教师和研究生编写的讲义《化学工艺学》介绍:磷酸盐与碳的化学还原反应在1050℃就已经开始,1190℃时已有一定的还原率,1200~1300℃时还原率提高较快。虽然在磷矿的熔化前存在着固相的还原反应，但就整个磷酸盐的还原反应来说，其所占的比例是很小的。这里介绍的还原反应仅是针对在半熔融层区域而言的，不要误解为它就是主要的反应区域，磷酸盐与碳的化学还原反应主要还是在熔池内进行的，因此半熔融层具有一定的特殊性。

在实际生产中，有一种说法：导气管温度高，电极歪斜，是因为“半熔融层太厚”，需要高挡位、大功率来将半熔融层熔化减薄，使炉况恢复正常。在前面的分析中已经讲过，给生料层、半熔融层提供的热量主要来源于熔池反应上升的高温炉气热交换，半熔融层的好坏取决于熔池的正常与否，如果调高挡位，增加功率，只会促使熔池上移，过滤、热交换的效果更差，对调整半熔融层的厚薄、电极歪斜、降低炉气温度没有一点实质性的意义，反而会破坏良好熔池的形成，加剧炉况的恶化。

6.3.1.3　*熔融层*

熔融层又称熔化层、熔池，确切地讲应该是物料熔融液与焦丁的混合层。它是主要的能量转换发热区和主反应区，熔池热量的大小取决于从电极输入炉内电能的多少。前面已经讲过，制磷电炉属电阻（电弧）炉，电能的转化热主要是电流通过熔料产生的电阻欧姆热和少量电极端弧光放电产生的热量。熔池的转化热能使炉料熔化并持续不断供给磷酸盐化学还原反应需要的热量，电炉生产才能不间断的正常运行。炉内其他料层（区域）的热量均发源于此。

熔融层的熔料流动性很差，排渣时熔料一般不会被排出炉内，停炉扒渣时可以清楚地观察到熔融层的外貌形状和特征，冷却凝固后它是一种坚硬并带有韧性的固体物质，没有半熔融渣的疏松性和熔渣的脆性。因此用风镐都很难破碎清除。可以看到焦丁颗粒四周包裹着一层熔融炉料，或者说在熔融炉料中镶嵌着焦丁颗粒，就像一大块芝麻糖，焦丁的颗粒非常明显。

由于熔融料的电阻远大于焦丁，从而避免了电流在熔池内发生短路。有的资料这样介绍：在熔化层上面漂浮着一个富焦层……其实这是不可能的，如果情况真的如此，必然造成电极间电流的短路，导致电极无法调节。在不断加入炉料的重压下，焦丁在熔化层上面是无法漂浮的，只能被浸泡在熔融的熔料中，从扒渣清炉时可以证实这一点，和上面的情况完全吻合，没有发现熔池层上有一层焦丁。所以我们在本书编撰时更正了这一说法和推测。

那炉内有没有富焦层？富焦层又在哪里呢？经过多年的实践摸索和研究分析，我们得出的结论是：炉内要有富焦层，只可能是在熔化层的下面，游动在渣层中，但这是黄磷生产中我们不希望存在和出现的。

在生产中出渣的时候可能都会碰到这样的情况：排渣的前后期总会有一些焦丁随渣流出，特别是焦丁粒度大、焦比过高或渣中残磷偏低时，堵渣口前 5min 左右，也就是渣就要排完之前有大量焦丁随渣流出，几乎铺满渣道，若不及时用通棒疏通，焦丁很容易将渣口堵塞。还有现在通行的排渣停炉法，就是接到停炉指令后，马上将渣口打开排尽炉内熔渣，使渣中剩余焦丁落入炉底，合闸时便于引出电流。

可以想象，熔化层中焦丁数量是随时保持着一种动态平衡。一方面炉料不断熔化，焦丁随炉料进入熔化层，另一方面焦丁和熔化的磷矿石、硅石发生化学还原反应而不断被消耗。当磷矿、焦丁的化学组分、配比不变时两者相抵，使熔化层中焦丁的数量随时保持相对的平衡状态。

理想的状况是物料在经过熔融层，进入渣层时化学还原反应已接近尾声，尚有少量焦丁控制渣中的残磷在工艺指标范围内，到排渣时焦丁全部消耗完，不出现焦丁随渣流出的现象。所以黄磷生产不希望炉内出现富焦层和剩余焦丁聚积的状况，只有在炉料质量改变，配比失调等非正常情况下才会出现。正常的炉况、优良的工艺条件下，炉内是不可能出现富焦层的。

熔融层的起始温度在 1350 ~1400℃，总热量的 80% 左右在这里被消耗掉，是消耗热量的主要区域，磷酸盐的化学还原反应在熔池 20min 还原率即能达到 90%，这个过程是激烈而迅速完成的。

对于一定的炉料化学组分，生产每吨磷消耗在炉料熔化、磷酸盐还原反应的热量是一定的，但副反应消耗的热量是可变的。因此，在熔池内不希望出现超过 1400℃ 以上的“过热区”或低于 1400℃ 的“过冷区”。出现“过热区”，副反应增加，电耗上升；出现“过冷区”，电极熔池不能连成整体，反应速度下降，化料量减少，同样增加电耗。

6.3.1.4　熔渣层

熔渣层又称炉渣层和渣层，它是磷酸盐化学还原反应结束后的残渣集存区域。随着熔池内化学反应的继续、渣层液位的升高，磷铁下沉时带入的热量和流向炉底电流通过渣层和磷铁层时形成欧姆热，这些热量随炉渣、磷铁的定期排放而损失。

炉渣带走的热量占总能耗的 29.37%，是各项热量损耗中最大的一项。影响热量损失多少的决定因素是炉渣量和炉渣温度。每一个出渣周期形成的渣量是不定的，它随负荷的高低、化料量的多少随时变化，应提倡采用累计电耗比按时间出渣更科学些，可以将热量损失减少到最小。炉渣温度一般在 1400℃，如果炉料配比失调或二次电压选择过低，电极位置下移或是酸度 *Mk* 指标过高过低，都会促使炉渣温度升高，造成炉渣带走的热量损失增加。

6.3.1.5　磷铁层

磷铁层是集存炉内副反应产物磷铁的区域。大型制磷电炉渣、铁口位置与炉体外壳相差 180°，各有两个铜质水冷渣口套和两个炭砖铁口，还设有专门的铁床，出铁和出渣是严格分开的。小型制磷电炉设有两个并排的渣（铁）口，其中渣眼与炉底炭砖平齐的可作为铁口，渣口比铁口高 50mm；现在 20000kVA 以上的中型制磷电炉有并排两个渣口、一个铁口或三个渣口、一个铁口的设置，但出渣出铁没有大型制磷电炉严格。

磷铁层实质上是炉底炭砖的一保护层，磷铁的含磷量在 21.7% 时，熔点为 1365℃。由于磷铁层的存在，避免了高温炉渣与炉底炭砖直接接触，从而有效保护炉底炭砖的腐蚀和冲刷。马龙产业安宁厂 80MW 制磷电炉在遭受多次焦丁粒度超标，炉壁底层炭砖多次严重腐蚀的考验后，炉底炭砖仍然未受损伤，至今已有 13 个年头了，炉底炭砖还从未大修过，这不能不说磷铁层的存在功不可没。

6.3.1.6　炉壁挂料层

炉壁挂料层主要指电炉熔池外缘至炉壁炭砖间的这一区域。其热量主要来源于熔融料传导热及电流至炉壁经挂料层生成的电阻欧姆热。如果挂料层厚度相对稳定，只是在形成挂料时才消耗热量，一旦形成后热量消耗较少。炉壁挂料层的厚度随炉况变化和正常工艺操作调整的变化而增减。挂料太厚，影响炉内正常的电流分布，缩小熔池有效容积，形成过热区为副反应创造条件，化料量减少，干扰正常炉况；挂料太薄，热损失大，对炭砖的化学侵蚀加快。

大型制磷电炉为了有效防止炉壁炭砖遭受化学侵蚀，在炉体外壳采用喷水强制冷却。电炉熔池外缘的温度在 1350℃左右，远高于磷酸盐的固相还原反应温度 1200℃，如果熔料直接接触炉壁炭砖，就会使其遭受化学侵蚀而导致炉衬使用寿命缩短。对于中小型制磷电炉，为了降低炉壁热损失，减少基建投资，电炉的内径设计远大于实际的电炉熔池直径，使制磷电炉炉壁炭砖表面形成厚度适中的挂料层。从而避免、隔离高温熔料直接接触炉壁炭砖而发生的化学侵蚀，如图 6-4a 所示。这样的设计可使炉壁炭砖内表面温度低于 1200℃，既不影响出渣，磷炉外壳又不必强制喷水冷却，自然通风冷却即可，起到事半功倍的效果。

6.3.1.7　气室空间

气室空间指炉内生料层表面至耐热混凝土炉拱（有的是平顶）内侧的空间，又称炉内气相区域。它的作用相当于一个缓冲罐，当炉内气体压力骤增时，如塌料，气体受阻等情况发生时，受压气体有一定的缓冲空间（因为气体可压缩），可有效防止压力升高将炉料带入受磷槽、喷火等严重事故的发生。这个气室空间高度根据炉型大小不一，一般在 700mm 左右，受伸入炉内的下料管长度限制。

6.3.2　制磷电炉内电热消耗及热平衡测试

6.3.2.1　炉内电热消耗

制磷电炉内的能量靠电能提供，以热量的形式表现出来，产生的电热消耗在以下几个方面：

(1)原料的预热和炉料熔融所需热量。

(2)反应热焓主要包括炉内各种主副反应发生时所需和放出的热量。

(3)磷蒸发所需热量指磷被还原出来后，蒸发为磷蒸气所需的热量。

(4)磷炉气带走的热量，在导气管温度不大于200℃时磷炉气热焓约为232kJ/kg。

(5)出渣、出铁时，随炉渣、磷铁带走的热量。

(6)变压器、短网、炉盖、炉壳等电导损失的热量。

6.3.2.2　制磷电炉的热平衡测试

国内制磷行业的升华电每吨 P_4 消耗 14000～15000kWh 居多，低的 11792kWh，高的 18000kWh 不等，一般正常较好水平在 13800kWh 左右。为了达到良好的经济技术指标，在了解电炉制磷电能转化热能的同时对制磷电炉进行热平衡测试是非常必要的，可以帮助我们在生产中找到解决问题的切入口及抓住主要矛盾。表6-4是从不同途径统计的制磷电炉热平衡测试值。

表6-4　制磷电炉热平衡测试值　(%)

项　目	炉内化学反应	炉渣	磷铁	炉壳	短网	炉盖	变压器	炉气	其他
资料1	55.5	29.3	0.40	6.80	0.60	0.20	1.40	4.10	1.70
南京化工磷肥厂	54.25	29.37	0.20	4.05	2.31	2.13	1.57	2.62	3.51
资料2	50～54.2	27.7～36.0		10.0～13.8				4.0～4.3	–

注：1. 资料1参见南京化学工业公司设计院编制磷工业简讯，1978(8)；

2. 南京化工磷肥厂摘自硫磷设计与粉体工程，2001(3)；

3. 资料2参见华中师范学院译，磷生产中副产物及废物利用问题，化学工业(俄)，1969(1)。

从表6-4可以看出，由于测试的时间、地点和方法手段有所不同，项目的测试值存在一定偏差，但前两项主要参数基本相近。下面以测试值居中的南京化工磷肥厂数据和国内一般平均升华电（每吨 P_4 消耗）13800kWh 作一个计算对比分析。

根据表6-4可计算出生产吨磷炉内化学反应的电耗（每吨 P_4 消耗）为：

$$13800 \times 54.25\% = 7487\text{kWh}$$

从上节制磷电炉的特点介绍中得知理论的每吨 P_4 消耗为6420kWh，那么，炉内每吨 P_4 副反应的电能消耗为：

$$7487 - 6420 = 1067\text{kWh}$$

排渣带走的热量消耗电能为：$13800 \times 29.30\% = 4043.4\text{kWh}$

磷铁（每吨 P_4 消耗）：$13800 \times 0.40\% = 55.2\text{kWh}$

炉壳（每吨 P_4 消耗）：$13800 \times 4.05\% = 558.9\text{kWh}$

炉气（每吨 P_4 消耗）：$13800 \times 2.62\% = 361.56\text{kWh}$

短网（每吨 P_4 消耗）：$13800 \times 2.31\% = 318.78\text{kWh}$

炉盖（每吨 P_4 消耗）：$13800 \times 2.13\% = 293.94\text{kWh}$

变压器（每吨 P_4 消耗）：$13800 \times 1.57\% = 216.66\text{kWh}$

其他（每吨 P_4 消耗）：$13800 \times 3.51\% = 434.7\text{kWh}$

从上面的计算对比分析可以看出，排渣、炉内副反应、炉壳、炉气是带走热量损失最多的4项，在日常的生产操作和工艺技术管理中就要注意观察和努力降低这些损耗。比如出渣、出铁两项带走的热量总耗电（每吨 P_4 消耗）4098.6kWh，是最大的热量损失，在出渣间隔时间和出渣量上就要摸索一套最佳方案，既要保证炉内熔池的良好形成，又不要让随渣带走的热量过多。

还有变压器、短网的热损失在其中虽然都是比较少的，但对每吨 P_4 消耗来说也很可观。每吨 P_4 如果能节约三五百度电，那也是很值得认真研究去降低的。如何认真调整变压器的油温，注意水冷却系统温度、压力，都是节能降耗的措施和主动操作的积极手段。

6.3.3 制磷电炉内电流分布

制磷电炉内电流分布决定熔池反应区的范围，为使熔池内温度达到磷酸盐的化学还原反应温度并维持渣层有较好的流动状态，充分了解炉内电流分布的原理是极为重要的。

6.3.3.1 炉内7条电流回路的分布

从炉内电流分布流向可以看出，电流在熔池内形成以电极端为中心的电流分布。由于磷炉操作时二次侧电压相对很低，电热将以电阻热的形式释放出来，电弧在局部释放仅占5%～7%。一般情况下，只要有稳定的炉料组分，操作电流不会发生大的波动。这样，炉内的电流分布可以设想如图6-7所示。

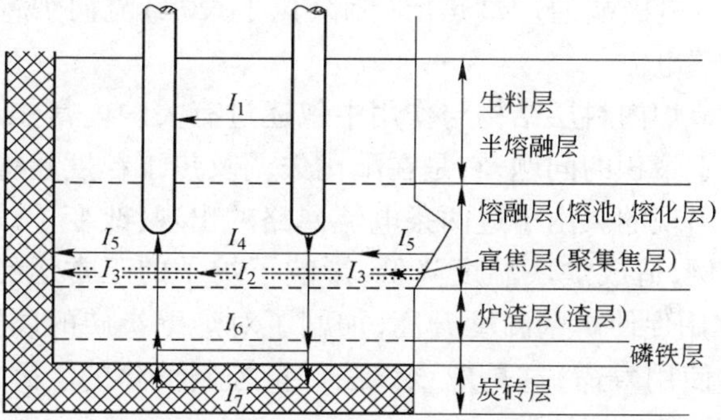

图6-7 制磷电炉内7条电流回路分布示意图

(1)I_1：电极间通过固体生料层的电流。由于各种状态的固体物料电阻率不同，导致炉内电流分布的差异。在炉内，电极间、电极到炉壁间通过生料层和半熔融层的电流极小，与操作电流相比是微不足道的（如果生料层的 H_2O 含量大，情况又将发生变化并会出现新的问题），该段炉料比电阻如下：

在800℃时是 $2.25\times10^5\Omega\cdot cm$，1200℃时是 $3.9\times10^3\Omega\cdot cm$，当电位梯度 E 是2.5V/cm时，相应的 I 值为：

$$800℃\quad I=E/R=2.5/225000=0.00001A/cm^2$$

$$1200℃\quad I=E/R=2.5/3900=0.00065A/cm^2$$

式中 I——通过生料层或半熔池层的电流,A/cm^2;

E——电位梯度,V/cm;

R——炉料比电阻,Ω·cm。

从上式计算可知,生料层与半熔融层的电阻是相当大的,与通过电极的电流相比,两者相差 1 万倍到 2.5 万倍(石墨电极电流一般在 5~8A/cm^2)。故炉内生料层、半熔融层基本上不导电,这就是现在多电极制磷电炉生料层厚度可达 3m 以上,炉膛内高可达 6m 左右的理论依据。因此,电极间通过固体生料层的 I_1 电流是不存在的,故炉内实际仅有 6 条电流回路。

(2)I_2:电极端通过富焦层(剩余焦丁聚积)流向另一电极端的电流。

(3)I_3:电极端通过富焦层(剩余焦丁聚积)流向炉壁又返回另一电极端电流。

在本节炉内料层结构与作用中叙述过有关炉内富焦层,也就是剩余焦丁聚积的问题,它是在配比失调及焦丁粒度超标等非正常情况下出现的。由于这两条电流回路的出现,改变了炉内电流的分配比例,造成炉底温度降低,影响了炉子的正常运行。尤其是 I_3 的作用促使炉壁温度升高,加剧了对炉壁炭砖的腐蚀,降低了炉子的使用寿命,这是应该设法尽量控制消除的。因此,I_2、I_3 不属于正常的电流回路。

(4)I_4:电极端经过熔融层流向另一电极端的电流;

(5)I_5:电极端经过熔融层流向炉壁炭砖又返回另一电极端的电流;

(6)I_6:电极端经过熔融层、渣层、磷铁层,返回另一电极端的电流;

(7)I_7:电极端经过熔融层、渣层、磷铁层、炉底碳砖层又返回另一电极端的电流。

I_4、I_6 和 I_7 三条电流回路所产生的热量是保证炉内磷酸盐的化学还原反应连续不断进行、维持反应最终完成的主要热源。其中 I_4 是全部在熔融层中流过发热。由于炉底炭砖和磷铁层的比电阻都比熔融层小得多,电能的损耗很小,故 I_6、I_7 的主要电阻热也是产生在熔融层。所以 I_6、I_7 的存在,虽然在磷铁层、炭砖层发热量不大,但对保持炉底温度是不可缺少的电流回路,是炉内的主电流回路。

I_5 的存在产生的副作用与 I_3 基本相似,所以,这条电流回路希望尽量减小,在设计时电极与炉壁的距离大于电极间距离,操作时让炉壁形成厚度合适的挂料,可使 I_5 大大减小。通常,熔融层相对应的炉壁炭砖是腐蚀最严重的部位,这是因为 I_5 的存在使其温度升高,致使熔融层本身的热腐蚀和冲刷加剧造成的。

6.3.3.2 简化的炉内 3 条电流回路

前面介绍了炉内的 7 条电流回路,有的是希望存在的,有的是不希望存在的,还有的是根本不可能存在的,非常难记,也不好分析清楚。为了分析方便,我们将炉内 7 条电流回路简化为 3 条,如图 6-8 所示。

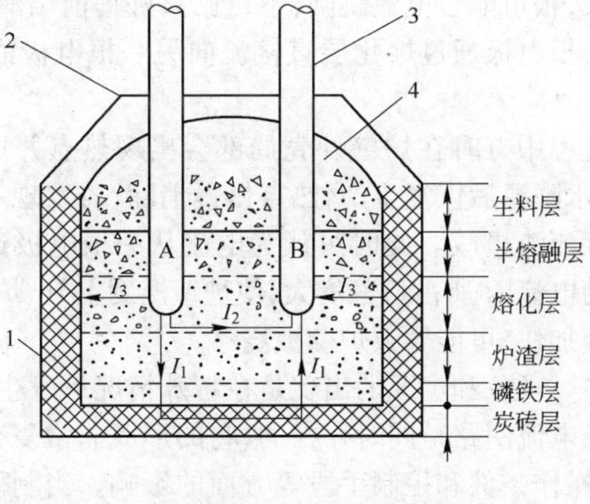

图 6-8 炉内简化的 3 条电流回路示意图

1—炉壁;2—炉盖;3—电极;4—气密空间

(1)电极电流由一根电极流过熔化层、炉渣层、磷铁层、炉底炭砖层,再流回另一根电极的 I_1,它是炉内的主电流。

(2)电极电流由一根电极通过熔化层直接流向另一根电极的I_2。

(3)电极电流由一根电极通过熔化层到达炉壁再流向另一个电极的I_3。

三条电流回路的存在都可以从实际生产和操作中出现的状况得以证实。现在磷炉长短期停车时(不含10h以内的临时停车)都采用"排渣座电极停炉法"。就是接到停炉通知后,不管到不到出渣时间,马上打开渣口尽量将炉内残渣排尽,然后将电极降到炉底,再根据停炉时间长短将电极上提50~100mm。待再次开炉时(最长停炉时间达20个月以上),炉内物料均降至常温,可视为绝缘体。电炉合闸送电后,电极来电后电流逐渐增加,再根据升温升负荷曲线恢复生产。此时的电极电流是由一根电极通过炉底再流向另一根电极的I_1。

有时焦丁粒度过大、焦比过高或是焦丁中混有煤丁,炉内熔池电阻减小,电流上升很快,电极位置很难调整控制平衡,移动电极动作稍大,很可能过电流跳闸,不得已只好提前出渣或减负荷。这说明从一根电极通过熔化层直接流向另一根电极的电流I_2起主导作用。

生产过程中有时在炉壁外壳局部会出现热点并产生发红现象,拉闸喷水降温后恢复生产,热点慢慢消除,若发现不及时会发生炉壁烧穿流渣事故。此时可认为电流从一根电极通过熔化层流向炉壁的电流I_3所占份额增大,使炉壁温度上升、炉壳发红、炉衬腐蚀速度加快、可能导致炉壁被烧穿。

上述单一现象和炉况的出现是在特殊情况下发生的,实际上炉内的三条电流回路是同时存在的,它的形成非常复杂,受设计、物料组成、操作条件和控制手段等方面的影响。当制磷电炉设计合理、炉内电流分布均衡、工艺操作条件优良、入炉物料组成一定时,炉内三条电流回路是处于动态平衡同时存在,相互影响。只有这样,磷酸盐的化学还原反应才能在炉内最佳环境和条件下持续不断地进行。

6.3.4 影响制磷电炉内电流的因素

6.3.4.1 设计参数的影响

电炉的几何尺寸是设计的主要技术参数之一，它包括电炉的内径、内高、炉壁炉底炭砖厚度、电极布置、电极圆心圆等。电炉几何尺寸的变化同样会影响炉内电流分布。若电极圆心圆选择过小，电极间距太近，其间的熔料电阻变小，从而使电极间通过的电流 I_2 增大。操作中任何情况引起这一区域的熔料温度升高，都会促使其电阻率下降，引起电极间短路打弧或电极电流飞升，提电极根本来不及（炭质还原剂发生改变，焦丁中掺杂煤丁最容易出现类似情况），最后导致炉压升高或电极窜火；另外，由于 I_2 电流增加，I_1、I_3 电流相应变小，使渣层、炉壁、炉底温度下降，出渣困难。

若电极圆心圆选择过大，电极间距离增加，则 I_2 电流降为最小值，电极间出现“冷区”，电极熔池互不相连，各自为阵，最佳电炉熔池不容易形成，下料不均匀，化料量减少，消耗增加，还会导致电极折断。因此，只有电极间的距离选择适当，设计合理，使电极间通过的电流 I_2 尽可能降低，又可避免在电极间、电炉中部出现“冷区”，确保 I_1 为主导电流，使整个炉内电流分布均匀、合理，形成良好的电炉熔池。

同理，若电极距炉壁选择太近，则流向炉壁的 I_3 电流所占比例增大，炉壁温度升得过高，热损失大，就使熔料对炉壁炭砖的腐蚀加剧，最终影响炉衬使用寿命；反之，若电极距炉壁选择太大，则流向炉壁的电流 I_3 减少，炉壁温度过低，导致炉壁“挂料”层过厚，炉膛直径缩小，化料量减少，副反应的发生增加，生产负荷难以提升，升挡（提高电炉的二次电压）后难以达到升负荷的目的。

6.3.4.2 物料的影响

炉料配比、焦丁用量、磷矿化学组分，除了影响磷酸盐的还原率和副反应外，更关键的是它能改变、调节炉料的电阻率，这是制磷电炉得以正常运行的必备条件和基础。

在炉料配比中,焦丁用量依据其化学反应方程式计算而来,但仅考虑磷酸盐反应的还原率和其他组分需要的焦丁量是不够全面的。炉料的电阻是由还原剂焦丁的数量、粒度、炉料温度及它本身的电阻率决定的,电阻率又影响着电流的大小和分布。如有时生产中会出现这样的情况,渣中残磷偏高(一般正常指标为1% ~2.5%),但电极又上抬,降不到位。这时按指标控制应该增加焦丁用量,但如果焦丁用量增加,电极更上抬,这很可能是还原剂的粒度、质量发生波动。一边炉内剩余焦炭富集,使炉内导电性增加,电阻发生变化;一边参加还原反应的焦量不够,引起渣中残磷上升。因此,在配料和特殊情况下一定要将这些影响因素考虑在内,更有利于工艺调整和控制,绝不能顾此失彼。

所以,我们在配料时必须确定一个合适的焦炭过量系数,根据我们的操作经验,使用品位稍低的磷矿时,选择焦炭过量3% ~5%;使用高品位磷矿、固定碳80%以上的冶金焦丁时,不需要考虑过量系数,还可根据炉况在理论计算值上减少1到2个百分点以便更好地操作控制,特别是磷炉在100%负荷以上更是如此。

6.3.4.3 工艺操作的影响

在生产中由于工艺条件的变化,使炉内电流流向发生改变,电炉熔池直径也随之变化。在正常的炉料焦比下低负荷运行,3组电极所形成的熔池不可能很好的连成整体,电极圆心圆中心会出现“冷区”。I_1 电流几乎都从电极端流向炉底,反应在工艺上是电极升降对电流的影响、变化很大。随着磷炉运行负荷增至100%时,I_2、I_3 电流所占份额比例增加,直至电极圆心圆中心的“冷区”消失。这时 I_1 电流占主导地位,电极电流和整个炉况就显得相对稳定,可以认为此时电流分布最为合理。因此,制磷电炉不提倡在50%负荷下长时间维持生产。

在磷炉生产工艺操作中,由于入炉物料的化学组分在波动,为了控制渣中的残磷及其他工艺指标,炉料焦比也随之在不断调整变化。随着炉料焦比、炉料温度、熔池电阻的变化,炉内电极间功率的互相转移随时存在。在一定的功率负荷和二次电压下,有时电极位置会出现高低不平的现象,特别是刚出完渣后更是显而易见。这种现象是熔池电阻率偏离了正常控制范围,电极间电流出现了互相转移,需通过升降电极操作调整电阻,使制磷电炉恢复正常运行。

6.3.5 制磷电炉内热量分布

根据炉内的化学反应及以上的电流分布分析,我们可以得出炉内热量分布的结论:

(1)炉内热量最大的地方是电极端部下方的区域,电极的对地电压大部分以电阻、电弧形式在这一区域将电能转化成热能。在这个区域内,炽热的焦丁分散浸泡于熔融的炉料熔液之中,充足的热量在反应熔池内促使熔融的磷矿、硅石与焦丁充分接触,并渗透到焦丁的毛细孔(孔隙)中,使化学还原反应得以激烈进行,产生的磷蒸气逸出,加剧了熔池内熔融物料的激烈翻滚,促使熔池内物料及其温度趋于一致,更有利于物料缓慢均衡下移,加快了物料熔化速度,这就是我们通常所说的化料量增加。

根据上面的分析,在电炉熔池内温度的分布基本是均匀平衡的。只是在离炉壁最近的部分,温度略有下降;电炉熔池以外,则是随着距电炉中心的半径增大,温度逐渐降低;整个炉内的纵向温度则以反应熔池温度最高,熔池上下两个方向温度逐渐降低。由于熔池下方渣层和磷铁层、炉底炭砖的电阻热,使得其温度的降低比熔池上方的固体料层缓慢,渣层、磷铁层温度可达1400℃。

熔池上面的固体料层则不同,由于炉料不断加入进行热交换,固体物料由上而下温度上升较快,温度达10～15℃/cm,而上升的炉气在经热交换后至导气管的温度降至小于200℃,有的炉型导气管温度还更低,小于100℃(如三相7根电极导气管温度正常时在80℃左右),而采用电除尘的大型磷炉则小于600℃。

(2)炉内电极圆心圆所包围的圆柱体部分由于电极熔池的相互连接和电极辐射热的作用,形成中部过热温度区。它的出现将导致炉内横向温度集中,热量分布不均匀。这样,在靠近炉壁的物料到达熔融和反应所需温度的同时，倘若出现中部过热区，大部分热量将白白浪费掉（主要使炉气温度升高），若焦比过高，还会促使副反应发生。如三相 6 根电极呈内外三角布置的制磷电炉，都存在这一缺陷，中心区热量过剩，而电炉熔池周边热量不足，炉壁挂料厚度高达 800 ~ 1500mm。为减少这部分热量损失，在设计时应依据电极熔池相切理论原则，使电极间距确保电极产生的熔池不致大量重叠。同时，在磷炉中部的下料管布置时，要考虑这里需要多加料，以充分满足过热温度区消耗较快的需要，使炉料得到迅速补充。正常生产时，中部过热温度区化料量占总化料量的 30% 左右，甚至还要多些。

6.3.6 制磷电炉内热量对副反应产生的影响

炉内热量分配情况取决于炉内电流的分布状况，炉内过热区或高温区的扩大就促使了副反应的发生。有关资料介绍，生产每吨磷因副反应的发生而增加的电耗在 881 ~ 2729kWh，这包括原料化学组分变化引起的副反应（如原料中 Fe_2O_3、CO_2 等含量过高）、低于磷酸盐化学还原反应温度发生的副反应、高于磷酸盐化学还原反应温度发生的副反应三种情况。前两种情况基本很难避免，属于自然消耗，这里仅讨论分析高于磷酸盐化学还原反应温度（1400℃）的副反应的影响，旨在提醒和引起管理、操作者的重视。

6.3.6.1 SiO_2 逸出的影响

SiO_2 在制磷过程中作为助熔剂，可以降低炉料的还原温度。炉内非正常形成的高温区，导致 SiO_2 容易被碳还原成 Si，其反应如下：

$$SiO_2 + 2C \xlongequal{1500°C} Si + 2CO - Q$$

元素硅在高温下具有很高的蒸气压，一部分升华随同炉气逸出进入洗涤收磷系统，一部分进入磷铁。首先 SiO_2 还原成元素硅的数量是不恒定的，它必须在 1500℃ 以上的高温时才会发生，其次还取决于硅石、焦丁过量的多少。SiO_2 的逸出往往不被重视和注意。据资料介绍，在高温下，由于上述副反应的发生，还原成元素硅要多耗电（每吨 P_4 消耗）204～248kWh。

在生产过程中，排渣有时会出现“磷花闪烁”，渣道上星星点点，很像礼花。有人认为是磷升华分离不好，随渣流出后遇空气燃烧。其实磷是无法从渣口排出燃烧的，这是一种误解。磷的沸点是280℃，一般熔渣温度在1400℃左右，在这样的高温下，渣中不可能含残留的磷。其实是 SiO_2 还原成的 Si 在排渣时逸出燃烧，生成 SiO_2 粉末而呈现白色“烟雾”。所以凡有“磷花闪烁”时，渣道上的烟雾都比较大，并且熔渣入池后在整个渣池水面漂浮满像饺子煮熟一样的白色物体，我们习惯称之为“漂渣”。此时渣中的酸度指标（*Mk*）一般都比较高。

6.3.6.2 磷化钙生成的影响

生成磷化钙的化学反应方程式如下：

$$Ca_3(PO_4)_2 + 8C \xlongequal{1600\sim1700°C} Ca_3P_2 + 8CO - Q$$

生成磷化钙的条件有三：反应区温度在1600～1700℃，炉渣酸度指标小于0.85，焦炭过量系数大或过剩焦富集炉内。在生产中可能会碰到这样的现象：排渣过程中流入渣池的熔融渣和水接触时，偶尔会发生断断续续的爆炸声，一般都误认为是有少量磷铁下水，但又没有淡黄色烟雾和发现渣池水变色（磷铁下水，渣池水会变成猪肝色）。其实是上述反应物中的生成物 Ca_3P_2 遇水发生下列反应：

$$Ca_3P_2 + 6H_2O \xlongequal{水解} 3Ca(OH)_2 + 2PH_3$$

高温下该反应水解速度极快，生成 PH_3 的同时还伴生 P_2H_2 自燃，引起 PH_3 和空气混合物爆炸。由于上述副反应的发生，（每吨 P_4 消耗）要多耗电1000kWh以上，每吨 P_4 损失成品磷80.2kg。这个副反应发生的迹象不是很明显，但对制磷电耗及经济技术指标影响相当大，因此，必须杜绝炉内产生1600℃以上的过热区。

6.3.6.3 碳化钙生成的影响

生成碳化钙的化学反应方程式如下：

$$CaO + 3C \xrightarrow{1800 \sim 2000°C} CaC_2 + CO - Q$$

碳化钙的生成温度在 1800 ~2000℃,其他条件与生成磷化钙的条件基本相似,特点是随温度的升高生成量增加,其生成量是磷化钙的 2 ~3 倍,增加电耗(每吨 P_4 消耗)952. 6kWh。

从以上的分析说明,炉内熔池的温度高低对能耗的影响极为关键,任何可能引起电极熔池重叠过多的因素都需要避免。

6.4　制磷电炉的原始开车、化工投料

6.4.1　原始开车烘炉

制磷电炉的原始开车指新建装置单体试车、调校、联动试车、升温烘炉、试生产的整个过程,也是装置的首次试生产。

6.4.1.1　升温烘炉的目的

制磷电炉是黄磷装置中的关键设备,对炉衬中绝热、耐火材料的质量及炉体结构有严格的要求。首先,烘炉不仅要除去炉衬中的水分和挥发物,还要求使耐火混凝土炉顶(炉拱)烧结成整体,形成耐高温性能稳定的矿物结构。其次,使炭砖间的筑炉糊料在高温下自然流满填实,并与炭砖烧结炭化为一体,提高炉衬耐热温度、耐腐蚀程度及物化特性,降低筑炉炭素材料的比电阻;为化工投料提供足够的热量蓄存,使之适应投料后炉料熔融所产生的熔池高温。

6.4.1.2　烘炉方法

20 世纪 80 年代以前,国内的中小型制磷电炉都采用木柴烘炉,这种传统的烘炉方法在我国已经使用了五六十年。不仅在制磷电炉中使用,在电石炉、铁合金炉也都可按此法烘炉。90 年代以后,也有采用电阻丝烘炉的,但和木柴烘炉的性质一样,都属于物理性质的烘烤。

众所周知,传统的烘炉方法是以木柴作为燃料提供热源烘炉,根据炉型、容量大小不一,首次烘炉要消耗上好的硬质干杂木 100 ~200t,不仅破坏生态环境,而且烘炉期间烟熏火燎,对周围环

境造成严重污染,并且热利用率低,烘炉周期长,前后要一个多月。更不利的是木柴烘炉期间炉内气相始终处于氧化性气氛,温度基本无法按升温曲线控制,温差高达几百度。凡采用木柴烘炉,从升温曲线可以看到:曲线就像桂林山水,高低错落很大,不利于碳氢化合物的分解、聚合反应,还对筑炉糊料的烧结、炭化产生不利影响。

电极直接烘炉新工艺在多台多电极制磷电炉原始开车中的应用,是我们经过多年生产实践摸索,根据炭素材料的焙烧原理,参考借鉴大型制磷电炉(90000kVA)烘炉方法,总结传承发展的一种成功烘炉经验。某厂23000kVA制磷电炉,是云南首次使用电极直接烘炉原始开车的多电极制磷电炉,到现在已四年多时间了(2005年6月19日投产),炉底、炉壁温度平衡稳定、温差小,至今尚未扒炉和大修过。

湖北某厂22000kVA多电极制磷电炉原始开车烘炉也是采用电极直接烘炉新工艺进行的,烘炉消耗如下:

(1)炉底铺焦炭床焦丁用量15.69t,硅石1.78t(根据炉型、容量大小其用量有所增减)。

(2)烘炉时间266h(11天2小时)。

(3)电极直接烘炉期间共耗电78540kWh。

采用电极直接烘炉新工艺,省时、费用低,烘炉结束就可直接化工投料,转入试生产。电极直接烘炉可以改善烘炉生产环境,延长磷炉的使用寿命。

6.4.2 电极直接升温烘炉、焙烧介绍

6.4.2.1 烘炉机理和理论依据

制磷电炉原始开车采用电极直接升温烘炉、焙烧,热量的来源主要是电流通过电极和焦炭、炭砖层形成的电阻热(有少量电弧热)。所需要的热量和温升速率完全取决于耐火砖砌体、炉拱(炉顶)耐火混凝土的烘烤及炭素材料的物化特性。

热量的传递和扩散通过电极、事先铺设的焦炭床、炉底炭砖

和炉内气体实现。炉内气体导热速率最低，然而，它传到炉内各部位的热量最为均匀，更有利于碳氢化合物的分解聚合。这就是制磷电炉原始开车采用电极直接烘炉、焙烧、焦化的烘炉机理和理论依据。

6.4.2.2 炉拱（炉顶）的烘炉焙烧要求

根据建筑材料科学研究院分析，耐火混凝土炉拱（炉顶）采用的低钙铝酸盐水泥及高铝水泥－65，常温养护后的主要水化产物是 CAH_{10} 和结晶较好的 $\gamma-AH_3$，烘炉后要求达到以下标准：

（1）经 200℃ 温度烘干后转变为 C_3AH_6 和结晶度较好的 $\gamma-AH_3$。

（2）经 350℃ 温度加热后 $\gamma-AH_3$ 转变为经 $\gamma-AH$，而 C_3AH_6 大部分变为 $C_3AH_{1.5}$。

（3）再经 600℃ 温度加热后全部变成耐火温度高、晶型结构稳定的 $C_{12}A_7$。

6.4.2.3 炭素材料的烘炉焙烧要求

炭素材料的焙烧是和炉拱烘炉同时进行的，这里主要为了叙述清楚而已。

（1）筑炉糊料的挥发分含量一般在 13% 左右，这些挥发分在受热的情况下以 H_2O、CO、CO_2、CH_4、C_nH_m 等形式挥发排除，使烘炉烧结后的炉衬炭砖缝的理化性能得到改善。

（2）在烘炉烧结过程中，由于沥青中焦化挥发分的排除，必然引起砌筑物体积收缩（收缩率一般在 2% 左右，与原料质量有一定关系），使炉衬的理化指标进一步加强，抗氧化、耐腐蚀、导电导热性能得到提高。

（3）筑炉糊料的比电阻非常大，一般都在几万欧姆以上，通过烧结比电阻降到 50Ω 左右。在烧结过程中，由于沥青的焦化，生成的沥青焦把骨料中的焦炭颗粒黏结在一起，使焦炭形成网格，成为一个统一的整体，这样会降低比电阻，提高其导电性能。

6.4.2.4 电极直接烘炉升温速率曲线的制定

前面已经讲过，烘炉所需的热量和温升速率完全取决于耐火混凝土的烘烤及炭素材料的焙烧物化特性。具体的升温曲线如表6-5所示。

表6-5 电极直接烘炉升温速率曲线

升温曲线/℃	升温速率曲线/℃ · h^{-1}	升温、恒温时间/h
室温～150	10	13
150	恒 温	60
150～250	10	10
250	恒 温	48
250～350	10	10
350	恒 温	48
350～500	15	10
500	恒 温	48
500～600	化工投料	

从表6-5看到，升温过程中在低温段有150℃、250℃、350℃三次恒温时间，中温段结束时500℃有一次恒温时间，总体上恒温时间比升温时间长得多，但必须保证恒温时间，千万不要为了赶时间随意缩短，否则将得不偿失。

6.4.3 电极直接烘炉、焙烧的影响因素

6.4.3.1 温度的影响

低温预热阶段（常温至350℃），主要是排除砌筑物中的吸附水和结晶水，并起到预热的作用，其次还与高温耐火混凝土的物化特性有关。图6-9是三种水泥的差热分析曲线图。图中显示，高铝水泥－65在135℃和310℃、高铝水泥在140℃和307℃都有两个温度相差不多的低谷点，并且它们低谷点的温度值很接近。在这两个低谷点的温度范围内理应供给充足的热量，使耐火混凝土中水泥的主要水化物 CAH_{10} 和结晶度较差的 $\gamma-AH_3$，经过150℃、250℃、350℃的恒温后转变为 C_3AH_6 和结晶度较好的 $\gamma-AH$，使 C_3AH_6 再大部分转变为 $C_3AH_{1.5}$，这就是电极直接烘炉

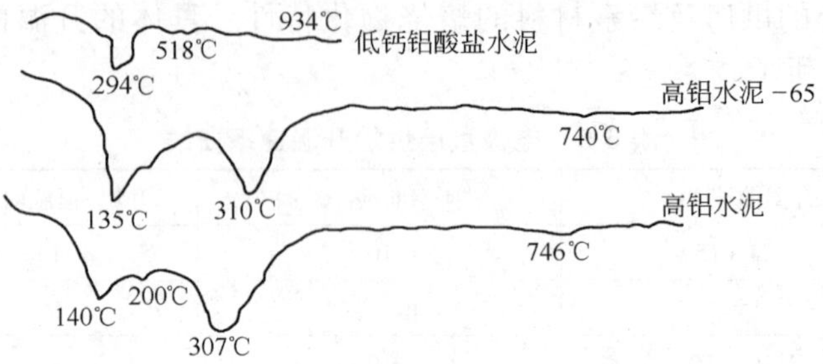

图 6-9 三种水泥的差热分析曲线图

升温速率曲线制定时在这三个温度点保证充足恒温时间的理论依据。

中温烧结阶段(350～500℃),此间筑炉糊料中的挥发分大量排出,故烘炉温度要严格控制。要求升温速率不宜太快或过慢,这样有利于碳氢化合物分子能够有比较充分的时间进行分解和聚合反应,增大黏结剂的折焦量,提高烧结物的密实度和物化性能。

若升温速率过快,相当多的碳氢化合物来不及分解与聚合就急剧挥发排除掉,不仅带走了许多原来可以作为黏结焦的碳原子,而且使烧结部位结构疏松,孔隙率增大、密实度降低。此外,升温速率过快,还将造成烘炉焙烧的砌筑物表面形成硬壳,而内部却还在继续不断的大量排除挥发分,造成内外收缩不一致而产生强大的内应力,局部易产生裂纹和大的缝隙。

然而,任何事物都不是绝对的。如果烘炉温度不升或下降也是不行的,这是因为在烧结过程中,碳氢化合物的分解与聚合是一个动平衡过程。当分解与聚合的速度相等时,即达到了化学平衡,若热分解的产物能够不断排除,则平衡向分解的方向移动。反之,平衡则保持不下去,或一部分游离基进行聚合。勒夏泰勒定理指出:加热使平衡向吸热的方向移动,这是分解的过程;而冷却则使平衡向放热的方向移动,这是聚合的过程。

因此,在中温烧结阶段要避免热源突然中断和供热不足,导致烧结质量下降。采用电阻丝烘炉要达到以上要求很不容易,一是升温到中温段的后期热量显得不够，很难长时间保持（主要受电阻丝的功率所限）。二是在高温下，由于电流高、电阻大、电阻丝容易烧断。恢复电阻丝要降温才能入炉，需要一定的时间，实际等于中断了热源，如何解决这些问题，是提高电阻丝烘炉质量的关键。

在高温烧结阶段（500℃以上）。采用木柴或电阻丝升温烘炉，500℃恒温后就视为烘炉结束，中间有一个停顿降温入炉清扫检查的过程，随后再进行电烘炉及化工投料。有的厂并不是随后进行电烘炉，而是因为种种原因摆放一段时间，中途间隔的时间有时很长。

采用电极直接烘炉不允许出现中途中断烘炉和长时间的停顿，这是最终达到炭素材料的物化特性所必须的。当烧结温度从500℃到850℃以后（化工投料是500～600℃。前面已讲过炉内耐火混凝土要经过600℃的加热后才能使水泥中的水化物全部变成耐火温度高，晶型结构稳定的$C_{12}A_7$。这也是考虑制定化工投料温度的依据之一），黏结剂的焦化已基本结束，炉内炭素材料的各种理化性能已经得到了较大程度的改善。然而，残余的挥发物（大芳香族分子外围边缘的原子团）还需要进一步排除，使焦化过程更加完善，比电阻降低，因此烧结温度还需继续升到1200～1300℃。此时只能根据炉壁、炉底温度和熔池形成的情况进行观察分析，此阶段的温度可适当快一点，不会影响砌筑物质量，但必须是一个连续的过程。

当达到最高温度后应保持15～20h，控制平稳的功率负荷（不要急于加负荷提高产量），以期将炉内炭素材料等砌筑物的水平温差和竖直温差缩小，使各部位的烧结质量均衡。

判断制磷电炉焙烧最终结束的标准是磷炉在80%～100%的功率负荷连续运转一个月以上，炉底、炉壁各点温度平稳，温差缩小。因此，在这一过程中千万不可马虎。

6.4.3.2　压力的影响

如果制磷电炉的烘炉焙烧处在一个封闭的体系中，黏结剂热分解形成的气体从炭素材料中逸出，逐渐扩散到炉内，气体的分压随着气体的逸出而增加，直到一个极限，即达到黏结剂的饱和蒸气压。此时假定温度不再继续上升，单位时间从砌体表面积上逸出的气体分子数是恒定的；而存在于炭素材料表面的气体分子数也是恒定的，两者的数量相等，处在一个平衡状态。此时，如果从这平衡体系中抽出若干气体，则黏结剂又将分解出一部分气体，以恢复其饱和蒸气压，保持新的平衡状态。

实际上制磷电炉的烘炉焙烧并不完全是在封闭的体系中进行的，黏结剂的分解所产生的气体不断透过炭砖缝隙和热气流，并随烟气从临时排放口放空。

烘炉之初，炉内黏结剂的蒸气分压随着温度的升高而增大，当其等于或大于外压时，分解的气体就不断从砌筑物内部逸出。当其挥发受阻，炉内的气体浓度就会因气体被不断排放而降低，从而造成了砌体内外分解气体的浓度差（浓度梯度），这就是扩散动力，它与浓度梯度成正比关系。

在烘炉烧结过程中，炉内挥发的气体浓度越低，炭素材料中挥发出来的气体速度就越大，这就直接促进了烘炉焙烧中分解反应的进行。由于分解产物的排除，能进行再聚合的分子数因而减少，故黏结剂的析焦量要减少。反之，如果分解的气体排除的速度慢，则黏结剂的析焦量会增大。

其次，炉内黏结剂挥发的气体浓度梯度与烟囱排气（临时排放口）的抽力有关，抽力越大，浓度梯度就越大。因此，为了保持烘炉焙烧条件的恒定，必须将导气管、电极孔、下料管加上水封、盲板或插板，使临时排放口的烟囱效应保持相对恒定（可通过插板的开度进行调节），这样才能使黏结剂的热分解基本保持恒定的压力，从而避免分解忽快忽慢，使黏结剂有较好的析焦量。

6.4.3.3　氧化的影响

炭素材料在低温下是极为稳定的，但随着温度的提高，其化学活性将急剧增加（大约从350℃开始氧化）。在氧化过程中晶体的完善过程和空隙率、孔径的大小固然是氧化的主要因素，但各种炭素材料中杂质含量的多少也是一个不可忽视的因素，这是因为许多杂质元素，如铁、钴、镍、铜、锰等会不同程度地加速氧化作用。

若采用木柴烘炉。燃烧温度的提高和热量的增加都要靠空气的通入量进行调节，出渣口和出铁口通常是畅通的，一部分没有燃烧完的热空气和炉内的炭素材料接触时，表层在氧气能扩散进去的深度范围内，黏结剂易受氧化。从而使黏结剂的析焦量过度提高，表层的收缩率大为降低，造成炭砖缝内外层收缩不均匀，使表面形成极硬的壳层，壳层与内层之间出现裂纹。这种裂纹是没有规律的，随所处的空间位置和氧接触的情况而异。

如果此时升温过慢，就等于延长了黏结剂受氧化的时间，裂纹将更多更大，给日后正常生产中磷铁的渗漏、漂砖留下隐患。因此，在烘炉焙烧过程中采取与氧隔离的措施对减少硬壳开裂是非常必要的。

6.4.4 原始开车采用电极直接烘炉的准备

原始开车采用电极直接烘炉的准备工作有：

（1）装置内电气、仪表、设备的单体、联动试车合格处于备用，有关资料已提供工艺操作人员，安全、消防设施齐备，可随时取用，操作人员的劳保、防护用品已发放到位。

（2）检查确认炉内的杂物、灰尘已清理干净，炉底摆放的 6 块打火炭砖按电极布置对中电极孔，炉底电极糊找平层已用热电极糊夯实和 6 块打火炭砖连成一体。清扫结束后，测量炉内实际几何尺寸。

（3）横导气管内挡火墙已砌好，注意砌筑沙灰标号不要太高，便于化工投料时容易推倒，为使挡火墙的砖块全部推入炉内，在砌墙时应在收磷洗涤塔的一面嵌入钢结构网。

（4）铺焦炭床。距炉壁 400mm 左右先用红砖沿炉壁围成一个圆圈（红砖的高度 400mm 左右），圈内铺入硅石堆成环状，然后向炉膛中心延伸铺设焦丁，边取出红砖，并用铁铲轻拍夯实，正对电极孔的焦床厚 800 ~ 1000mm(含打火炭砖),其余各部稍低,使炉底的焦床呈六个馒头状(若 3 根、7 根电极就分别呈三个、七个馒头状)。根据炉型及电炉容量大小不同,硅石、焦丁的用量有所增减,硅石一般在 1 ~ 2t,焦丁:15000 ~ 2000kVA 用量 14 ~ 18t;20000 ~ 25000kVA 用量 18 ~ 25t,80000kVA 为 60t 左右。

(5)焦炭床的铺设经检查验收合格后,电极按开炉前的要求装好,每组电极加装 4 节石墨电极,大约长 8m 左右。然后将每组电极下压三次夯实"馒头状"焦炭床,再次下炉内检查焦炭床,调整电极端头距焦炭床 300mm,记录好每组电极的起始长度,封闭直导管法兰。在此过程中,检查电极液压升降系统装置是否灵活自如、好用,并将 6 根电极的自由长度与液压缸的最大行程调整匹配一致。

(6)烘炉时蒸发、挥发的 H_2O、废气由下料管向炉顶料仓溢出(也可安装临时排放口),故料仓暂时作为溢出废气放空的通道,不能储料。为便于调节控制烘炉温度和烟气排放量,料管均要插上挡板,并在每根料管底部的观察孔加盖木塞。

(7)磷炉变压器的油冷、短网的水冷却系统运转正常,空载运行 24h,变压器反复跳合闸不少于五次,绝缘测试检查等各项技术指标合格。电工已将临时测温点热电偶,从中心料管放入,插入深度 1.5m 左右,温度显示器等安装到位处于待用状态。

6.4.5　电极直接烘炉操作步骤及技术要求

(1)铺焦炭床及调整电极的垂直度、自由长是一项非常重要的工作,要求认真、仔细,并有专人负责检查合格后方能进行下一项工作。

(2)首次合闸,分级开关调至最低一挡,以后根据升温情况适时调挡,但不允许跳挡。引电流时动作不要太大,每次降电极后要停留一定的时间,注意观察电压表和 $\cos\varphi$ 表,只要表头稍有波动,温度计已经显示有变化,说明电流已经引出,不要急于再降电极,以免温度骤升,可适时调整电极相对平衡。

(3)合闸后起始温升可能很快,注意控制不要突升突降,温度达到及时上提电极断开电流回路,变压器空载运行不再分闸。

(4)温度控制不再以分闸、合闸来实现,而是以升降电极来实现,这要求专人专控。主控室内外应悬挂磷炉变压器已经送电警示牌。

(5)升温速度太慢,时间顺延,若由于特殊原因磷炉分闸超过1h,须以本次合闸温度按升温速率上升。

(6)150℃、250℃以前,温度偏离曲线小于±10℃,250℃以后,温度偏离曲线小于±15℃。

(7)350℃恒温结束后,对变压器、铜管、铜件联接等螺栓热紧;工具、人力要提前准备,力争在较短时间时完成此项工作(30min左右)。此项工作完成合闸后一直到化工投料的整个过程中,不允许中途出现升温工作突然中断。

(8)升温过程中按时记录磷炉变压器、短网冷却水、油温及其他工艺技术参数,注意观察炉底、炉壁温度及磷炉变压器、主控操作盘的运行使用情况。

(9)烘炉结束,化工投料前分一次闸,疏通横导气管并与系统连通(此时收磷喷淋洗涤系统已水循环运转正常)。电极下降到位,重新调整电极并记录(此项工作事先要准备好,尽量不要停留时间太长)。合闸后气体放空已倒至火炬,注意调整控制炉压为49~196Pa(5~20mmH_2O),温度升至500℃以上就可以进行原始开车的化工投料。

6.4.6 首次化工投料及升负荷

6.4.6.1 化工投料必备条件

导气管挡火墙已推倒,工艺流程畅通,收磷喷淋洗涤、尾气等后部系统已投入运行,受磷槽内加水至正常液位,蒸汽加温至70℃左右(小于80℃)。炉顶混合料仓已按首次投料配比装满所需原料,原料系统及配料岗位处于备用状况,随时可以向混料仓补充所需物料。

6.4.6.2　化工投料

升温曲线超过550℃时反复投料，料管的开放顺序按岔开进行，先开中心料管，确保投料均匀，第一次循环5～10s，第二次循环10～15s。注意控制温度在300～500℃之间，低于300℃停止投料。确保混合料仓料位不低于1/2，否则停止投料。投料时插板不要全开，有下料声就行，缓慢同步进行，减少对电极的冲击和挤压。整个投料时间5h左右可以完成，化工投料后2h左右可以点燃火炬。

6.4.6.3　升负荷出渣

化工投料结束后（以所有料管全开为标准），以每小时5%的速率将负荷升至30%运行24h，再以每小时5%的速率升至50%负荷运行24h，以后按每小时升10%负荷直到满负荷为止（整个过程200h左右）。

根据炉型、容量大小不一，当磷炉运行负荷累计达40～80MW时可选择适当时机烧渣口出渣。首次出渣时间不宜过长，控制在20～30min内，以后每个渣口交替出渣，不允许只用一个渣口，出渣前10min扎料管（可根据下料情况选择）。

在投料升负荷过程中要注意观察一次、二次侧电流电压的波动情况，不要一味追求电流平衡，要综合考虑协调，以保持电极工作端在同一水平面为原则，以$\cos\varphi$高低为调整的标准。若有电极偏斜不要慌乱调整，弄清情况“对症下药”，升负荷的整个操作过程是电极、电炉熔池形成的关键阶段，切忌烦躁、操之过急，留下隐患。

6.4.6.4　注意事项

在升负荷过程中要认真、仔细观察导气管、1号、2号、3号收磷洗涤塔喷淋水量及炉底、炉壁温度变化情况，并做调整。精制系统溢流水、污水处理站循环水pH值每班测试一次，并做好记录（入污水站含磷水pH值大于4，经处理后的污水pH值4～6）。

挡位的调整由低到高，挡位应与负荷相匹配，尽可能各个挡位都用到，一次、二次侧电压、电流要与挡位对应，不允许超过额定电流、电压操作,避免电极、电流突升突降,将炉况、电气参数、工艺指标控制在最优良条件内。

入炉磷矿、焦丁两天分析一次,渣样每天分析一次,此间要注意分析验证炉况与渣中残磷、酸度和入炉混合料的关系,及时调整炉料配比以满足生产工艺要求。重点监视变压器的油温、短网的温升和运行情况,适时调换油泵,对磷炉变压器进行全面的观察和测试。

6.4.7 制磷电炉的开、停车

制磷电炉因故或外部原因需要短期或长期分、合闸,称为停电、送电,如设备的故障检修、接电极、错让峰等。包括烘炉、首次化工投料、大中修完毕的磷炉投产过程称为开炉。以上是制磷行业传统的习惯叫法,其实都是一回事情。分合闸就是开停炉,无非是时间长短而已。为了方便、清楚不混淆,下面均以长短期开停炉叙述。

6.4.7.1 制磷电炉的短期停炉操作

分合闸 1h 内的临时停炉,对炉况没有大的影响,只要准备好就可以进行。收磷喷淋洗涤系统照常运行,若尾气回收使用,要事先通知停用,封好水封。

分合闸 10h 以内的停炉,出渣后运行一段时间,保持炉内有 1~2h的渣量,调整电极平衡方可分闸,对电流大的电极稍微下压 50~100mm。其余同上。

分合闸 24h 以上、3 天以内的停炉,出渣后在 0.5h 内调整好电极位置分闸、收磷喷淋洗涤系统看火炬是否燃烧决定停运,但必须运行 4h 以上。短期停炉特别要注意磷炉系统压力不要抽成负压,开炉时注意水封的调节,保证导气管温度不出现突升。

6.4.7.2 制磷电炉的长期停炉操作

停炉前 3~5 天适当增加硅石,减少焦丁。接到停炉指令后左渣口烧开出 10~20min,右渣口烧开将炉内残渣排尽分闸,将所有电极降到炉底(可提夹头),然后根据停炉时间长短,每根电极上提 50 ~ 150mm。记录每根电极的下降长度、分闸前的电极电流以备下次开炉查看。

若要扒渣检查炉衬或大修，提前 8 ~ 16h 扎死料管，停止加料（但必须确保导气管温度不超过 500℃），以减少炉内生料层厚度便于扒渣。分闸后将电极提至高位，8h 之内用行车将电极拔出放好。

6.4.7.3　短期停炉后的合闸开炉操作

短期停炉由于炉内都留有一定渣量保温，对于提高导电性能是有利的。合闸后，有时 1 根或 2 根电极没有电流不要惊慌，只要 $\cos\varphi$ 能在 0.90 左右，可将无电流的电极稍微下降一点检查电极是否被凝固，只要电极能活动，电流很快就能恢复正常。如果是多电极制磷电炉，可用同回路、同相来调整，如 B1 相无电流，可增加 A1、C1 相的电流达到引出 B1 相电流的目的，标准还是要控制较高的 $\cos\varphi$，只要 $\cos\varphi$ 不降，电流很快能恢复。

6.4.7.4　长期停炉后的合闸开炉操作

如果是经过大中修或仅扒过炉的电炉，开炉时都要在炉内铺一定量的焦丁引电流，和电极直接烘炉大同小异，不过焦丁的用量和时间上有较大的区别。类似的开炉，除了要将电极引出电流外，还有烘炉的内容在其中，同样是提高磷炉的整体炉温，和熔池内反应的高温相适应。所以升挡不要太快，要根据炉底、炉壁温度制定一个开炉升负荷的方案。此时的熔池是由下而上慢慢形成的，若导气管的温度偏高，禁止在高挡、高负荷下运行。因为此时的炉内电流、热量分布还不合理、均衡，生料层的透气性不好，在 60% 的负荷运行 24h 后，看其他工艺技术指标和综合分析再决定是否调挡升负荷。

以上的开炉过程大约在 7 天左右可以进入正常生产，如果未扒渣（炉内料层保持完整），开炉过程在 5 天左右可转入正常运行。这里需要强调的是合闸开炉先从低挡位开始，不要频繁的分合闸升降挡。合闸前要对分闸停炉前的电极调整、分闸电流等炉况认真了解分析，对可能出现的问题和开炉程序、计划做到心中有数，切忌仓促上阵，盲目指挥和操作。

在出渣的间隔和时间上要充分协调好，第一趟渣出得越干净越好的观念没有科学依据，只要第一趟渣出来电炉就正常的观点更欠妥，这个阶段是磷炉的危险期和恢复期，只有炉内的熔池和料层结构良好形成，电炉才算正常运行。

现在的多电极制磷电炉在开炉中（不管长、短期停炉）尚未出现过所有电极无电流的状况，一些传统的处理方法这里不做详细介绍。如采用辅助电极法接通电流、炭素小电极法接通电流、插入铁棒接触炉底接通电流等方法。只要认真掌握了炉内的电流、热量分布和熔池、料层结构的形成，再和实际生产中的操作控制紧密地联系起来，再复杂的问题都会变得简单和清楚，迎刃而解。

6.5 工艺操作管理的优化与创新

多电极制磷电炉要冲出技术之洼（凹陷处），必须转变思维定式，进行工艺操作管理的优化与创新，方能缩短“磨合期”，走出困境，在最优良的工艺条件下稳定运行，创造较好的经济效益。

6.5.1 提夹头（串卡子、倒卡子）

在日常操作过程中，随着炉内磷酸盐化学还原反应的不断进行，电极逐渐被烧损消耗，电极在炉内的自由长将不及熔池，此时，就需要下降电极，俗称提夹头，也叫串卡子，倒卡子。

6.5.1.1 基础工作是提高提夹头准确性的科学依据

以多电极制磷电炉为例，提夹头是生产中一项既普通但又非常重要的操作，如果判断不准确提多提少了，都将会增加下班的操作难度，给良好熔池的形成带来影响。如何才能尽量做到提夹头准确合理和科学呢？首先是给每根电极的消耗建立“档案”，其次在制定原始操作记录表上要有电极的位置这一栏，月终要统计计算每根电极当月的消耗总量，有了这些数据就能做到心中有数,得心应手。

有的员工出渣后电极电流低就提夹头,这有点草率。该不该提夹头,要观察当时的一次、二次侧电流、电压、$\cos\varphi$ 等。二次侧电流低,一次侧电流并不一定低,反之二次侧电流高,一次侧电流反而低。凡是出现类似状况,都属于电极间功率转移,是暂时的或者说是一种假象。因此,不能仅看电流低就认定电极自由长不够,该提夹头。先翻一翻电极消耗的"档案",然后查看近几天出渣前后、正常操作时这根电极的升降情况以及目前这根电极的消耗总量,你就可以作出准确、合理、科学的判断,该不该提夹头,该提多少?

6.5.1.2 提夹头的最佳时间

此项工作一般在出渣后半小时内进行,一是电极位置低好操作,不易出现电极下滑。二是从安全方面考虑,此时发生塌料的几率相对少一些,不会因塌料喷火伤人。提夹头有带电或不带电两种(也就是磷炉分不分闸)操作方法,采用千斤顶夹紧把持铜瓦(电极)方式可带电操作,采用螺栓夹紧把持铜瓦方式最好分闸进行操作,不管采用哪种方法,安全第一。前者每次提夹头不超过100mm,后者不超过150mm,最好是少量多次。

6.5.1.3 提夹头的影响因素

从理论上讲每根电极的消耗量是均衡的,但有时因炉内的物料料层电阻变化,特别是不正常的电弧产生,各根电极的消耗量相差很大,这和工艺操作、生产管理有很大关系。经统计,消耗量差值最大的每月达1000mm以上,正常的消耗量差值在200mm左右。熔池良好,炉况正常时炉内的电极消耗量相差是不大的。因此,在生产过程中,如果电极位置已经降到最低,电炉功率在30min左右仍无法达到相应的额定负荷,并且 $\cos\varphi$ 出现滞后在0.8以下,通过其他手段协调无法使 $\cos\varphi$ 达到0.9以上,为保证生产正常进行,就需要提夹头。检验提夹头正确与否的标准是:在以后操作中是否电极居高不下、电流偏高、出渣后电极是否降不到位。没有出现上述状况,证明提夹头是正确的。

6.5.2 排渣及放磷铁(出渣、出铁)

排渣岗位又称炉前岗位,工作条件艰苦,劳动强度大。这个岗位对炉况的好坏、消耗、产量有着至关重要的分量,但一般不被引起重视。

排渣是维持磷炉生产得以正常连续不断进行的必然程序。炉料加入炉内通过化学还原反应,将所需要的磷升华出来,残渣就需排除,否则生产就无法延续下去。就像人吃入食物,吸收了其中的养分,保证身体的需要后进行“吐故纳新”、新陈代谢,如果哪天排泄功能出现问题,体力和精力就要受到影响一样。

排渣的另一个功能就是起搅动作用,使熔池的形成按生产操作、管理者的意愿,通过出渣促使炉内的熔渣层产生流动而修正熔池的不均匀性,减轻熔融渣对炉衬的腐蚀,不让渣流对电极形成过大的拉力和推力。在电炉设计时,整体的几何尺寸、电极、料管布局,渣眼(渣口)的位置确定等等,对生产中的排渣都有很大的影响。

6.5.2.1 累计电耗出渣法

以每小时电炉的功率(负荷)连续相加累计,累计数达到一定值时作为出渣的间隔时间叫累计电耗出渣法(一般来讲炉渣在炉内停留的时间长些可使渣中残磷下降)。渣量的多少和提供热量的多少成正比关系,小磷炉一般是4h出一次渣,这是以2000kVA制磷电炉为例的标准。现在的炉型、容量都有了很大改变和增加,还沿用原来的标准就有些不实际了。如在错峰、让峰的时候还坚持4h出一次渣,就会形成渣量时多时少,随渣带走的热量太多,不利于良好熔池的保持,还会引起其他不良后果的发生。再如大中修后开炉的出渣,一开始负荷都很低,提供的热量还有一部分消耗在提高磷炉整体温度上(相当于烘炉过程),若还坚持4h出一次渣,有一点渣就排走,热量损失大,势必减慢了开车的进度。我们根据大型制磷电炉的经验,结合现在多电极制磷电炉的实际情况,总结了累计电耗出渣法。以现在20000~

25000kVA 的多电极制磷电炉为例，摸索了一套出渣的间隔范围和周期：40～80MW。在这个范围内根据炉况和累计电耗决定最佳的出渣时间。正常生产时最佳的出渣累计电耗是60MW 左右。标准是6 根电极都在可调范围内，特殊情况如电极封不住等另当别论。

6.5.2.2 单一渣口出渣的危害

长时间多次只用一个渣口出渣就称单一渣口出渣。单一渣口出渣的危害在于造成炉内熔池向出渣口一方倾斜，而另一方形成死角和冷区，炉壁温度下降，挂料增厚，剩余焦丁大量漂移到出渣口一方，影响炉内熔池电阻自我调整、恢复和电流、热量均衡分布。

我们在一个厂发现，该厂一周才倒换一次渣口，初衷是为了减少热渣对渣口的热冲刷腐蚀，这个理由我们觉得不妥。有的制磷电炉设计有三个渣口（还有四个的），中间一个是备用的，由于长时间不用，渣眼小，所以当炉渣酸度 *Mk* 高，渣稀时（流动性好）就用该渣眼出渣。目的是减少流渣量从而减轻对电极的拉力和冲击，出渣时间可以延长到 1h 左右，否则十多分钟渣就排尽，电极下降快，容易引起塌料和电极歪斜，这些方法都是积极、主动的。渣口多，可以根据炉况、炉壁和炉底温度调整出渣口，以保持炉内最佳熔池的形成，但每个渣口连续出渣最好不要超过 2 次。哪个渣口该多排、少排一次，要根据当时的炉况和其他工艺参数综合考虑，既要坚持原则，又要灵活机动，不能墨守成规，死板僵化。把准制磷电炉生产运行的脉搏，才能胸有成竹，大刀阔斧地组织生产，调整工艺及改进完善工艺操作。

6.5.2.3 留渣蓄能出渣法

我们将出渣时不排尽，炉内留一定渣量，保持炉内热量、温度不致下降很快，当观察到电炉功率有下降趋势（渣量相应变小）时则通知马上堵渣口，称“留渣蓄能出渣法”，也叫带渣堵炉。

若出渣太干净，当渣液面到渣口一半时，大量磷炉气会从渣口喷出，每方磷炉气含磷大约 300 多克，这一损失是很大的；另外,带走的热量多。前面已经讲过,排渣带走的热量占总能耗的近30%,这就是为什么入炉料增加,造渣量大电耗上升的原因。我们在实践中工人的评价是:“开炉时带渣堵炉是好事,降低电耗,电极消耗少,是一种节能减排的措施……”炉内留一定渣量,电极没有完全降到底,热量充足,堵炉后负荷下降不多,可尽快将磷炉功率提到额定负荷。特别是夜间用电低谷期,电力充足且电费低,采用这种方法可以很快达到满负荷(如果炉渣排尽,一般在1h左右方能将负荷提起来)。从这个方面讲,对充分利用“峰谷”电价政策,节能降耗是很有现实意义的。

电极电流受三个条件的影响。其一是电流回路中电阻的大小(焦丁量和粒度是主要因素)。其二是是否有足够的热量,因为熔料的电阻随温度的提高而降低。其三是电极端头与形成电流回路的炉底碳砖距离的大小。如果把渣排尽,热量急剧下降,电流回路中的电阻率上升,导电性能下降,电极电流很难升起来。操作时讲要“熬一下”电流方可起来,其实就是用延长时间来提高熔池温度,让电极熔池连成一片。热量多了,温度升起来了,电流、负荷也就可以提起来。这就是有时出渣后电极歪斜,随着温度增加,电流升高,电炉熔池形成恢复好了,电极自己会慢慢恢复正常的真正因果关系。周而复始的出渣,使炉内三条电流回路也同时发生着周期性变化,只有了解它、认识它,才能利用它为生产管理和工艺操作服务。留渣蓄能出渣法虽然有诸多的优点,但技术要求高,影响因素多,在没有真正弄懂时要慎用,并注意下面几点:

(1)炉内剩余焦丁聚积、粒度超标等原料质量偏离造成抬电极、电极上涨快时不宜采用此法。应尽量将渣排完,并在出渣后期多通渣眼,将炉内富余焦丁带出炉外。

(2)炉况好采用该法操作时,要根据生产情况每天至少要将炉渣排尽一次,最好安排在用电高峰期。

(3)炉渣排尽有利于观察、调整电极端头在同一水平面,只有将所有电极降到底,才可能对电极是否平衡心中有数,对熔池是否良好做出综合分析评价。

炉况正常时出渣很容易，一根氧管就能烧开，但有时几十根氧管、几十瓶氧气都不行，氧管捅入炉内四五米拖出来也不流渣，氧管上粘着一层深红色残渣。这是熔池上移的结果，熔池成了“地上河”悬在上面，电极位置高低不平，炉底温度偏低，熔池各自为阵。必须适当降低挡位，并将电极电流控制在额定值的高限，让熔池由下而上逐步扩大，炉底温度提高，出渣才能顺畅。

6.5.3　电极、电流协调操作法

在强调炉内电极端头位置调平，形成良好熔池的前提下，通过协调电极、电流满足炉内三条电流回路形成良好、合理分布的控制方法称“电极、电流协调操作法”。

为了解决多电极良好熔池不易形成的难题，我们根据制磷电炉内的电流分布原理、电能转换热能的过程，以及影响各料层温度分布、磷酸盐化学还原反应等因素的分析研究，结合在多电极制磷电炉长期积累的生产实践经验，摸索总结了一套针对性很强的“电极、电流协调操作法”。

它的操作要点首先是强调电极位置调整平衡，方法是参照高、低压侧的电流、电压以及炉底、炉壁、导气管温度等工艺指标的显示及分析，综合考虑、协同调节操作。调整好坏、效果优劣的标准是熔池形成的状况和功率因数的高低。

“电极、电流协调操作法”充分应用了同相（如 A1、A2）、同回路（如 A1 －B1 －C1）的电流流向分布和电极电流在一定条件下存在相互转移的电学原理，通过协调电极位置、电极电流达到操作控制熔池电阻的效果，最终使炉内形成最佳熔池和最优良的工艺条件，达到稳定炉况、节能降耗的目的。

6.5.4　挡位及二次电压的调整选择

挡位就是磷炉变压器分级开关的级差，每个挡位都有与之相对应的二次侧电压、电流和电炉容量（功率负荷）。设计的磷炉变

压器技术参数在操作时是无法更改的。但对于生产管理和工艺操作,制磷电炉变压器的功率负荷,二次侧电压、电流是工艺管理操作的重要变数,它们对电炉效率有很大影响。因此,在日常的生产管理和工艺操作中的挡位调整和选择,实际就是生产中二次侧电压、电流和炉底功率的选择。如果频繁地调挡就等于频繁改变二次侧电流、电压等技术参数。为了延长制磷电炉的使用寿命,减少电极消耗,避免因电炉功率负荷的调整而造成 $\cos\varphi$ 降低,就必须对挡位的调整认真加以选择。一定的功率负荷需要对应一定的挡位,不要高挡低负荷,也不要低挡高负荷,更不能把升降挡位作为工艺调整、处理生产事故的唯一手段。

6.5.4.1　正确选择、调整二次侧电压

挡位的正确选择有利于良好熔池的形成和延长制磷电炉的使用寿命。按国家目前的准入标准,制磷电炉的容量必须达到20000kVA 以上,磷炉变压器的二次侧电压一般设计选择在 150 ~ 450V,表 6-6 是 28000kVA 制磷电炉变压器的主要技术参数。

从表 6-6 显示,挡位从 10 挡到 1 挡的容量都是 28000kVA(也是电炉的额定负荷功率),而对应的二次侧电压是 315 ~ 450V,中间有 135V 电压差,每个挡位之间的电压差为 15V;对应的二次侧电流 51320 ~ 35924A。中间的电流差有 15396A,每个挡位的电流差值在 1239 ~ 2333A 不等。这些数值、范围是相当大的,为正确选择较高的二次侧电压,提高制磷电炉负荷提供了可能。

因为在增加制磷电炉负荷时,随着电流的提高,热量增加,炉内的反应熔池不断扩大,炉壁挂料相应被熔融减薄。当电炉熔池扩大,炉壁挂料厚度减薄时,最先反映出来的是炉壁温度上升,反之则下降。

提高二次侧电压也就是选择调高挡位,对应的二次侧电流将下降,使炉内反应熔池上移,并形成相对细长的反应区域,抑制和缩小了炉内反应熔池的长半轴,增厚炉壁挂料,从而减轻了熔融渣对炉壁炭砖的冲刷和热腐蚀,降低了热损失,还起到了延长电炉使用寿命的作用。

表 6-6 28000kVA 制磷电炉变压器技术参数

分接(挡位)	容量/kVA	一次侧(高压)		二次侧(低压)	
		kV	A	V	A
1	28000	35000	461.9	450	35924
2	28000		461.9	435	37163
3	28000		461.9	420	38490
4	28000		461.9	405	39916
5	28000		461.9	390	41451
6	28000		461.9	375	43109
7	28000		461.9	360	44905
8	28000		461.9	345	46857
9	28000		461.9	330	48987
10	28000		461.9	315	51320
11	26667		439.9	300	51320
12	26667		439.9	300	51320
13	26667		439.9	300	51320
14	25333		417.9	285	51320
15	24000		395.9	270	51320
16	22667		373.9	255	51320
17	21333		351.9	240	51320
18	20000		329.9	225	51320
19	18667		307.9	210	51320
20	17333		285.9	195	51320
21	16000		263.9	180	51320
22	14667		243.9	165	51320
23	13333		219.9	150	51320

因此,在需要提高制磷功率负荷时选择高挡位,是更为有效地利用电能的方法。假若在增加负荷时又不升挡,就等于增加了炉底功率,加大了对炉衬的损伤;反过来高挡低负荷,会使熔池上移、缩小、过滤层减薄、炉气温度升高、炉壁、炉底温度下降、出渣困难等一系列负面影响出现。正确选择二次侧电压,并根据生产

负荷的升降适时调整挡位是生产管理、工艺操作控制的需要。

6.5.4.2 提高二次侧电压可降低电极消耗

从上面分析可知，功率负荷增加，而电极电流保持不变，电能消耗量以较大的速率减少；而增加功率负荷，电极电压保持不变，电能消耗量则以较小的速率减少。据此可知：在增加功率负荷而没有适时调节电压（提高挡位），实际上等于降低了电的效率。

在恒定功率或恒定二次侧电压下，增加电极电流密度均会使电极消耗上升。电极的消耗量与通过电极的电流密度成正比。它们之间的相互关系见图6-10。由图可见，在电极电流密度一定的条件下，功率负荷一定时的电极消耗高于电压一定时的电极消耗；功率负荷一定，提高二次侧电压可使电极电流密度降低，从而达到降低电极消耗的目的（由于电极接头处非正常形成的电阻增加而产生的电极氧化增加的电极消耗和以上分析关系不大）。

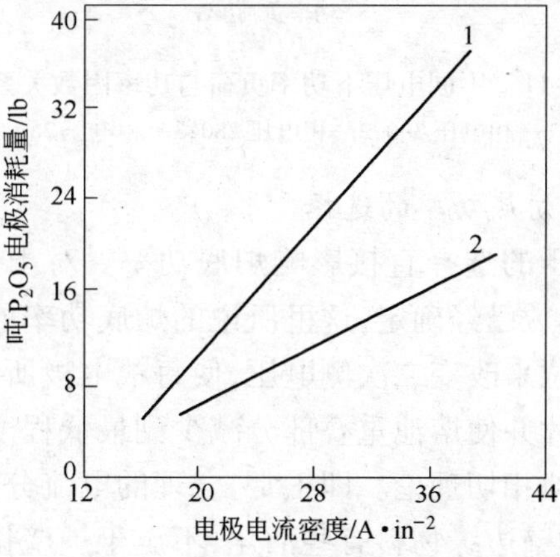

图6-10 电流密度与电极消耗量关系图

lin =25.4mm；1lb =0.453592kg

1—恒功率；2—恒电压

6.5.4.3 提高二次侧电压，可避免因功率负荷增加时 $\cos\varphi$ 的降低

从图6-11可以看出，在恒定电压下，$\cos\varphi$ 随功率负荷的增加

而降低；在恒定功率负荷下，$\cos\varphi$ 又随电压的提高而上升。但在较高二次侧电压下，增加功率负荷对 $\cos\varphi$ 的影响很小；反之则对 $\cos\varphi$ 有较大的影响。因此，在提高磷炉功率负荷时，必须对照磷炉变压器的技术参数，选择合适的挡位来达到提高二次侧电压的目的。否则，将会给产品质量、炉况带来影响，操作的目的和手段将会适得其反，事倍功半。

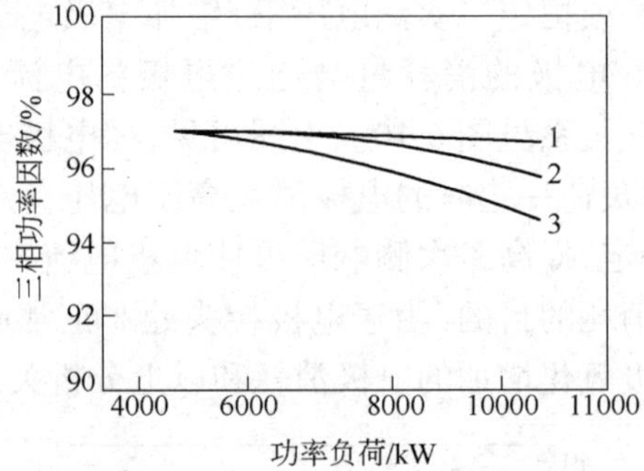

图 6-11　不同电压下功率负荷与功率因数关系图

1—相电压 300；2—相电压 280；3—相电压 260

6.5.4.4　炉底功率的选择

二次侧电压的选择直接影响炉底功率。对于一个固定的电炉来说，电炉参数已经确定，这里所说的炉底功率的选择，无非是调整合适的挡位来改变二次侧电压，使每根电极所形成的电极熔池互相连成一片并使熔池重叠部分减少到最低程度，这就是前面说到的电极熔池相切理论。即正常、合理的电流分布及所产生的热量，足以让炉壁边缘物料有些活化，不至于炉壁挂料增厚，同时又使在熔池有效区域内的温度达到磷酸盐化学还原反应的要求，没有“过热”和“过冷”区。

作为制磷电炉操作重要变数的炉底功率，它和二次侧电压的合理选择息息相关。是否提高二次侧电压，必须根据炉况综合考虑，因为提高二次侧电压虽然有诸多好处，但并非万能，必须在特定的条件下进行方能达到最佳效果。

倘若在制磷电炉设计时炉底功率选择过大，则电炉寿命缩短，设备作业率低，反而影响产量的提高；若炉底功率选择过小，则降低了制磷电炉的生产强度，产量低、投资大、见效慢。

6.5.5 主动、前瞻性配料与调整

原料是基本，配料是手段，操作是核心。炉料配比在工艺管理上是一项非常重要的工作。要做到主动、准确配料，首先要掌握原料的所有情况，如产地来源、化学组分、质量好坏、加工步骤、堆放场地等。其次要认真注意观察排渣时的情况（学会看渣），并根据渣样及时分析工艺状况的好坏，对生产、炉况的稳定、优质运行提供科学的指导依据。

掌握原料的真实状况是准确配料的前提，可以变被动调整为主动操作。原料的波动在黄磷生产中是无法避免的，随着不可再生资源的匮乏，这种状况一时难以缓解。配料前的原料必须经过分析，原料好坏，如何兑配，心中要有一本账。炉况运行中的异常，工艺指标的频繁波动，往往和炉料配比密不可分。在炉料组分有所改变时，炉料配比的调整要及时主动跟上，大胆调整。

配好的炉料经过输送皮带（或大倾角皮带）送到磷炉顶部混料仓，顺料管入炉，在炉内完成化学还原反应直至排渣需要一定的过程和运行周期。这个工艺过程随炉子的容量及料仓设计大小有所不同，一般需要 24 ~ 72h，我们称这个过程为配料和渣样分析结果的时间差。也就是说当日拿到的渣样分析单是这段时间差以前的配比，所以千万不要根据渣样分析结果轻易调整炉料配比，此时的渣样分析是对时间差以内炉料配比是否准确的验证和评价的主要依据。可以根据渣样分析结果检验时间差内配料准确性的高低，以利配料水平的提高和完善，千万不要让渣样分析单牵着鼻子走。配料准确的方法一是要有超前意识，二是要积极主动，否则工艺的波动将会越来越大。采用超前、主动配料方法，渣中残磷指标的高低差值可控制在 1% 左右，指标合格率可提高 80% 以上。其实，整个黄磷生产操作和工艺控制又何尝不是如此呢！

6.6　制磷电炉事故判断分析及处理

6.6.1　电极折断的成因及影响因素

电极折断是黄磷生产中的重大事故，断一根电极的处理少则半天，多则要几天，直接经济损失上万元。而且捞电极环境恶劣，劳动强度大，生产恢复期加不上负荷，产量降低，消耗上升，增加员工的心理负担和压力，搞得人人疲惫不堪。减少和杜绝电极折断，从某种意义上讲是制磷工厂最大的节能降耗。

6.6.1.1　炉内电极折断的成因及受力分析

正常情况下，炉内电极的垂直平衡主要受下料的均匀性所产生的横向力的影响，如图 6-12 所示。当炉内充满炉料时，电极各方向的作用力 P 相互基本平衡，电极在炉内的位置不偏不斜是垂直的。稍有差异，只要这个力不超过电极的抗折强度，电极只会歪斜，不会折断。而当某一个方向的作用力发生大的改变，这种力的平衡状态也将被打破，力大的一方将向力小的一方产生推力或剪切力，当这个力大于电极自身的承受力（机械抗折强度）时，电极折断。

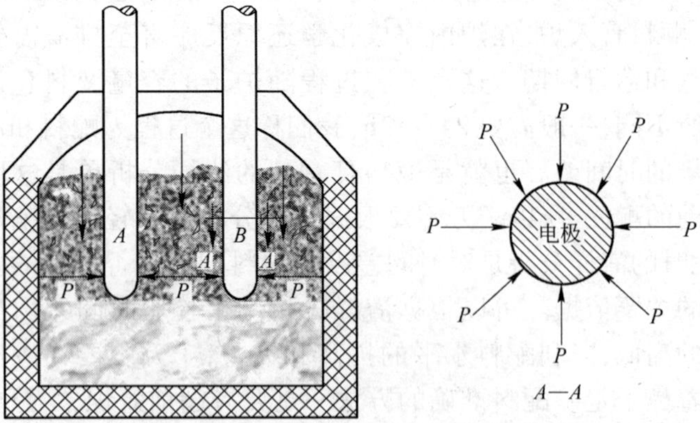

图 6-12　炉内电极受力示意图

因此，保持炉料各方向的作用力平衡是电极不断的关键。制磷电炉是一个连续不断生产的反应容器,它随时处在一种动态平衡的环境中。要保持各方向上作用力平衡,那必须是炉内的炉料缓慢均衡地下移进入各料层直至熔池。如果电极熔池不能良好形成并相互连成一个整体,或者说电极熔池在炉内高低不平,炉料的下降就不能达到均衡下移的效果,实际上就等于改变了某个方向对电极的作用力,破坏了电极在炉内的受力平衡。因此,在电极折断的多米诺效应中,熔池遭到破坏往往是倒下的第一块骨牌。

通过炉内电极受力情况的分析研究,找到了电极折断的成因和影响因素。得出的结论是电炉熔池良好形成是保证炉料缓慢、均匀下移、电极受力平衡的前提条件;而电极位置平衡又是影响、决定形成良好熔池的主要因素和必备条件。这就是我们在操作控制中强调以调整电极位置平衡为原则的"电极、电流协调操作法"的理论依据。

6.6.1.2 影响电极折断的其他因素

电极折断的影响因素是一个相当复杂的问题,它与很多非正常的操作、陈旧的管理理念及炉料质量波动等有着密切的直接关系。如炉顶料仓出现空料后又突然供料,由于料仓通过料管到炉内料面有相当的高度,固体物料以自由落体形成的料流大量涌入炉内,对电极产生强大的冲击力而导致电极折断。因此在任何情况下都应保持炉顶料仓料位在一半以上(料仓空还有 CO 中毒的危险),保证下料管充满物料,减少和杜绝炉料对电极产生非正常的冲击力。

入炉物料的 H_2O、灰粉过多,长时间得不到改善,在炉内形成大的硬壳结拱,当结拱承受不了硬壳上面物料的重量时形成大塌料,物料落入洞穴形成的强大冲击力也能导致电极折断。保证入炉物料的质量标准同样是减少和杜绝电极折断的条件。

断电极一般在出渣过程中发生的几率比较高,因此在出渣前最好对所有的料管进行必要的调整,不要大幅度活动电极,减少因出渣形成的塌料对电极的损伤。若在出渣过程中出现电极严重偏斜,应立即堵渣,防止电极进一步歪斜导致折断。断电极的影响因素很多,没有一成不变的,处理的方法也很多,只要根据电极的受力原理认真分析,综合考虑,是可以减少和杜绝断电极事故的发生。

6.6.2 炉气温度高、导气管烧红

炉气温度也可以称导气管温度(实际上有一定差别)。由于设计炉型和取样点不同,各台制磷电炉的导气管温度正常指标显示并不相同。但对于黄磷生产来说,导气管温度是一项重要的工艺控制指标,它对于炉况好坏的反应非常灵敏、及时,我们将它比喻是预报炉况好坏的“晴雨表”。

6.6.2.1 导气管温度高的分析处理

导气管温度升高的成因不同,处理的方法也就不同。在扎料管或塌料后,该点温度都会有不同程度的上升,这在可控范围内不用担心。

在正常生产中,如果导气管温度超过正常指标一直在缓慢上升,没有下降的趋势,并且炉底、炉壁温度也随之下降,出渣后电极降不到位,说明电极上抬,熔池上移,过滤层减薄,热交换效果不好,引起导气管温度升高。处理的办法是严格焦丁质量、调整配比、降低挡位、排渣时多通渣口将炉内剩余焦丁尽量排出炉外。

如果导气管温度是在短时间(10～20min)内突然升高几十度,而炉底、炉壁温度没有波动,显示正常,炉况又没有其他异常现象,这极有可能是系统的压力下降短时形成负压。此种情况多半出现在错让峰、加减负荷和短时开停车过程中,只要及时调整系统压力,恢复炉内的微正压,检查电极密封是否严实,即可恢复正常。但此种情况形成负压吸入空气,烧磷是看不见摸不着的磷损失,千万不可马虎大意、掉以轻心,必须引起高度重视,保证炉内随时处于微正压操作环境。

6.6.2.2 导气管烧红案例分析处理

导气管烧红有几种说法:熔池上移和做功位置错乱引发。熔

池上移没有理论依据，做功位置错乱也就是局部形成短路，有时也会碰到炉壳外壁发红的现象，停炉冷却后喷水照样运行，但在导气管形成短路的可能性很小。

导气管烧红并不是常见的事故，我们偶尔也碰到过，事后分析原因主要是长时间负压操作造成的。有的厂为了防止电极密封处（水封或干封）喷火，减少烟雾，炉内的微正压控制得很低，加上系统没有压力监控，如果系统负荷波动大，或尾气用量时多时少，电极密封处或底座出现漏风，稍有疏忽大意，炉内容易形成负压，空气入炉和磷蒸气发生如下氧化反应：

$$P_4 + 5O_2 \longrightarrow P_4O_{10} + Q$$

$$2CO + O_2 \longrightarrow 2CO_2 + Q$$

从上式可见，该反应是一个体积缩小的放热反应，它不会导致压力升高而产生爆炸，故而有很大的隐蔽性和麻痹性。如果发现不及时，该反应的连续进行可使炉内的负压越来越高，放出热量越来越多，反应越来越激烈，燃烧1kg磷相当于放出24335kJ热量，恶性循环产生的大量热量能使导气管在不长的时间内烧红。处理的办法是在日常生产中要加强员工的责任心，恢复必要的系统压力监测仪表，提高管理人员分析解决问题的综合能力，类似的事故出现千万不要直接喷水冷却，否则对设备的损伤很大。

6.6.3 电极断电流、过载

炉内形成电流回路电极才会有电流，这是电学的基本原理。前面已经讲过，电极有电流的必备条件有三，缺一不可。其一是炉料中要有导体，其二要有充足的热量，其三是电极端头距熔池的距离合适。三种情况都可以在生产中找到实例加以证明。

炉料中都按比例配有焦丁，第一个条件是随时满足的；在出渣过程中电极已降到位突然塌料电极断电流，此时就属于热量突然下降电阻增大所致，也就是没有达到充足热量的条件，所以断电流；断电极处理后电极的插入深度距熔池太远，没有满足电极端头距熔池的距离合适，所以没有电流。此时要想尽一切办法，最大限度地将电极压下去引电流。掌握这些基本原理，处理起电极断电流就容易判断分析清楚，“对症下药”。

6.6.3.1　热量突然下降断电流处理

在正常操作中突然塌料电极未跟上出现的断电流主要是热量下降太突然，炉料电阻瞬时增大，导电性能下降形成的。也就是员工常说的被生料将电流隔断了。还有出渣时塌料，电极已经降到位仍无电流都属于此类现象。此时，$\cos\varphi$ 首先受到影响，表上显示多半处于超前（即电流超前电压），提电极夹头也无济于事。如果是多电极制磷电炉，可以通过同回路、同相尽量把 $\cos\varphi$ 调整在 0.90 以上，然后将断电流周边的电极电流适当控制高一点，提高熔池的热量，电流很快会恢复，调整好坏的标准是 $\cos\varphi$ 控制的质量如何。

6.6.3.2　短期、长期停炉后的三相无电流处理

对于三相 3 根的小磷炉，停炉时如果电极位置未调整好，合闸后恢复开炉时常会碰到三相无电流的情况。此时首先不要着急，注意观察 $\cos\varphi$ 和电压表，如果 $\cos\varphi$ 超前，并有波动，而且电压比正常指标低，说明有感应电，可以先提高挡位，看看电流表和功率表有没有显示，只要有上升的趋势，恢复、引出电流也就没有太大问题。表盘上的 $\cos\varphi$ 反应最为灵敏，其次是电压表，反应最迟钝的是电流表。在合闸后不要仅盯着电流表，如果 $\cos\varphi$、电压表没有一点反应，再采取其他办法引电流，如打钢针等措施。

对多电极制磷电炉，不管短期还是长期停炉我们都尚未碰到过开炉时所有电极无电流的状况，只要其中某几根电极有电流，恢复生产也就只是时间长短的问题，处理方法同上。

6.6.3.3　短期、长期停炉后电流过载处理

恢复开炉合闸出现电流过载，主要原因还是停炉时电极位置未调整好，可以将挡位降至最低再合闸，若还有过载跳闸，对过载的那一相甩相处理。甩相就是将电极铜瓦与电极接触面用木板隔开（不通电），等电极可以活动后再恢复。对于多电极制磷电炉

也是如此，谁过载甩谁，若三相都过载，每相甩一根电极，但必须使未甩相的3根电极形成连通的电流回路。

6.6.4　炉内电极形状的分析

每当停炉大修拔出电极后，电极端面有时不大一样。炉型不同，操作管理方法的差异，有时形状更是奇异。我们利用扒炉的机会认真观察炉内情况，仔细分析研究，可以对生产期间出现的异常现象及无法解释的"悬案"提供科学的分析依据和得出正确的判断结果，是对企业管理质量和水平高低的检验和再提高的必然过程。图6-13是三种电极烧损的典型形状。

6.6.4.1　电极端面形状的分析

图6-13a是多数电极拔出的形状，呈馒头状或半椭球形，这是电极在熔池正常做功后形成的形状。图6-13b电极端部呈内凹形，又称"倒锅底状"，内凹处的中心有的较深，有的较浅，根据电极直径和受损大小不同，在50～300mm不等，这是电极在熔池内做功不正常的形状。图6-13c乍看像"棒槌"，又像"酒瓶"，该电极的电炉刚大修结束在烘炉期间就事故不断，恢复开炉极不顺利。投入生产不到一个月就将炉壁烧穿，扒炉后发现电极烧损成此形状，非常少见，主要是内部工艺管理混乱，炉内出现局部短路，电极做功位置颠倒所致，教训极其深刻。

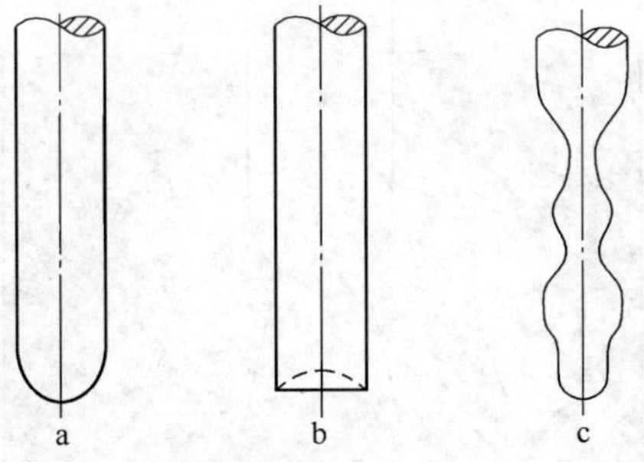

图6-13　几种电极烧损形状示意图

除了以上的电极形状，其实还有各种奇形怪状的不正常烧损。如电极端头掉一块、有缺瓣、有大的裂纹等。对于正常烧损的石墨电极表面都是相对光滑的，若出现大的纵向、横向裂纹，或是质地疏松，多半是电极自身的质量问题。若是大直径的自焙电极端部不光滑，有 10～20mm 星星点点的凹坑，并且电极周边还有多条 2mm 左右的纵缝，这是电极壳内的筋板烧熔后形成的，属于正常形状，并不影响电极使用。有人建议将电极壳内筋板厚度增加，提高电极的机械强度是不可取的。如果自焙电极的横向裂纹增加，质地疏松，缺少光泽，多半是电极糊的原料质量出现了问题。

6.6.4.2　炉内电极端面三种状态的形成分析

图 6-14 是根据扒炉时观察到的情况整理绘制的炉内电极端面在电流的作用下形成的三种状态示意图。图中显示有“1 状态”、“2 状态”、“3 状态”。

正常炉况下，电极下端插入熔池内。由于交流电具有的集肤效应，电极侧表面的电流密度远大于中心部位，导电任务（通过的电流）主要由侧表面来完成。所以，侧表面的烧损速率大于中心部位，致使插入熔池部分的电极逐步烧损形成一半椭球形（馒头状），这是正常、理想的电极端面形状。见图 6-14 中的“1 状态”。

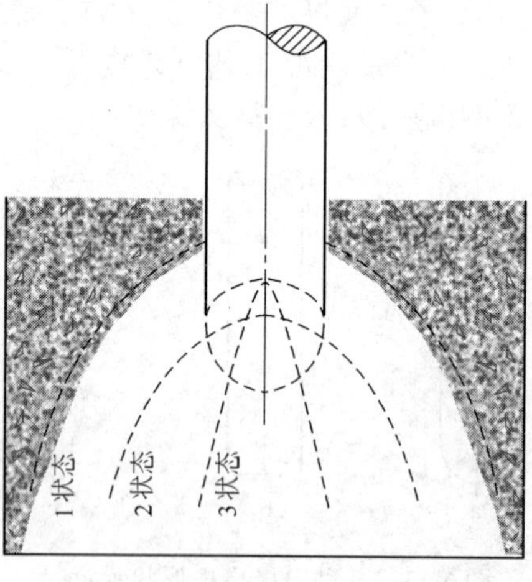

图 6-14　炉内电极端面三种状态示意图

如果长期在低负荷运行和经常将炉渣出得干干净净……随着炉渣的逐步排除干净和磷炉功率下降,电极的熔池厚度和半径将逐步缩减,致使电极浸入熔池的深度和范围越来越小,导电任务(电流)越来越集中在端面中心部位完成。并且随着电流密度向端面集中的趋势,端面电弧段将发生强烈的电弧(此时稍压电极,电流即飞涨,稍提电极,电流又下降很快,电流波动很大,极难操作控制),由于打弧,电极消耗上升并使端部逐渐烧损成内凹状。如图6-14中的“2状态”。此时内凹的深度不是很大(轻微的“倒锅底”),随着内凹状的形成,倘若此时工艺条件还没有根本性的改变,电极端中心部位处在“空洞”中,电弧的产生将更趋激烈,端面烧损的内凹状更深,其形成过程如图6-14中的“3状态”所示。

从图6-14演示的三种电极形状分析,它的形成过程需要一定的时间,并非短时间完成。由于电弧的过量产生,将导致电损、电极消耗和过热区域的增加,损伤、腐蚀炉衬。长期在低负荷运行及不正确的生产操作、管理理念是加剧事态恶化的条件。为什么负荷低,消耗反而上升?有时本想通过减量、降负荷达到降成本的目的,到最后却事与愿违。因此,制磷电炉在50%负荷以下运行不应超过72h(即便是非常特殊的情况),不管是错峰、让峰还是其他原因需要减负荷,建议在60%以上负荷运行更经济、更合理、更科学。这里需要说明一点的是:制磷电炉的设计,以及实际生产运行经验和经济技术指标的综合分析评价显示,保持稳定的额定负荷运行和最优良的工艺条件是黄磷生产最佳的选择和最大的节能降耗。

制磷装置的生产管理,说简单也简单,说复杂也复杂,因为涉及的学科很多,需要的专业知识面很广,很难分清它是化工还是轻工或是冶金,仅一个行业、一种专业技术有时是很难分析解释清楚问题。不管是基本原理、经验、体会还是新工艺、新方法和优化创新技术,都需要在实践中加以验证、补充、提高和完善。不可能一项管理、一种新方法、新工艺就能解决生产中的所有疑难杂症，达到优质低耗和高产的效果。就像世上没有治百病的灵丹妙药一样，要改变一个装置的生产管理状况，达到优质高产、节能降耗、可持续发展，必须注重人才的开发和对员工的专业技术知识的教育培训。从基础工作开始，从一点一滴入手，努力开发企业的自主知识产权，在市场经济中提高自身的竞争优势方能达到目标。

综上所述，制磷电炉虽然生产工艺特殊，操作管理复杂，出现的事故千奇百怪，但生产中出现的异常现象都是有先兆和原因的，都是有科学规律可循的，只是我们的认识水平、知识层次暂时尚未到位而已。很多事故在未找到症结时的确很麻烦，问题找准了，分析问题的思路正确了，其实仅是一层窗户纸，捅破就能看清楚。很简单，这些简单正是寓于对复杂的透辟认识之中。从这个意义上讲，继续努力学习，转变思维定式，不断开拓创新，提高专业技术素质才是少走弯路，搞好生产，节能降耗，提高经济效益，使磷化工可持续发展的永恒主题。

7 炭素材料在制磷电炉中的使用

7.1 炭素材料发展简介

石墨有天然石墨和人造石墨两种,天然石墨按外观形状又可分为鳞片状和土状石墨。鳞片状石墨的颗粒外形为鳞片状,表面呈银灰色,有闪闪的金属光泽,手摸有滑腻感,并留有深灰色痕迹;土状石墨颗粒外形为土粒状,表面呈深灰色,手摸时滑腻感稍差。我国使用石墨有悠久的历史,早在几千年前,我们的祖先就知道石墨具有耐高温、耐腐蚀的特性,用天然石墨和黏土混合制成了熔炼金属的坩埚,同时还发明了松烟制墨,开创了天然石墨使用的先例。

然而,石墨作为导电材料试用,是 1800 年才开始的。当时用炭电极制造了一组实验室的电池,这是最早的炭质导电材料。

1810 年,有人又试用木炭制成用于生产电弧的炭棒,但这种炭棒组织松散,机械强度低,容易氧化,在高温下很快就会烧蚀。一直到 1842 年才出现了不用木炭,而是采用焦炭和结焦性煤生产炭电极的方法。

真正的工业性生产炭电极是在 1846 年前后开始的。当时以焦炭粉为原料,糖浆作黏结剂制造炭素材料。为了提高质量,还研究成功了用煤焦油或糖浆对焙烧后的产品进行浸煮,以达到减少孔隙率和提高强度的目的。经过无数次的试验,终于在 1860 年开始用天然石墨制造炼铁高炉用的内衬炭块(炭砖),替代过去常用的耐火砖。这是近代金属冶炼使用炭素材料的开端,也为电热法制磷工业的发展提供了良好的基础条件。

19 世纪 70 年代是西方钢铁工业发展的高峰期,当时世界上出现了电炉炼钢的新技术,各国相继建设各种炼钢电炉,需要大量的耐高温导电材料,促使了炭素材料的快速发展。

1876 年以后,在生产炼钢高炉内衬炭块的基础上,又试制成功了炼钢电炉用的天然石墨电极和炭素电极,并在生产实践中逐渐摸索、形成了一套比较完整的工业化炭素材料生产工艺,如图 7-1 所示。

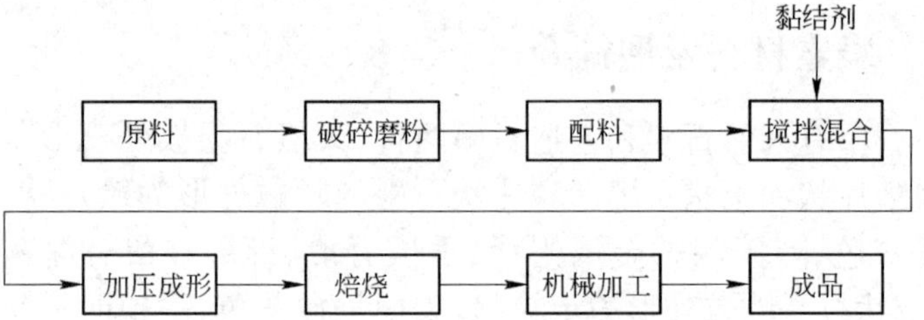

图 7-1　炭素材料生产工艺流程方框图

以上的生产方法为现代炭素工业的发展奠定了生产工艺基础。此后不久又发明了电解铝、食盐电解制取烧碱和氯气所需要的各种耐高温、耐腐蚀的槽衬材料和导电材料。由于炭素产业的工业化发展,使炭素材料在产量、质量上迅速提高,规模也越来越大。

1895 年,人造石墨电极(石墨化电极)的发明经试生产获得成功。该发明是以石油焦为主要原料生产炭电极,加热到 2000℃以上转化为结晶比较完善的石墨电极,它是炭素材料生产史上的又一次大的飞跃。人造石墨和天然石墨相比,不但质量高,而且使用效果相当好,所以当时尽管人造石墨电极的成本比天然石墨电极和炭电极的价格高,但其高效低耗的使用成本等优势逐步取代了天然石墨电极和炭电极。

20 世纪 30 年代,由于在化学工业中应用了树脂浸渍人造石墨作为耐腐蚀结构的新型材料(即不透性石墨),又为炭素材料质量的提高开辟了一条新途径。

1942 年,美国首先用高纯石墨块砌筑了原子反应堆。第二次世界大战以后,炭素材料工业在质和量的方面又发生了新的飞跃。这和当时的原子能工业以及导弹、火箭等军事工业的发展密切相关。如用特种石墨材料制成的耐高温抗烧蚀的导弹、火箭的关键零部件。这些新型石墨材料的生产投用,无论在产品的理化性能,还是生产工艺流程上都标志着炭素材料工业化生产已经发展到了一个新的高度。

目前,随着钢铁工业、磷化工产业的发展(中国现在是世界上最大的钢铁、黄磷生产和消费大国)和科学技术的进步,高功率或超高功率等各种类型的石墨电极、玻璃碳、热解石墨、炭纤维、各种炭砖、炭块,以及其他复合材料等产品的新技术、新工艺的相继出现,填补了我国炭素材料工业的空白,并且还在不断地完善和发展。我国从国外引进年产 3 万吨大型制磷电炉 ϕ1700mm 的电极所用的电极糊已经全部国产化。国产石墨电极最大 ϕ600mm 在徘徊了近十年之后,现在中钢集团吉林炭素股份有限公司已经可以生产 ϕ700mm 的各种类型石墨电极。随着这些新型石墨产品、材料不断被应用于电子、宇航、原子能、国防、钢铁工业,可以想象,炭素工业的发展将会进一步促进磷化工产业向大型化、国产化方向迈进和发展。

7.2　碳的存在形式和一般性质

物质世界是由 100 多种元素以不同的形态、化合物、混合物或单质组成的。碳在地壳元素总量中仅占 0.14%,然而,它却是国民经济和人们日常生活中不可缺少的元素之一。在冶金、磷化工、国防等行业中有着不可替代的作用。

自然界中,碳有三种同素异构体:其中金刚石、石墨和通常被称为炭的所谓无定形碳。金刚石、石墨是结晶形体,无定形碳是非结晶形体,其结晶状态与它们形成时所经受的压力及温度有着密切的关系。由于形成时的压力与温度不同,同样的碳元素可以生成不同形态和不同结构的物质,而且在一定的条件下还可以互相转化。例如:一些无定形碳加温到 2000℃ 以上就可以转化为石墨;而石墨在 4500MPa 的压力,1150℃ 温度下通过金属催化剂(Ni80Cr14Fe6),又可生成金刚石。

石墨与金刚石相比,在晶体结构和性质上也有很大不同。石墨是一种碳原子之间呈六角形环片状体的多层叠合晶体,它具有良好的导电性能,在非金属材料中,石墨的导电性能是最好的。因此,在高温冶炼过程中石墨是一种难得的导电材料。与金属材料相比,除铜、铝等金属外,石墨的导热性能超过了钢、铁、铅等金属材料。

石墨还具有很强的耐腐蚀性,无论有机溶剂、无机溶剂都不能溶解它。常温下,各种酸、碱与石墨都不发生化学反应,只有在500℃温度以上时才和硝酸、氟气等强氧化介质发生反应。

石墨又是一种耐高温材料。一般材料在2000℃以上早已气化或呈熔融状态,就是一些难熔的金属在2500℃左右也会因软化而失去强度。钨是所有已知金属材料中熔点最高的,可达3410℃。但石墨在该温度下如果还在还原气氛中是不会熔化的,只有在常压,3700℃时才会升华为气体。

一般材料在高温下强度随温度的升高而逐渐降低,而炭素材料加热到2000℃(隔绝空气)时,其强度反而较常温时提高了一倍。

炭素材料的缺点是抗氧化性能差,随温度的提高氧化速度加剧。在450℃的热空气中或700℃的水蒸气中,以及900℃的CO_2中,经过一定的时间后都会有不同程度的氧化失重。

7.3　炭素材料的物理性质

7.3.1　真密度、假密度

(1)真密度是不包括孔隙率在内的单位体积材料的质量,其单位是g/cm^3。测定炭素材料的真密度有两种方法,常用方法是将试样破碎至小于0.15mm,用磁铁吸试样中的铁屑,在103～105℃温度中烘干自恒重,然后再称重,放入密度瓶中用酒精或蒸馏水浸润填充试样的微孔,用密度称量法求得,真密度用du表示。另一种方法是X射线衍射法,先测出试样的晶格常数a和c

的尺寸(nm),然后按公式求得真密度。

真密度不能表示材料或制品的宏观组织结构,测定真密度的目的可以了解原料和制品热处理程度。如原料煅烧、制品焙烧程度等。对各种石墨制品,通过测定真密度间接表示石墨晶体的完善程度。例如理想石墨的真密度通过公式计算为 $du=2.26\text{g/cm}^3$,实际上所有天然石墨与人造石墨都达不到这个数值,这只是一个比较的标准。

(2)假密度是包括孔隙率在内的单位体积材料的质量,单位是 g/cm^3。假密度可以表示材料或制品的宏观组织结构的密实程度。气孔率越大,假密度则越低,宏观组织结构越疏松。测定假密度的方法:将成品或半成品加工成立方体或圆柱体,称重,求得单位体积、质量,然后按下式计算,假密度以 dk 表示。

$$dk=\frac{\text{试块质量(g)}}{\text{试块体积(cm}^3\text{)}}$$

假密度的大小直接影响炭素材料的机械性质和热力学性质,是衡量炭素制品质量好坏的一项重要指标。它与配料、原料的颗粒组成及黏结剂用量关系很大;还与混捏条件,成形压力,焙烧和石墨化温度等有一定的关系。经过浸渍假密度可显著提高,但浸渍一般不超过三次。如一般石墨电极假密度为 1.55g/cm^3 左右,浸渍一次可提高到 1.65g/cm^3 以上,二次浸渍可提高到 1.70g/cm^3 以上。

7.3.2 孔隙率、结构性质

(1)孔隙率。是指样块中的气孔体积占样块总体积的百分比,又称气孔率。各种炭质原料及炭素制品,从宏观上讲是由固体物质和气孔两部分组成的。孔隙率大小与其真密度及假密度的大小有关。在真密度不变的情况下,假密度越低,则孔隙率越大,反之孔隙率越小,它们之间是反比关系;当假密度不变时,真密度越大,则孔隙率越大,反之孔隙率越小,它们之间呈正比关系。

经过石墨化的制品其孔隙率都比之前略有增加,这是因为在石墨化过程中假密度变化不大,而真密度却大幅度提高所致。但经过二次浸渍的石墨化制品的孔隙率可降到20%以下。

(2)孔径的分布。只知道孔隙率大小或开口气孔的多少,对于研究炭素制品的结构性质是不够的,还需了解其孔径的分布。表7-1是将两种原料用水银孔率仪测定的孔径分布情况,由表可知,两种原料孔径大于10^3nm的大孔所占比例为73.8%、79.8%,其他孔径所占的比例都很小。但经过煅烧、石墨化后大孔占的比例有所减少,而中小孔及微孔的比例都有所增加。

表7-1 石油、沥青焦孔径分布及在高温下的变化

孔径分布		孔径/%		
		原 料	1300℃煅烧后	2300℃石墨化后
玉门石油焦	大孔区域 >10^3nm	73.8	61.8	59.3
	中孔区域 >10^2nm	14.5	13.3	17.2
	小孔区域 >10nm	7.0	15.3	14.4
	微孔区域 <10nm	4.7	9.5	9.1
沥青焦	大孔区域 >10^3nm	79.8	56.3	51.7
	中孔区域 >10^2nm	8.3	22.6	20.6
	小孔区域 >10nm	7.6	11.8	31.9
	微孔区域 <10nm	4.3	9.3	5.8

孔径大小的分布对浸渍作业及石墨制品的透气率(或对液体的渗透性)有一定的影响。例如用沥青作浸渍剂,在一定条件下,据有关资料介绍,只能对大于250nm的大孔起作用,而对中小及微孔几乎不起作用。所以一次浸渍假密度的提高效果显著,而二次、三次浸渍效果就要稍差一些,以后再次浸渍效果就越来越差,

这就是浸渍不超过三次的缘故。

(3)透气率。炭素材料的透气率是在一定时间、一定压力下,气体透过一定断面和厚度试样的数量。对炭素材料而言,其透气率大小主要取决于它们的密实程度和孔径的分布情况。一般而言,材料的假密度越大,其透气率就越小,反之则越大。同时,炭素制品透气率的大小还取决于其内部气孔的大小及贯通情况,与气体和液体的压力、黏度有关。

7.3.3 力学性质

物体的力学性质是表示该物体在一定条件下承受各种外力的能力。物体力学是研究物体受力后,如碰撞、加压、弯曲、拉伸、扭转等产生运动、变形、破裂等现象的科学。

7.3.3.1 机械强度

物质材料抗拉、抗压、抗弯、抗扭和抗冲击等强度总称为机械强度。按外力对物体作用方向的不同,机械强度可分为抗压强度、抗拉强度和抗弯强度等。

抗压强度表示外力是压力时,物体被压碎的一瞬间的极限抵抗能力;抗拉强度表示外力是拉力时,当物体被拉断的一瞬间的极限抵抗能力;抗弯强度(也称抗折强度)表示外力与物体轴线垂直作用后物体先呈弯曲而导致折断时的极限抵抗能力。

多次试验证明,上述三种不同测量方法所测定的机械强度的数值上还存在一定的比例关系。就石墨制品而言,抗压强度大约是抗折强度的一倍,而抗拉强度大约是抗折强度的 1/2。其次,炭素制品在不同方向上所表现的力学性质往往是具有各向异性的,即不同方向测得的数值不同。

对挤压产品来说,沿平行于试块挤压方向测得的强度数值比沿垂直于挤压方向测得的数值大;而模压产品则是沿试块加压方向测得的数值小于垂直加压方向测得的数值。原因是在挤压时,焦炭颗粒以其长轴平行于挤压方向排列,而在模压时,焦炭颗粒的长轴方向与加压方向垂直所造成的,具体如图 7-2 和图 7-3 所示。

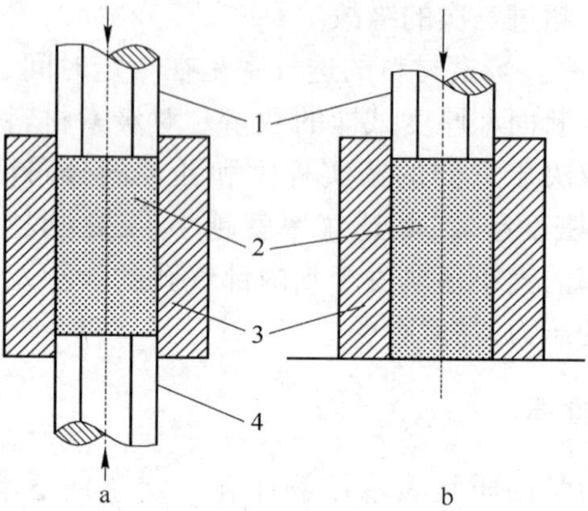

图 7-2　模压示意图

a—双向模压;b—单向模压

1—上部柱塞;2—糊料(糊粉);3—模具;4—下部柱塞

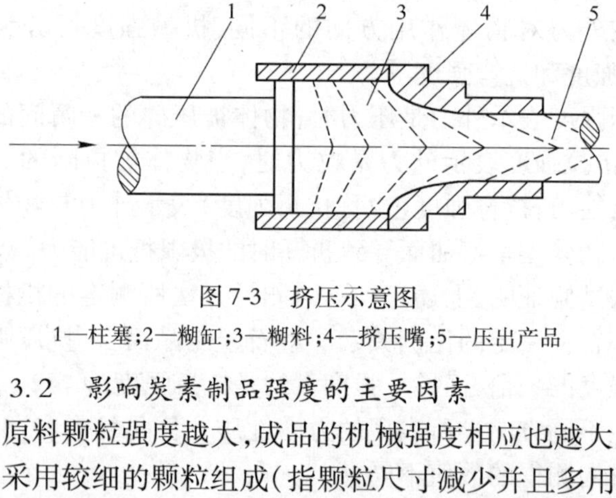

图 7-3　挤压示意图

1—柱塞;2—糊缸;3—糊料;4—挤压嘴;5—压出产品

7.3.3.2　影响炭素制品强度的主要因素

(1)原料颗粒强度越大,成品的机械强度相应也越大。

(2)采用较细的颗粒组成(指颗粒尺寸减少并且多用球磨粉)可以提高产品的抗压强度;较粗的颗粒组成可提高抗折强度,因此应根据不同制品的质量要求确定科学的原料粒级和配方,保证机械强度达到质量标准。

(3)采用软化点较高的高温沥青比中低温沥青的产品强度大;沥青用量过多或不足都会降低炭素产品的强度。

(4)混捏温度、时间过高、过低、过长、过短都会影响制品的强度,必须严格按工艺指标控制每道生产工序。

(5)原料、炭块等制品的煅烧、焙烧温度、程度不足,产品强度下降。

(6)产品的石墨化程度越高,机械强度反而下降,因此石墨的浸渍虽然可以在一定范围内提高强度,但不是无限的。

7.3.3.3 弹性变形与弹性模量

固体材料受外力作用时产生变形,但尚未造成破坏,当去掉外力后仍能复原的性质称弹性,这种变形称为弹性变形。弹性模量是结构材料的重要性能之一,它与弹性变形量成反比,即材料在一定应力下的变形量越大,则其弹性模量越小。与许多金属材料相比,炭素材料的弹性模量较小,见表7-2。

从表7-2可以看出,炭素、石墨制品的弹性模量值与玻璃相差不多,最高的是钨3620MPa(36200kgf/cm^2)。对各种炭素制品来说,假密度较大的其弹性模量也较大。因此炭素制品的弹性模量较石墨制品低30%~50%。测定产品的弹性模量,可以了解它们的高温性能,线膨胀系数对材料的影响,也就是弹性模量对制品热稳定性的影响。

表7-2 各种产品材料弹性模量

材料名称	弹性模量/MPa(kgf/cm^2)
炭素制品	30~66(300~660)
石墨制品	47~110(470~1100)
玻璃	60~75(600~750)
银(冷拔)	790(7900)
铸铁	900(9000)
黄铜(冷轧)	920(9200)
钨	3620(36200)

按照胡克定律,在弹性限度内,材料所受的应力与它所产生的应变成正比关系。弹性变形越大(即弹性模量越小),制品耐热冲击性越好,越能缓冲由于热膨胀所造成的制品内应力。

7.3.4　导电性质

（1）电阻。影响导体导电能力大小的值是导体的电阻，导体越易通过电流，它的电阻就越小。导体的电阻大小不但与构成导体材料的性质有关，而且还与导体的长度成正比，与导体的截面积成反比。铜和铝等金属材料导电性能最好，其电阻也最小。炭素材料的导电性与铝、铜相比要差得多，但在非金属材料中其导电性能是最好的，因此在许多特殊的场合和苛刻生产环境中作为导电材料使用是其他任何导体不可取代的。如制磷电炉，铁合金矿热炉，炼钢炉等的高温导电材料。

（2）比电阻。炭和石墨的比电阻，是指截面为 $1mm^2$ 或 $1cm^2$ 单位长度的材料所具有的电阻。原料比电阻的测量方法是将煅烧过的原料先磨成较小的颗粒，然后用专用仪器测定（同时加上一定压力）。炭素制品比电阻的测定是将试样做成方块，然后进行测定，也可测量整根产品的比电阻。几种原料煅烧后的粉末及炭和石墨制品的比电阻见表 7-3。

表 7-3　原料煅烧后及炭素制品比电阻

原料、炭素制品种类	比电阻/$\Omega \cdot mm^2 \cdot m^{-1}$
石墨阳极	6～9.5
小直径石墨电极	6～10
中直径石墨电极	7～11
大直径石墨电极	7～13
天然石墨电极	18～26
石墨碎电极	20～28
炭阳极	40～60
铝电解用炭块	50～60
阳极糊（烧结试样）	50～80
电极糊（烧结试样）	60～90
烘干人造石墨碎	250～350
石油焦粉末	450～600
沥青焦粉末	600～700
冶金焦粉末	800～1000
无烟煤粉末	1000～1400

从表7-3可看出,煅烧后的原料粉末比电阻要比石墨制品大得多,无烟煤粉末的比电阻是石墨电极的108~167倍。其次,炭素制品的比电阻有明显的方向性,对挤压成形的制品来说,试块沿平行于挤压方向测得的比电阻要比垂直方向的小。

(3)影响炭素制品比电阻的主要因素。

1)煅后原料的比电阻越小,成品的比电阻也越小;采用易石墨化的石油焦比用沥青焦生产的石墨电极比电阻要低;生产电极糊时加入比电阻较低的天然石墨,人造石墨碎,可以有效降低产品的电阻。

2)在一定范围内,孔隙率大小对产品比电阻影响不明显,但超过一定范围,孔隙率过大会引起比电阻升高。

3)对炭砖、预焙烧阳极等炭素制品而言,焙烧温度高一些,则成品的比电阻就要低一些,反之则相反。对于石墨化制品而言,石墨化温度越高,成品比电阻就越低(指在一定温度范围内)。因此,热处理温度的高低,控制指标的范围对炭、石墨制品的比电阻影响很大。

7.3.5 热学性质

热学性质是表示材料、制品受热后引起变化的关系。如导热、热膨胀与高温下的耐热冲击性或抗热震性等。

7.3.5.1 热导率

不同的物质传导热量的能力不同,表示物质导热能力的物理量称为热导率。热导率越大,表明物质的导热能力越强,它是物质重要的物理性质之一。热导率的工程单位为kJ/(m·h·℃),其物理意义为:当试样厚度为1m,两面温度差为1℃,1h内在$1m^2$上所通过的热量(kJ)。

炭素制品的热导率是比较高的。常温时,挤压产品平行于挤压方向的热导率相当于铝的热导率;在垂直于挤压方向的热导率接近黄铜。炭素制品(焙烧后即可使用)的热导率比石墨制品的小得多。炭素制品的热导率有明显的各向异性,它们的热导率一般为 80 ~180kJ/(m · h · ℃)。

7.3.5.2 影响炭素制品热导率的因素

(1)炭素制品的热导率与其导电性存在着相互对应的关系。导电性能越好的热导率也就越高,所以石墨化产品的石墨化程度越高,其热导率越大,导电性能也就越好。

(2)炭素制品的热导率与孔隙率有一定的关系,即孔隙率大的材料热导率小,假密度越大,热导率越高。

(3)热导率不仅因物质的性质、结构不同而有所区别,而且随温度、压力的变化而变化。

7.3.5.3 热膨胀现象和线[膨]胀系数

当物体温度发生变化时,物体的几何尺寸也随之发生变化,受热时增大,冷却时减小(少数特例除外)。试验证明各种物体受热时它的体积会发生变化,这个过程称热膨胀现象。

固态物体形状是一定的,因而都有一定的线度,当物体受热时在某一方向上的线度发生的变化叫线[膨]胀系数。其物理意义为:物体每升高 1℃所引起的线度增长与其在 0℃时的线度比,叫做该物体的线[膨]胀系数。虽然固体物质的线[膨]胀系数都非常小,仅有体[膨]胀系数的 1/3,因此测定线[膨]胀系数的大小,可知炭素制品本身在高温下的使用性能。如线[膨]胀系数越大的产品裂开的可能性越大;石墨化程度越高,则产品的线[膨]胀系数越小,挤压产品平行于挤压方向的线[膨]胀系数比垂直方向的小,通常小一倍或一倍以上。

7.3.5.4 耐热冲击性(抗热震性)

炭素制品在高温时使用,经受温度剧烈变化而不开裂的能力称为耐热冲击性或抗热震性。

实践证明,炭素制品耐热冲击的大小与其制品的线[膨]胀系数、热导率、高温强度、组织结构等因素有密切关系。一般而言,制品的导热性越好,高温强度越大,线[膨]胀系数、弹性模量越小,其耐热冲击性就越好,反之则越差。同时制品配方的原料颗粒组成对其耐热冲击性能力的大小也有直接影响。

7.4 炭素材料的化学性质

7.4.1 灰分含量

各种炭质原料灰分含量相差很大，沥青焦、石油焦的灰分最低，一般在0.5%以下；冶金焦的灰分含量较高，达12%～15%；无烟煤（白煤）的灰分因成煤条件、地域及开采条件差别很大，低的只有8%左右，高的达20%以上。

灰分中的主要成分是一些金属和非金属，如Fe、Cu、Mn、Na、Ca、Si、V、Al、B等，还有它们的氧化物，如Fe_2O_3、Al_2O_3、SiO_2等。其中的Fe_2O_3、Al_2O_3、SiO_2一般占灰分总量的80%左右，其次是MgO、CaO，此外还有少量的TiO_2、CuO。表7-4是几种原料灰分组成的分析，表7-5是各种炭素制品的灰分分析。

表7-4 几种石油焦、沥青焦灰分分析

原 料	灰分总量/%	灰分组成/$\times10^{-6}$						
		Al_2O_3	Fe_2O_3	SiO_2	MgO	CaO	TiO_2	CuO
新疆石油焦	0.195	88	256	1120	122	310	40	16
抚顺石油焦	0.294	180	540	1950	93	151	16	11
玉门石油焦	0.340	262	970	1520	176	420	20	26
沥青焦	0.366	424	600	1960	100	500	20	35

表7-5 炭素制品灰分分析

制品种类	灰分含量/%
高纯石墨	0.05以下
石墨阳极	0.1～0.3
石墨电极	0.1～0.5
炭阳极	0.5左右
阳极糊	0.5左右
电极糊	4～10
各种炭砖	8～11

7.4.2　炭素材料的氧化

7.4.2.1　炭质材料的氧化温度及氧化反应

炭质材料在低温下是极为惰性的，随着温度的升高，化学活性将急剧上升。350℃左右炭质材料开始氧化，而石墨大约在600℃左右开始氧化（必须是在有氧气氛的环境下）。

各种炭素材料开始氧化的温度会因原料的性质、矿物质的含量及热处理温度略有差别。各种炭素材料开始氧化的温度见表7-6。

表7-6　各种炭素材料开始氧化的温度

材　料	热处理及氧化温度/℃				
	800	1200	1600	2000	2500
石油焦	500	605	615	660	670
沥青焦	—	580	590	630	660
无烟煤	520	575	660	675	665
木　炭	405	—	—	515	570

从表7-6可以看出，炭素材料开始氧化的温度是随热处理温度的增加而上升的。

在低温下，碳和氧的主要反应：

$$C + O_2 \longrightarrow CO_2$$

在高温时，碳和氧还会发生下列反应，主要生成物是CO和CO_2气体：

$$C + CO_2 \longrightarrow CO$$

$$2CO + O_2 \longrightarrow 2CO_2$$

在上述反应过程中，虽然晶体的完善程度和孔隙率、孔径大小是影响其氧化速度的主要原因，但各种炭质材料杂质的含量多少也是一个不容忽视的因素。如Fe、Co、Ni、Cu、Mn等，在碳的氧化过程中都会不同程度地起到加快氧化的作用。

7.4.2.2 湿式氧化对炭质材料的作用

炭素与金属等其他物质相比,其耐腐蚀性是非常强的,常温下在酸、碱或盐的水溶液中几乎是不被侵蚀的。

然而,炭素在较强的氧化剂溶液中可以被氧化,称湿式氧化。如石墨在浓硫酸、浓硝酸和氯酸钾溶液中,碳的层状结构虽然不受破坏,而在碳网平面间由于氧的侵入并与之结合,使晶体膨胀,生成了氧化石墨的层间化合物,随着时间推移,则分解成密石酸(苯六甲酸)。这是一种缓慢的电化学氧化反应。

例如:石墨材料受到浓硫酸作用时,生成一种石墨的酸性硫酸盐,其近似化学组成为 $C_{24}^{+}(HSO_4)^{-}2H_2SO_4$。由这一化学式可见,这种层间化合物已插入了阳离子和含有硫酸,它将导致石墨沿层面垂直的方向膨胀。而这种膨胀是不规则的,因此石墨晶体中发生了内应力,使石墨沿着解理面崩解。这种崩解现象在结晶较好的石墨材料中显得特别明显,而在未经石墨化的炭素制品中这种晶解现象并不明显。

各种炭在湿式氧化时消耗的速度与炭的密度及颗粒有关。其次,石墨化程度越高,湿式氧化程度越易进行,消耗速度也越快。

7.5 炭素材料的原料

炭素制品生产所用的固体原料有石油焦、沥青焦、冶金焦、无烟煤、石墨碎、天然石墨和炭黑等。黏结剂有煤沥青、煤焦油、蒽油和人造树脂等。

7.5.1 石油焦

石油焦是石油炼制过程中的副产品之一,是原油、渣油及石油沥青焦化后的残留物。石油焦的灰分杂质特别低,一般小于1%,并且在高温下易石墨化,质量好,因此是难得的原料佳品。

7.5.2 沥青焦

沥青焦是煤沥青在焦炉中焦化的最终产品,其焦化温度最高为1100℃。石油焦易石墨化，但产品的机械强度较低，而沥青焦在同样的石墨化温度下得到的石墨制品，虽然比电阻较大，但机械强度较高。其次，由于沥青焦是一种低硫、低灰分焦，一般生产石墨化产品时，除石油焦外还采用一定比例的沥青焦。

7.5.3　冶金焦

冶金焦是生产各种炭砖（炭块）、炭素制品与电极糊的主要原料，冶金焦是几种炼焦煤按照一定比例在炼焦炉中经1200℃以上高温焦化而成的。冶金焦的灰分含量较前两种高，一般在10%以上，不易石墨化，煅烧或石墨化后的导电性也较前两种焦差一些。

7.5.4　无烟煤

无烟煤是生产各种炭砖（炭块）、炭素电极和各种电极糊的主要原料。质量较好的无烟煤含碳量一般在80%以上，挥发分含量在10%以内，结构比较紧密，密度达1.5t/m^{3}左右，有较高的机械强度，经过热加工后导电性能很好，电极糊制品所需的无烟煤必须是灰分较低，强度较大的块状无烟煤煅后料。

7.5.5　煤沥青

煤沥青是炼焦工业的副产品，炼焦时所得的煤焦油经过360℃蒸馏后的残留物，为黑褐色的固体物质，软化点高于27℃，密度在1.2g/cm^{3}左右。固态时，没有明显的结晶形态，属无定形体。

煤沥青是生产各种石墨和炭素制品的黏结剂，它能很好的浸润和渗透各种焦炭及无烟煤的表面和孔隙，并使各种配料的颗粒成分相互黏结、成形，具有良好的塑性状态。糊料成形后稍加冷却即硬化，并保持其成形时的形状。生制品在焙烧时，煤沥青逐渐焦化，同时把四周的焦炭颗粒牢固黏结在一起。煤沥青的残炭率比较高，而且炭化后易于形成石墨化的皱晶——黏合焦炭。因此，目前国内的炭素厂都使用其作黏结剂。

煤沥青具有以下几个特性:

(1)没有明显不变的熔点,只有从液态到固态的转化温度范围。

(2)温度升高,黏度降低,当温度到达一定值后,则黏度趋于稳定。

(3)在凝固点以下仍有流动性。

(4)完全凝固后变脆,稍受外力作用就破碎。

煤沥青的上述特性随炼焦时配煤的种类、结焦时间的长短、炉温高低、蒸馏工艺操作的不同而改变,一般波动范围很大。

衡量煤沥青质量好坏的一个重要指标是它的软化点。软化点低,则挥发分含量高,游离碳含量低,配料时黏结剂用量减少,反之用量增加。根据煤沥青软化点温度的不同可分为以下三种:

(1)硬沥青:软化点在75℃以上;

(2)中沥青:软化点在65~75℃之间;

(3)软沥青:软化点在65℃以下。

目前,炭素制品一般都用中沥青,质量指标如下:

灰分	≤0.3%
挥发物	60%~70%
游离碳含量	17%~28%
水分	<5%(使用时降至0.2%)

煤沥青使用注意事项:在熔解槽中加温熔化,温度控制130~150℃,静置3~4昼夜,使杂质沉淀、水分降至0.2%方能使用。

沥青中的水分以两种形式存在:其一为混合水,加热到100℃以后就可排除;其二为化合水,必须在130℃以上才能排除。化合水排除时,温升不要太快,此时会产生很多泡沫使体积膨胀。因此熔解槽装料2/3就行了,以免煤沥青受热膨胀而溢出。

熔化煤沥青要严格掌握控制温度,才能保证其使用质量指标。如果温度偏低,其中水分不能排除,影响糊料的塑性,混捏不均,挤压产品时容易出现分层裂纹等;若温度过高(高于360℃),

则将发生氧化缩合，使分子增大，轻馏分跑掉，软化点升高，游离碳含量增加。这样煤沥青的浸润能力下降，影响糊料塑性，制品的成形性变差，裂纹废品增多。因此，严格控制煤沥青质量标准，是炭制品质量的保证。

7.5.6　煤焦油

煤焦油是炼焦时的一种副产品，为黑褐色的黏稠液体，有萘和酸的特殊气味，是多种碳氢化合物的混合物。根据煤焦化温度的不同，又可分为高温及低温煤焦油两种。低温煤焦油主要含石蜡和环烷烃，密度 0.95～1.14g/cm^3，不适于炭素制品之用。高温煤焦油主要含芳香烃，密度 1.15～1.26g/cm^3，是炭素制品的黏结剂和稀释剂，质量指标如下：

密度	1.16～1.20g/cm^3
灰分	≤0.2%
水分	≤0.2%
游离碳	5%～9%

在炭素制品生产中，煤焦油很少单独作黏结剂，都是作稀释剂和煤沥青混合后以降低煤沥青的软化点。如生产某种炭或石墨制品要求黏结剂的软化温度为 55℃，而中温沥青又满足不了时，只要在中温沥青内加 15%～20% 的煤焦油，即可使黏结剂的软化点降到 55℃左右。石墨制品需要浸渍时，为了降低煤沥青的黏度也可加适量的煤焦油或蒽油，以提高其流动性，使煤沥青易于浸入焙烧的半成品气孔中。

7.5.7　蒽油

蒽油是煤焦油在 270～360℃加热蒸馏经冷凝后得到的褐色黏稠液体，产量占煤焦油量的 20% 左右。使用蒽油的目的与煤焦油相同，都是作煤沥青的稀释剂。蒽油的质量指标如下：

密度	1.1～1.15g/cm^3
苯不溶物	0.5%
水分	1.5%

分馏成分：

210℃以下	≤10%
235℃以下	≤25%
360℃以下	≤60%

7.5.8 石墨碎

石墨碎是生产炭素制品的废品及加工时的切削碎屑。其物理、化学性质与成品石墨一样。按10%～20%的石墨碎配料生产的电极糊，可以改善其导热、导电性能，加速电极糊的烧结。

目前，有些小炭素厂收集石墨碎为主要原料生产再生石墨电极，这种电极比电阻较石墨电极大一倍左右，但灰分较低，使用效果比天然石墨电极好。石墨碎质量指标如下：

灰分	≤1.5%
粉末比电阻	≤350Ω·mm^2/m
水分	≤0.5

7.6 炭素材料配方及原料选择、混捏

7.6.1 配方确定及原料选择

7.6.1.1 配方的确定

在炭素制品生产中，配方是一个很重要的技术参数。配方也称配比、配料，就是把经过预处理的各种不同粒级，不同性质的原料按一定比例进行混合的过程。任何配方，都是根据原料、生产工艺条件在长期的实践中不断总结完善，改进创新而来的。在配方的解析研究上虽然也有经验、半经验公式，但完全依靠这些经验公式计算出的配方往往不能得到令人满意的结果。因此，在确定一个配方时必须注意：同种产品在使用不同原料时，其骨料的粒级组成及黏结剂的用量是不尽相同的；在原料与工艺、设备不一样时，要结合本地资源，灵活运用外厂经验，配方也要作相应调整，千万不能死搬硬套。一般而言，配方的确定应包括以下三个内容：

（1）选择合格原料，并确定各种原料的比例。

（2）选择确定原料粒级的组成，即最大颗粒及各种颗粒度的分配比例。

（3）黏结剂的选用及调整，一般使用中温沥青，特殊制品需调整煤沥青的软化点。

7.6.1.2　骨料粒度组成的选择

把不同级别的颗粒按一定比例配合使用而不单用一种颗粒，是骨料粒度选择的原则。不同大小颗粒按比例混合后，大颗粒与大颗粒之间的空隙可由较小的颗粒或粉料填充。这和配制混凝土时卵石（公分石）、沙子和水泥按一定比例配合是一个道理。不同颗粒互相填充的示意如图 7-4 所示。

炭素材料按颗粒大小有比例的配料，不仅是为了提高产品的密度，减少孔隙率及获得足够的机械强度，而且还有其他的作用。

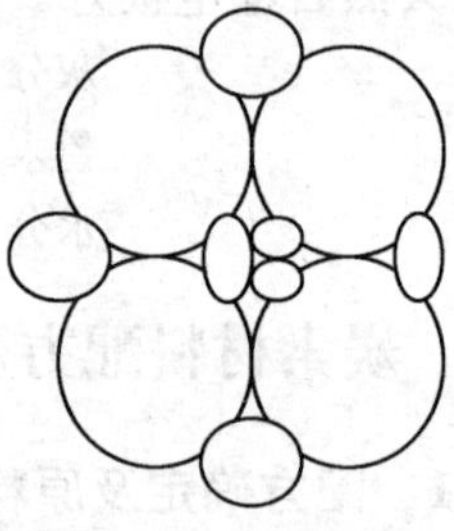

图 7-4　不同颗粒填充示意图

大颗粒在制品结构中起骨架作用，适当提高大颗粒的尺寸及数量，可以提高制品的抗热震性能，遇到骤热骤冷时不易裂开，减小热膨胀系数，改善和减少挤压产品在焙烧过程中裂纹的产生。然而，大颗粒的数量过多会使产品孔隙率明显增加，假密度和机械强度降低，而且产品在加工时很难得到较光洁的表面。

小颗粒的作用如图 7-4 所示，是填充大颗粒间的空隙，粉状小颗粒数量在配方中占有相当大的比例，一般在 40% ~60%，有时达 60% ~70%。适当增加粉状小颗粒的数量可以减少制品结构中的孔隙率，提高密度和机械强度。

然而，事物都有它的两面性，粉状小颗粒的数量过多会大大增加焙烧及石墨化过程中产品裂纹的可能性。因为粉状小颗粒越多，需要的黏结剂量越大，产品在使用中抗热震性及抗氧化性能下降。综上所述,粒级大小的选择和使用量的多少是科学配料、保证产品质量的基础。在满足最终产品物理力学性能的范围内,应尽可能减少细粒度配额,对粉状小颗粒的用量作适当的调整控制。

7.6.1.3　黏结剂的选择、用量

目前,大多数厂家都使用中温沥青作为黏结剂,只有极少数厂家采用硬沥青。对于未经特殊处理的煤沥青,软化点越高,游离碳含量也越高,挥发物含量就越低,焙烧后的残焦率也越大,有利于提高炭素材料的密度和机械强度等,而且常温下又不易熔黏成一体,方便装卸和搬运。但使用硬沥青必须相应提高其熔化温度和混捏温度,这给生产操作增加了难度并提高了生产成本。而某些糊类产品,为了适当加快烧结速度,往往还需要在中温沥青中加入少量的煤焦油或蒽油。因此,黏结剂的选用并不是质量越高越好,而要根据使用的对象及其对质量的要求,适度、经济、可行。

黏结剂在与固体颗粒料加热混合后,使其包围颗粒表面并把各种颗粒紧紧黏结在一起,填满颗粒的开口气孔,组成质地均匀,具有可塑性的糊料,以便在成形机上压制成满意的生制品。另一方面,煤沥青属热塑性材料,在常温时是固体,稍加热就能熔化成液体,并可被各种颗粒材料所吸附并互相黏结呈糊状。糊料经过加压成形后稍加冷却即能硬化而固定外形,同时还具有较高的含碳量和残炭率(即焙烧后结焦残炭的百分数)。其次,生制品在焙烧过程中,由于黏结剂本身焦化而生成的沥青焦把各种颗粒材料结合成一个牢固的整体,提高了密度和机械强度等。

黏结剂在炭素制品中用量占相当大的比重,数量的多少,对产品质量有较大的影响。用量过少,混捏后糊的塑性较差,成形的压力需要相应增加,而且制品产生裂纹的可能性上升;用量过多,则生成的制品容易弯曲变形,焙烧后的制品孔隙率、疏松性增加,机械强度降低。黏结剂的用量一般依照以下因素确定:

(1)用量与原料颗粒表面性质(如孔隙率和对煤沥青的吸

附)、黏结剂性质及对各种颗粒材料的浸润性、渗透性、黏结能力等有很大关系。无烟煤颗粒表面较光滑,气孔较少,对沥青的吸附性也差一些,采用无烟煤为主要成分生产炭砖、电极糊等产品时,用量稍少一些。

石油焦和沥青焦颗粒表面为海绵蜂窝状结构,比表面积大,对沥青的吸附性好,采用这两种原料生产石墨电极等制品时,用量要稍多一些。石墨化碎、石墨化冶金焦对沥青的吸附性更好,因此当配料中需加入以上两种原料时应适当增加黏结剂的用量。

(2)产品的结构组成较粗,即粉状小颗粒数量少,大颗粒较多,黏结剂用量应减少,反之则相反。如小直径的石墨化电极比大直径的石墨化电极的黏结剂用量要多一些。

(3)产品的挤压方式对黏结剂的用量也有一定关系。如挤压成形要求糊料有较好的塑性,黏结剂用量就要多一些,而模压成形的黏结剂用量就要少一些。

7.6.2 混捏(捏合)

使干料颗粒、粉末、黏结剂达到均匀混合的工艺过程称为混捏,又叫捏合。在炭素制品的生产过程中,混捏是一个很重要的生产工序,混捏质量好坏,对产品使用效果起着至关重要的作用。

7.6.2.1 混捏的目的与方法

混捏的目的有三:其一是通过混捏使各种不同粒级的物料均匀混合,大颗粒之间的空隙由中小颗粒填充,中小颗粒之间的空隙由更小的粉末填充,以提高糊料的密实程度。其二在加入黏结剂后,使原料颗粒表面均匀涂抹一层液体,形成的黏结力把所有物料颗粒相互黏结起来,赋予糊料以最好的塑性,有利于挤压成形。其三使黏结剂部分渗透到干料颗粒的孔隙中去,使糊料密实程度进一步提高,由于渗透而形成许多黏结“桥”,有利于产品质量的提高。

按常规,首先进行“干混”(不加入液体黏结剂的混合),借助混合物料颗粒的流动性,很快就能达到均匀分布的目的。尔后,又在混合料中加入液体黏结剂进行“湿混”。混捏方法有两种，一种是挤压混捏法，此法是将应变力 P 反复地加在糊料的各个不同的部位，而力的方向则交错地通过糊料的各个不同的平面，从而使糊料多次发生塑性变形，即进行不分离糊料整体的混合，类似揉面团。另一种是分离混捏法，此法是将糊料首先分离成不大不小的部分，然后混合再重新黏结成整体的糊。

7.6.2.2 间歇、连续式混捏机

双轴搅拌混捏机是最常见的间歇式混捏设备，主要由锅体及Z形搅刀（西格马搅刀）、减速传动装置等构成。锅体内镶锰钢衬板，锅体外有蒸汽或电加热夹套，内有两根平行的Z形搅刀，分别在锅内下部两个半圆形槽内转动，彼此转动的方向相反，转数不同。这种混捏机为间断性生产，即加料→混捏→卸料周期性循环操作。马龙产业昆明厂电极糊站采用的就是这种机型。

根据配方的不同，搅拌轴外边缘与锅底应保持相应的间隙，生产多灰产品其间歇为20～60mm，少灰产品为15～30mm；搅拌速度一般为23r/min，混捏搅拌时间20～25min，最长达35min，蒸汽压力300～500kPa（3～5kgf/cm^2），出锅温度110～136℃之间，最高不超过140℃。

经过长期使用证明，双轴搅拌混捏机的质量效果较好。糊料在锅内不断受到两根轴上搅刀的反复翻动、挤压、揉搓以及劈开的分离作用，锅内的糊料得到了充分的混匀或捏合。不足之处是工作效率低，间歇性生产，劳动强度大，操作环境相对较差。

连续混捏机的主体是一个带有加热夹套的铸钢或钢板焊接的U形或圆形外壳，内有一根或两根平行配置的螺杆或带搅刀的轴，通称为转子。转子上安有正向和反向的搅刀，为了便于加入的物料在搅拌中不断移向料口排出，正向搅刀的数量比反向的多，反向搅刀的作用主要是增加混捏物料相互间的挤压力。

连续混捏机要求加入的各种干料颗粒、黏结剂的配比、数量保持均匀和稳定，整个配料及混捏工序设备较多，称重、调整复杂，只适用于单一配方的生产，不适用于经常改变配方的多品种

生产。因此,虽然连续混捏机机械、自动化程度比较高,劳动条件和操作环境相对较好。但在液体的配料称重计量方面还需要进一步完善。为了解决这一问题,连续混捏机经常使用固体沥青。

7.6.2.3 影响混捏质量的因素

在混捏过程中,机械的挤压和分离作用及混捏的温度、时间等是糊料能够达到均匀混合的必要条件,而炭质颗粒、黏结剂的本性以及它们之间的吸附、浸润、毛细渗透作用等则是糊料能够达到均匀混合的内在因素。为了稳定产品的质量,掌握和了解混捏质量的影响因素是十分必要的。

(1)温度的影响。混捏过程中,温度对糊料质量影响极大,沥青的黏度随温度的升高而急剧下降,黏度必须降低到像水一样的流动性,才能很好地润湿干料颗粒的表面和渗透到干料颗粒的微孔中去,使沥青形成“黏结桥”,更好地将颗粒料相互联结起来。

然而,也不是混捏温度越高越好,温度太高,沥青和干料颗粒之间湿润接触角减小,增强了毛细渗透作用,容易使干料颗粒表面所覆盖的沥青层减薄,所含游离碳亦将相对增多,从而使糊料变硬,塑性变坏;随着温度升高,沥青的部分组成也将逐渐分解,挥发并产生氧化缩合,使糊料呈现“老化”现象,会降低糊料的可塑性。当然,温度过低也不行,沥青会因为温度低而使黏度太大,造成干料的湿润性差,不仅搅拌费力、混合不均匀,而且在比较低的温度下,混捏出来的糊料塑性也差,成形后的生制品假密度较小,焙烧后制品的孔隙率大,机械强度差。

实践证明,混捏温度一般控制在黏结剂软化点温度的两倍以内为好。如使用中温沥青时,混捏温度最好控制在115~150℃之间;采用80~90℃软化点的硬沥青时,混捏温度控制在160~180℃内;使用加蒽油或煤焦油的混合黏结剂时,混捏温度则可适当降低,冬天应比夏天温度控制稍高一些。

(2)混捏时间的影响。混捏时间的长短对糊料的质量有着显著的影响。实践证明,时间过短,则糊料混合不均匀,有时甚至还会出现夹干料的现象,糊的塑性降低;在一定的温度条件下,随着混捏时间的延长,沥青对干料的润湿接触角将迅速变小,相互混合的效果也随之增强。但是,在某些情况下,延长混合时间,不仅对混合物的均匀程度增进甚微,甚至还可能发生种种不良作用。例如在混合过程中干料颗粒破碎,沥青的氧化程度加深等,都会对糊的塑性带来不良的影响。

一般干混时间控制在 10 ~ 15min,加入黏结剂湿混 30 ~ 50min,具体的范围必须根据生产的实际情况作相应的控制和调整。当加热温度高时,混捏时间可适当缩短,反之延长;使用软化点较低的黏结剂时,在相同温度下比使用较高软化点的黏结剂时混捏时间短些;配料的粉状小颗粒越多,混捏时间应适当延长。

(3)干料组分的影响。在混捏过程中,除了干料颗粒的表面性质对混捏时吃油量大小及糊料的塑性有影响外,干料各组分比例的影响也是不可忽视的。密度不同的粉料互相混合时,会出现轻者上浮,重者下沉的现象。同时,经过混合均匀的物料在受到振动、过筛、输送或压形时,还会发生离析现象。因此,密度不同的炭质粉料干混时,应该先将原料按其松装密度的大小排列成序,然后按密度由小到大的顺序依次加入混捏机进行混合,就能避免分层和离析的现象发生。

7.7 炭素材料的种类及用途

炭质原料经成形、焙烧等工序生产的制品统称炭制品,经2000℃以上高温处理的炭制品称石墨制品,炭制品和石墨制品统称炭素材料。炭素材料的品种繁多,用途广泛,下面仅介绍电热法制磷电炉上常用和有联系的几种制品。

7.7.1 糊类制品

炭质原料颗粒与黏结剂在加热条件下均匀混合成可塑性的糊料,在常压下简单铸型或不铸型就可出厂的制品叫糊类制品。制磷电炉炭砖炉衬砌筑时的黏结剂、填充物用的都是糊类制品,大型制磷电炉自焙电极用的电极糊也属于糊类制品。其实糊类制品的种类很多,规格、质量标准都有所不同。由于采购选择不慎,有的磷炉刚开车不到半年就出现炭砖砖缝渗磷铁等事故,有的是筑炉施工质量的问题,有的则是由于筑炉糊料选择不当等因素造成的。因此,了解、正确使用糊类制品是制磷工程技术人员应具备的知识。

7.7.1.1 电极糊

电极糊是制磷电炉、铁合金炉、电石炉等的导电材料,按其使用方法分类是一种连续自焙烧导电电极。

矿热炉上使用的电极糊对原料要求并不高,生产工艺比较简单,成本低。但用于大型制磷电炉自焙电极的电极糊,原料、配方上有严格的要求。自焙电极直径大,通过的电流密度比石墨电极低,一般仅有 2.1 ~ 4.3A/cm^2,其导电性能与石墨电极相比有一定差距。电极糊的电阻率随温度升高而下降,机械强度随温度升高而增大。因此,在使用过程中的烧结速度必须控制适当,过慢会影响生产,甚至会造成电极软断现象。过快电极孔隙率增加,导电性能和机械强度下降。用电极糊作为炭砖筑炉的黏结剂和填充物,在烘炉焙烧过程中途千万不要停顿,按照升温烘炉曲线一气呵成,是保证烘炉质量,提高磷炉使用寿命的关键。

电极糊的种类很多,有的利用天然石墨,冶金焦、沥青焦和废旧的电极、炭砖破碎后生产电极糊,质量参差不齐,在使用时一定要特别注意区分。目前根据配方的不同,符合国家标准的电极糊有三种。

(1)标准电极糊,代号 THD。使用的煤沥青软化点为 65 ~ 75℃,主要用于铁合金炉和中小型电石炉,原料及产品质量要求和其他两种差别不大。

(2)密闭糊(也叫封闭糊),代号 THM。密闭糊适用于密闭式的铁合金炉、电石炉和其他密闭式的冶金电炉作连续自焙电极。质量要求有较高的导电性、导热性及适当的烧结速度。以上两种电极糊的质量指标见表 7-7。

表 7-7　国产电极糊质量指标

项　目	电极糊（THD）	密闭糊（THM）
灰分（小于等于）/%	9	6
挥发分/%	12～16	12～16
比电阻（小于等于）/$\Omega \cdot mm^2 \cdot m^{-1}$	100	80
抗压强度（大于等于）/MPa（kgf/cm^2）	20（200）	16（160）

（3）非标准糊。是按使用单位特殊要求生产，所以称非标准电极糊。这种电极糊适用于大型制磷电炉、电石炉。如马龙产业安宁厂大型制磷电炉使用的电极糊就属非标准糊，其质量指标为：

块状块度	≤80mm
灰　分	≤8%
挥发分	13%～16%
比电阻（焙烧后）	$<80\times10^{-6}\Omega\cdot m$
抗拉强度（焙烧后）	≥1.96MPa
流动系数	1.9～2.6

7.7.1.2　粗缝糊（代号 THC）

粗缝糊是炼铁高炉在砌筑炭砖较大缝隙的黏结剂和填充料。生产工艺流程完全与电极糊相同，只是配方及粒度组成有所不同，并且在煤沥青中加入煤焦油、蒽油，降低黏结剂的软化点。粗缝糊的质量指标为：

灰分	≤8%
挥发分	≤12%
抗压强度	≥15MPa（150kgf/cm^2）

7.7.1.3　细缝糊（代号 THX）

砌筑高炉炭砖较小缝隙（小于 1mm）的黏结材料。由苏联引进的大型电炉炭砖炉衬就是采用此法施工，炭砖与炭砖的接触面要求高，必须对炭砖几何尺寸进行精加工，施工技术难度大。

由于砌筑缝隙较小，对细缝糊原料的粒度要求很严，生产时必须全部使用粉料，其中大于 0.5mm 的不允许超过 2%，使之不易沉淀。细缝糊的质量指标为：

挥发分	≤45%
抗压缝试验	≤1mm

7.7.2　炭制品

炭质原料颗粒和黏结剂成形后的生制品（压形制品），经1300℃左右的高温处理后，加工或不加工就可出厂的制品称炭制品。炭制品有高炉炭块、电炉炭块、铝电解炭块和炭电极等，前面三种就是制磷行业习惯称呼的炭砖或炭素砖，只不过是用途不同而已。

炭制品分少灰（含炭量99%）和多灰（含炭量90%）两种，上面介绍的几种属多灰炭制品。少灰的原料是石油焦、沥青焦和煤沥青；多灰的原料是煅烧无烟煤、冶金焦、煤沥青，有时也加入一定量的石墨化冶金焦和石墨碎，炭制品的生产周期一般在30天左右。

7.7.2.1　*高炉炭砖（代号TKG）*

大型制磷电炉和炼铁高炉的炉底、炉衬（炉壁、炉缸）的优良筑炉材料。耐高温、抗热腐蚀，高温强度大，如炭砖在炉内经高温石墨化后其强度反而较常温时提高一倍，这是其他任何材料无法比拟的。因此，高炉炭砖其内在的质量体现了用于制磷电炉是最佳的筑炉材料。

高炉炭砖的工艺流程与电炉炭砖、铝电解炭砖完全一样，只是配方有所不同。近年来有的炭素厂已把三种炭砖的生产统一为一个配方，故采购时一定要根据生产工艺和设计的要求选择合适的筑炉材料。

高炉炭砖砌筑砖缝要求不大于1mm，其外形几何尺寸的机械加工比较复杂，无论是精确度还是表面粗糙度都必须达到较高的水平。如马龙产业安宁厂的两台30000t/a制磷电炉就是如此要求。每块炭砖单独加工完成后，还要按图纸进行预拼装，检查是否符合砌筑要求，然后依次编号，再运往筑炉现场使用。由于各厂的电炉容量大小不一,加之行业设计部门的习惯性,目前高炉炭砖的外形尺寸没有统一的部颁标准。规格、型号按用户要求生产,高炉炭砖质量指标如下:

灰分　≤8%
抗压强度　≥30MPa (300kgf/cm²)
孔隙率　≤23%
假密度　≥1.50g/cm³

7.7.2.2　电炉炭砖(代号 TKD)

耐高温、抗热震性能高、高温机械强度大、线[膨]胀系数小、耐熔盐腐蚀性强,具有良好的抗渣性能,是中小型制磷电炉、电石炉、铁合金炉及矿热炉的炉底和内衬的砌筑材料。

中小型制磷电炉筑炉施工方法都是采用宽缝砌筑,砖缝一般在30~60mm不等,炭砖的六面在砌筑前要在表面打出若干斜凹槽,便于糊料填充砖缝时增加黏结性。因此大部分电炉炭砖机械加工相对简单,只将两端切平。电炉炭砖的外形规格见表7-8,质量指标如下:

灰分　≤8%
抗压强度　≥30MPa(300kgf/cm²)
孔隙率　≤25%

表7-8　电炉炭砖规格及尺寸允许偏差

规格/mm×mm×mm	允许偏差/mm		弯曲度
	宽度	长度	
400×400×400	±15	±30	长度的0.5%
400×400×600			
400×400×800			
400×400×1000			
400×400×1100			
400×400×1200			
400×400×1500			

7.7.2.3　铝电解炭砖(炭块)(代号 TKL)

耐高温、耐熔盐侵蚀,具有良好的导电、导热性能等。铝电解槽温度虽然只有 900℃左右,但是槽中的电解质氟化盐有很强的腐蚀性,一般的耐火材料在氟化盐的电解质及熔融铝的化学浸蚀下很快被腐蚀。故铝电解槽虽然也用黏土耐火砖,但接触电解质及熔融铝的槽膛都用炭砖砌筑而成。铝电解炭砖的质量指标如下:

灰分	≤8%
抗压强度	≥30MPa(300kgf/cm^2)
孔隙率	≤23%
比电阻	≤60Ω · mm^2/m
破损系数	≤1.5

7.7.2.4　自焙炭砖(代号 TKZ)

自焙炭砖有 TKZ -1、TKZ -2 两个型号。20 世纪 70 年代中后期,江苏连云港市光明炭素厂首先研制成功,曾荣获冶金工业部 1979 年科技成果三等奖,是一种新型的炭素材料。

主要原料是煅烧无烟煤和适量的低灰分混合焦粉,煤焦油、煤沥青及少量掺和剂的混合物为黏结剂,在一定温度下模压高频振动成形,制出具有特定理化性能和几何形状的炭素制品。普通炭砖要先做成"生坯",然后经 1300℃以上焙烧,加工成合格产品,而自焙炭砖省去了这一环节。除理化性能符合制品使用技术要求外,还具备以下特点:

(1)精确的几何形状,严格的尺寸公差,不进行热加工就可以砌筑成要求的炉衬。

(2)砌入炉内经烘炉及化工投料的生产焙烧,就可以形成一个坚实、致密、整体性强的炉衬。

(3)自焙炭砖创新点是把炭素制品生产过程的成形,炉衬砌筑,同电炉原始开车的烘炉、化工投料生产融为有机整体,形成一种炭素制品的特殊工艺流程,这些特点是炭素砖(炭砖)所不具备的。自焙炭砖的技术指标如表 7-9 所示。

表7-9 自焙炭砖技术指标

项 目	TKZ-1		TKZ-2	
	焙烧前	焙烧后	焙烧前	焙烧后
固定碳(不小于)	84	92	80	86
灰分(不大于)	7	8	10	13
残余收缩率800℃(不大于)	—	0.05	—	0.1
抗压强度/MPa(不小于)	29.41	29.41	24.51	24.51
显气孔率(不大于)	13	23	15	25
体积密度/$g \cdot cm^{-3}$(不小于)	1.6	1.5	1.58	1.45

7.8 石墨制品(人造石墨)

石油焦、沥青焦和煤沥青是生产石墨制品的主要原料,生制品经1300℃的明火焙烧后,再经2000℃以上的高温处理,使炭的无定形结构转化为石墨晶体结构就成为人造石墨制品。

7.8.1 石墨种类及特点

7.8.1.1 石墨制品的种类

石墨品种繁多,用途广泛,包括石墨电极、石墨阳极、石墨块及国防工业和电子工业所用的特种石墨,如核石墨、高纯石墨,细结构石墨及高强、高密石墨等。用这些石墨可以加工成各种各样的石墨零件和材料,以满足国防、电子、轻化工、医学等社会各行各业的特殊需要。

石墨制品的生产工艺比较复杂,生产周期较长,从配料到成品,一般需要50天左右,如果生产高强、高密石墨制品,生产周期可长达150天以上。

7.8.1.2 石墨制品的特点

石墨制品含碳量高,均在99%以上,灰分杂质低,仅在0.5%以下,除了其本质上的优良物化特性外,还具有以下特点:

(1)导电性能好,是非金属材料中良好的导电材料。各种不同材料的电阻率见表 7-10。

表 7-10　各种不同材料的电阻率

材料名称	电阻率/$\Omega \cdot mm^2 \cdot m^{-1}$	材料名称	电阻率/$\Omega \cdot mm^2 \cdot m^{-1}$
银	0.0159～0.017	铸　铁	0.500
紫　铜	0.0170～0.0178	石　墨	6～8①
铝	0.028～0.030	炭制品	40～60①
钨	0.055	湿木材	10^{12}～10^{13}
锌	0.063	玻　璃	10^{12}～10^{16}
黄　铜	0.070～0.090	变压器油	10^{16}～10^{19}
铁	0.090～0.150	干木材	10^{17}～10^{18}
钢	0.130～0.250	有机玻璃	10^{17}～10^{19}
锰　钢	0.480	硬橡胶	10^{20}～10^{22}
康铜	0.490		

①为吉林炭素厂测定值，其余数据参看华中师范学院物理系电学教研组编写的《电学》上册 22～23 页。

（2）熔点高，是理想的高温耐热材料。从表 7-11 中各种不同材料的熔点可以看出，石墨要在 3500℃时才熔化升华，比钨、铼、钽、锇、钼、钌、铱、铌、铪等稀有金属的熔点还高。

表 7-11　各种不同材料的熔点

材料名称	熔点/℃	材料名称	熔点/℃
石墨①	3500（升华）	氧化镁 MgO	2800
钨 W	3410 ±20	氧化铪 HfO_2	2777
铼 Re	3180 ±20	氧化锆 ZrO_2	2677
钽 Ta	2996 ±50	氧化钙 CaO	2600
锇 Os	2700 ±200	氧化铍 BeO	2550
钼 Mo	2625 ±50	氧化镧 La_2O_2	2305
钌 Ru	2500 ±100	氧化铬 Cr_2O_3	2265
铱 Ir	2454 ±3	氧化铝 Al_2O_3	2015
铌 Nb	2415 ±15	氧化钡 BaO	1917
铪 Hf	2110 ±20	氧化硅 SiO_2	1728

①数据参看 B · N 别列利曼著《简明化学手册》23 页，其余数据参看 I · E 坎伯尔主编《高温技术》11，24～27，42 页。

(3)高温强度大,是理想的高温结构材料。从表7-12中的各种不同材料高温抗压强度可以看出,石墨的高温抗压强度不像其他材料随温度的升高波动很大。而是随温度的升高其抗压强度也不断提高。常温下(20℃)抗压强度35MPa($350kgf/cm^2$),2500℃时升至70MPa($700kgf/cm^2$),是制磷电炉良好的砌筑材料。

表7-12　各种不同材料高温抗压强度　[MPa(kgf/cm^2)]

温度/℃	氧化铝	氧化铍	氧化钍	氧化锆	铝酸镁	石墨
20	2.99(29.890)	0.8(7.980)	1.5(14.98)	2.1(21)	1.89(18.9)	35(350)
400	1.5(14.980)	—	1.1(10.92)	—	—	—
500	—	0.5(4.970)	—	1.6(15.96)	1.40(14.03)	—
600	1.4(14.030)	—	0.6(5.95)	—	—	—
800	1.3(12.950)	0.45(4.480)	0.5(4.97)	—	1.2(11.97)	—
1000	0.8(7.960)	0.25(2.485)	0.36(3.57)	1.2(11.97)	—	—
1100	0.6(5.950)	—	—	—	0.6(5.985)	—
1200	0.5(4.970)	0.2(1.995)	0.2(1.995)	0.8(7.980)	0.5(4.970)	—
1400	0.25(2.450)	0.15(1.480)	39.9(399)	0.13(1.295)	0.15(1.498)	—
1500	98(980)	0.12(1.190)	10.5(105)	19.6(196)	—	—
1600	49(490)	0.5(4.90)	—	—	59.5(595)	—
2200	熔	—	—	—	熔	56(560)
2500	—	—	—	—	—	70(700)

注:表内数据参看I·E坎伯尔主编《高温技术》43,102,103页。

(4)热导率高,是良好的导热材料。从表7-13中的各种不同材料热导率可以看出,在特定的温度下,石墨的热导率仅次于银、铜和铝,居其他材料之首,因此是良好的高温导电材料。

表7-13　各种不同材料的热导率

材料名称	假密度 $/g\cdot cm^{-3}$	气孔率/%	特定温度(℃)的热导率/$J\cdot(s\cdot cm^2\cdot ℃)^{-1}$					
			0~100	100	200	400	600	800
银			1.00①					

续表 7-13

材料名称	假密度 /g · cm⁻³	气孔率/%	特定温度(℃)的热导率/J · (s · cm² · ℃)⁻¹					
			0 ~ 100	100	200	400	600	800
铜			0.92①					
铝			0.503①					
铁			0.170①					
石　墨	1.55	30.2		0.298	0.243	0.188	0.0154	0.128
氧化钙	3.03	8.75		0.0333	0.0242	0.0200	0.0181	0.0174
氧化镁	3.29 ~ 3.48	2.8 ~ 8.1		0.0823	0.0645	0.0377	0.0263	0.0194
氧化铝	3.6 ~ 3.79	4.5 ~ 7.3		0.0690	0.0508	0.0300	0.0208	0.0164

①数据参看 B · N 别利曼著《简明化学手册》26 页，其余数据参看 I · E 坎伯尔主编的《高温技术》54 页。

（5）线[膨]胀系数、弹性模量小。从表 7-14 中的各种不同材料线[膨]胀系数及弹性模量可以看出，线[膨]胀系数仅比玻璃态的氧化硅低，由于弹性模量仅 0.0698 是玻璃态氧化硅的 1/802。因此，石墨材料的可塑性、抗热震性是其他材料所不能比拟的。

（6）石墨属化学性质不活泼的惰性物质，其抗氧化温度高，耐腐蚀性能好。有关资料显示，石墨在空气和水、蒸汽、CO_2 环境中开始氧化的温度分别为 450 ~ 500℃、700℃、900℃，而铁和镁在常温下已经开始氧化。

从表 7-15 中的各种不同材料的耐腐蚀性可以看出，石墨在 HCl 浓度、温度相同的情况下，耐腐蚀性和钽、锆相同，比 316 不锈钢、钛、哈氏合金强；在 H_2SO_4 浓度、温度相同的情况下，也同样如此。因此，石墨是良好的耐腐蚀材料。

表 7-14　各种不同材料线[膨]胀系数、弹性模量

材料名称	线[膨]胀系数 α/℃⁻¹	弹性模量/GPa(10^6 kgf/cm²)
氧化硅(玻璃态)	5×10^{-7}	5600(56.00)
石墨制品	19×10^{-7}(139 ~ 803℃)①	6.98(0.0698)①
石墨制品	30.8×10^{-7}(121 ~ 808℃)①	—
氧化锆	55×10^{-7}	1890(18.90)

续表 7-14

材料名称	线[膨]胀系数 α/℃ $^{-1}$	弹性模量/GPa(10^6 kgf/cm^2)
氧化铝	80×10^{-7}	3885(38.85)
铸　铁	$(87\sim11)\times10^{-7}$②	155(1.55)
氧化铍	95×10^{-7}	3185(31.85)
软　铜	$(106\sim122)\times10^{-7}$②	200～210(2.0～2.1)②
氧化钙	136×10^{-7}	—
氧化镁	140×10^{-7}	2135(21.35)
轧　铜	160×10^{-7}②	2.404～130.85(0.02404～1.3085)
轧　铅	290×10^{-7}②	14.76～16.87(0.1476～0.1687)
氧化硅(结晶态)	430×10^{-7}	—

①为吉林炭素厂测定值;②数据参看燃料化学工业出版社《机械设计手册》联合编写组编《机械设计手册》9～11 页,其余数据参看 I·E 坎伯尔主编《高温技术》34,47,102 页。

表 7-15　各种不同材料的耐腐蚀性

腐蚀介质	介质浓度/%	温度/℃	材料名称					
			钽	锆	钛	哈氏合金	316 不锈钢	石墨
HCl	1	室温	A	A	A	A	A	A
		沸腾	A	A	B	C	C	A
	5	室温	A	A	A	B	C	A
		沸腾	A	A	C	C	C	A
	10	室温	A	A	B	B	C	A
		沸腾	A	A	C	C	C	A
	20	室温	A	A	C	B	C	A
		沸腾	A	A	C	C	C	A
	35	室温	A	A	C	B	C	A
		沸腾	A	A	C	C	C	A
H_2SO_4	45	室温	A	A	B	A	C	A
		130	A	A	C	C	C	A
	50	室温	A	A	B	A	C	A
		130	A	A	C	C	C	A
	70	室温	A	C	C	A	C	A
		60	A	C	C	C	C	A

注:耐腐蚀标志 A、B、C 分别表示为:A—完全耐腐蚀,腐蚀率≥0.13mm/a;B—耐腐蚀性良好,腐蚀率介于 0.13～1.33mm/a 之间;C—不耐腐蚀,腐蚀率 >1.33mm/a。

7.8.2　石墨电极分类、规格型号、标准

7.8.2.1　石墨电极分类

按国家分类标准规定：有普通石墨电极，代号为 SDP；特制石墨电极，代号为 SDT；高功率石墨电极，代号为 SDG；抗氧化涂层石墨电极，代号为 SDC 四种。

石墨电极具有良好的电性能和化学稳定性，高温下机械强度高，抗热震性能好；而且杂质含量少，是热和电的良好导体，被广泛应用于电弧炉、电阻炉上作为导电材料，冶炼各种合金钢、铁合金、工业硅、有色金属和稀有金属等等。同时也是电热法制磷电炉最佳的导电材料。目前，国家行业政策规定 5000t/a 以下黄磷生产装置列入淘汰范围，ϕ500～600mm 普通石墨电极是黄磷生产中使用的主要规格型号。普通石墨电极的允许电流负荷见表7-16。

表 7-16　普通石墨电极允许电流负荷

ϕ/mm	允许电流负荷/A	ϕ/mm	允许电流负荷/A
100	1500～2400	350	13500～18000
125	2200～3400	400	18000～23500
150	3500～4900	450	22000～27000
200	5000～6900	500	25000～32000
250	7000～10000	600	35000～41000
300	10000～13000	700	39000～48000

7.8.2.2　石墨电极的规格、标准

为了便于石墨电极接长，每根电极两头均加工成带有内螺纹的接头孔，并配备带螺纹的电极接头。接头分为圆柱形和圆锥形两种，圆柱形接头尺寸见图 7-5（黄磷电炉一般都不使用）。

圆锥形接头的公差尺寸和普通功率石墨电极理化指标、石墨电极规格和允许偏差分别见图 7-6 和表 7-17、表 7-18、表 7-19。

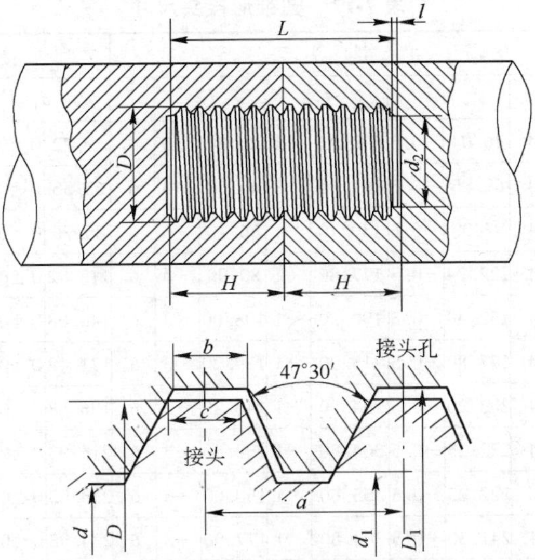

图 7-5　圆柱形接头尺寸图

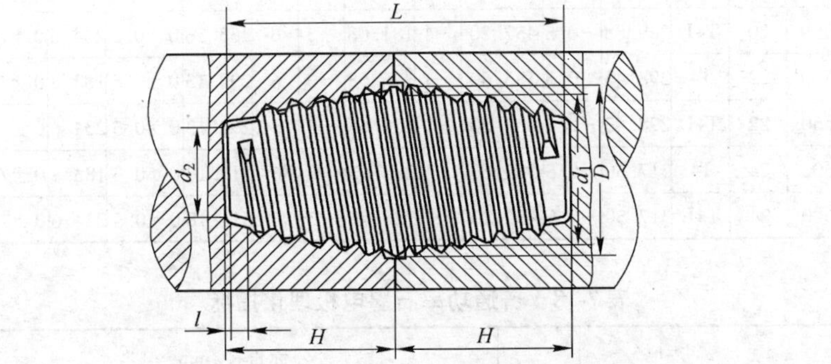

图 7-6　圆锥形接头尺寸图

表 7-17　圆锥形接头尺寸

电极直径		接　头									接头孔			
mm	in	接头	*D*		*L*		d_2		*i*	d_1		*H*	
75	3	T4	46.04	−0.5	76.20	−1	20.80	−3	6	39.72	0 ±0.5	44.1	0 ±7
100	4	T4	69.85	−0.5	101.60	−1	40.30	−3	6	63.53	0 ±0.5	56.8	0 ±7
150	6	T4	92.08	−0.5	139.70	−1	56.20	−3	6	85.76	0 ±0.5	75.9	0 ±7
200	8	T4	122.24	−0.5	177.80	−1	80.00	−3	6	115.92	0 ±0.5	94.9	0 ±7
250	10	T4	152.40	−0.5	190.50	−1	108.00	−3	6	146.08	0 ±0.5	101.3	0 ±7
300	12	T4	177.80	−0.5	215.90	−1	129.20	−3	6	171.48	0 ±0.5	114	0 ±7
350	14	T4	203.20	−0.5	254.00	−1	148.20	−3	6	196.88	0 ±0.5	133	0 ±7
400	16	T4	222.25	−0.5	304.80	−1	158.80	−3	6	215.93	0 ±0.5	158.4	0 ±7
400	16	T4L	222.25	−0.5	355.60	−1	150.00	−3	6	215.93	0 ±0.5	183.8	0 ±7
450	18	T4	241.30	−0.5	304.80	−1	177.90	−3	6	234.98	0 ±0.5	158.4	0 ±7
450	18	T4L	241.30	−0.5	355.60	−1	169.42	−3	6	234.98	0 ±0.5	183.8	0 ±7
500	20	T4	269.88	−0.5	355.60	−1	198.00	−3	6	263.56	0 ±0.5	183.8	0 ±7
500	20	T4L	269.88	−0.5	457.20	−1	181.08	−3	6	263.56	0 ±0.5	234.6	0 ±7
550	22	T4	298.45	−0.5	355.60	−1	226.58	−3	6	292.13	0 ±0.5	183.8	0 ±7
550	22	T4L	298.45	−0.5	457.20	−1	209.65	−3	6	292.13	0 ±0.5	234.6	0 ±7
600	24	T4	317.50	−0.5	355.60	−1	245.63	−3	6	311.18	0 ±0.5	183.8	0 ±7
600	24	T4L	317.50	−0.5	457.20	−1	228.70	−3	6	311.18	0 ±0.5	234.6	0 ±7

表 7-18　普通功率石墨电极理化指标

项　目	分类	单位	公称直径/mm					
			75～200		250～350		400～500	
			优级	一级	优级	一级	优级	一级
电阻率(≤)	本体	μΩ · m	8.0	9.0	8.0	9.0	8.0	9.0
	接头		7.5		7.5		7.5	
抗折强度(≥)	本体	MPa	10.0		9.0		8.0	
	接头		15.0		15.0		15.0	

续表 7-18

项　目	分类	单位	公称直径/mm					
			75～200		250～350		400～500	
			优级	一级	优级	一级	优级	一级
弹性模量度(≤)	本体 接头	GPa	12.0 14.0		12.0 14.0		12.0 14.0	
体积密度(≥)	本体 接头	$g \cdot cm^{-3}$	1.58 1.68		1.58 1.68		1.58 1.68	
线[膨]胀系数(≤) (100～600℃) CTE	本体 接头	$℃^{-1}$	2.7×10^{-6} 2.5×10^{-6}		2.7×10^{-6} 2.5×10^{-6}		2.7×10^{-6} 2.5×10^{-6}	
灰分(≤)		%	0.3		0.3		0.3	

表 7-19　石墨电极规格和允许偏差

公称直径		实际直径		公称长度		允许偏差
mm	in	Max	Min	mm	in	mm
75	3	77	74	1000	40	+50/ −75
100	4	102	99	1200	48	+50/ −75
150	6	154	151	1600	60	±100
200	8	204	201	1600	60	±100
225	9	230	226	1600/1800	60/84	±100
250	10	256	252	1600/1800	60/84	±100
300	12	307	303	1600/1800	60/84	±100
350	14	357	353	1600/1800	60/84	±100
400	16	408	404	1800/2000	72/84	±100
450	18	459	455	1800/2000	72/84	±100
500	20	510	506	1800/2000	72/84	±100
550	22	562	556	1800/2000	72/84	±100
600	24	613	607	2000/2400	96/96	±100
700	28	714	708	2400	96/96	±100

7.8.2.3 普通、高功率、超高功率石墨电极的区分

一般是按照炼钢炉的出钢量和所配变压器容量比例来确定的。据日本1969年资料报道，电弧炉的区分见表7-20，超高功率石墨电极理化指标见表7-21。

表7-20 日本电弧炉的区分

电炉分类	变压器功率/kW		
	kW/t（容量）	kW/ft^3（容积）	kW/ft^3（截面积）
普 通	120～190	5～8.5	60～90
高功率	200～260	9～12	90～120
超高功率	300～450	15～32	130～180

表7-21 超高功率石墨电极理化指标

项 目	分类	单位	公称直径/mm			
			300～400	450～500	550～600	700
电阻率（≤）	本体	μΩ·m	6.2	6.3	6.3	6.3
	接头		5	5	4.5	4.5
抗折强度（≥）	本体	MPa	10.5	10.5	11.0	11.0
	接头		18.0	18.0	20.0	20.0
弹性模量度（≤）	本体	GPa	14.0	14.0	14.0	14.0
	接头		18.0	18.0	22.0	22.0
体积密度（≥）	本体	g/cm^3	1.66	1.66	1.66	1.64
	接头		1.75	1.75	1.75	1.78
线[膨]胀系数（≤）（100～600℃）CTE	本体	$℃^{-1}$	1.5×10^{-6}	1.5×10^{-6}	1.4×10^{-6}	1.4×10^{-6}
	接头		1.4×10^{-6}	1.4×10^{-6}	1.2×10^{-6}	1.2×10^{-6}
灰分（≤）		%	0.3	0.3	0.5	0.5

从20世纪60年代以后，世界上相继出现了高功率和超高功率炼钢法，该法具有缩短冶炼时间、增加产量、降低成本等特点，采用的石墨电极允许的电流负荷大约是普通石墨电极的两倍。除电极直径向大截面发展满足实际生产需要外，高功率和超高功

率电极是满足炼钢炉向大型化和高功率化发展应运而生的一种新产品,可以说是冶金行业的创新和方向。制磷电炉是否选用高功率和超高功率电极,应以消耗、成本和最终经济技术指标分析对比确定。

7.8.3 石墨电极的检验及使用

石墨电极的验收和内在质量的检验工作,由生产厂质量检查部门管理,用户在使用前必须索取相应的出厂质量合格证书和进行外观检查,以免不合格的产品混入其中,给生产留下隐患。

(1)外观检验注意事项:

1)电极表面掉块或出现孔洞不应多于两处,深度在5~10mm以内。

2)电极接头、接头孔距孔底100mm内的电极表面,不允许有孔洞和裂纹。

3)电极接头和接头孔螺纹掉块,直径不小于250mm或不大于200mm的电极及接头允许一处,长度均不得大于30mm。

4)电极表面不允许有横裂纹,纵裂纹宽度0.3mm以下不计,宽0.3~1mm纵裂纹长度不得大于电极周长的5%。如ϕ500mm的石墨电极,纵裂纹长度不大于78.5mm。

5)电极表面黑皮应小于电极周长的1/10,长度的1/3。如ϕ500mm,长度1800mm的石墨电极,黑皮部分应分别在157mm~600mm以内。

(2)石墨电极使用注意事项:

1)石墨电极应有草席、草绳或木箱等包装,运输、贮放应在清洁干燥的地方,遮盖帆布避免雨、雪、尘灰及污物等与其接触,若因水淋湿,使用前须烘干,升温烘干时应注意防止氧化(最好在通风有阳光的地方翻晒)。

2)在电极装卸、搬运过程中应保持平衡,采用专用工具轻拿轻放,防止冲击碰损,特别是电极端面螺纹孔内的丝牙不要碰损。

3)在连接新电极和接头前,必须注意三相都使用同类型、同品级的石墨电极，用压缩空气将电极螺纹孔由上而下吹扫干净，提醒操作者千万不要图省事用氧气吹扫。

4）专用工具拧紧连接的电极，两根电极端面间缝隙不大于0.5mm，使之紧密贴合，电极中心线偏差不大于3mm为标准。提醒注意：当上部电极下降到与下部电极距离20～30mm时，用压缩空气再一次吹净电极结合部。

5）电极升降装置运行时电极不应出现晃动，防止电极接头松动、退扣。

6）电极夹持器应夹在两条白色警戒线以内，夹持器与电极的接触面应经常清理，保持接触面随时清洁干净。

7）接电极结束后，盖好电极顶部，避免顶部氧化和堆尘，以便下次顺利接电极。

7.8.4 炭电极

炭电极代号为TD，是以无烟煤、冶金焦和煤沥青为主要原料，有时也加入少量的天然石墨或石墨碎生产的导电材料。

炭电极是根据国外矿热炉冶炼的情况，瞄准国内市场于20世纪90年代规模开发的一个新产品。炭电极在埋弧炉上的使用，世界一些发达国家已有30多年的历史。目前，美国、德国、俄罗斯等国家在工业硅、铁合金等行业几乎全部采用炭电极。我国在青海、甘肃等省几个工业硅厂使用已获得了成功。

炭电极比电阻是石墨电极的3～4倍，常温下抗压强度虽然比石墨电极稍大，但导热性及抗氧化性均不如石墨电极，所以不适合熔炼高级合金钢。由于原料比较容易解决，价格便宜，生产中不需要石墨化，经过焙烧后即可加工成产品，生产成本和价格有一定优势。

炭电极允许电流密度为石墨电极的1/2，同样容量的电炉或同样的相电流如果采用炭电极作为导电材料，直径要适当增加。由于以上原因，制磷电炉目前尚未有使用成功的报道。

8 副产品综合利用及污水处理

黄磷是一种高能耗、高物耗、高污染的化工产品，在生产过程中会有数量大、种类多的有毒有害物质产生，如泥磷、黄磷尾气、炉渣及污水等，从循环经济的角度看，这些物质是有用的副产品。据某厂测定，生产每吨黄磷产品的排出物量及成分见表8-1。

表8-1 生产每吨黄磷的排出物量及成分

排出物	排出量	主要成分	其他成分
炉　渣	8010kg(干)	CaO、SiO_2、Al_2O_3、MgO、P_2O_5	Si、Ca_3P_2、CaC_2、CaS、$CaCN_2$、SO_4^{2-}、Fe_2O_3、CaF_2
尾　气	2575m^3	CO、CO_2、O_2、CH_4、H_2	N_2、H_2S、PH_3、SiF_4、HF
磷　铁	75.62kg	Fe、P、Si、Mn、S、C	Ti、Cr、V、重金属
电除尘灰	(约100kg)	P_2O_5、SiO_2、K_2O、Na_2O、F^-、C	Fe_2O_3、As、CaO、Al_2O_3、P
污　水	5.67m^3	P_4、F^-、S^{2-}、CN^-、K_2O、悬浮物	As、Na_2O、酚、K_2SiF_6
磷酸废气	175.62m^3	H_3PO_4、P_2O_5、F^-	水蒸气、N_2、O_2
放空废气	12264m^3	CO_2、CO、H_2S、HF、NO_2、P_2O_5	水蒸气、N_2、O_2
稀磷酸	131kg	H_3PO_4、H_3PO_3	P、Fe、Mg、Ca、Cr、Ni、Al、Ti、Pb、Si、H_3PO_4
泥磷渣	19.09kg	P_2O_5、F^-、K_2O、CaO、SiO_2	H_2O、Mn、SO_4^{2-}、Al_2O_3

注：表内相关数据均以标准状态计；括号内的数据为增设电除尘后测定的数据。

从表8-1可以看出，砷及其无机化合物、磷、氰化物、铅（包括重金属）、硫化氢、氟化氢等属于《职业性接触毒物危害程度分级依据》(GB5044—85)中Ⅰ级物质（极度危害），一氧化碳属Ⅱ级物质（高度危害），从这些物质的物化特性看，又是名副其实的“三废”，必须进行严格综合治理，消除环境污染。

国家《黄磷行业准入条件》对三废处理做出了明确规定，详见附件 1。国内外科研院所和生产企业对黄磷行业的三废处理和副产品综合利用进行了大量研究和试验，搞好废弃物的减量化、无害化和再资源化，是发展循环经济、合理利用资源、实现可持续发展的重要一环。

8.1　泥磷的回收

8.1.1　泥磷的形成及其性质

电热法黄磷生产中，磷炉气中含有 CO、磷、SiF_4、H_2S、S 和细微的磷矿粉、焦炭粉等杂质，这些杂质和磷炉气一起进入冷凝系统，经水洗冷凝在受磷槽中形成了乳胶状的混合物——泥磷。形成的泥磷一部分随粗磷放进精制槽内精制，另一部分则随受磷槽溢流水进入污水处理净化系统。泥磷中含磷量都很高，尤其是精制槽内产生的泥磷，冷却后成块状，含磷量最高可达 90%，而进入污水系统的泥磷含磷量较低，一般为 35% ~60%，进入地沟等处的沙粒状泥磷其磷含量也有 3% ~35%。若使用系统矿泥磷量更多，有时生产一吨黄磷相应的泥磷量多达一吨，磷炉气中的磷约有 10% ~15% 进入泥磷。

因此，泥磷处理是黄磷生产的重要组成部分，它不仅影响到黄磷的收得率和生产成本，更严重的是对周围环境造成污染。为了实现节能减排，保护环境，节约资源，必须对泥磷进行有效回收利用。从泥磷的化学组分看，磷含量在 3% ~90% 之间时，固体杂质经分析主要是 SiO_2、CaO、C、Fe_2O_3、Al_2O_3 等，占泥磷含量的 5% ~40%。水的含量约为 10% ~80%，无机杂质中 SiO_2 和 C 为最多。SiO_2 主要是炉内反应产生的 SiF_4 在冷凝塔和受磷槽中水解形成的，亲水性的 SiO_2 均为水合物，部分形成硅胶（$SiO_2 \cdot H_2O$），它吸附了黄磷而形成胶状体的泥磷。分散性很细的炭粉同样也具有很强的吸附能力，其吸附杂质和磷形成稳定的浆状泥磷结构。

在显微镜下观察，泥磷是一些固体杂质与磷黏附在一起的无定形颗粒。其粒度在1~2μm至0.2~0.5mm不等,质量不同、密度差异很大,一般在1.3~1.7t/m^{3}之间。在熔融状态下,容器中泥磷与磷层之间没有明显的界面。

泥磷按含磷量可分为三类:泥磷中含磷量在70%以上的称富泥磷,多数呈块状,如精制槽中放出的泥磷冷凝后呈灰黑色固体;泥磷中磷含量在20%以下的称贫泥磷,一般呈沙状,质轻,如污水处理系统中平流池、地沟中的沉淀泥磷,冷却后不易形成固体块状;含磷量在20%~70%之间的通常称为泥磷。

泥磷的回收利用,要结合本企业产品特点来考虑,既要消除泥磷对环境的污染,又要变废为宝,为企业创造财富。从泥磷中回收磷的方法大体分为两种,直接法(蒸磷法、化学反应及过滤法等)和间接法(制酸法、碱处理及氧化碱处理法等),以下分别介绍。

8.1.2 蒸馏法回收磷

泥磷蒸馏,一般称为蒸磷,是将泥磷通过加热,使磷气化蒸发逸出,再加以冷凝回收的过程。目前用得最多的分为固定式和转鼓式蒸馏锅,即在蒸馏锅中放置一定量的泥磷,用黄磷尾气或煤作热源在锅外加热泥磷称间歇法。20世纪70年代,南京化工公司设计院和南通磷肥厂等共同开发了连续法蒸磷技术,并用于工业生产装置,取得了较好的效果。

泥磷混合物中的组分,均具有不同程度的挥发性,因而可以利用同一温度下,蒸气压各不相同的原理将其进行分离。升温初期,主要是磷熔化和水蒸发。此时升温速度不宜太快,否则锅中水蒸气剧烈逸出将泥磷带出,从而影响磷的质量、堵塞管道,甚至会致使蒸磷锅憋压而发生爆炸。加热至100℃时,需维持一定时间让水分蒸发,此时磷的蒸气分压为0.00469标准大气压(见表8-2)。进入磷蒸发阶段,需控制温度平稳,使磷全部气化冷凝而不致转化成赤磷。泥磷中的灰分达不到沸点残留在渣中。炉膛温度控制在700~800℃左右为宜,温度过高,将会大大缩短蒸磷锅的使用寿命。

表 8-2 液态磷的热力学性质

温度/℃	饱和蒸气压 /Pa(atm)	P_4 蒸发潜热 /J·mol^{-1} (cal/mol)	P_4(液)的热容 /J·(mol·℃)$^{-1}$ (cal/mol·℃)
44. 1	23. 61(0. 000233)	53381. 7(12750)	100. 40(23. 98)
100	475. 21(0. 00469)	52335. 0(12500)	96. 88(23. 14)
150	3439. 98(0. 03395)	51539. 5(12310)	92. 95(22. 2)
200	16009. 35(0. 158)	50827. 8(12140)	87. 92(21. 0)
250	54512. 85(0. 538)	50241. 6(12000)	82. 06(19. 6)
280. 5	101325(1. 0)	49906. 7(11920)	78. 29(18. 7)
300	148643. 78(1. 467)	49739. 2(11880)	75. 78(18. 1)
350	342275. 85(3. 378)	49362. 4(11790)	68. 24(16. 3)

8. 1. 2. 1 固定锅蒸磷法

将泥磷从蒸磷锅加料口加入锅内,盖好盖子,当锅内温度升至100℃时,随着水分的蒸发,锅内泥磷的温度继续上升,达到磷的沸点,即为磷的蒸发阶段,被蒸出的磷及其他气体沿导气管进入冷凝塔,收集于受磷槽,不凝性气体从放空管放空,残渣由排渣口排出。固定锅法蒸磷工艺流程见图 8-1。

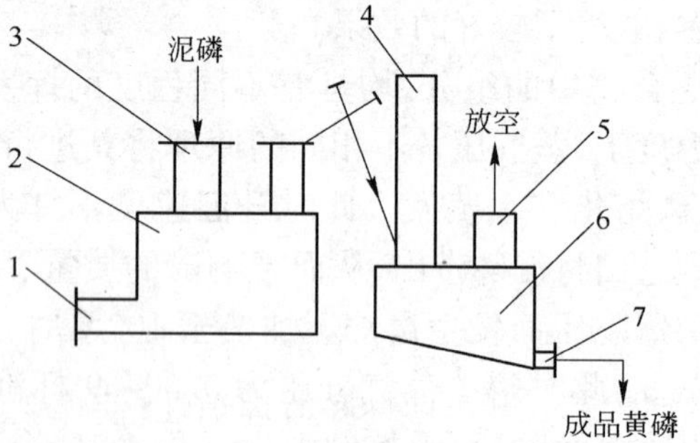

图 8-1 固定锅法蒸磷流程示意图

1—排渣口;2—蒸磷锅;3—加料口;4—冷凝塔;5—放空管;6—受磷槽;7—放磷口

20 世纪 90 年代以前国内中小型黄磷企业较多采用固定锅蒸磷，因该法缺点太多，随后逐渐被淘汰。

8.1.2.2　转锅蒸磷法

转锅蒸磷法是在固定锅蒸磷法和螺旋连续蒸磷法的基础上改为可以转动的回转锅，使泥磷在转锅内受热平衡，让其中水分、磷、粉尘等靠转动搅拌均匀，使残渣含磷降至 1% 以下，回收率升至 99% 以上，每锅蒸磷作业周期一般在 6 ~8h。

转锅法蒸磷工艺流程见图 8-2，泥磷加入回转蒸锅内，外部加热，磷和水分变为蒸气从转锅中心轴（ϕ219mm ×8mm 钢管）中逸出，经导气管进入冷凝收磷系统。用工艺水或净化含磷水向塔内喷淋，使磷蒸气和水蒸气冷凝后落入受磷槽得到回收磷。残渣排出，冷却水循环使用，尾气从放空管排出。

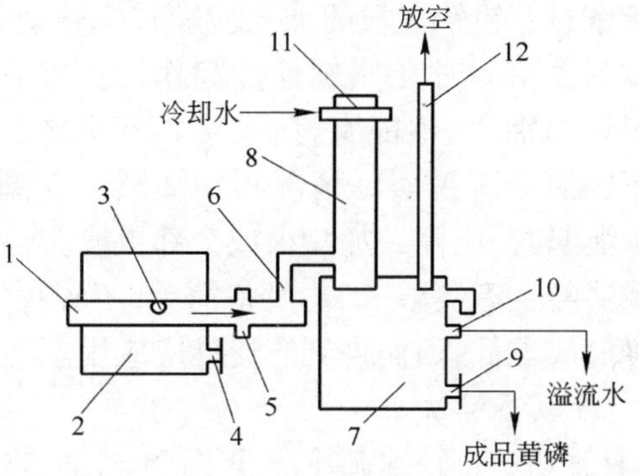

图 8-2　转锅法蒸磷工艺流程图

1—转轴；2—转鼓蒸磷锅；3—磷蒸气出口；4—加料口，出渣口；
5—密封环；6—导气管；7—受磷槽；8—冷凝塔；9—放磷管；
10—溢流口；11—冷却水环；12—放空管

加热升温是转锅法蒸磷的关键，应保持燃煤或黄磷尾气燃烧过程处于最佳状态。开车前彻底清理炉灶，使煤燃烧面保持与炉条平行。即煤加入的厚度要相等、均匀，最厚处煤层不超过 120mm，这样可使燃烧面积保持最大，转鼓表面受热均匀，在蒸出磷蒸气开始时再次清理炉条上下，保证旺火烧至蒸磷结束。

若泥磷中水分含量过大，整个蒸磷时间就会延长，黄磷转化为赤磷的机会也就增多。而赤磷在温度不太高的情况下是难以蒸出来的。由表 8-3 可知，要将磷全部蒸出，包括赤磷在内，必须升高温度。一般在 280 ~ 350℃ 转化而得的无定形赤磷属工业型赤磷，而商品赤磷多属于这一种。

表 8-3　在不同温度下 I 型赤磷的蒸气压

温度/℃	320	330	340	350	360	370	380	390	400
压力/Pa （atm）	15198.8 （0.15）	19251.8 （0.19）	25331.3 （0.25）	32424.0 （0.32）	42556.5 （0.42）	53702.3 （0.53）	67887.8 （0.67）	85113.0 （0.84）	111457.5 （1.10）

转锅的转动部分与静置部分的结合处有固定密封环，用铅铝盘根进行连接密封。铅铝盘根的加入应顺转锅转动的方向进行，加入的圈数以活动密封环压紧螺栓能起作用为宜。在加入过程中应保持盘根均匀加入，不能有打折、旋转等现象。每次更换盘根使用三锅至四锅后应视实际情况再加 2 圈至 3 圈。生产运行期间发现严重泄漏时，应停炉加盘根或全部更换。

转锅蒸磷法经生产实践，工艺设备简单，工程投资省，操作简便，蒸磷效果好，成本低，因而得到广泛推广应用。

8.1.2.3　连续蒸磷法

连续蒸磷法是一个螺旋筒，见图 8-3，筒体 ϕ400mm × 3000mm，内有带式螺旋，筒体横放在加热炉内，出灰端比进料端高出 200mm，泥磷经调速加料器均匀向螺旋筒低端喂入，热源用黄磷尾气，停炉时可用煤作燃料，螺旋筒体温度约为 600℃。泥磷在筒内受热蒸发，同时又受螺旋的翻动和向前推移，水蒸气和磷蒸气从筒体中部向上逸出，导入冷凝器内回收黄磷。物料在筒内停留 45 ~ 60min 后，可将磷全部蒸干净，残渣被螺旋推落到带有锥形阀的出灰斗。该出灰斗受烟道气保温，干灰定期从灰斗放出，放出的干灰基本不冒烟。经生产实践，这一蒸磷装置可连续不停地运转，1977 年通过部级鉴定，回收磷含量在 99.9% 以上，灰渣是好肥料,可彻底清除污染,磷回收率高。缺点是每套设备生产能力难以放大,螺旋筒体要用耐高温耐腐蚀的高级合金钢,工程造价相对较大,操作控制复杂,每小时泥磷处理量仅 50 ~ 60kg,只适宜泥磷处理量不大的地方使用。

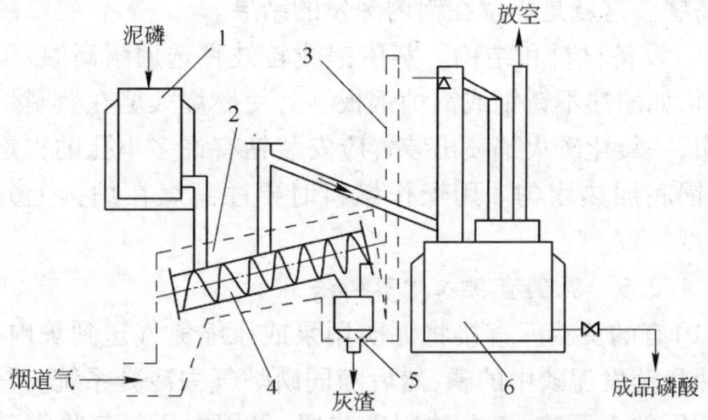

图 8-3 连续法蒸磷工艺流程示意图

1—泥磷喂料器;2—蒸磷炉;3—烟囱;4—蒸磷螺旋筒;5—残渣贮斗;6—磷冷凝塔及受磷槽

8.1.2.4 蒸磷操作的影响因素

(1)泥磷加入量。操作中加入量太大,即装载系数太高,会降低磷的蒸出率。由于泥磷烧不透,处于内部的磷不易升华出来,使整个蒸磷时间延长,磷转化为赤磷的机会也增多,要将磷全部蒸出(包括赤磷),必须升高温度。若装载系数过低,必然降低蒸磷设备的生产能力,因此应该控制适当的加入量。

(2)温度。装载量一定时,炉膛火焰愈大,锅(螺旋)中泥磷升温愈快,蒸磷的速度也愈快。因而缩短了泥磷在设备内的停留时间,减少了黄磷转化为赤磷的机会。当然火力太大也不好,特别是蒸磷后期,如火力过大,会加速蒸锅(螺旋)的损坏。因此,温度控制的标准是既能使其升华为磷蒸气,又可以延长设备的使用寿命。

(3)蒸磷时间。间歇操作其蒸磷过程分为升温、水分蒸发、再升温、磷蒸发四个阶段。各阶段时间长短与泥磷的加入量、带入的水量及火力大小等有关。操作中，通过冷凝塔温度的变化可以明显感觉水分蒸发及磷开始升华的情况。蒸磷后期，冷凝塔温度会有所下降，如果继续升高锅内温度至 380 ~ 400℃，延长时间又会升高些。这就是赤磷在锅内蒸发的结果。

(4)设备材料和结构。蒸磷锅或转鼓宜选用耐高温、耐腐蚀的材料，如耐热不锈钢或锅炉钢板。为使燃烧火焰在蒸磷炉内合理分布，一氧化碳火焰喷出装置应安装钻有许多小孔的火焰分布管，使锅底加热均匀。用煤作燃料时要注意煤在炉排上分布均匀、厚度一致。

8.1.2.5 泥磷直接入炉蒸磷法

(1)有的黄磷厂直接将泥磷用泵或压缩氮气送到炉内，借炉气的热量蒸发泥磷中的磷，然后随同磷炉气去冷凝系统。马龙产业昆明厂的 3 万吨/年电炉制磷装置，采用中压氮气将泥磷喷入电除尘器炉气进口管内，利用约 500℃炉气的热量使泥磷中的水分和磷蒸发成气体。该法对炉气温度要求高，对电除尘器的稳定运行有一定影响，处理泥磷量不宜多。

(2)泥磷回炉。有关资料介绍，将含水的泥磷泵入高位泥磷贮槽，然后进入干化罐中挤压脱水，干泥磷放入螺旋运输机，送到炉料中心下料管内，与炉料一起入炉回收泥磷。其装置包括高位泥磷贮槽、干化罐和螺旋运输机。该方法的专利号为：CN 101054169。

8.1.3 化学法回收磷

20 世纪 70 年代，江苏连云港市锦屏化工厂利用黄磷生产过程中各种品位的泥磷进行了盐酸-硝酸法(即化学法回收磷)中间试验，产品质量符合国标要求，废液和废渣需进行二次处理，消除污染。该法已在浙江、山西等地推广应用。化学法回收磷的工艺流程如图 8-4 所示。

将经过预处理的熔融泥磷放入已经装有配制好的盐酸-硝酸

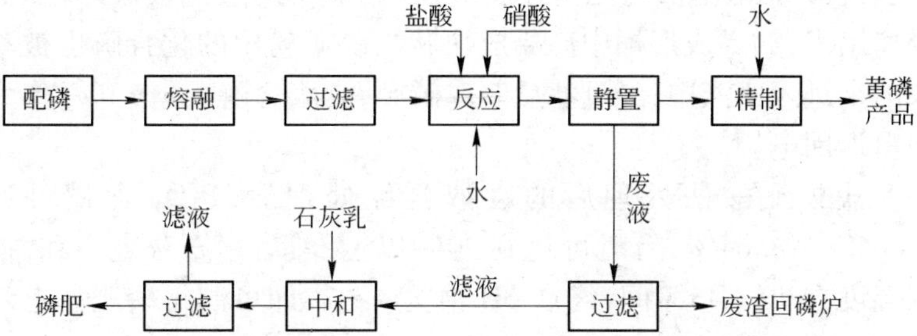

图 8-4 化学法工艺流程示意图

反应釜中,加温至75℃左右即停止,开始搅拌,进行反应,这时温度逐步上升,最高达105℃以上,约0.5h后,温度慢慢下降,为了使反应进行完全,保温搅拌1~1.5h,静置0.5~1.0h,使磷与渣分离,以提高回收磷的质量。化学反应是盐酸-硝酸法处理泥磷的关键过程。反应时,一边进行化学反应,一边破坏泥磷的胶体,使包裹在胶状泥磷中的磷分离出来,沉淀在反应釜的底部,此时有极少一部分磷也被氧化成磷酸在溶液中,溶液中的盐酸、硝酸与泥磷中的磷矿粉反应,把磷矿粉中的化合磷也萃取出来,其反应式为:

$$P_4 + 10HNO_3 + H_2O \longrightarrow 4H_3PO_4 + 5NO + 5NO_2$$

$$10HNO_3 + Ca_5F(P_2O_4)_3 \longrightarrow 3H_3P_2O_4 + 5Ca(NO_3)_2 + HF$$

$$10HCl + Ca_5F(PO_4)_3 \longrightarrow 3H_3PO_4 + 5CaCl_2 + HF$$

未被硝酸氧化的磷,即被分离沉积在反应釜底部。此外,磷矿粉中的铁、钙、铝等杂质,同时发生一些化学反应。

与钙盐的反应式为:

$$CaCO_3 + 2HCl \longrightarrow CaCl_2 + H_2O + CO_2$$

$$CaCO_3 + 2HNO_3 \longrightarrow Ca(NO_3)_2 + H_2O + CO_2$$

与铁、铝等杂质的反应式为:

$$R_2O_3 + 6HCl \longrightarrow 2RCl_3 + 3H_2O$$

$$R_2O_3 + 6HNO_3 \longrightarrow 2R(NO_3)_2 + 3H_2O$$

盐酸-硝酸溶液与泥磷经反应后，泥磷中的胶体被破坏，磷被分离出来，放入成形桶中冷凝成块状。磷矿粉中的化合磷也被萃取出来进入废液中，经过滤后制取磷肥，废渣含磷1% ~3%，作为炉料返回电炉。

盐酸-硝酸法处理后的废液再经处理后，P_2O_5 含量可达8.00% ~18.64%，有时可达到20%以上，然后用石灰乳中和，控制温度在40 ~45℃间，终点pH值为4 ~5，即可制得磷肥。有效 P_2O_5 可达20.53%以上，最高36.08%。

上海化工研究院和昆山化工厂曾试验将泥磷先用水漂洗，然后用铬酸或重铬酸钠进行化学处理，使磷从泥磷中分离出来，回收率达95%左右。昆阳磷肥厂试验用20%的氨水处理泥磷：先将粗磷保温搅拌，加氨水分离处理，泥磷残渣烧磷酸，磷的回收率可达95%左右。

8.1.4　过滤法回收磷

8.1.4.1　真空抽滤泥磷

真空抽滤的基本原理是利用多细孔的材料作介质，使熔融的泥磷在80℃左右的热水保温下通过该介质。凡直径大于滤孔的固体微粒不能通过；直径小于滤孔的固体微粒，因在滤孔中形成"架桥"现象而被截留，从而达到磷和杂质分离的目的。真空抽滤工艺流程如图8-5所示。

生产操作中，首先将泥磷加入盛满水的抽磷槽上部，并在水浴中加热至70 ~80℃，同时在抽滤槽下部加入适量的水，防止抽滤开始及结束后过滤的液态磷与空气接触而燃烧。在泥磷熔融后，再用蒸汽保温，即可启动真空泵进行抽滤，这一操作通常1.5 ~2h即可完成。停泵后再将抽滤槽下部的磷放出回收，残留于抽滤槽上部的滤饼清理干净后，进行下一次操作。

抽滤槽和真空泵是这一操作中的主要设备。不同的滤布抽滤效果不一样。表8-4是不同材质滤布使用的试验结果。

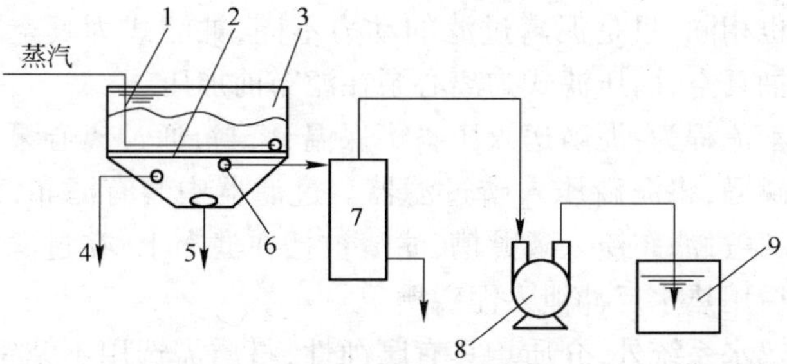

图 8-5　泥磷真空抽滤工艺流程示意图

1—蒸汽管;2—筛板和滤布;3—抽磷槽;4—放水管;5—放磷管;
6—抽滤管;7—缓冲罐;8—水环式真空泵;9—水池

表 8-4　不同材质滤布对抽滤效率的影响

滤材及层数	处理泥磷量/g	磷含量/%	黄磷产品量/g	磷收率/%	滤渣情况	备　注
尼龙布两层	50	65	30	92.0	不粘布	不耐温
玻璃布三层	110	65	60	84.0	不粘布	磷不合格
白花齐布两层 玻璃布一层	1000	65	385	59.0	滤渣粘布	
白帆布一层	1000	65	310	47.7	滤渣粘布	
滤纸两层	100	65	55	84.6	滤渣粘布	
柞蚕丝两层	100	65	54	83.0	不粘布	
柞蚕丝两层	100	65	64.5	99.2	不粘布	
柞蚕丝两层	100	65	64	98.4	不粘布	

由表 8-4 可见,用柞蚕丝作滤布,磷回收率最高,由于它不粘滤渣,又便于滤渣的清理。但是,这种滤材价格比较贵,一般采用尼龙布或玻璃布较为合适。也可采用两层滤布,以提高抽滤效果。

总之,真空抽滤泥磷回收率一般仅为 70% ~80%,还需不断完善,滤饼中残留 20% 左右的磷,尚需进行两次处理。

8.1.4.2　压滤式过滤泥磷

压滤式过滤泥磷与抽滤式过滤泥磷原理相同,影响过滤效果的因素也相同，只是泥磷过滤的动力不同，抽滤式为真空泵从滤布之后抽真空，而压滤式为离心泵在滤布前加压。

基本流程为：泥磷送入压磷罐保温、密封，通过离心泵打热水进入压磷罐，将泥磷压入磷过滤器。过滤器中装有滤布，泥磷进入后，磷穿过滤布流入磷贮槽，滤渣被挡在滤布上，在过滤操作一定时间后用热水反冲泄入泥磷槽。

除热水系统外，介质均具有腐蚀性，材质需选用不锈钢；系统操作压力达 0.5MPa 以上，属压力容器；为避免磷冷凝堵塞管道，保证介质的流动性，整个系统均要保温。该装置间歇操作，一般情况每班过滤泥磷一罐（约 $7m^3$）。

该法优点是泥磷处理量较大，不污染环境，自动化程度较高，操作劳动强度小。缺点是装置投资较大，泥磷过滤不完全，剩余少部分泥磷渣需采取别的办法，如用转锅蒸磷法将其彻底处理。

8.1.5　泥磷烧制磷酸

泥磷烧酸又称燃烧法，是处理泥磷较为理想的方法，其化学反应方程式为：

$$P_4 + 5O_2 \longrightarrow P_4O_{10} + Q$$

$$P_4O_{10} + 2H_2O \longrightarrow 4HPO_3$$

$$HPO_3 + H_2O \longrightarrow H_3PO_4$$

各厂根据具体条件，在工艺流程、设备选型及布置上均有所不同。

8.1.5.1　固定炉烧制磷酸

固定炉法烧制磷酸是国内黄磷生产企业采用较多的一种泥磷处理方法。图 8-6 为该法制酸的一种工艺流程图。

泥磷投入燃烧炉 1，生成磷酸酐（P_4O_{10}）气体进入水化室 2，与喷下的稀磷酸（50% ~ 70% H_3PO_4）相遇进行水化反应，生成磷酸（其生成量约占总量的 70%）流至贮酸槽 8，水化过程中生成的酸雾进入吸收塔 3、4、5，与塔顶喷下的稀酸相遇，尾气经风机 6 放空，塔中生成的磷酸从塔底流入贮酸槽 8。所得的磷酸应进行冷却，通常在酸槽外加水夹套或设置冷却器进行冷却，输酸管用不锈钢管外加水冷夹套，待冷至50℃以下后，磷酸的大部分由酸泵7输至水化室和吸收塔喷淋，小部分引至贮酸槽或外运。

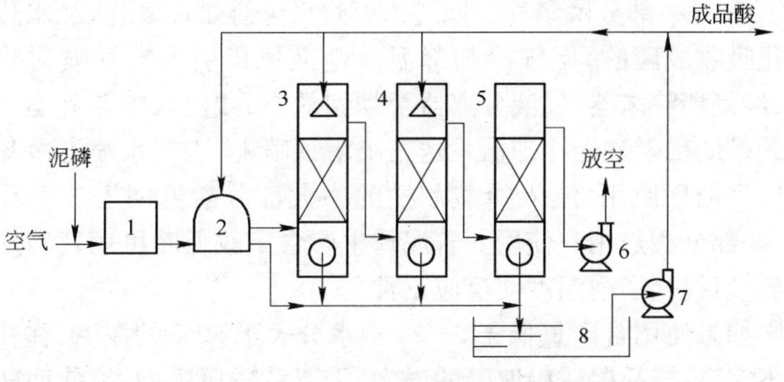

图8-6　简易泥磷制酸流程示意图

1—燃烧炉；2—水化室；3，4，5—吸收塔；6—风机；7—酸泵；8—贮酸槽

稀磷酸有较强的腐蚀性，制酸系统的所有设备、管道、阀门等均需注意防腐蚀。吸收塔和水化室可用石墨或不锈钢 Mo_2Ti 等制作，也可以内衬石墨板，耐酸砖（辉绿岩胶泥等砌筑），外加铁箍的钢塔。风机的叶轮材质采用 Mo_2Ti 等含钼不锈钢或涂以环氧树脂防腐，放空管用塑料制作，耐酸泵可用塑料泵或不锈钢泵等。

磷酐水化后的除雾，在泥磷制酸小型装置设备上采用填料塔是可取的。如欲制取浓磷酸，可采用蒸汽夹套的搪瓷设备。为了保证磷酸的质量，可在燃烧过程中加入适量的磷。经沉淀、过滤处理可提高磷酸质量。

8.1.5.2　回转炉制磷酸

为了解决广西磷酸盐化工厂15000kVA制磷电炉的泥磷处理问题，南京化学工业公司设计院和广西磷酸盐化工厂共同开发的年产2000t（75% H_3PO_4）回转炉制磷酸装置，于1979年7月建成投产，回转炉 ϕ1000mm ×6000mm，每天处理泥磷约8t，生产75% H_3PO_4 约10t。

该装置适合处理含磷 25% ~32% 的泥磷，也可处理含磷更高的泥磷。贮槽中的贫泥磷由人工加入回转燃烧炉中，富泥磷从熔磷槽中用液下计量泵送至回转燃烧炉与贫泥磷混合燃烧，生成 P_2O_5 和一小部分磷蒸气一同进入燃烧塔继续燃烧氧化，经水化塔水化吸收成磷酸，尾气冷却降温后由鼓风机引入空气喷射除雾器，经复档除沫器、气液分离器至烟囱放空，残渣入贮斗外运。磷酸贮槽的稀磷酸经冷却器泵送三个塔顶喷淋，工艺水喷淋冷却塔外壁后循环使用，流入磷酸贮槽的一大部分酸返回塔顶循环喷淋，一部分酸送用户使用。若泥磷中磷含量较低时可用黄磷尾气助燃，以提高塔内温度使反应正常。

如果使用含磷量低于 25%、含水分大于 50% 的泥磷，往往燃烧不完全，产品磷酸中亚磷酸增多，需要黄磷尾气助燃，使回转炉尾部温度达到 500℃以上，则炉内燃烧时生成物为 P_2O_5。由于泥磷中水分含量超过其磷含量的两倍，所产磷酸浓度会有所下降，增加黄磷尾气助燃后可使回转炉末端炉气温度达到 500℃以上，则残渣中磷会被烧尽，排出的残渣不冒烟。

该回转炉制酸技术尚存在一些问题需要完善改进，如何解决贫富泥磷的均化、加料和计量、回转炉的衬里结构和延长使用寿命。

8.1.5.3 大型泥磷制酸

大型泥磷制酸装置是云南磷肥工业公司 60kt/a 黄磷项目的泥磷处理配套装置，工艺技术由苏联列宁格勒设计院开发，生产工艺过程连续进行，采用常规仪表，生产控制全部自动化，对环境基本无污染，是目前泥磷制酸最先进的技术之一。

该装置的工作原理是泥磷槽中的泥磷通过热水产生的压力经保温管送入燃烧炉的泥磷喷嘴，在压缩空气的作用下使泥磷雾化进入燃烧炉，燃烧炉中上部设置有三个相切的磷炉尾气或煤气烧嘴，泥磷与过量空气及辅助燃料气燃烧，在 1200℃的高温环境下充分氧化，含磷酸酐的高温炉气经水化塔水化吸收，尾气中的酸雾经静电除雾器进一步捕集后放空。工艺流程见图 8-7。

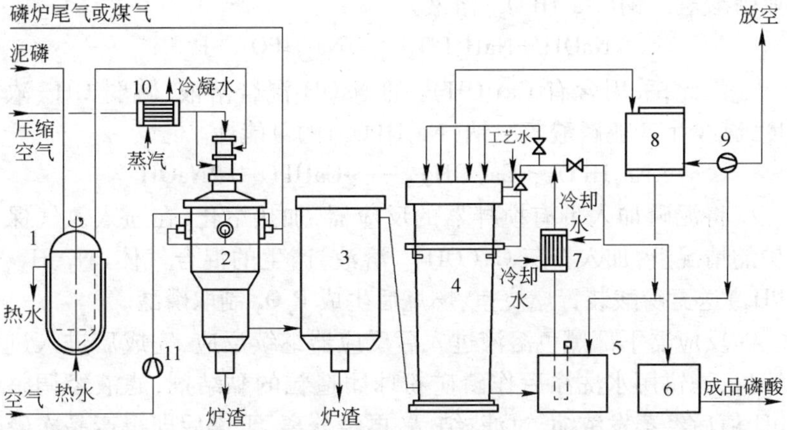

图8-7　大型泥磷制酸工艺流程示意图

1—泥磷槽;2—双层燃烧炉;3—再燃烧室;4—水化塔;5—磷酸槽;6—成品磷酸槽;7—换热器;8—静电除雾器;9,11—风机;10—换热器

泥磷槽制酸装置的设计能力为磷酸(73% H_3PO_4 计)38.6t/d,泥磷消耗量为0.9～1.3t/h,残渣排放量4～6t/d,尾气中酸雾含量(标准状态)不高于80mg/m^3(P_2O_5 计),泥磷中磷(P_4)的回收率极高,残渣中基本上不含磷。所用泥磷分别来自精制工序和污水处理站。

8.1.6　碱处理法

(1)泥磷槽制次磷酸钠。碱法处理泥磷槽制备次磷酸钠是原民主德国的专利。其基本原理是当温度在95～110℃,$n(OH^-):n(P)=1.5$ 时:

$$3NaOH + 4P + 3H_2O \longrightarrow 3NaH_2PO_2 + PH_3$$

$$4NaOH + 4P + 4H_2O \longrightarrow 4NaH_2PO_2 + 2H_2$$

同时也生成:

$$4NaOH + 4P + 2H_2O \longrightarrow 2Na_2HPO_3 + 2PH_3$$

在上述条件下,$n(OH^-):n(P)>1.5$ 时,可使磷全部转化为亚磷酸氢二钠（Na_2HPO_3）溶液。

$$NaOH + NaH_2PO_2 \longrightarrow Na_2HPO_3 + H_2$$

因此，采用含有 $Ca(OH)_2$ 的 NaOH 混合溶液，减弱 OH^- 浓度，减少生产亚磷酸氢二钠（Na_2HPO_3）的可能性。

$$Na_2HPO_3 + Ca(OH)_2 \longrightarrow CaHPO_3 + 2NaOH$$

将泥磷加入带有搅拌器的反应器，加热熔化，在通入氮气保护的情况下，加入石灰 $Ca(OH)_2$ 溶液，产生的混合气体（N_2、H_2、PH_3）送至磷酸装置燃烧室，燃烧后生成 P_2O_5 制取磷酸。

反应器下部黑色溶液进入后反应器继续反应，完成后进入过滤机，滤饼用水洗涤后作磷矿粉球团造粒的黏结剂，滤液经调整 pH 值后经蒸发浓缩、过滤、结晶，再经分离、干燥后即得产品次磷酸钠。

（2）氧化—碱液吸收法处理贫泥磷。据报道，广西磷酸盐化工厂在贫泥磷中加入锅炉烟囱灰（含固定碳约 10%），将贫泥磷燃烧后的气体用纯碱溶液吸收法生产磷酸氢二钠（$Na_2HPO_4 \cdot 12H_2O$），并副产磷钾化肥。1984 年完成中试，生产装置规模为 200t/a 磷酸氢二钠，设备全部采用普通碳钢制作。

氧化—碱液吸收法处理贫泥磷生产工艺流程为：用泵将贫泥磷送至中间槽，再流入高位槽，进而将贫泥磷加入混合器。烟囱灰经吊车送到螺旋给料机上的灰斗，经螺旋给料机送至混合器。

贫泥磷与烟囱灰按一定比例进入混合器后，混合均匀的物料经下料管流入回转炉内，同时由反射炉供给热量，使 P_4 氧化燃烧生成 P_2O_5 气体，泥磷渣由回转炉尾部流出，定时移到堆渣场，经加工处理为磷钾肥出售。

含 P_2O_5 炉气进入吸收塔，塔内喷淋纯碱溶液，直接吸收为磷酸氢二钠，出塔尾气经除雾器后放空，尾气中 P_2O_5 含量在 $0.6g/m^3$ 左右。

严格控制循环槽内的 pH 值、温度及波美度，吸收液经板框压滤机过滤，滤液放入结晶槽，用离心机使磷酸氢二钠结晶与母液分离，母液返回循环槽循环使用。

8.2 黄磷尾气的利用

黄磷尾气是指用冷凝方法从磷炉气中分离出磷后的气体。主要成分是CO，其他杂质有无机硫（S、H_2S、SO_2）、有机硫（COS、CH_4SH）、磷及磷化物（P_4、PH_3）、氟及氟化物（HF、SiF_4）、砷及砷化物（AsH_3、AsF_3、As）、CH_4、CO_2、O_2、N_2、氰化物和原料粉尘等，一般组成见表8-5。随着原材料的组成变化及生产操作的不同也有所变化。每生产1t黄磷副产尾气2500～3000m^3（标态）。

表8-5 黄磷尾气的一般组成

φ（体积分数）/%				质量 m/g · m^{-3}（标态）			
CO	O_2	CO_2	其他	总磷	磷	氟	总硫
85～95	0.1～0.5	2～4	3～5	0.5～1.6	0.07～0.8	0.4～0.5	0.6～13.0

黄磷尾气发热值为10.5～11.0MJ/m^3（标态），是一种重要的资源和优质能源。尾气中的CO含量比半水煤气[φ（CO）=30%]高得多，经净化处理是生产碳一化工产品的优质原料气。从20世纪70年代开始，我国就利用尾气净化处理后生产甲酸钠、甲酸、草酸、甲醇、光气、苯乙酸和二甲基甲酰胺等化工产品。但是，由于我国黄磷企业生产规模较小，布点分散，资金紧缺，技术开发滞后，已取得的科研成果和生产经验推广应用缓慢，黄磷尾气净化处理作为碳一化工产品原料气的利用率极低，除少部分作热源使用，大部分放空燃烧，浪费资源，污染环境，破坏生态平衡。CO衍生物产品链如图8-8所示。

2008年国内黄磷产量为86万吨，尾气总量达296.2万吨，其中用作化工产品原料气的利用率约为尾气总量的2%；用作黄磷原料烘干、三聚磷酸钠干燥、聚合及加热六偏磷酸钠、烧热水等热源的约占尾气总量的30%～35%；而60%以上的黄磷尾气排放燃烧。据此计算，直接或间接燃烧尾气产生的二氧化碳约445万吨/年，二氧化硫0.48～1.14万吨/年，对环境污染相当严重。

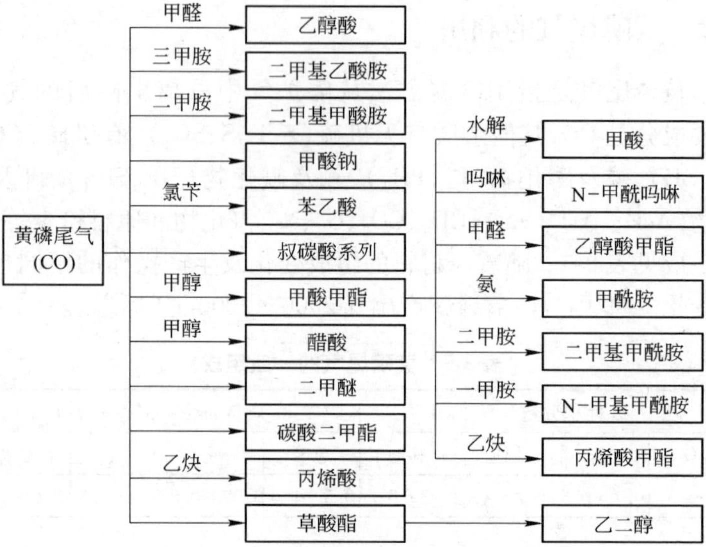

图 8-8　CO 衍生物产品链

8.2.1　黄磷尾气的净化与综合利用

8.2.1.1　生产甲酸钠、甲酸、草酸等产品的尾气净化

甲酸钠主要用于生产甲酸、草酸及元明粉等，还可用于制备还原剂和消毒剂。以净化处理后的黄磷尾气替代发生炉煤气生产甲酸钠制草酸，主要化学反应式如下：

合成：$CO + NaOH \longrightarrow NaCOOH$

脱氢：$2NaCOOH \longrightarrow Na_2C_2O_4 + H_2\uparrow$

铅化：$Na_2C_2O_4 + PbSO_4 \longrightarrow PbC_2O_4\downarrow + Na_2SO_4$

酸化：$PbC_2O_4 + H_2SO_4 \xrightarrow{2H_2O} H_2C_2O_4 \cdot 2H_2O + PbSO_4\downarrow$

为了保证产品质量，防止管道、设备腐蚀，采用水洗和碱洗（0.8% ~10% 的 NaOH 水溶液）相结合的方法对黄磷尾气进行净化处理。净化处理设备内适当填加瓷环或塑料小球，以除去尾气中磷、硫及其氧化物、水化物、酸性气体和灰尘等，并有降温作用。

主要化学反应式如下：

$$3SiF_4 + 3H_2O \longrightarrow 2H_2SiF_6 + SiO_2 \cdot H_2O$$

$$H_2S + 2NaOH \longrightarrow Na_2S + 2H_2O$$

$$CO_2 + 2NaOH \longrightarrow Na_2CO_3 + H_2O$$

$$P_4 + 3NaOH + 3H_2O \longrightarrow 3NaH_2PO_4 + PH_3$$

$$HF + NaOH \longrightarrow NaF + H_2O$$

$$H_2SiF_6 + 2NaOH \longrightarrow Na_2SiF_6 + 2H_2O$$

含 Na_2CO_3 的洗涤液经苛化处理回收 NaOH，返回系统循环使用。为了进一步除去磷、硫及其化合物等杂质，可采用活性炭固定床催化氧化法，在尾气中通入少量的氧（空气），以规定的空间速度和温度通过活性炭固定床，尾气即被净化，可有效地脱除磷、硫，并且催化剂中毒后易于再生，反应原理如下：

$$P_4 + 3O_2 \xrightarrow[110℃]{\text{活性炭}} 2P_2O_3$$

$$P_4 + 5O_2 \xrightarrow[110℃]{\text{活性炭}} 2P_2O_5$$

$$2PH_3 + 3O_2 \xrightarrow[110℃]{\text{活性炭}} P_2O_3 + 3H_2O$$

$$PH_3 + 2O_2 \xrightarrow[110℃]{\text{活性炭}} H_3PO_4$$

$$2H_2S + O_2 \xrightarrow[110℃]{\text{活性炭}} 2S + 2H_2O$$

净化后尾气中含磷量可从 $1000mg/m^3$ 降到 $0.3 \sim 0.5mg/m^3$，硫含量可以从 $2500mg/m^3$ 降到 $1mg/m^3$ 以下。武汉化工原料厂等单位长期生产实践表明，上述净化方法效果好，成本低，安全可靠，工艺流程见图 8-9。

每 1t 活性炭净化的尾气可生产草酸 300～400t，具体控制指标：气体空间速度 $300m^3/(m^3 \cdot h)$，活性炭粒度 $\phi 2.2mm \times 5mm$，堆积密度 0.5kg/L。

失效后的活性炭可再生循环使用，但再生后的活性炭，其活性及失效间隔期将会缩短。

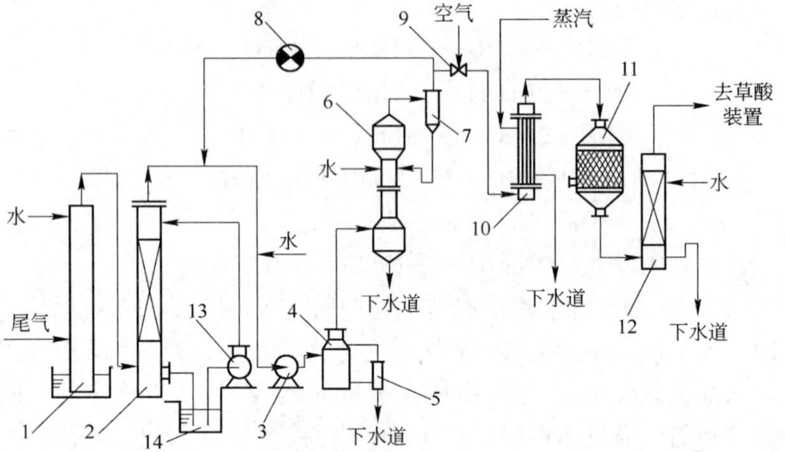

图 8-9 黄磷尾气活性炭催化氧化工艺流程示意图

1—水洗塔;2—碱洗塔;3—纳西泵;4—气液分离器;5—液位自控器;6—泡沫除尘器;7—旋风分离器;8—回路自控器;9—引射式比例调节器;10—预热器;11—活性炭床净化器;12—冷却器;13—离心泵;14—碱液循环槽

8.2.1.2 生产甲醇黄磷尾气的净化

甲醇生产历史悠久,催化剂品种较多,且性能各异,对原料气中杂质含量要求也不同。目前常用的催化剂要求原料气中硫含量在 $1mg/m^3$ 以下,过高会使催化剂中毒失效。因此,黄磷尾气经水洗、碱洗后再用次氯酸钠溶液去除尾气中的微量磷和磷化氢,然后再用烧碱溶液洗涤吸收脱除硫化氢和二氧化碳。该净化技术 1971 年在广州农药厂 $35m^3/h$ 小装置进行的中试获得成功,净化后的尾气已达到甲醇生产要求的纯度,并在红旗化工厂等单位推广应用,其反应式如下:

$$P_4 + 10NaClO + 12NaOH \longrightarrow 4Na_3PO_4 + 10NaCl + 6H_2O$$

$$PH_3 + 4NaClO + 3NaOH \longrightarrow Na_3PO_4 + 4NaCl + 3H_2O$$

次氯酸钠也可以脱除硫、硫化氢及砷化氢等,其反应式如下:

$$H_2S + NaClO \longrightarrow NaCl + S + H_2O$$

$$H_2S + 2NaOH + 4NaClO \longrightarrow Na_2SO_4 + 4NaCl + 2H_2O$$

$$AsH_3 + 4NaClO + 3NaOH \longrightarrow Na_3AsO_4 + 4NaCl + 3H_2O$$

该方法是我国聚氯乙烯和维尼纶厂净化乙炔的常用工艺技术。乙炔比一氧化碳危险性更大,次氯酸钠也不稳定,现已掌握了安全操作技术,且净化后尾气中磷、硫、砷小于 1×10^{-6}(即0.0001%),技术上成熟可靠,可以推广应用。

利用净化处理的黄磷尾气还可生产其他产品,如广州农药厂尾气净化后制二甲基甲酰胺,并建成500t/a 生产装置,生产运行正常;河北某厂利用尾气,在氯苄羰基金属化合物的催化作用进行反应,制备苯乙酸,产率达90%,产品纯度在99%以上;陕西宝鸡农药厂利用尾气合成光气,作农药原料。

8.2.1.3 黄磷尾气吸附净化提纯技术

我国西南化工研究设计院和四川天一科技股份有限公司经过实验室研究和中试研究,开发出高效净化与提纯黄磷尾气的成套技术,该工艺主要包括预处理、变温吸附(TSA)和变压吸附(PSA)三个工序,净化后一氧化碳纯度在99%以上。

黄磷尾气预处理采用水洗和脱硫,主要去除粉尘、SiF_4、部分H_2S、HF、残磷、焦油等杂质,并有冷却作用。黄磷尾气中硫的形态很复杂,既有 H_2S,又有 CS_2、COS 和硫醇、硫醚等有机硫,并且杂质的组成随着所用原料磷矿石、焦炭(白煤)质量的变化而变化,且硫的含量相对较高,因此应首先脱除硫。该工艺在预处理中通过 PDS(酞菁钴磺酸铵)脱硫和干法脱硫,脱除绝大部分的无机硫和一部分有机硫。PDS 脱硫技术是利用 PDS 对硫化物的催化、氧化作用,在碱性溶液作吸收剂的条件下将硫化物氧化为单质硫,同时副产硫磺。作为液相催化氧化法的 PDS 脱硫技术,与其他脱硫技术相比具有工艺简单、成本低、脱硫效率较高,适用范围宽等特点。20 世纪 90 年代初在江苏锦屏化工厂黄磷尾气净化系统应用,取得了较好的脱硫效果和经济效益,并积累了操作经验。

经过预处理的黄磷尾气进入变温吸附工序,该工序可进一步去除剩余的 H_2S、有机硫、PH_3、HF 和 AsH_3。由于在预处理工序已

将绝大部分 H_2S 和部分有机硫除去，而变温吸附工序的专用吸附剂对有机硫有很好的脱除效果。因此，经过变温吸附工序基本可以完全脱除硫。同时专用吸附剂对磷、砷、氟有着较强的吸附能力，经过变温吸附工序磷、砷、氟的含量均可以控制在 10^{-6}级，满足化工产品生产对原料气的要求。

经过变温吸附后气体的主要成分是 CO、CO_2、H_2、CH_4、N_2，采用变压吸附法提纯 CO 是成熟的工业化技术。变压吸附（PSA）是利用固体吸附剂在加压下对某组分进行选择性吸附，利用减压时解吸的循环过程来实现连续分离提纯，采用二段法 PSA 工艺提纯一氧化碳。二段法使用已工业化的常规吸附剂，采用两套 PSA 装置串联，在第一套装置中将吸附性能较强的杂质气体如二氧化碳等除去，再在第二套装置中选择吸附一氧化碳，其他组分作为非吸附相排除，由第二套装置吸附剂解吸就得到一氧化碳产品。该项技术已在贵州开阳得到工业应用，装置试车结果表明，黄磷尾气经净化提纯后，CO 纯度可达到 99% 以上，并且硫、磷、砷、氟有害杂质的含量均降到 10^{-6}以下，完全可以满足下游化工生产的技术要求。

8.2.2 我国黄磷尾气综合利用新进展

8.2.2.1 采用羰基合成法制甲酸甲酯、再水解制甲酸

贵州开阳磷都化工股份有限公司黄磷厂 2 万吨/年甲酸装置，于 2008 年 5 月建成投产试运行，得到合格的甲酸产品。这是国家高技术产业化示范工程，国家级火炬计划项目、贵阳市循环经济重点项目。

生产甲酸所用一氧化碳的质量要求（质量分数）是：$CO \geq 96\%$、$O_2 \leq 10 \times 10^{-6}$、$CO_2 \leq 10 \times 10^{-6}$、$H_2O \leq 10 \times 10^{-6}$、总 $S \leq 1 \times 10^{-6}$、磷及磷化物 $\leq 1 \times 10^{-6}$、砷及砷化物 $\leq 1 \times 10^{-6}$、$H_2 + N_2 + CH_4 + Ar$ 为平衡组分。尾气的净化处理方法采用水洗和 PDS 法脱硫预净化处理，再用变温吸附（TSA）和变压吸附（PSA）法彻底脱净尾气中存留的磷、砷、氟、硫及其化合物等。

甲酸甲酯法生产工艺有以下特点：一氧化碳、甲醇羰基合成甲酸甲酯工艺为中压中温工艺，甲酸甲酯水解制甲酸工艺为低压中温工艺，工艺条件温和。该工艺具有产品质量高，可根据市场需求生产80% ~99%浓度不等的高品质甲酸产品，能耗低、成本低、自动化程度高和连续生产等优点。甲酸甲酯水解后得到甲酸和甲醇，经过精馏提浓后，甲醇又返回到羰基合成系统作为原料。因此，甲醇在系统中循环使用。该工艺的反应原理如下：

$$CO + CH_3OH \longrightarrow HCOOCH_3$$

$$H_2O + HCOOCH_3 \longrightarrow HCOOH + CH_3OH$$

8.2.2.2　黄磷尾气生产7万吨/a甲酸钠

贵州青利集团开阳青利天明化工有限公司现有15000kVA制磷电炉两台，年产黄磷14000t，配套建成年产7万吨甲酸钠装置。其生产工艺技术特点如下：

采用大口径合成管道技术（单条生产线，最大合成管径达到1200mm），适应甲酸钠生产装置产能大型化；采用DCS自控技术，保证了CO气体和烧碱溶液的最佳合成配比，提高原料利用率，保证产品质量；采用“Ⅰ拖Ⅲ”双效蒸发器技术，降低甲酸钠生产蒸发、干燥的能耗，变间歇生产为连续化生产；回收冷凝水用作配碱用水，降低产品水耗；生产成本比传统的焦炭发生炉煤气制甲酸钠工艺降低30%以上。

2006年，天津碳一公司为山东博汇集团设计的2×25500kVA密闭电石炉尾气年产7万吨甲酸钠项目建成投产，为黄磷尾气生产甲酸钠的大型装置提供技术支撑。黄磷尾气制甲酸钠工艺流程见图8-10。

黄磷尾气由总水封引气口（另一个口为放空燃烧用）引气，气体先进入湿法水洗的两级水洗塔，经水洗动力泵加压，再进入两级水洗塔及湍流水洗塔后进入脱磷、脱硫净化系统，经压缩脱碳后加烧碱合成甲酸钠。

系统在湍流水洗塔补充新鲜水（平流沉淀池表面蒸发量）。由于湿法水洗酸性气体，水洗沉淀池中的循环水显酸性，可适当

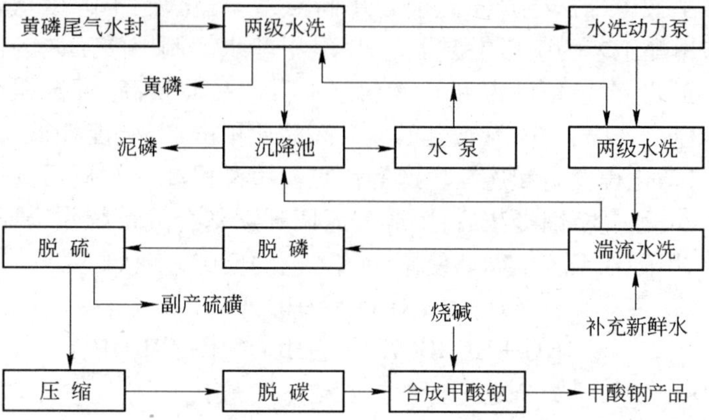

图 8-10 黄磷尾气制甲酸钠工艺流程示意图

加一些中和剂、混凝剂沉淀悬浮物，上清液（水）循环洗涤气体，沉淀池中的沉淀物贫泥磷集中处理回收利用。

8.2.2.3 黄磷尾气制甲酸联产磷酸盐

在甲酸钠反应中用工业磷酸代替硫酸，生产甲酸的同时副产酸式磷酸盐，由于磷酸一钠、二钠等的价格远远高于使用硫酸时副产的芒硝，又减少了硫酸的贮运，因此可显著降低磷酸盐的成本。本工艺技术于1993 年6 月完成工业试验，结果表明磷酸一钠的结晶水在 100℃ 时就可脱除，磷酸二钠稍高于 100℃ 时也可脱水。这样，在反应中生成并包含在磷酸盐中的甲酸，在不太高的温度下就可全部释放出来，甲酸的回收率在 90% 以上。用联产出的磷酸盐调配、聚合得到工业级的磷酸一钠、二钠、五钠、三偏和六偏磷酸钠。

硫酸生产的甲酸浓度在 85% 以上，而 85% H_3PO_4 蒸出的甲酸不超过 75%，要使甲酸钠浓度提高到 85% 以上有两个办法，一是把磷酸浓度提高到 94% 以上；二是向反应物料中加固体脱水剂。甲酸钠合成时由原料带进的杂质，如 NaOH、Na_2CO_3、NaCl 等全部或部分与磷酸反应，都可转化为酸式磷酸盐。

新工艺与原工艺的生产装置基本相同，但要选用耐工业磷酸腐蚀的材料制作设备、管道及管件。甲酸与磷酸盐联产工艺,无论从设备投资、能耗和原材料消耗,还是简化工艺操作等方面看,都比原工艺好得多,产品成本可大幅度降低。因此,采用磷酸生产甲酸,尤其对于有热法磷酸、磷酸盐产品的黄磷生产企业是一个有价值的工艺技术路线。最近贵州省惠水磷酸厂利用黄磷尾气生产甲酸联产六偏磷酸钠装置建成投产。

8.2.2.4 黄磷尾气制甲醇

甲醇用途广,市场需求量大,开发黄磷尾气净化处理后,可采用中温变换制合成气,碳酸丙烯酯脱除二氧化碳甲醇合成等相对成熟技术的应用。

8.2.2.5 黄磷尾气制碳酸二甲酯(DMC)

碳酸二甲酯替代光气作羰基化剂,可制作兽药痢特灵、农药卡巴得、除草剂磺草灵及锅炉除垢剂等。采用甲醇液相氧化羰基化合成碳酸二甲酯工艺,其反应式如下:

$$CO + 2CH_3OH + \frac{1}{2}O_2 \longrightarrow CO(OCH_3)_2 + H_2O$$

我国西南化工研究设计院开发了甲醇液相氧化羰基化合成碳酸二甲酯工艺,并与中科院成都有机化学研究所合作对50t/a甲醇羰基合成碳酸二甲酯新工艺进行了工程开发。据悉,昆明理工大学与江磷集团开发的黄磷尾气制碳酸二甲酯取得成功。

8.2.2.6 黄磷尾气制草酸二乙酯

甲酸钠一步法生产草酸二乙酯工艺已做了大量实验,草酸二乙酯经水解可生产高纯度草酸,彻底解决甲酸钠变换铅化法生产草酸工艺中大量排放含铅污水污染环境的问题。草酸二乙酯经加氢可制乙二醇,加氨可制取草酰胺,需加大力度进行技术开发,从实验室、中间试验稳步前进,市场前景看好。

8.3 磷铁的利用

磷铁是电热法制磷的副产物,每生产1t黄磷副产磷铁100～200kg(数量多少取决于磷矿和焦炭中铁的含量,若入炉混合料中含1% Fe_2O_3，1t 黄磷副产 80 ~ 120kg 磷铁)。磷铁呈灰色，略有光泽，主要成分为磷和三价磷化铁的金属混合物，分子式一般为 Fe_3P、Fe_2P、FeP 及 FeP_2，相对密度为 5.6 ~ 6.0(密度和熔点随含磷量的变化而有所变化)，熔点 1165℃和 1366℃，见表 8-6。常温下化学性质稳定，不溶于酸、不生锈、无磁性。制磷电炉副产的磷铁含磷量为 18% ~ 26%，其次有少量的硅、锰、钒及残留的碳、硫等，随磷矿组成不同，还可能含有钛、钙、铬等，具体成分见表 8-7。

表 8-6　磷化铁物性表

分子式	P 含量/%	熔点/℃	形　态	密度/t · m^{-3}	生成热/kJ · mol^{-1}
Fe_3P	15.6	1165	四方晶	7.10	181.62
Fe_2P	21.7	1366	六方晶	6.77	171.66 ±2.10
FeP	35.7	分解	斜方晶	6.07	119.32 ±2.10
FeP_2	52.6	分解		4.95	157.00 ±2.10

表 8-7　黄磷副产磷铁成分　(%)

产　地	w(P)	w(Si)	w(Mn)	w(C)	w(S)
A -1 柳州	26.23	0.13	1.02	0.037	0.003
A -2 柳州	23.49	1.89	0.65	0.17	0.022
B 石家庄	22.41	0.28	0.65	0.082	0.04
C 哈尔滨	20.32	0.38	0.92	0.12	0.01
D -1 昆明	25.52	0.63	0.67	0.05	0.013
D -2 昆明	22.9	3.7	1.17	0.091	0.014
E 徐州	20.77	3.03	0.2	0.45	0.027
F 浙江	18.63	5.20	0.64	1.72	0.078

磷铁在冶金工业中主要用作合金剂，要求其最大含硅量为 2%，含磷量为 23% ~ 24%。因此，我国从 20 世纪 40 年初在东北辽阳市有几台小功率电炉就开始用磷矿石、铁屑、焦炭、硅石为原料直接生产磷铁和副产黄磷，60 年代初扩建 1500kVA 电炉，80 年代初又扩建一台 3000kVA 电炉生产磷铁副产黄磷。近年来，我国

制磷工业快速发展,2008 年全国黄磷副产磷铁约 10 万吨以上。为了节约磷资源和能源,要充分回收利用黄磷副产磷铁,降低黄磷生产成本。

8.3.1 生产磷酸盐

利用磷铁作原料生产磷酸氢二钠和磷酸三钠等,与利用纯碱中和磷酸的生产方法对比,既节约硫资源(磷矿和硫酸反应制得磷酸)、磷资源和能源,又使磷铁得到充分利用。

8.3.1.1 生产磷酸氢二钠

磷铁和纯碱作用主要反应方程式如下:

$$4Fe_2P + 4Na_2CO_3 + 9O_2 \longrightarrow 2Na_4P_2O_7 + 4CO_2 + 8FeO$$

$$4FeP + 4Na_2CO_3 + 7O_2 \longrightarrow 2Na_4P_2O_7 + 4CO_2 + 4FeO$$

$$Na_4P_2O_7 + 13H_2O \longrightarrow 2Na_2HPO_4 \cdot 12H_2O$$

磷铁生产磷酸氢二钠的工艺流程如图 8-11 所示。将磷铁块

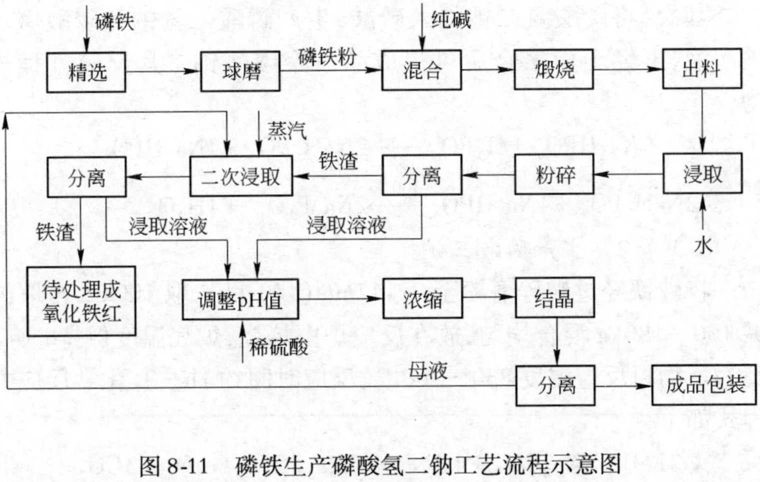

图 8-11 磷铁生产磷酸氢二钠工艺流程示意图

上的炉渣及其他杂质除去后,进行破碎和球磨成细粉,并与纯碱以 1:1 比例(摩尔比)在铁槽内充分混匀(纯碱过量 1%),用黄磷尾气作热源在煅烧炉内煅烧,使物料熔融充分反应。然后在熔融状态(冷后结块就难以出料)取出放在铁槽内,加水浸取放置

12h，用粉碎机进行粉碎。粉碎后的渣水混合物放入离心机中进行渣液分离，并用少量热水洗涤几次，将浸取溶液洗涤下来，磷铁渣再以母液浸取，浸取后再用离心机分离。分离所得的溶液与第一次分离溶液合并，加稀硫酸调整其 pH 值，再于带夹套的浓缩锅中进行浓缩。待溶液密度为 1.26 ~ 1.38kg/L，放在结晶槽中冷却、结晶。最后将已结晶好的物料用离心机脱除水分（母液）即为成品包装。母液作为二次浸取时使用，但要通蒸汽加热，以提高浸取效率，磷铁渣可进一步加工成氧化铁红。

在上述工艺流程中，由于物料中有硅酸盐及二价所生成的胶体物，使渣液分离发生困难，目前尚未找到一个比较理想的分离方法。同样物料浸取的工艺条件也有待于进一步探索。在相同的条件，浸取后残渣中磷含量不理想，不能完全按 $w(NaOH)/w(H_2SO_4)$ 比值上升而降低，其原因是残渣中已生成的磷酸盐没有被浸取出来，使得磷的含量较高。

其次，将磷酸氢二钠加入磷酸，生产磷酸二氢钠和磷酸氢二钠溶液，再经干燥聚合后可得成品三聚磷酸钠。其反应方程式为：

$$5Na_2HPO_4 + H_3PO_4 \longrightarrow 2NaH_2PO_4 + 4Na_2HPO_4$$

$$2NaH_2PO_4 + 4Na_2HPO_4 \xrightarrow{360℃} 2Na_5P_3O_{10} + 4H_2O$$

8.3.1.2　生产磷酸三钠

将磷铁经过破碎磨粉至 0.147mm（100 目），取 100kg，再取纯碱 160 ~ 180kg 混合均匀，放在反应炉中焙烧，炉气温度保持650 ~ 750℃，物料反应温度 850 ~ 900℃，反应时间约 1h。其化学反应方程式如下：

$$2FeP + 3Na_2CO_3 + 4O_2 \longrightarrow 2Na_3PO_4 + Fe_2O_3 + 3CO_2$$

$$2Fe_2P + 6Na_2CO_3 + 11O_2 \longrightarrow 4Na_3PO_4 + 4Fe_2O_3 + 6CO_2$$

再将焙烧物料用水浸取过滤，将滤液蒸浓，冷却结晶得 $Na_3PO_4 \cdot 12H_2O$ 产品。每吨磷铁可生产 2t 多结晶体磷酸三钠。

8.3.2 磷铁回收及再加工方法

8.3.2.1 直接破碎精整法

将磷铁除去表面夹带的杂质，破碎至所要求块度，即可出售。通常根据国外用户要求将磷铁加工成不同粒度的成品包装供货。粒度和用途见表8-8。

表8-8 磷铁的粒度和用途

粒度/mm(in)	用 途
152.4(6)块(或较小块)	(1)添加至鼓风炉炉料中； (2)大量添加至大型化铁炉和电炉中
76.2×50.8(3×2)	添加至较小的化铁炉、电弧炉中
9.525×3.175(3/8×1/8)	添加至前炉、双联炉中
3.175×0(1/8×0)	用作小型铁水包添加料
约0.175(80目)粉状	特殊用途

表8-9为有代表性的三个磷铁样品，一般都符合用户要求。为了保持批量磷铁的磷含量稳定在±1%，需按含磷品位高低分级管理较好。

表8-9 磷铁样品成分

成 分	质量分数/%		
	样品1	样品2	样品3
磷(min)	24.0	23.0	23.0
硅(max)	1.00	2.0	3.0
硫(max)	0.50	0.50	0.50
碳(max)	1.00	1.00	1.00
锰(max)	2.00	2.00	2.00

8.3.2.2 矿热炉重熔法

用封闭式矿热炉以磷矿石为原料冶炼磷铁时，将黄磷副产磷铁破碎至小于 60mm 的块度，与冶炼炉料均匀混合入炉，互相熔化成含磷品位稳定的磷铁，定期从炉内放出浇铸冷却精整即得成品。表 8-10 为矿热炉重熔技术指标。

表 8-10　矿热炉重熔技术指标

副产磷铁添加量/%	每吨成品磷铁消耗/kg					磷铁化学成分(质量分数)/%			
	磷矿石	铁屑	硅石	焦炭	电力/kWh	P	Si	C	S
20	1550	820	310	220	2750	16.0 ~ 17.5	0.2 ~ 1.2	0.3 ~ 0.7	0.01 ~ 0.07
0	2150	950	350	275	3250				

从表 8-10 看出，加入副产磷铁 20% 熔炼，可使成品消耗指标大大降低。加入比例可随副产磷铁货源情况调整，对含磷量高低也可按需求加以调整。该法的优点是可使含夹杂物高、磷品位波动大的副产磷铁熔炼成熔点较低、含磷 17% 的优质磷铁。

8.3.2.3　坩埚重熔法

将粉状或块度较小的副产磷铁放入坩埚内以电加热使之熔化，必要时加入铁屑、铁棒之类调整需要获得符合标准的含磷品位产品。熔炼可在中频感应炉或其他电炉进行。表 8-11 是用副产磷铁（w(P) 26%、w(Mn) 0.56%、w(Si) 0.5%、w(C) 0.09%、w(S) 0.15%）坩埚熔炼测算之实例。由于炉料成分可以调整，产品成分稳定，表面清洁，质量得到保证。为了减少氧化烧损，表面应加入相应低熔点造渣材料为好。

表 8-11　坩埚重熔法测算实例表

项目名称	原　料	
	副产磷铁	副产磷铁 + 铁屑
消耗指标		
副产磷铁/kg	1050 ~ 1125	800 ~ 1000
铁屑/kg		300 ~ 400
电/kWh	1000 ~ 1500	1100 ~ 1500
磷收率/%	86 ~ 91	88 ~ 91.5

续表 8-11

项目名称	原料	
	副产磷铁	副产磷铁+铁屑
产品磷铁化学成分 $w/\%$		
P	25.5~26	17~18.5
Mn	0.4~0.6	0.3~0.5
Si	0.2~0.3	0.1~0.2
C	0.03~0.05	0.03~0.05
S	<0.05	<0.05

8.3.3 磷铁在冶金工业中的应用

磷铁在冶金工业中主要用作合金剂。用磷铁制得的含有3%~12%的磷和6%~20%硅的各种铁合金,均具有较好的浇铸性能,它们的物理性质,对磷酸、硫酸及盐酸的耐腐蚀能力与硅铁的性质差不多。不过,这类金属只局限于浇铸件上。

添加磷铁可简单而精确地调整金属中的磷含量至任何需要的标准。因此,磷铁主要用在冶金、铸造行业中。

(1)在铁中。灰口铁的含磷量在0.20%~0.90%范围内时,金属熔液的流动性增加。在卫生洁具中,添加磷至0.8%,可大大改善铸铁的可铸性,从而可以铸造大而薄的铸件。小而复杂的铸件,如活塞环、装饰铁件和铁器,添加磷含量后可改善质量。

欧洲研究指出,含磷铸铁用于制造火车闸瓦,可以明显减少刹车时发出的火花,从而减少或消除火车厢底盘引擎的火灾事故。

(2)在钢中。通常把磷铁添加至鼓风炉中,生产高磷生铁,用于特殊铸造。这一过程实际上就是把磷添加至钢中的一个均化方法。用这种含磷生铁可炼制一种易切削钢。

8.3.4 磷铁的其他用途

(1)制纳米磷铁粉。化学成分稳定的磷铁均可作为加工原料,制纳米磷铁粉,用途广泛,附加值高。磷铁粉国外早已开始用于高级防腐油漆材料,它能代替价格昂贵的富锌涂料中的超细锌粉。制纳米磷铁粉工艺简单,设备采用小型雷蒙磨机,即能加工成粒度很细的原料粉。其质量要求一般为:$w(P)>20\%$,$w(Si)=0.2\%\sim3.5\%$,0.043mm(325 目)筛余量小于 0.2%。

(2)制备电极材料。据报道:四川大学科研成果——由磷铁制备电极材料的方法(专利公开日期 2008 年 7 月 16 日,专利号 CN101219783A),磷铁中含有磷和 Fe 元素,为电极材料提供部分或全部磷源和铁源,可以是矿物或其冶炼产物,也可以是磷化工的副产物。

(3)其他用途。

1)原子能:用于制作 $4800kg/m^3$ 的混凝土放射性防护层。

2)建筑材料:用作高密度混凝土骨料,适用于水泥复合物中作为收缩裂缝的控制剂。

3)炸药:粉体磷铁用作炸药的填充剂。

4)石油:用作钻井泥浆填充剂,也可用作炸毁油井的爆破药筒。

5)隔声:用作隔声系统的隔板及门的添加剂,这些地方需要较高的密度。

6)机械:制作无石棉摩擦材料,用于机动车辆的制动摩擦衬片和摩擦材料。

7)用作绿色火柴药头中的配料。

8.4　炉渣的利用

制磷电炉副产物炉渣(磷渣),每生产 1t 黄磷副产炉渣 8 ~ 10t,其数量、化学组成与所用的炉料(磷矿石、硅石、焦炭)及配料比有关,其中 P_2O_5 含量还与制磷电炉操作有关。磷渣的主要化学组成及实测平均值见表 8-12。

$$\text{实测炉渣碱性系数 } M_0=\frac{m(CaO+MgO)}{m(SiO_2+Al_2O_3)}=1.02$$

$$活性系数 M_a = \frac{m(Al_2O_3)}{m(SiO_2)} = 0.11$$

$$质量系数 K = \frac{m(CaO + MgO + Al_2O_3)}{m(SiO_2 + P_2O_5)} = 1.22$$

表 8-12 磷渣的主要化学组成以及实测平均值

项目名称	理论范围/%	实测平均值/%
$w(CaO)$	47.0~52.0	47.66
$w(SiO_2)$	40~43	43.15
$w(Al_2O_3)$	2.0~8.0	4.67
$w(MgO)$	0.8~2.5	1.27
$w(Fe_2O_3)$	0.2~1.0	1.13
$w(P_2O_5)$	0.8~3.5	0.95
$w(F)$	1~3	

熔融炉渣水淬后得到0.2~0.5mm的灰白色细粒,因炉料中杂质含量和冷却条件不同,其颜色会有深有浅。经岩相分析,制磷炉渣主要为$\beta-C_2S$($\beta-2CaO\cdot SiO_2$)和C_5A_3($5Ca\cdot Al_2O_3$),并含有较多的透明玻璃体和具有活性的多孔结构,能被酸直接分解,相对密度约为2.89,松散状态的磷渣水分含量1%~10%时,堆密度为800~1000kg/m^3。

8.4.1 磷渣的特性

国内有关单位对制磷炉渣制水泥方面主要围绕磷渣四大特点进行了长时间的实验研究和技术开发工作,其四大特点是:

(1)磷渣的本质。磷渣是低活性矿渣,特别是三氧化二铝的含量低,难以生成水化硫铝酸钙,所以要加含适量Al_2O_3的物质。同时,由于磷渣含有较多的透明玻璃状物,其玻璃结构的不稳定性和不均衡状态使它具有较高的潜在活性。当用适量的石灰作碱性激发剂、用石膏作硫酸盐激发剂时,在二者组成的复合激发剂的激发下,才有可能使部分不规则的铝酸根、硅酸根,进行一定程度重新排列和化学反应，生成水化硫铝酸钙、水化硅酸盐和水化铝酸盐等，从而具有较好的胶凝性能，这就是磷渣能生产矿渣水泥的理论基础。

（2）强度的特性。磷渣虽然是水硬性胶凝材料，加水后并不像普通硅酸盐水泥那样迅速水化、凝固，其关键是因为有硅酸状的胶体包围和吸附在矿渣中的 $\beta-C_2S$（硅酸二钙）表面和周围，水化时水不易直接接触进行重排和化学反应。所以早期强度低，须经过一定时间渗透才进行化学反应，使后期强度增加较快。

（3）组成的特殊性。磷酸盐是水泥中常用的缓凝剂，水泥中掺了缓凝剂之后，由于缓凝剂的离子或分子吸附在水化水泥的颗粒表面，阻碍水泥颗粒的继续水化，延缓了水泥的凝结，降低了早期强度。实践表明，水泥中含微量 P_2O_5 对水泥强度是有利的，而 P_2O_5 含量增加，其强度明显下降。所以当磷渣 P_2O_5 偏高时，有必要掺入部分钢渣改善矿物的组成，提高质量。

（4）组成的物性。尽管磷渣的化学成分相同，当冷却形成颗粒形状不一时，配制水泥的质量也不同，这与磷渣冷却条件有关。实践证明，水与渣比和出渣的流速合适，有利于增加玻璃相的量，这样会提高早期强度。同时，由于磷渣的组成主要是硅酸盐，其中 C_2S（硅酸二钙）具有 α、β、γ 三种变体，只有 α、β 体具有胶凝性，采用骤冷水淬可以防止部分 $\beta-C_2S$ 转化为 $\gamma-C_2S$ 而造成水泥粉化丧失强度。同时借助水淬改变物性，保证水渣成粒的完整性，提高磷渣的活性。

试验研究成果经试点生产逐步在全国范围内普遍推广应用，至 1986 年 7 月 29 日国家标准局颁布《用于水泥中的粒化电炉磷渣》（GB/T 6645—86）质量技术标准，并于 1987 年 7 月 1 日实施。该标准规定了用于水泥原料的磷渣的 $w(P_2O_5)$ 不得大于 3.5%，质量系数 K 不得小于 1.10，按下式计算：

$$K=\frac{m(CaO+MgO+Al_2O_3)}{m(SiO_2+P_2O_5)}$$

由于我国黄磷工业发展迅猛，磷渣作为生产水泥的原料在长期生产实践中的推广应用取得了良好的效果。国家建筑材料局于1988年4月4日颁布了《磷渣硅酸盐水泥》(ZBQ11008—88),并于1988年11月1日实施。1989年3月16日又颁布了《低热矿渣硅酸盐水泥》(简称低热矿渣水泥标准)(GB200—89),并于1989年12月1日起实施。这些技术标准的颁布无疑对磷渣综合利用起到了积极的推动和规范作用。

8.4.2 利用磷渣生产水泥

8.4.2.1 作为硅酸盐水泥的掺和料

制磷炉渣和炼铁炉渣都是在炉内高温反应过程中形成的,主要成分是硅酸钙及其他金属氧化物的熔体,在物理性质方面与炼铁炉渣无本质区别。制磷炉渣的化学组分与炼铁炉渣相比,CaO和SiO_2含量偏高,Al_2O_3含量偏低,且含有0.8%~3.5%的P_2O_5。前面已提到P_2O_5在水泥中是一种有害组分,会延缓水泥的凝结速度。当炉渣中$w(P_2O_5)=1.0\%\sim3.5\%$时,用作水泥掺和料不会产生严重的影响,只是初凝时间有所延迟,早期强度有些下降,而晚期强度仍能达到规定值。为了提高制磷电炉的磷收率,应尽量降低炉渣中的P_2O_5,通常控制在1%~2.5%。不过,化学组分只是判断炉渣质量的一个方面,而水淬情况又是影响其质量的另一个方面。质量好的磷炉渣,要求玻璃体含量高,晶体发育不完全,而水淬条件就决定了磷炉渣中的晶体和玻璃体的相对含量及晶体发育程度。

经试验对比,制磷炉渣和高炉炉渣作硅酸盐水泥掺和料,当掺和量小于等于15%时,不影响硅酸盐水泥品质及其物理性能。

8.4.2.2 作为磷渣硅酸盐水泥的原料

水淬炉渣有较高的潜在活性,添加适量的激发剂,可以用于生产磷渣硅酸盐水泥。在水泥熟料与磷渣混合物中,磷渣掺入量20%~40%称为磷渣硅酸盐水泥,其国家专业标准为ZBQ11008—88。磷渣质量必须符合GB6645的规定,磷渣水泥的使用范围与矿渣硅酸盐水泥相同,为了调节这种水泥的凝结时间和激发磷渣的活性,可加入适量的石膏。磷渣硅酸盐水泥的抗水性能和抗硫酸盐性能较好,适用于水工建筑物中。此外,磷渣硅酸盐水泥的放热量(水化热)低,适用于大型构筑物施工时配制胶凝料。

根据试验结果,掺入制磷炉渣后,水泥的安定性都合格,稠度比基本稳定,掺入量增加,抗压强度相应下降,而28天的抗拉强度反而有所提高,符合磷渣水泥专业标准的规定。

据有关报道,近年开发的新型磷渣硅酸盐水泥采用某种价廉高效的多功能矿物代替石膏,克服了原磷渣水泥普遍存在早期强度低,凝结硬化慢等缺点,同时又保留了磷渣水泥之优点。当磷渣掺入30% ~50%时,所产水泥(石膏磷渣水泥)标号可达到425号或525号,初凝时间不迟于150min,早期强度达到矿渣硅酸盐水泥的指标。新型磷渣硅酸盐水泥符合ZBQ11008—88的技术要求,具有磷渣掺入量大、能耗小及生产成本低等明显特点,该技术已在国内工厂推广应用,经济效益十分显著。

此外,根据市场对水泥产品需求情况,可将磷渣掺入量逐步增加到88%,加入12%石膏,生产石膏磷渣水泥;利用磷渣作水泥原料,适当调整配料比,必要时增加一些外加剂、调凝剂等可生产其他水泥品种供农村建房、修路等用。

8.4.2.3　作为低热矿渣硅酸盐水泥原料

根据《低热矿渣硅酸盐水泥》(GB200—89)中有关规定,在水泥中矿渣掺加量按质量百分比计为20% ~60%,允许用不超过混合总量50%的磷渣替代部分矿渣,并要求各龄期强度不得低于表8-13中的数值。

表8-13　低热矿渣硅酸盐水泥各龄期强度值和水化热值

标号	抗压强度/MPa			抗折强度/MPa			水化热值/kJ · kg^{-1}	
	3天	7天	28天	3天	7天	28天	3天	7天
325	—	13.7	32.5	—	3.2	5.4	188	230
425	—	16.8	42.5	—	4.1	6.3	197	230

注:上表数据摘自低热矿渣硅酸盐水泥国家标准GB200—89。

8.4.2.4　作为磷渣钢渣白水泥的原料

据《磷酸盐工业》介绍，某专利采用磷渣、钢渣及煅烧石膏三种物质作为无熟料磷渣钢渣白水泥的生产。其组成比例为磷渣30%～41%（质量分数）、钢渣40%～50%（质量分数）、煅烧石膏19%～23%（质量分数）。三种物质中，钢渣属中高碱度渣，它作为组成的一部分，不仅具有快凝快硬、提高早期强度的特点，还提高了水泥水化时的碱度，促进磷渣潜在活性的发挥，使得磷渣玻璃体物质中的活性氧化硅、活性氧化铝等成分生成水化硅酸钙凝胶、钙矾石及水化铝酸钙，从而组成硬化磷渣钢渣水泥石的主体；而磷渣水化缓慢的特点又使得水泥的后期强度不断增长。另外，磷渣中的活性氧化硅与钢渣中的游离氧化镁生成水化硅酸镁胶体，使得磷淆钢渣白水泥的压蒸安定性合格。再者，煅烧石膏在无熟料磷渣钢渣白水泥的水化硬化过程中，不仅起到硫酸盐激发剂的作用，而且直接参与发挥强度、提高白度的作用。

所制备的磷渣钢渣白水泥的质量均能满足GB2015—80的标准，使用性能不低于白色硅酸盐水泥，可广泛应用于工业、民用建筑工程的装饰上。在磷渣钢渣白水泥中加入适量的耐碱性颜料，可生产磷渣钢渣彩色水泥，还适用于各种薄型彩色装饰砖、外墙和地面装饰。

8.4.2.5　铝矾土替代硅石制磷联产铝酸盐水泥

在不影响制磷电炉正常生产时，用煅烧铝矾土部分代替硅石，控制炉渣组分为 $w(CaO) \approx 51\%$、$w(SiO_2) = 31\% \sim 33\%$、$w(Al_2O_3) = 9\% \sim 11\%$，浙江、江苏、湖北等地的几个单位多次试验结果表明，对制磷生产工艺的影响不大。电炉在还原磷的同时，副产硅铝酸盐为主的熔融熟料炉渣。该熟料炉渣只需添加无水石膏和水泥熟料等激发剂，即可制得高标号水泥产品，抗压强度达74MPa，抗拉强度达4.36MPa。试验所用的炉料组分和炉渣组分见表8-14和表8-15。

表 8-14　试验炉料的主要成分

名称	主要化学成分(质量分数)/%									
	P_2O_5	CaO	SiO_2	Al_2O_3	Fe_2O_3	灼失	C	灰分	S	挥发分
磷矿	34.17	49.09	6.30	1.75	1.79	2.98				
铝矾土		1.20	12.82	80.15	3.61					
硅石			94.26							
焦炭							80.25	17.36	0.9	2.39

表 8-15　试验用制磷炉渣的主要化学成分

编号	主要化学成分(质量分数)/%			
	P_2O_5	CaO	SiO_2	Al_2O_3
1	1.05	50.78	37.17	7.92
2	1.30	50.67	31.81	9.50
3	2.57	52.00	26.68	13.18

8.4.3　磷渣制砖及生产其他产品

8.4.3.1　生产渣砖

磷渣添加石灰制砖，其配合比为 100 份炉渣添加 5～7 份石灰，加水拌和消化，经轮碾机碾成干糊状，用压力为 160t 的压砖机压成砖坯。蒸汽保温，在 40～60℃温度下干燥 5～7h，然后直接用蒸汽在 80～100℃下养护 16～20h 即得成品。若适当增加石灰和少量石膏，砖的性能则更佳。所产磷渣砖的性能如下：

抗压强度　　102.31MPa
抗折强度　　2.95MPa
吸水率(质量计)　　8.54%

8.4.3.2　生产釉面瓷砖

磷渣的主要成分属人造电熔硅石，适合于低温快速烧结制造釉面砖，经研究试验，生产釉面砖使用慢冷干渣比水淬的吸釉性要好，主要原料有磷渣、叶蜡石、柴木节(洪山土)，其配合比(质量计)如下：

磷　渣	65~75 份
叶蜡石	5~15 份
柴木节	15~25 份

原料破碎后入球磨机，并加入水磨到一定的细度，脱水烘干后将粉团松散成粉，喷水 4%~14%（质量计）湿润均匀，筛掉大粒料后静置 1~6 天，然后用压砖机压成砖坯，干燥后入窑焙烧、涂釉、再焙烧即制得釉面砖。

8.4.3.3 生产硅肥

磷渣经干燥、磨粉、称量及包装制成硅肥成品。生产工艺和设备与钙镁磷肥厂的干磨、包装工序基本相同，其物理化学性质近似于钙镁磷肥，用制磷炉渣制成的硅肥呈微碱性，pH≈8，是一种枸熔性、玻璃体的缓效肥料，其中的可溶性组分 $w(SiO_2)\approx 30\%$，$w(CaO)\geqslant 40\%$，还有少量有效 P_2O_5、Fe_2O_3 和 MgO 及 Mn、Cu、Zn、Co 等微量元素，都是农作物所需的养分。广西三柳化工股份有限公司磷酸盐化工厂（原广西磷酸盐化工厂）于 1984 年试制成功硅肥，产品质量为：$w(SiO_{2有效})\geqslant 35\%$，$w(CaO_{有效})\geqslant 45\%$，$w(P_2O_{5有效})\geqslant 1\%\sim 2\%$，$w(H_2O)<1\%$；其粒度 0.147mm 的占 90% 以上。每生产 1t 硅肥消耗磷渣 1.02~1.08t、电 30~40kWh、钢球 2.0~2.2kg。

硅肥在我国属新的化肥品种，目前仅有企业和地方标准，广西磷酸盐化工厂制定的硅肥企业标准见表 8-16，云南省硅肥地方标准 DB53/T086—2000 见表 8-17。

表 8-16 企业硅肥质量指标

项目名称	指标		
	一级	二级	三级
$w(SiO_{2有效})/1$	≥30%	≥25%	≥25%
$w(CaO_{有效})/1$	≥35%	≥30%	≥30%
$w(P_2O_{5有效})/1$	≥1%	≥1%	
$w(H_2O)/1$	≤3%	≤3%	≤3%
粒度/mm	<0.147	≤0.175	≤0.332
分布（质量计）/1	≥85%	≥80%	≥80%

表 8-17 云南省硅肥质量标准(DB53/T086—2000)

项 目	指 标	
	优等品	一等品
外 观	灰白色或灰色粉末	灰白色或灰色
有效硅(以 SiO_2 计)含量(不小于)/%	27.0	25.0
有效钙(以 CaO 计)含量(不小于)/%	30.0	30.0
水分含量(不大于)/%	3.0	3.0
细度(通过 250μm 标准筛)(不小于)/%	80	80
有效磷(以 P_2O_5 计)含量(不小于)/%	4.0	—

硅肥在朝鲜、日本和东南亚地区早已大量生产和施用,其数量达 1000kt/a 以上,现在朝鲜和日本都把硅肥列为氮、磷、钾之后的第四种化肥养分。我国台湾省对硅肥的应用也相当普遍,硅肥能提高水稻的光合作用和抗病能力,促进其对氮磷养分的有效利用,使水稻增产。尤其是我国南方水稻田,大多为缺硅土壤,施用硅肥增产效果更为显著,对花生、甘蔗及块根作物施用硅肥也取得了良好的效果。中科院南京土壤研究所等农科部门对硅肥肥效进行了试验,结果表明:每公顷施硅肥 750kg,可使水稻增产 14.6%;每公顷施硅肥 600kg 可使花生增产 10.6%。

20 世纪 80 年代后期,云南省建成省级国家星火计划项目——硅肥试验厂,继而又带动省内建立一批硅肥生产厂,年生产能力已达 20 多万吨。

国家对硅肥的推广使用极为重视,1998 年 12 月国家科技部把硅肥生产技术列入了"九五"期间国家重点科技成果推广项目,先后有 20 多个省市开展了硅素养分研究、田间试验及示范推广工作。

8.4.3.4 生产白炭黑

白炭黑用途十分广泛,如作为橡胶制品的填充剂、补强剂等。国内有关单位用磷渣和副产盐酸反应制取白炭黑试验获得成功。产品白炭黑 $w(SiO_2)$ =89.88% ~94.37% 、$w(R_2O_3)$ =0.465% ~

0.96%、$w(H_2O)$=0.17%~9.27%、灼失4.7%。每生产1t白炭黑消耗磷渣3.4~3.5t、烧碱(30% NaOH)2.56~2.60t、食盐(含NaCl≥98.0%,用于副产盐酸中脱氟)0.5t,副产盐酸(折合31% HCl)2.6~2.8t。制磷炉渣综合利用的新途径,需继续加大技术开发力度,使更多的新发明、新工艺应用于工业生产中。

8.5 炉渣余热回收利用

制磷炉渣带走的热量约占总能耗的30%,如何利用炉渣显热为科技人员所重视。现将炉渣余热利用情况作一介绍。

8.5.1 冲渣热水回收利用

(1)熔融炉渣不用高压水淬粒化,而将熔融炉渣直接流入渣池中,然后用热水泵将渣池中的热水送至后部系统用于收磷喷淋或供精制槽漂磷使用。马龙产业华宁厂采用此种方法,配合尾气热水装置,黄磷生产基本不需要锅炉供汽,节能减排效果明显。

(2)南京化学工业公司磷肥厂将冲渣水改为循环使用后,循环水温提高到98℃(实测),为充分利用炉渣余热创造了条件。在现有水淬冲渣流程中增加一台水泵和热交换器利用炉渣余热,如图8-12所示。

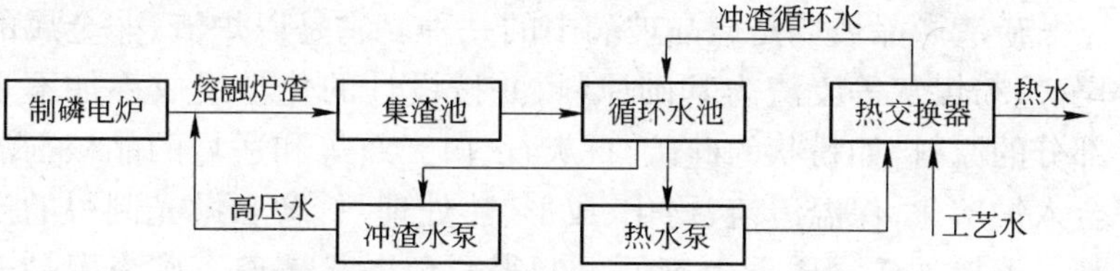

图8-12 炉渣热量回收装置工艺流程示意图

通常工艺水经过热交换器后流出的热水可达60℃左右。将热水用于精制槽漂磷可节约蒸汽,用来作为1号喷淋洗涤塔的热喷淋水可提高磷收率,所回收的热量约占炉渣显热的7.34%(扣除热水泵电机用电量)。若扩大利用范围,其热量回收比例还可提高。

8.5.2　熔融炉渣生产微晶玻璃颗粒料和微晶玻璃饰材

直接利用熔融炉渣生产微晶玻璃颗粒料和微晶玻璃饰材，是充分利用炉渣资源和余热能源，实现绿色生产，保护环境，节能减排与可持续发展的重要措施之一。

微晶玻璃（又称陶瓷玻璃）是将特定组成的基础玻璃加热，并通过加热温度和时间调节控制晶化，制得一种含有大量微晶相及玻璃相（非晶相）的多晶固体材料。

8.5.2.1　微晶玻璃的性质

微晶玻璃既有玻璃的某些基本性能，又具有陶瓷的多晶特征，但结构和有些性能又有别于玻璃和陶瓷。这些特性是其他材料不可替代的，集中了玻璃和陶瓷的优异性能和特点，成为一类独特的新材料。

微晶玻璃结构致密且不易透气，软化温度高、线[膨]胀系数可调范围大、高温下有较高的机械强度、绝缘性能优良、硬度大耐磨性能好、具有良好的化学和热稳定性等特性。

8.5.2.2　微晶玻璃的用途

通过组成设计可制取光学、电学、磁学、热学、生物学等材料，从而得到广泛的应用。

矿渣微晶玻璃是微晶玻璃中的一种。它是以炉渣、非金属的尾矿、粉煤灰等废渣为基础原料，并按设计的化学组成掺加不足部分的原料，如粉状的硅矿、石灰石、白云石等和适量的晶核剂混合入炉熔化，保温澄清、均化、成形、热处理、打磨和抛光制得的产品。若掺加矿物质着色剂便可制得彩色微晶玻璃。矿渣微晶玻璃问世半个世纪以来，已广泛应用于化工、建材、军工、机械等部门，作为化学防腐、耐热、抗压耐磨、建筑物装饰材料等收到良好的效果。对工业废渣资源的利用，降低单位成本和保护生态环境起到了积极的作用。

8.5.2.3　生产微晶玻璃颗粒料

黄磷炉渣中的 SiO_2 和 Al_2O_3 的含量偏低，而 CaO 含量偏高，其化学成分与微晶玻璃基础材料有一定差距,按照设计的微晶玻璃化学组分添加不足的原料熔化、改性、加工便可制得合格的微晶玻璃颗粒料。

其生产方法有两种,其一是将磷炉生产中外排的高温熔融炉渣(1400℃左右)直接导入熔窑中,然后加入按照设计微晶玻璃颗粒料化学组分的原辅材料和矿物质着色剂,用黄磷尾气作热源对熔窑焙烧加温使物料熔化……

其二是按照设计组分的数量要求,先向熔窑内加入不足部分的原辅材料和矿物着色剂且混合均匀,用黄磷尾气加热熔化,然后导入高温熔融炉渣熔烧……

两种方法的后续加工处理均是黄磷尾气作热源焙烧反应,保温澄清、均化,然后将玻璃熔料水淬,再把水淬后的玻璃细粒烘干筛分得到矿渣玻璃颗粒料。

该法不仅回收炉渣本身和高温熔融炉渣的热量(1427℃,$\Delta H_m = 450.9\text{kcal/kg} \times 4.1868\text{kJ/kcal} = 1887.83\text{kJ/kg}$),而且充分利用尾气节约燃料消耗,减少了渣池水蒸发量,降低了渣水淬产生的废气对环境的污染,可节约对废气处理的费用。

生产微晶玻璃颗粒料每吨可节约原材料0.55~0.75t、燃料煤100~120kg(以发热量$5500\text{kcal/kg} \times 4.1868\text{kJ/kcal} = 23027.4\text{kJ/kg}$)、黄磷尾气回收利用180~200$m^3$(标态),吨磷成本可降低160~200元。

8.5.2.4　生产微晶玻璃饰材

将微晶玻璃颗粒料装入模具内,置于隧道(或梭式)窑中,以黄磷尾气作燃料进行烧结、晶化、退火,然后冷却处理得微晶毛坯,再将毛坯进行切割、研磨、抛光等加工处理制得产品。100m^2微晶玻璃装饰消耗黄磷炉渣3~4.2t,尾气1800~2100m^3(标态),可得到较好的经济和环保效益,值得业内重视和开发。

据有关报道,贵州息烽磷矿、息烽合力化工有限公司和安达磷化工有限公司共同建设黄磷炉渣综合利用示范工程——120kt/a微晶熔块和600km^2微晶玻璃饰板生产线,并利用黄磷尾气作为生产微晶玻璃饰板主要能源。贵州瓮福（集团）宏福剑锋化工股份有限公司和清华大学共同开发微晶玻璃用于室内装修。

8.5.3　生产保温材料

利用熔融炉渣资源和余热，用压缩空气直接吹成保温纤维——矿渣棉，其性能与硅酸铝纤维相近，保温性能良好。

8.6　污水处理及封闭循环

电热法制磷过程中，每生产 1t 黄磷排出 15 ~ 100m^3 含磷的污水，水量多少与生产工艺流程、设备及生产操作管理有关。国外对黄磷污水的处理大都采用化学及生物氧化法，其流程复杂，处理费用较高。为了探求一条适合我国国情的技术路线与治理方法，数十年来，在消化吸收国外引进装置先进技术的同时进行了大量试验研究，积累了相当多的技术资料和生产操作经验，在污水处理方面取得了很大进展，但还存在一些问题，尚需进一步完善，现将我国黄磷污水处理与封闭循环利用情况介绍如下。

8.6.1　黄磷污水的特性及危害

黄磷污水主要产生于收磷冷凝、精制和泥磷处理等过程中，由受磷槽和精制槽排出的污水一般为重污水，含有毒杂质数量和种类都较多，是污水处理的重点对象；其余来自电极水封、磷包装、贮存、冲渣水（含磷一般为 0.056 ~ 0.17mg/L，含氟约 31mg/L）、冲洗地坪水等。污水中含有磷、氰化物、氟化物、磷酸、硫化物、二氧化硅、碳及粉尘等杂质，pH 值为 2 ~ 4。国内黄磷厂的黄磷污水成分见表 8-18。

黄磷污水中的磷绝大部分处于悬浮和胶体状态，其中 90% ~ 95% 的磷与粉尘微粒相混得到泥磷，另有 5% 左右的磷与二氧化硅作用形成稳定的乳胶体结构。前者可借重力分离，后者很难沉淀。

氟化物以氟硅酸形态存在于水中，氰化物以氰化氢形态出现,二氧化硅一部分与氟相结合,一部分在水中形成硅酸胶体。

表 8-18 黄磷污水成分

单位	污水成分/mg · L^{-1}					pH	备注
	总磷(以 P_2O_5 计)	磷(以 P_4 计)	氧化物(以 CN^- 计)	氧化物(以 F^- 计)	二氧化硅(以 SiO_2 计)		
南京化肥厂	175 ~287	89 ~189	—	60 ~240	—	2 ~2.4	
杭州农药厂	394 ~560	117 ~287	—	—	—	1.55 ~2.1	
建德化肥厂	1000 ~1600	133 ~282	43 ~68	180 ~424	—	3.4 ~4.2	
武汉化工原料厂	—	220 ~260	10 ~20	40 ~65	150 ~300	6 ~7	
浙江化工研究所	128 ~196	17 ~54	20 ~57	101 ~244	—	2.8 ~3.5	
浏阳磷矿	—	100	—	150	—	5	
天津革命化工厂	—	—	20	180	—	—	
昆阳磷肥厂	—	80 ~120	—	200 ~400	—	—	
锦屏化工厂	—	54.6	—	180	—	—	
南化磷肥厂	68.56 ~ 149.3	17.3 ~ 33.1	3.37 ~ 56.5	63.0 ~ 244.5		2.84 ~ 3.15	昆阳磷矿
南化磷肥厂	128.8 ~ 400.75	19.2 ~ 54.0	25.5 ~ 55.0	149.0 ~ 250.0		2.93 ~ 3.48	开阳磷矿

注:因磷矿供应矿源不同,污水取样时间、取样地点不同,污水组成分析数据差异较大。

1984 年国家发布的《黄磷工业污染物排放标准》见表 8-19。国家《黄磷行业准入条件》中规定含磷废水必须实现零排放。

表 8-19 GB4283—84 规定的黄磷工业废水最高容许排放浓度和 pH 值

项目	第一级	第二级
pH 值	6.0 ~9.0	6.0 ~9.0
磷(以 P_4 计)/mg · L^{-1}	0.1	0.3
氟化物①(以 F^- 计)/mg · L^{-1}	20	30
氰化物(以 CN 计)/mg · L^{-1}	0.5	1.0
悬浮物/mg · L^{-1}	150	250

①低氟或缺氟地区可不执行本标准。

如果黄磷污水不处理直接外排或事故外排都会产生严重后果。1970 年浙江某厂大修时，将污水和泥磷排入新安江，使新安江至下游富春江一百余里水域内 60% 的鱼类死亡；1976 年广西某厂含磷污水溢流，一次毒死耕牛 12 头……

8.6.2　黄磷污水的自然沉降与过滤

(1) 国内黄磷厂的污水大多数采用平流式沉淀池进行自然沉降，时间在 24h 以上。为了确定这一手段的效果，分别在三个厂进行了沉降试验，其结果如图 8-13 和图 8-14 所示。

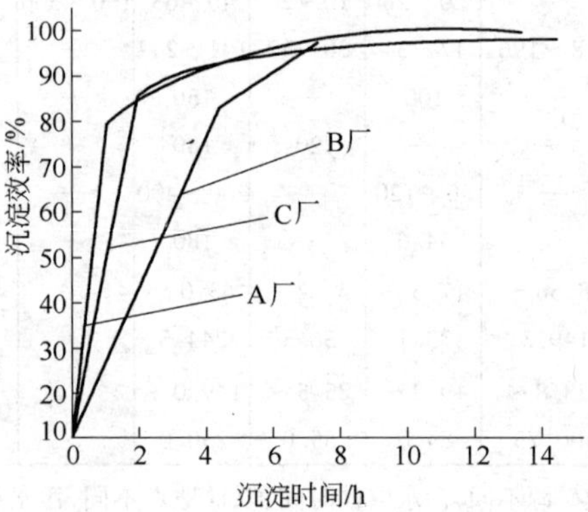

图 8-13　沉降时间与效率的关系

从图 8-13 可以看出，一般在 6h 以内就能沉淀完全，4h 的沉降效率约为 88% 以上，而 6h 效率则可达 97% 以上，再继续延长沉降时间收效甚微。从图 8-14 也可以看出，经过 6h 的自然沉降，水中残留的磷已降低至 4 ~ 5mg/L，再延长一倍时间也只能降低至 1 ~ 3mg/L。因此，考虑到动态沉降与静态沉降的不同，有效容积与理论容积的差异，自然沉降池的沉降时间一般以 12 ~ 16h 为宜。

斜管斜板沉淀是目前新兴的沉淀装置，是提高污水沉淀效率的有效途径。经试验，斜管沉淀停留时间与沉淀效率关系如图 8-15 所示。因斜管截面为正六角形，尺寸较小，污水中的硅、氟等胶

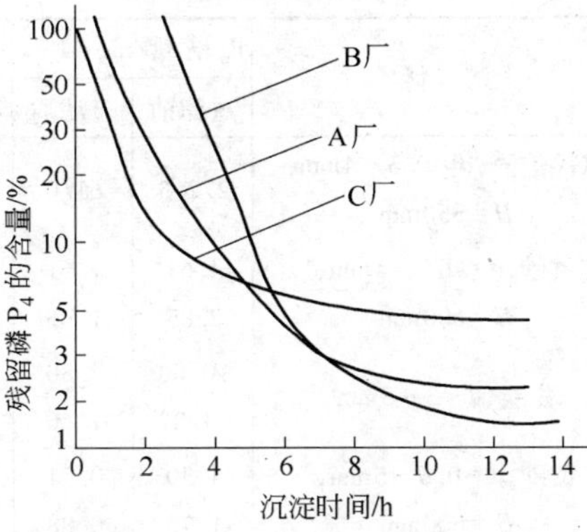

图 8-14 沉降时间与残留磷的关系

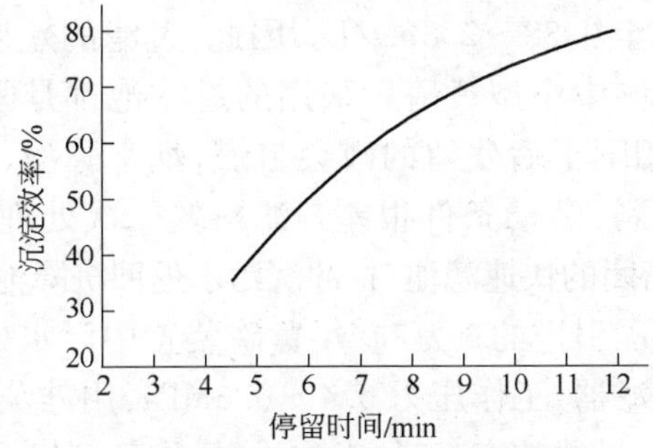

图 8-15 斜管沉淀停留时间与沉淀效率的关系

体状泥磷在斜管中自然沉淀后不易排除，生产上应用有一定困难。南京化工公司设计院采用斜板沉降槽，在徐州、宜昌、乐山、南漳、宝鸡等地黄磷污水处理装置上推广应用均取得了良好的效果。

(2)过滤法也是一种传统方法，主要作为自然沉降处理的补充手段。为了评估过滤的效果，分别在4厂进行了测定与试验。采用的滤料有在碎块石灰石上铺设黄砂、水淬炉渣、焦炭等，过滤的方式有重力式和水平式两种，测定结果见表8-20。

表 8-20　过滤除磷结果

单　位	滤　料	P_4 含量/mg · L^{-1}		过滤效率/%	过滤方式
		过滤前	过滤后		
南京化肥厂	水淬炉渣,d =0.5 ~4mm,H =550mm	272.3	61.0	77.6	重力式
建德化肥厂	黄砂,d =0.5 ~5mm,H =600mm	4.61	1.61	65.0	重力式
		2.85	1.56	45.3	重力式
武汉化工原料厂	焦炭,d =3 ~5mm	10.00	2.80	72.0	水平式
		3.8	1.60	57.9	水平式
浙江化工研究所	黄砂,d =0.5 ~5mm,H =600mm	4.30	0.91	79.1	重力式
		1.70	0.88	48.2	重力式

表 8-20 数据表明,过滤法去除磷效率为 45% ~79%,滤后水中磷含量可降至 0.88 ~2.8mg/L。因此,过滤的效果是不应忽视的。问题是我国中小型黄磷厂采用的过滤池都是敞开式的慢滤池,滤饼经太阳晒干后残留的磷会自燃,烟雾弥漫,污染环境,依靠人工清理滤料,劳动条件很差。滤料要二次处理,不能随便堆放,如果采用密闭的快速滤池,将冲洗污水返回沉降池则更为合理。

我国从德国引进的 3 万吨/年黄磷装置中污水处理采用旋转叶片式压力过滤器,工作压力 0.4 ~0.6MPa,用硅藻土作助滤剂,机械化程度高,过滤效率高,技术先进,操作环境好,但投资较大。

8.6.3　酸性条件下混凝剂的选择及其处理方法

用硫酸铝、硫酸亚铁、硫酸铁、三氯化铁作混凝剂进行试验的结果表明,在酸性条件下不调节 pH 值时,硫酸铝、硫酸亚铁几乎不起作用,而硫酸铁和三氯化铁都有很好的效果。在 pH 为 2 ~3 时,三氯化铁控制在 200 ~250mg/L,并剧烈搅拌 1 ~2min,再放慢搅拌 5 ~10min,则产生大片的絮凝体,一小时后污水基本澄清,磷的驱除率达 95% ~98%。澄清液中残留的磷为 2.4 ~6.3mg/L。当三氯化铁加入量低于 200mg/L 时,形成的絮凝体细小,处理效率降低;当加入量大于 250mg/L 时,产生的絮凝体增多,但处理效率提高不多。

三氯化铁之所以能起凝聚作用，主要是其水解产物能与硅胶及磷质点发生吸附凝聚作用。其水解反应如下：

$$FeCl_3 \rightleftharpoons Fe^{3+} + 3Cl^-$$

$$Fe^{3+} + H_2O \rightleftharpoons Fe(OH)^{2+} + H^+$$

$$Fe(OH)^{2+} + H_2O \rightleftharpoons Fe(OH)_2^+ + H^+$$

$$Fe(OH)_2^+ + H_2O \rightleftharpoons Fe(OH)_3 + H^+$$

而硫酸铝、硫酸亚铁与三氯化铁的主要差异是，在酸性介质中前面两者水解不完全，不能生成难溶的 $Al(OH)_3$ 及 $Fe(OH)_3$。

用三氯化铁作混凝剂时，加入 0.25～0.5mg/L 聚丙烯酰胺有助于沉降作用，可减少聚凝剂的加入量，并形成大块絮凝体迅速沉淀下来。但是只加聚丙烯酰胺不起助沉淀剂作用。

对污水中 pH 值作适当调节后加入硫酸铝也能起凝聚作用。如昆阳磷肥厂和徐州合成洗涤剂总厂的污水用石灰中和后 pH 值达5.5～6.5 时，加入硫酸铝溶液也会产生大片絮状物沉淀下来。采用硫酸铝 $Al_2(SO_4)_3 \cdot 18H_2O$ 作混凝剂，其主要优点是澄清水质好，沉降速度快，产生的浓渣液少，混凝剂在污水中不富集等。硫酸铝在水中进行电离和水解，生成氢氧化铝：

$$Al_2(SO_4)_3 \rightleftharpoons 2Al^{3+} + 3SO_4^{2-}$$

$$Al^{3+} + H_2O \rightleftharpoons Al(OH)^{2+} + H^+$$

$$Al(OH)^{2+} + H_2O \rightleftharpoons Al(OH)_2^+ + H^+$$

$$Al(OH)_2^+ + H_2O \rightleftharpoons Al(OH)_3 + H^+$$

氢氧化铝是溶解度很小的化合物，它从水中析出时形成胶体，带正电荷，使水中所含各种细小的胶体颗粒失去稳定并聚成较大的绒体，这种绒体具有吸附能力，不但能吸附悬浮颗粒，还能吸附部分细菌和溶解性物质，绒体在絮凝过程中逐渐增大，然后在重力的作用下沉降，使污水得到澄清。

8.6.4 碱性混凝剂的选择及其处理方法

碱性药剂有石灰、碳酸钙（石灰石）、烧碱及纯碱等，试验中发现,对于 pH 值为 2 ~3 的黄磷污水,不管加入何种碱性混凝剂都能产生大片絮凝体沉淀。当 pH 值为 6 ~7 时,污水能基本澄清;当 pH 值为 8 ~9 时,污水呈天蓝色清澈见底。在原污水加入石灰,除磷的效率可达 91% ~95%,结果见表 8-21。

表 8-21 石灰除磷结果

单位	磷含量/$mg \cdot L^{-1}$		除磷效率/%	pH		备注
	中和前	中和后		中和前	中和后	
南京化肥厂	123.10	10.8	91.2	2.15	6	原污水
	188.90	8.4	95.6	2.40	7	原污水
杭州农药厂	3.50	0.3	91.4	2.30	7	
	6.30	0.8	87.3	2.10	7	聚沉的澄清液
	3.60	1.5	55.6	2.10	7	
	4.80	1.5	67.4	2.10	7	
浙江省化工研究所	0.70	0.19	72.9	3.40	7	自沉 24h 的澄清液
	0.83	0.51	38.6	3.50	7	
	0.70	0.40	49.4	3.30	7	

石灰沉淀磷的机理是用石灰和污水中的磷酸、氟硅酸作用生成难溶的磷酸钙和氟化钙,在反应过程中新生的磷酸钙及氟化钙网罗与挟带硅、磷质点及其他杂质共同沉淀。其主要反应式如下:

$$P_4 + 5O_2 \longrightarrow 2P_2O_5$$

$$P_2O_5 + 3H_2O \longrightarrow 2H_3PO_4$$

$$CaO + H_2O \longrightarrow Ca(OH)_2$$

$$Ca(OH)_2 + H_3PO_4 \longrightarrow CaHPO_4 \downarrow + 2H_2O$$

$$3Ca(OH)_2 + 2H_3PO_4 \longrightarrow Ca_3(PO_4)_2 \downarrow + 6H_2O$$

$$Ca(OH)_2 + H_2SiF_6 \longrightarrow CaSiF_6 + 2H_2O$$

$$CaSiF_6 + 2Ca(OH)_2 \longrightarrow 3CaF_2 \downarrow + SiO_2 + 2H_2O$$

当 pH 值低于 5 时,石灰与磷酸反应主要生成枸溶性的 $CaHPO_4$,当 pH 值高于 8 时,主要生成难溶性的 $Ca_3(PO_4)_2$;据南京化工公司磷肥厂试验,当 pH 值控制在 6 ~7 时,石灰中和沉淀物中的枸溶性磷酸钙平均为50%。

特别需要指出的是用石灰处理黄磷污水时必须严格控制pH值在8以下。当pH值大于8时石灰将和磷反应生成剧毒、易燃、易爆的磷化氢气体：

$$2P_4 + 3Ca(OH)_2 + 6H_2O \longrightarrow 3Ca(H_2PO_4)_2 + 2PH_3\uparrow$$

磷化氢还有一个特点，能使已沉降的沉渣浮至水面，造成操作上的困难。

采用石灰石为中和剂时，在中和机内有一定数量的石灰石粉产生，可作为聚凝沉降后浓渣液过滤的助滤剂。在中和过程中加入少量的石灰，对中和过程是一种有效的调节措施，可增大中和机的操作弹性。但不能以石灰代替石灰石，否则形成大量胶体，造成浓渣液在过滤机上过滤脱水困难。石灰加入量一般为石灰石总的加入量的3%～4%。其主要化学反应式如下：

$$H_3PO_4 + CaCO_3 + H_2O \longrightarrow CaHPO_4\downarrow + 2H_2O + CO_2$$

$$H_2SiF_6 + 3CaCO_3 + H_2O \longrightarrow 3CaF_2\downarrow + SiO_2 \cdot H_2O + 3CO_2$$

8.6.5 药剂氧化

药剂氧化是进一步降低污水中磷的重要手段，国外极为盛行，国内也广泛进行了试验研究和生产应用。选用的药剂有次氯酸钙、次氯酸钠两种。次氯酸钙和次氯酸钠与磷的氧化反应式为：

$$2CaCl(OCl) + 2H_2O \rightleftharpoons Ca(OH)_2 + 2HOCl + CaCl_2$$

$$2NaOCl + H_2O \rightleftharpoons NaOH + HOCl$$

$$10HOCl + P_4 \longrightarrow 10HCl + 2P_2O_5$$

按理论计算，每氧化1份磷（P_4）需要5.72倍的有效氯。但在实践中，为了使污水中的磷含量降低至0.02mg/L以下，氧化剂加入量往往超过理论量计算值2～6倍。

需要提醒的是过量的氧化剂会产生余氯的毒害问题。曾在浙江省化工研究所进行了试验，加入200mg/L漂白粉氧化后的污水中磷含量0.009mg/L，余氯含量达18.2mg/L，用其稀释10倍后可养鱼，鱼苗在5h内全部死亡，而用石灰中和的澄清水养鱼，有30%鱼苗存活3天以上，过量的余氯残留量比残磷对鱼类更为有害。

药剂氧化有两个优点。其一，对磷的处理效果优于其他方法；其二，同时可除氰化物，使污水中氧化硅等胶体物质部分沉淀，改善了水的外观。根据浙江省研究所测定，加入漂白粉氧化后，污水中的氰化物（以 CN^- 计），由 1.7～4.65mg/L 降低至 0.04～0.88mg/L，处理效率达88%～99%。武汉、南京、徐州等地用电解食盐水自制次氯酸钠溶液处理黄磷污水，净化效果好，净化后的污水可达国家排放标准。

8.6.6　空气氧化

据国外介绍，采用鼓风曝气法可以除去污水中的磷。当气水比为100～368时，可使磷含量由1.5～2.4mg/L降低至0.3～0.7mg/L，处理效率为63%～86%，延长曝气时间或增大气水比收效不大。昆阳磷肥厂采用三级泡沫塔串联处理，当气水比为120时，磷含量由3～5mg/L降低至1mg/L左右；浙江化工研究所用喷水池进行空气氧化，磷可由0.49～2.15mg/L降低至0.11～0.98mg/L，处理效率为30.5%～77.5%；氰化物可由5.95～14.9mg/L降低至1.1～7.35mg/L，处理效率为40%～71.5%。武汉化工原料厂曾做过鼓风氧化试验，鼓风曝气15～75min，当气水比为20～100时，磷氧化效率可达83.6%～96.1%。徐州、宝鸡、乐山等地含磷污水先进入曝气冷却塔经鼓风曝气氧化后进入中和机。从德国引进的马龙产业昆明厂3万吨/年黄磷装置污水经过滤、沉降后进入曝气氧化罐鼓风曝气，设计控制指标污水中含磷由10～30mg/L降低至1～2mg/L。空气氧化的优点是不产生有毒有害物质，处理费用低。

8.6.7　污水封闭循环的现状及特点

由于世界各国能源供应紧张，环保要求不断提高，近十年来磷化工格局已发生变化，其中心逐步向中国转移。我国西南地区磷矿和水电资源丰富，发展黄磷工业优势明显。利用国内“西部大开发”和国外磷化工格局与结构调整的机遇获得了快速的发展。云、贵、川、鄂四省的黄磷产能、产量均占全国的90%以上，国内现有黄磷生产企业100余家，含磷污水的处理流程都是沉淀→中和→凝聚→沉淀后返回系统循环使用。

8.6.7.1 酸性污水循环

有些工厂黄磷污水是在酸性条件下循环使用的，污水的酸度由氟硅酸和磷酸的浓度决定。一般的情况下，在pH值小于5时，对普通金属有一定的腐蚀作用。但经建德化肥厂等长期实践证明，尽管循环污水pH值为4左右，但对铸铁、碳钢管道、清水泵等均未发生明显的腐蚀现象。这是因为黄磷污水存在三种抑制腐蚀作用的物质（SiO_2、磷酸、氰化物），它们在金属表面形成了一层保护膜，阻隔了磷酸和氟硅酸对金属的腐蚀，但pH值低于4情况就不一样了。

8.6.7.2 不排污封闭循环

按一般规律，污水长期封闭循环后水中溶解物质不断积累增加，最终达到饱和状态。但是，1973年、1975年在建德化肥厂进行了两次连续25天的生产查定结果表明，总磷、氟化物、氰化物达到一定浓度后基本上处于平衡状态，不再积累增加，污水的pH值也始终保持在4左右。因此，可以做到不排污封闭循环。

黄磷污水中可溶性物质不积累增加的原因是，在复杂的水溶液体系中可溶物之间相互作用生成了溶解度较低的沉淀物，但应定期清理沉淀物。氟化物和磷酸与钙、钾等作用生成两种难溶的沉淀物，即：

$$3HPO_4^{2-} + 5Ca^{2+} + F^- + 3OH^- \longrightarrow 3Ca_5F(HPO_4)_3 + 3H_2O$$

$$3H_2PO_4^- + 5Ca^{2+} + F^- + 6OH^- \longrightarrow Ca_5F(HPO_4)_3 + 6H_2O$$

$$H_2SiF_6 + K_2O \longrightarrow K_2SiF_6 + H_2O$$

K_2SiF_6 在17℃的水中溶解度为1200mg/L。生产中也发现以氟硅酸钾为主体的结晶附着在泵叶轮及管道上的现象。

氰化物不累积增加的原因是在酸性介质中，氰化物以氰化氢分子形态排入大气。

黄磷污水经处理封闭循环是目前我国环保的硬指标，但有两大问题必须解决，即如何改善循环污水的水质和污水池中的沉淀物——贫泥磷的处理。

8.6.7.3 循环污水水质的改善

目前，国内黄磷生产企业污水处理方法相对比较简陋，循环污水中残留的磷和氰化物含量较高，污水池上空及周围氰化物和磷化氢等浓度也较高。某些厂还经常发生氟硅酸钾在泵叶轮和管道上结垢和循环污水中硅胶含量过高缩短冷凝塔喷头清洗周期的情况，改善污水水质势在必行。

厂内必须进行清污分流，分级处理，按需供水，封闭循环。雨水和一般洗涤水必须引入下水道，绝对不能进入污水处理及封闭循环系统，否则会破坏系统水平衡，尤其是雨季要特别注意。含磷污水必须根据污水含有毒、有害杂质的情况分别单独地进行处理。

(1)受磷槽、精制槽、泥磷槽等含有较高的磷、氰化物、氟化物、硅胶及悬浮物等为重污水，是污水处理的重点，处理后作为封闭循环利用的主要对象，可供渣池水补充、冷凝塔喷淋和精制槽漂洗之用。

(2)黄磷包装、冷凝及冲洗地坪水含有少量磷，不含有氟化物，氰化物及硅胶等杂质，可自成系统单独沉淀、中和处理后返回系统使用。

(3)冲渣水中含有微量的磷、氰化物、氟化物等杂质，呈微碱性，可作为热塔喷淋水和漂磷用。在冲渣过程中有一部分水被蒸发排入大气，需要将黄磷污水经净化处理后作为补充水。在生产过程中如需补充新鲜水，则先供冷冷凝塔作喷淋用水。电炉变压器油的冷却水可循环利用，不要随意排放。因此，分成数个分支系统，就有可能根据用水点不同要求改善循环水水质。

20 世纪 80 年代南京化工公司设计院(现中石化南京设计院)总结了各黄磷厂污水处理的经验，在吸取了其先进之处，又消化吸收了国外引进装置的先进技术后，开发了污水处理封闭循环利用技术，其特点是：

(1)采用物理(沉淀、过滤)、化学(氧化、中和)相结合的处理方法，节约药剂费用，降低成本。

(2)按生产工艺对水质的不同需求，对黄磷污水进行三级净化处理，一级斜板槽除去大部分颗粒状磷和悬浮物，水温较高，不堵塞喷头为一级净化水，其中一部分供热冷凝塔喷淋和精制槽使用；另一部分再经曝气、冷却、中和、混凝，送至二级斜板沉降槽沉降后为二级净化水，水温较低，pH 值为 5.5～6.5，含有微量磷及悬浮物等，供冷冷凝塔喷淋及冲渣池中的补充水；少量事故污水经药剂氧化后，残留的磷和氰化物等，达到国家排放标准，为三级净化水。

(3)采用立式斜板沉降槽，占地小，沉降效率高，便于泥磷集中输送处理，减轻沉淀池内清理贫泥磷的工作量，改善操作环境。黄磷污水(重污水)封闭循环利用工艺流程见图 8-16。

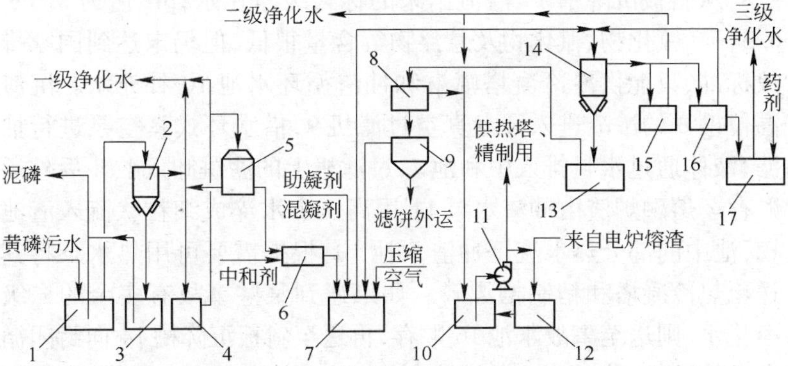

图 8-16 黄磷污水(重污水)封闭循环利用工艺流程示意图

1—污水汇集槽；2—一级斜板沉降槽；3—泥磷池；4—平流沉淀池；5—曝气冷却塔；
6—中和机；7—中和池；8—沉渣高位槽；9—过滤机；10—冲渣水池；
11—冲渣水泵；12—集渣池；13—沉渣池；14—二级斜板沉降槽；
15—循环水池；16—事故水池；17—事故处理水池

按图 8-16 所示，由受磷槽、精制槽和泥磷处理装置等来的黄磷污水，首先送至污水汇集槽 1，用污水液下泵送至斜板沉降槽 2，进行预沉除去大部分颗粒状磷和悬浮物等，经由斜板沉降槽处理后溢流出来的称为一级净化水，然后分成两路。其中一路供热冷凝塔喷淋和精制槽漂磷用热水；另一路流至平流沉淀池 4，使磷和悬浮物等进一步沉淀、曝气氧化和冷却、降低水温，再经污水泵提升至曝气冷却塔 5。污水汇集槽 1 沉淀物泥磷及斜板沉降槽内的泥磷定期放入泥磷池 3，然后由泥磷液下泵送至泥磷处理装置。一级净化水在曝气冷却塔内与空气广泛接触，使微量磷和氰化物等进一步氧化净化后进入中和机 6，与石灰石及石灰接触进行中和反应，磷酸和石灰石反应生成磷酸氢钙，氟硅酸与石灰石反应生成氟化钙和硅胶。中和机出来的污水一般控制 pH 值为 5.5 ~ 6.5。并加入混凝剂和助凝剂流至中和池 7 后用中和水泵提升至斜板沉降槽 14，进一步沉降除去中和反应产物，沉渣定期排放至沉渣池 13，用沉渣液下泵送至沉渣高位槽 8 备用。

从斜板沉降槽 14 溢流出来的称二级净化水，pH 值为 5.5 ~ 6.5，磷、氟化物、氰化物及悬浮物等含量很低，但仍未达到国家排放标准，只能供冷冷凝塔喷淋和冲渣循环水池 10 补充水。沉渣高位槽 8 的浓渣进入圆盘真空过滤机 9，借水环式真空泵进行抽滤，液体通过水封排入中和池 7，过滤机上的滤饼卸入贮斗后外运贮存。熔融炉渣由冲渣水泵 11 用高压水水淬成细粒状流入渣池 12，池中的部分热水流至冲渣水池 10，根据需要可用热水泵将其送至热冷凝塔和精制槽漂磷。如果遇到某些事故有多余的二级净化水，则送至事故水池 16 贮存，再送至斜板沉降槽 14 向封闭循环系统补充；若需要少量排放，则必须经事故处理水池 17 分别加入氧化剂和中和剂进行化学反应，除去残余的微量磷、氰化物等杂质的水为三级净化水，达到国家有关排放标准后方可外排。该技术获得 1987 年度南京市科技进步奖，并在湖北、四川、陕西等地推广应用。

斜板沉降槽锥体部分要用热水保温，防止泥磷凝固，需定时排放泥磷和沉渣,每班1~2次。中和池要通入压缩空气搅拌,经常将适量的石灰石和石灰加入中和机内。圆盘真空过滤机动力消耗较大,可采用板框压滤机等设备代替。污水处理系统的工艺设备和构筑物应采取相应的防腐蚀处理措施。

8.6.7.4 优化创新是污水处理的发展方向

随着我国黄磷工业迅猛发展,黄磷污水污染问题的逐渐解决,贫泥磷出路问题日显突出。改变思维方式,总结传承国内成功的经验,在消化吸收国外先进技术的同时,优化创新才是唯一的出路。

污水处理后剩下的贫泥磷含磷量随沉淀时间变化很大。据武汉化工原料厂测定,1h内沉淀物中磷含量为16%~20%(干基),而24h内沉淀物中磷含量则为6%~8%(干基);又据建德化肥厂测定,第一格沉淀池泥磷的磷含量为14.45%,第二格的磷含量为13.15%,第三格的含量为2.58%。此外,贫泥磷还随贮存时间的延长发生逐渐分层现象,如新沉淀的贫泥磷,含水率高达97%~99%,沉淀物中磷含量只有0.1%~0.3%,而经几个月的贮存后,底部泥磷富集形成砂状沉淀物,磷含量高达20%~30%,而上部贫泥磷呈浆状物,磷含量只有1%~5%,含水率达80%~90%,对于磷含量高于25%的泥磷可以直接燃烧制磷酸;高于10%的贫泥磷可与富泥磷掺和均化后烧制磷酸;但对浆状贫泥磷的处理却是十分复杂的难题。据报道,广西磷酸盐化工厂在贫泥磷中加入锅炉烟囱灰(含固定碳约10%)作补充热源,将该混合物燃烧后的气体用纯碱溶液吸收法生产磷酸氢二钠($Na_2HPO_4 \cdot 12H_2O$)并副产磷钾复肥。湖北兴发集团在泥磷烧酸中掺烧贫泥磷已取得了很好的效果,可以将系统中沉降聚集的有害杂物“吃干榨尽”。

目前我国制磷电炉容量逐步扩大,拥有15000kVA以上制磷电炉100台左右;20世纪从国外引进54MW制磷电炉1台、80MW制磷电炉2台,这3台大型制磷电炉均设置电除尘器,除尘效率较高,泥磷和污水较少,其中80MW制磷电炉污水处理装置工艺流程如图 8-17 所示。

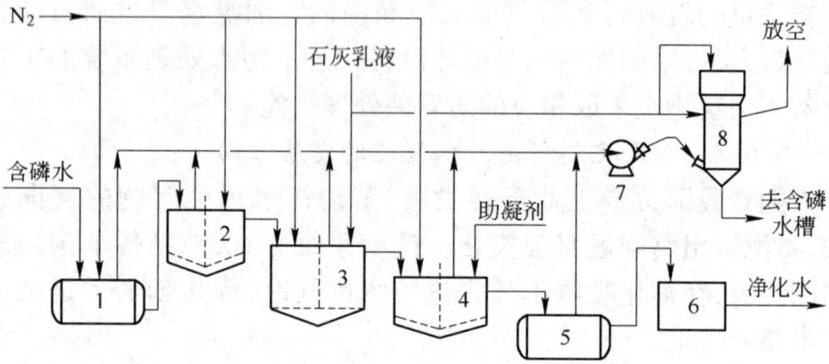

图 8-17　80MW 制磷电炉装置废水处理流程示意图

1—含磷水收集槽;2—一级沉降浓缩槽;3—中和槽;4—二级沉降浓缩槽;
5—中间水槽;6—循环水槽;7—风机;8—洗涤塔

装置中所有含磷污水汇集到含磷水收集槽,然后泵送入一级沉降浓缩槽进行一级沉降,沉降下来的泥磷返回磷精制系统。澄清后的污水通过溢流斜槽进入中和槽,用 5% CaO 的石灰乳液进行中和,污水再送到二级沉降浓缩槽进行二次沉降。在二次澄清过程中,加入助凝剂聚丙烯酰胺加快悬浮物的沉降速度,沉降下来的石灰淤泥泵送到烧结车间作为烧结原料润湿剂回用,净化后的含磷水从二级沉降槽溢流到循环水槽,再用泵回送各用户(黄磷车间、烧结车间等)。

为防止沉降、澄清各阶段含磷水中的有害气体逸出,处理槽罐都有氮气密封;并不定期抽出送洗涤塔用石灰乳液进行喷淋洗涤,然后放空,喷淋后的废液返回含磷水收集槽。

9 制磷电炉工艺设计计算

9.1 炉料配比计算

在制磷生产中,炉料配比计算是工艺操作管理的基础和一项重要的技术工作,它关系到电炉能否正常运行及消耗的高低。掌握原料的真实情况,是准确计算、科学配料的根本。

9.1.1 焦丁用量

9.1.1.1 焦丁理论用量

焦丁在制磷生产中有两个作用,一是作为还原剂;二是作为炉料的导电体和导热体。它的加入量多少关系到炉内熔池电阻、渣中残磷指标的控制,对电炉能否正常运行,起着至关重要的作用。

在还原过程中耗用焦丁的主要氧化物有磷矿组分中的 P_2O_5、Fe_2O_3、CO_2 等。在磷炉的高温环境中,还原产物基本上为 CO,反应如下:

$$2P_2O_5 + 10C = P_4 + 10CO$$

$$Fe_2O_3 + 3C = 2Fe + 3CO$$

$$CO_2 + C = 2CO$$

根据上述化学反应式,就可以计算还原反应所需要的焦丁理论用量。炉料配比的计算一般取 100kg 磷矿石为计算基准。

设焦丁中固定碳含量为 C%,磷矿中 P_2O_5 含量为 $P_2O_5\%$,还原所需焦丁量为 X_1;磷矿中 Fe_2O_3 含量为 $Fe_2O_3\%$,还原所需焦丁量为 X_2;磷矿中 CO_2 含量为 $CO_2\%$,还原所需焦丁量为 X_3,则:

(1)还原 100kg 磷矿石中 P_2O_5 所需的焦丁量 X_1 为:

$$\begin{array}{lll} 2P_2O_5 & + \quad 10C & = P_4 + 10CO \\ 2 \times 142 & & 10 \times 12 \\ 100 \times P_2O_5\% & & X_1 \times C\% \end{array}$$

根据化学反应方程式，P_2O_5 量与焦炭量成比例关系：

$$(2\times142)\times(X_1\times C\%)=(100\times P_2O_5\%)\times(10\times12)$$

式中，142 为 P_2O_5 的相对分子质量；12 为碳的相对原子质量，整理后：

$$X_1=\frac{100\times P_2O_5\%}{C\%}\times\frac{10\times12}{2\times142}=42.25\ \frac{P_2O_5\%}{C\%}$$

（2）还原 100kg 磷矿石中 Fe_2O_3 所需的焦丁量 X_2 为：

$$\begin{array}{ll} Fe_2O_3 \quad + & 3C = 2Fe + 3CO \\ 159.6 & 3\times12 \\ 100\times Fe_2O_3\% & X_2\times C\% \end{array}$$

$$159.6\times(X_2\times C\%)=(100\times Fe_2O_3\%)\times(3\times12)$$

式中，159.6 为 Fe_2O_3 的相对分子质量，整理得：

$$X_2=\frac{100\times Fe_2O_3\%}{C\%}\times\frac{3\times12}{159.6}=22.56\ \frac{Fe_2O_3\%}{C\%}$$

（3）还原 100kg 磷矿石中 CO_2 所需焦丁量 X_3 为：

$$\begin{array}{ll} CO_2 \quad + & C = 2CO \\ 44 & 12 \\ 100\times CO_2\% & X_3\times C\% \end{array}$$

$$44\times(X_3\times C\%)=(100\times CO_2\%)\times12$$

式中，44 为 CO_2 的相对分子质量，整理得：

$$X_3=\frac{100\times CO_2\%}{C\%}\times\frac{12}{44}=27.27\ \frac{CO_2\%}{C\%}$$

（4）磷矿还原反应焦丁理论用量 $X_{理}$ 为：

$$X_{理}=X_1+X_2+X_3$$

表 9-1 为云南某厂入炉原料化学组分为例，计算炉料配比。

表 9-1　云南某厂入炉原料化学组分统计表　　（%）

磷矿								焦丁（质量分数）	
P_2O_5	SiO_2	CaO	CO_2	MgO	Fe_2O_3	Al_2O_3	H_2O	F_C	H_2O
26.76	21.11	39.99	5.85	1.78	0.74	0.69	1.02	70.65	16.05

还原 P_2O_5 所需焦丁量为 X_1：

$$X_1 = 42.25\frac{P_2O_5\%}{C\%} = 42.25\times 26.76/70.05 = 16.00\text{kg}$$

还原 Fe_2O_3 所耗焦丁量为 X_2：

$$X_2 = 22.56\frac{Fe_2O_3\%}{C\%} = 22.56\times 0.74/70.65 = 0.24\text{kg}$$

CO_2 所耗焦丁量为 X_3：

$$X_3 = 27.27\frac{CO_2\%}{C\%} = 27.27\times 5.85/70.65 = 2.26\text{kg}$$

还原该磷矿石的焦丁理论用量为 $X_{理}$：

$$X_{理} = X_1 + X_2 + X_3 = 16.00 + 0.24 + 2.26 = 18.5\text{kg}$$

9.1.1.2 焦丁实际用量

在制磷生产中，焦丁实际用量一般取理论用量的 103% ~ 105%，也就是焦丁的过量系数控制在 3% ~5%，同时还要考虑焦丁的粒度、水分，特别是水分含量在计算时要扣除。另外，焦丁的加入量最终要根据渣中 P_2O_5 的含量来决定，一般渣中 P_2O_5 含量控制在 1.5% ~2% 之间较合适，不要低于 1%，不要超过 2.5%，实际加入量要视具体的炉况适时、科学的调整。

那么焦丁实际加入量 $X_{实}$ 为：

$$\begin{aligned}X_{实} &= X_{理}\times 103\% + X_{理}\times 水分含量\\ &= 18.5\times 103\% + 18.5\times 16.05\% = 22.02\text{kg}\end{aligned}$$

9.1.2 硅石用量

9.1.2.1 硅石理论用量

硅石在制磷生产中作助熔剂，一般控制炉渣的酸度指标 *Mk* 在 0.75 ~0.85 之间，使熔渣流动性良好有利于出渣，同时便于富余焦丁的排出。炉渣酸度是一个重要的经济技术指标，忽视对炉渣酸度的调整控制，同样使消耗指标上升，成本增加，经济效益下降。硅石的理论用量是按磷矿石在还原过程中 CaO 全部与 SiO_2 生成二硅酸三钙（$Ca_3Si_2O_7$）来进行计算。化学反应为：

$$3CaO + 2SiO_2 \Longrightarrow Ca_3Si_2O_7$$

设硅石中二氧化硅含量为 $SiO_2\%$，磷矿石中氧化钙含量为 $CaO\%$，设还原100kg 磷矿石需要加入的硅石量为 Y，则：

$$\begin{array}{ccc} 3CaO & + \quad 2SiO_2 & = Ca_3Si_2O_7 \\ 3 \times 56.1 & 2 \times 60.1 & \\ 100 \times CaO\% & Y \times SiO_2\% & \end{array}$$

$$(3 \times 56.1) \times (Y \times SiO_2\%) = (100 \times CaO\%) \times (2 \times 60.1)$$

式中，56.1 和 60.1 分别是 CaO 和 SiO_2 的相对分子质量，整理得：

$$Y = \frac{100 \times CaO\%}{SiO_2\%} \times \frac{2 \times 60.1}{3 \times 56.1} = 0.714\,\frac{100 \times CaO\%}{SiO_2\%}$$

式中，0.714 是磷矿中全部 CaO 与 SiO_2 生成二硅酸三钙的理论酸度指标。在制磷生产过程中，实际酸度指标一般高于理论酸度指标，控制在 0.75 ~ 0.85 之间，这里用 β 表示，故硅石的理论用量 $Y_{理}$ 为：

$$Y_{理} = \beta \times \frac{100 \times CaO\%}{SiO_2\%}$$

配料时取酸度指标为 0.8，硅石含 SiO_2 为 95%，计算硅石的理论用量。

根据硅石理论用量计算公式：

$$Y_{理} = \beta \times \frac{100 \times CaO\%}{SiO_2\%} = 0.8 \times \frac{100 \times 39.99}{95} = 33.68\text{kg}$$

9.1.2.2 硅石实际用量

由于磷矿石和焦丁中均不同程度含有一定量的 SiO_2，在配料时必须将它们计入，因此硅石的实际用量应是硅石理论用量减去磷矿石和焦丁中带入的 SiO_2 所折合的硅石量。

设磷矿和焦丁中二氧化硅的含量分别为 $SiO_{2矿}\%$ 和 $SiO_{2焦}\%$，则磷矿石中二氧化硅折合硅石量 Y_1、焦丁中二氧化硅折合硅石量 Y_2，分别为：

$$Y_1 = \frac{100 \times SiO_{2矿}\%}{SiO_2\%}$$

$$Y_2 = \frac{X_{实} \times SiO_{2焦}\%}{SiO_2\%}$$

所以，硅石的实际用量为 Y：

$$Y = Y_{理} - Y_1 - Y_2 = \frac{100 \times \beta \times CaO\% - 100 \times SiO_{2矿}\% - X \times SiO_{2焦}\%}{SiO_2\%}$$

设焦丁灰分含量为 26.40%，灰分中 SiO_2 含量为 41.06%，计算硅石实际用量。

焦丁中的 SiO_2 含量 $SiO_{2焦}\% = 26.40\% \times 41.06\% = 8.89\%$

硅石的实际用量 Y：

$$Y = \frac{100 \times 0.8 \times 39.99 - 100 \times 21.11 - 22.02 \times 8.89}{95} = 9.39\text{kg}$$

经过以上的计算，我们得出表 9-1 入炉原料的配料比为：

磷矿：焦丁：硅石 = 100：22.02：9.39

9.2 消耗定额管理

9.2.1 中小型制磷电炉消耗定额

中小型制磷电炉一般消耗定额及副产品如下（每吨磷）：

磷矿石（$P_2O_5\%$）：8.5～10.0t；焦丁（固定碳 84%）：1.4～1.8t；

电极：15～30kg； 升华电：13500～17000kWh；

水（含循环水）：约 600m^3； 蒸汽：约 3t；

泥磷：0.1～0.5t； 磷铁：0.1～0.4t；

炉渣：7～10t； 尾气（CO 85%～90%）：2500～3000m^3（标态）。

以磷收率、配料比计算消耗定额。国内中小型电炉的磷收率一般在 72%～87%之间，国外大型电炉在 85%～92%之间。

设磷矿石中 P_2O_5 含量为 $P_2O_5\%$，磷收率为 $B\%$ 表示，生产一吨黄磷的磷矿石消耗定额为 $G_{矿}$（单位 t），则：

$$\begin{array}{ccc} 2P_2O_5 & \rightarrow & P_4 \\ 2 \times 142 & & 4 \times 31 \\ G_{矿} \times P_2O_5\% \times B\% & & 1 \end{array}$$

$$(2\times142)\times1=(G_{矿}\times P_2O_5\%\times B\%)\times(4\times31)$$

式中,142 为 P_2O_5 的相对分子质量,31 为 P 的相对原子质量,整理得:

$$G_{矿}=\frac{2\times142}{4\times31\times P_2O_5\%\times B\%}=\frac{2.29}{P_2O_5\%\times B\%}(t)$$

设焦丁的消耗定额为 $G_{焦}$,每 100kg 磷矿需配入的焦丁为 X kg,则

$$G_{焦}=G_{矿}\frac{X}{100}$$

设硅石的消耗定额为 $G_{硅}$,每 100kg 磷矿需配入的硅石为 Y kg,则

$$G_{硅}=G_{矿}\frac{Y}{100}$$

以表 9-1 为例,若磷回收率为 84%,计算磷矿、焦丁、硅石的消耗定额。

磷矿消耗定额:

$$G_{矿}=\frac{2.29}{P_2O_5\%\times B\%}=\frac{2.29}{26.76\%\times84\%}=10.19t$$

折 30% P_2O_5 的磷矿为:10.19×26.27%/30% =9.09t

焦丁消耗定额:

$$G_{焦}=G_{矿}\frac{X}{100}=10.19\times22.02/100=2.24t$$

折 84% 固定碳的焦丁为:2.24×70.65%/84% =1.89t

硅石消耗定额:

$$G_{硅}=G_{矿}\frac{Y}{100}=10.19\times9.39/100=0.96t$$

折 100% SiO_2 的硅石为:0.96×95%/100% =0.91t

9.2.2 混合料 P_2O_5 含量计算

混合料是指磷矿石配入硅石后的入炉物料,它的 P_2O_5 含量高低直接影响制磷电炉操作和经济技术指标。

100kg 磷矿石需加入硅石 Y kg，该混合料的 P_2O_5 含量 $P_2O_{5混}\%$：

$$P_2O_{5混}\% = \frac{100 \times P_2O_5\%}{100 + Y}$$
$$= (100 \times 26.76\%)/(100 + 9.39)$$
$$= 24.46\%$$

9.2.3 磷矿质量对升华电耗定额的影响

磷矿石的质量（P_2O_5、Fe_2O_3、CO_2 含量等）对消耗定额中的升华电耗影响最大。根据 GB21345—2008《黄磷单位产品能源消耗限额》规定，可用下列经验公式计算磷矿质量对升华电耗的影响量：

$$Q_k = \frac{170000}{N_1 - 0.5} + \left(\frac{7750}{N_1 - 8} - 76\right) \times N_2 + \left(\frac{3200}{N_1 - 3.5} + 8\right) \times N_3 - 7234$$

式中 Q_k——磷矿质量对每吨黄磷（tP_4）电炉电耗影响量，kWh；

N_1——混合炉料中 P_2O_5 含量，%；

N_2——混合炉料中 Fe_2O_3 含量，%；

N_3——混合炉料中 CO_2 含量，%。

任一磷矿的（每吨 P_4）升华电耗定额 W_k（kWh）可用下式计算：

$$W_k = \frac{170000}{N_1 - 0.5} + \left(\frac{7750}{N_1 - 8} - 76\right) N_2 + \left(\frac{3200}{N_1 - 3.5} + 8\right) N_3 + 6000$$

以表 9-1 磷矿为例，计算磷矿石对（吨/年）升华电耗的影响量及升华电耗定额。

$N_1 = 24.46\%$，

N_2 = 磷矿中 Fe_2O_3 的量/混合料总量

$= (100 \times 0.74\%)/(100 + 9.39) = 0.68\%$

N_3 = 磷矿中 CO_2 的量/混合料总量

$= (100 \times 5.85\%)/(100 + 9.39) = 5.35\%$

则：$$Q_k = \frac{170000}{N_1 - 0.5} + \left(\frac{7750}{N_1 - 8} - 76\right) N_2 + \left(\frac{3200}{N_1 - 3.5} + 8\right) N_3 - 7234$$

$$=\frac{170000}{24.46-0.5}+\left(\frac{7750}{24.46-8}-76\right)\times 0.68+\left(\frac{3200}{24.46-3.5}+8\right)\times 5.35-7234$$

$$=7095.16+268.49+859.59-7234$$

$$=989.24\text{kWh}$$

$$W_k=\frac{170000}{N_1-0.5}+\left(\frac{7750}{N_1-8}-76\right)N_2+\left(\frac{3200}{N_1-3.5}+8\right)N_3+6000$$

$$=\frac{170000}{24.46-0.5}+\left(\frac{7750}{24.46-8}-76\right)\times 0.68+\left(\frac{3200}{24.46-3.5}+8\right)\times 5.35+6000$$

$$=7095.16+268.49+859.59+6000$$

$$=14226(\text{kWh})$$

9.2.4　综合能耗计算

黄磷产品综合能耗是指在报告期内生产黄磷产品实际消耗的各种能源量，经综合计算后得到的能源消耗量；即在报告期内黄磷生产界区内实际消耗的一次能源（如煤炭、石油、天然气等）、二次能源（电力、焦炭、煤气、电石、炭素制品、蒸汽等）和耗能工质（如水、氧气、氮气、压缩空气等）；不包括自产的耗能工质，但包括其所消耗的能源。

黄磷单位产品综合能耗是指在报告期内黄磷产品的综合能耗与黄磷产品产量的比值。磷矿质量下降造成电耗升高可以从综合能耗中扣除。

9.2.4.1　黄磷综合能耗的计算

黄磷产品综合能耗按下式计算：

$$E=\sum_{i=1}^{n}(e_i p_i)$$

式中　E——折合成标准煤的综合能耗，吨标煤 tce；

n——消耗的能源品种数；

e_i——黄磷生产中消耗的第 i 种能源实物量，t；

p_i——第 i 种能源折合成标准煤的折算系数（tce/t）。（1tce

=29.3076GJ)。

各种能源折标参考系数参见附录表2——《黄磷单位产品能源消耗限额》GB21345—2008。

9.2.4.2 黄磷单位产品综合能耗的计算

黄磷单位产品综合能耗按下式计算:

$$e=\frac{E}{P}$$

式中 e——黄磷单位产品综合能耗,tce/t;

E——黄磷产品综合能耗,tce;

P——黄磷产品产量,t。

9.2.4.3 计算示例

以表9-1磷矿为例,吨磷综合能耗计算如下(1tce = 29.3076GJ),结果见表9-2。

电力的综合能耗 =(14226 +200)kWh ×0.1229kgce/kWh
=1772.955kgce =1.7730tce =51.96GJ

焦炭的综合能耗 =1.89t ×0.9714kgce/kg
=1.8360tce =53.81GJ

石墨电极的综合能耗 =16kg ×1.1571kgce/kg
=18.5136kgce =0.0185tce =0.54GJ

耗能工质水的综合能耗 =8t ×0.0857kgce/t
=0.6856kgce =0.0007tce =0.0205GJ

表9-2 单位产品综合能耗计算结果表

序号	能源名称	耗能数量	折标系数	单位产品综合能耗/GJ(tce)	备注
1	电	14226kWh	0.1229kgce/kWh	51.96(1.7730)	包括动力电200kWh
2	焦炭	1.89t	0.9714kgce/kg	53.81(1.8360)	折标数量
3	水	8t	0.0857kgce/t	0.021(0.0007)	取中型磷炉平均值
4	石墨电极	16kg	1.1571kgce/kg	0.54(0.0185)	取中型磷炉平均值
合计				106.33(3.6282)	

9.3　制磷电炉物料衡算

9.3.1　原始条件

（1）电炉变压器容量:25000kVA

（2）电炉功率因数:$K_1=0.95$

（3）操作间断系数:$K_2=0.96$

（4）平均负荷系数:$K_3=0.90$

（5）年操作日:300 天

（6）操作制度:每天三班,每班 8 小时

（7）磷矿组成(干基),如表 9-3 所示。

表 9-3　磷矿组成

组分/%	P_2O_5	SiO_2	CaO	MgO	Fe_2O_3	Al_2O_3	CO_2	F
	27.00	25.8	35.8	0.22	1.76	4.38	2.6	2.44

（8）硅石组成(干基),如表 9-4 所示。

表 9-4　硅石组成

组分/%	SiO_2	Fe_2O_3	Al_2O_3	CaO
	98.00	0.6	1.0	0.4

（9）焦炭组成(干基),如表 9-5 所示。

表 9-5　焦炭组成

组分/%	固定炭	灰分	挥发分
	81.0	17.14	1:6

（10）焦炭灰分组成,如表 9-6 所示。

表 9-6　焦炭灰分组成

组分/%	SiO_2	Al_2O_3	Fe_2O_3	CaO	MgO	其他
	42.6	18.4	29.5	3.9	1.6	4.0

(11)炉料酸度指标:$m(SiO_2)/m(CaO)=0.8$。

(12)焦炭过量系数:3%。

(13)磷铁组成,如表9-7所示。

表9-7 磷铁组成

	P_4	Fe	其 他
组分/%	25	70	5

(14)炉渣 P_2O_5 含量:1.5%。

(15)电炉出口炉气温度:250℃。

(16)炉气含尘量为加入电炉炉料的0.5%。

(17)F的升华率为30%,F在炉气中以 SiF_4 形式存在。

(18)炉气中其他气体(PH_3、H_2S、H_2 等)占气体总量的5%(体积分数)。

(19)洗气塔(冷凝塔)进口温度100~200℃,出口温度35℃,尾气中水蒸气含量依湿空气的饱和水蒸气计。

(20)F在洗气塔中的吸收率为98%,尾气中剩余 SiF_4 作为不凝性气体考虑。

(21)尾气含磷量为 $1g/m^3$(标态)。

(22)黄磷污水循环使用,含磷水中损失的磷忽略不计。

(23)洗气塔冷凝的磷有10%是以泥磷的状态存在。

(24)泥磷中的磷有10%是贫泥磷状态存在于黄磷污水渣中。

(25)富泥磷经蒸磷后磷的回收率为95%。

(26)制磷杂质有三分之二存在于富泥磷中,可通过连续蒸磷后回收利用,其余1/3存在于污水渣中。

9.3.2 电炉部分物料平衡

9.3.2.1 炉料配比

电炉混合料中以1000kg的磷矿(干基)为基准:

(1)1000kg磷矿中各组分的质量(kg),如表9-8所示。

表 9-8 1000kg 磷矿中各组分的质量

组 分	P_2O_5	SiO_2	CaO	MgO	Fe_2O_3	Al_2O_3	CO_2	F
质量分数/%	27.00	25.8	35.8	0.22	1.76	4.38	2.6	2.44
1000kg 磷矿中各组分的质量/kg	270	258	358	2.2	17.6	43.8	26	24.4

(2)混合料中的焦炭量 X:

还原磷矿中 P_2O_5 所需焦炭量:

$$X_1 = 42.25\,\frac{P_2O_5\%}{C\%}\times 10 = 42.25\times\frac{27}{81}\times 10 = 140.83\text{kg}$$

还原磷矿中 Fe_2O_3 所需焦炭量:

$$X_2 = 22.56\,\frac{Fe_2O_3\%}{C\%}\times 10 = 22.56\times\frac{1.76}{81}\times 10 = 4.90\text{kg}$$

还原磷矿中 CO_2 所需焦炭量:

$$X_3 = 27.27\,\frac{CO_2\%}{C\%}\times 10 = 27.27\times\frac{2.6}{81}\times 10 = 8.75\text{kg}$$

该磷矿石中需加入的实际焦炭量(干基)为:

$$\begin{aligned} X_{实} &= (X_1 + X_2 + X_3)\times 103\% \\ &= (140.83 + 4.90 + 8.75)\times 1.03 \\ &= 159.11\text{kg} \end{aligned}$$

焦丁带入后组分,如表 9-9 所示。

表 9-9 焦丁带入后组分

组 分	固定炭	灰 分	挥发分
质量分数/%	81.0	17.4	1.6
焦丁总量 159.11kg	128.88	27.68	2.55

焦丁灰分带入后组分,如表 9-10 所示。

表 9-10 焦丁灰分带入后组分

组 分	SiO_2	Al_2O_3	Fe_2O_3	CaO	MgO	其 他
质量分数/%	42.6	18.4	29.5	3.9	1.6	4.0
灰分 27.68kg	11.79	5.09	8.17	1.08	0.44	1.11

(3)混合料中外加硅石量 Y:

$$Y=\frac{1000\times\beta\times CaO\%-1000\times SiO_{2矿}\%-X\times SiO_{2焦}\%}{SiO_2\%}$$

$$=\frac{1000\times0.8\times35.8\%-1000\times25.8\%-159.11\times17.4\%\times42.6\%}{98\%}$$

$=16.95kg$

硅石带入后成分,如表 9-11 所示。

表 9-11 硅石带入后成分

组 分	SiO_2	Fe_2O_3	Al_2O_3	CaO
质量分数/%	98.00	0.6	1.0	0.4
外加硅石 16.95kg	16.61	0.10	0.17	0.07

(4)混合料的组成(表 9-12)

表 9-12 混合料的组成(%)

项 目	磷 矿	焦 炭	硅 石	合 计	质量分数/%
P_2O_5	270			270	22.96
CaO	358	1.08	0.07	359.15	30.54
SiO_2	258	11.79	16.61	286.40	24.36
Al_2O_3	43.8	5.09	0.17	49.06	4.17
Fe_2O_3	17.6	8.17	0.10	25.87	2.20
MgO	2.2	0.44		2.64	0.22
F	24.4			24.4	2.07
CO_2	26			26.0	2.21
固定炭		128.88		128.88	10.96
挥发分		2.55		2.55	0.22
其 他		1.11		1.11	0.09
合 计	1000	159.11	16.95	1176.06	100

9.3.2.2 电炉炉渣及磷铁

已知:炉气带走的炉尘为入炉料的 0.5%。

炉渣含 P_2O_5:1.5%;

F 升华率:30%。

(1)F 的升华量:

$$24.4 \times 0.995 \times 0.3 = 7.28\text{kg}$$

(2)SiF_4 逸出所消耗 SiO_2 量 Z:

$$\begin{array}{ccc} 4F & + & SiO_2 \longrightarrow SiF_4 \\ 4 \times 19 & & 59.9 \\ 7.28 & & Z \end{array}$$

$$Z = (7.28 \times 59.9)/(4 \times 19) = 5.74\text{kg}$$

(3)炉渣总量:

炉渣总量(不包含 P_2O_5)

$= (CaO + SiO_2 + Al_2O_3 + MgO + F + \text{其他}) \times 99.5\% - Z$

$= (359.15 + 286.40 + 49.06 + 2.64 + 24.4 \times 0.7 + 1.13) \times 0.995 - 5.74$

$= 706.12\text{kg}$

炉渣总量(包含 P_2O_5) $= 706.12 + 706.12 \times 1.5\% = 716.71\text{kg}$

另外,渣中有一部分进入磷铁中的“其他”,其量为 1.15kg,故炉渣总量为:716.71 − 1.15 = 715.56kg

(4)渣中含 P_4 量 M:

$$\begin{array}{ccc} 2P_2O_5 & \longrightarrow & P_4 \\ 2 \times 142 & & 4 \times 31 \\ 715.56 \times 1.5\% & & M \end{array}$$

$$M = (715.56 \times 1.5\%) \times (4 \times 31)/(2 \times 142) = 4.69\text{kg}$$

(5)渣中酸度指标 Mk:

$$Mk = \frac{m(SiO_2)}{m(CaO)} = \frac{286.40 \times 0.995 - 5.74}{359.15 \times 0.995} = 0.78$$

(6)磷铁量:

参与反应的 Fe_2O_3 量:25.87 × 0.995 = 25.74kg,能还原出铁 N 千克:

$$Fe_2O_3 + 3C \Longrightarrow 2Fe + 3CO$$

$$\begin{matrix} 159.6 & 2\times 55.8 \\ 25.74 & N \end{matrix}$$

$$N=25.74\times(2\times55.8)/159.6=18.0\text{kg}$$

该铁生成磷铁 K：

$$\begin{matrix} 4Fe & + & P_2 & = & 2Fe_2P \\ 4\times55.8 & & & & 2\times142.6 \\ 18 & & & & K \end{matrix}$$

$$K=18\times(2\times142.6)/(4\times55.8)=23\text{kg}$$

(7)磷铁中磷含量：

$$w(P_4)=23\times25\%=5.75\text{kg}$$

(8)磷铁中含其他：

$$23\times5\%=1.15\text{kg}$$

9.3.2.3 电炉炉气

(1)炉气含尘量 = 混合料 ×0.5%

=1176.06 ×0.5% =5.88kg

尘中含 P_2O_5 量:尘量 ×混合料之 P_2O_5 含量

=5.88 ×22.96% =1.35kg

尘中含 P_4：

$$\begin{matrix} 2P_2O_5 & \longrightarrow & P_4 \\ 2\times142 & & 4\times31 \\ 1.35 & & X \end{matrix}$$

$$X=1.35\times(4\times31)/(2\times142)=0.59\text{kg}$$

(2)炉气中含 CO 总量：

还原 P_2O_5 产生 CO：

参与还原反应的 P_2O_5 量:矿中 P_2O_5 −尘中 P_2O_5 −渣中 P_2O_5

=270 −1.35 −(715.61 ×1.5%) =257.92kg

$$\begin{matrix} 2P_2O_5 & + & 10C & = & P_4 & + & 10CO \\ 2\times142 & & & & & & 10\times28 \\ 257.92 & & & & & & X_1 \end{matrix}$$

$$X_1=257.92\times(10\times28)/(2\times142)=254.28\text{kg}$$

还原 Fe_2O_3 产生 CO：

$$Fe_2O_3 \quad + \quad 3C \Longrightarrow 2Fe \quad + \quad 3CO$$
$$159.6 \qquad\qquad\qquad 3 \times 28$$
$$25.87 \times 0.995 \qquad\qquad X_2$$

$$X_2 = (25.87 \times 0.995) \times (3 \times 28)/159.6 = 13.55\text{kg}$$

还原 CO_2 产生 CO：

$$CO_2 \quad + \quad C \Longrightarrow 2CO$$
$$44 \qquad\qquad 2 \times 28$$
$$26 \times 0.995 \qquad\qquad X_3$$

$$X_3 = (26 \times 0.995) \times (2 \times 28)/44 = 32.92\text{kg}$$

炉气中 CO 总量 $= X_1 + X_2 + X_3$

$= 254.28 + 13.55 + 32.92 = 300.75\text{kg}$

炉气中 CO 体积：根据阿伏加德罗定律，标准状态下，1mol CO 的体积是 22.4m^3（标态），1mol CO 是 28kg，所以 300.75kg CO 相当于：300.75 ×22.4/28 =240.6m^3（标态）。

（3）炉气中磷蒸气：

磷矿带入的 P_2O_5 折算成 $P_4 = 270 \times (4 \times 31)/(2 \times 142)$

$= 117.89\text{kg}$

磷蒸气量 = 总磷 − 渣中磷 − 尘中磷 − 磷铁中磷

$= 117.89 - 4.69 - 0.59 - 5.75 = 106.86\text{kg}$

磷蒸气的体积：106.86 ×22.4/124 =19.30m^3（标态）

（4）炉气中 SiF_4 的量 X：

$$4F \quad + \quad SiO_2 \longrightarrow SiF_4$$
$$4 \times 19 \qquad\qquad 103.9$$
$$7.28 \qquad\qquad X$$

$$X = (7.28 \times 103.9)/(4 \times 19) = 9.95\text{kg}$$

转换为体积 =9.95 ×22.4/103.9 =2.14m^3（标态）

（5）炉气总体积 $= (CO + P_4 + SiF_4)/(1 - 5\%)$

$= (240.6 + 19.3 + 2.14)/0.95 = 275.83m^3$（标态）

（6）炉气中其他气体的体积 = 炉气总体积 ×5%

$= 275.83 \times 5\% = 13.79m^3$（标态）

反推法求得炉气中其他气体的质量 =1176.06 −1162.05 = 14.01kg

(7)炉气组成,如表 9-13 所示。

表 9-13　炉气组成

成　分	质量/kg	体积/m^3(标态)	体积分数/%
CO	300.75	240.6	87.23
P_4	106.86	19.3	7.00
SiF_4	9.95	2.14	0.77
其他气体	14.01	13.79	5.00
尘	5.88		
合　计	437.45	275.83	100

9.3.2.4　电炉部分物料平衡

电炉部分物料平衡如表 9-14 所示。

表 9-14　电炉部分物料(以 1000kg 磷矿为基准)

输　入			输　出		
项　目	质量/kg	质量分数/%	项　目	质量/kg	质量分数/%
磷　矿	1000	85.03	CO	300.75	25.57
			P_4	106.86	9.09
焦　炭	159.11	13.53	SiF_4	9.95	0.85
			炉　渣	715.61	60.85
硅　石	16.95	1.44	磷　铁	23.0	1.95
			粉　尘	5.88	0.5
			其　他	14.01	1.19
合　计	1176.06	100	合　计	1176.06	100

9.3.3　收磷部分物料平衡

9.3.3.1　冷凝塔进口气组成

冷凝塔进口气组成,如表 9-15 所示。

表 9-15 冷凝塔进口气组成

成　分	质量/kg	体积/m^3(标态)	体积分数/%
CO	300.75	240.6	87.23
P_4	106.86	19.3	7.00
SiF_4	9.95	2.14	0.77
其他气体	14.01	13.79	5.00
尘	5.88		
合　计	437.45	275.83	100

9.3.3.2 冷凝塔出口尾气成分

尾气的主要成分为 CO、H_2O 和其他不凝性气体，在洗涤过程中的溶解损失不计。

(1)出口尾气中的水蒸气量。

尾气温度 35℃，尾气中水蒸气含量依湿空气的饱和水蒸气计，35℃空气中饱和水蒸气的湿含量为 $38g/m^3$(标态)。而出口尾气的体积为：

$$240.6 + 2.14 \times 2\% + 13.79 = 254.43m^3(\text{标态})$$

则出口尾气中的水蒸气含量为：$254.43 \times 38/1000 = 9.67kg$

水蒸气体积为：$9.67 \times 22.4/18 = 12.03m^3$(标态)

(2)出口尾气中 SiF_4 的量 $= 9.95 \times 2\% = 0.20kg$

作为其他气体一起考虑。

(3)出口尾气中其他气体的质量 $= 14.01 + 0.20 = 14.21kg$

体积 $= 13.79 + 2.14 \times 2\% = 13.83m^3$(标态)

(4)出口尾气中的 P_4。

出口尾气的体积 $= 240.6 + 12.03 + 13.83 = 266.46m^3$(标态)

出口尾气磷含量为 $1g/m^3$(标态)，故出口尾气中的磷为：

$$266.46 \times 1/1000 = 0.27kg$$

其体积为：$0.27 \times 22.4/124 = 0.05m^3$(标态)

(5)出口尾气组成，如表 9-16 所示。

表 9-16 出口尾气组成

成 分	质量/kg	体积/m^3(标态)	体积分数/%
CO	300.75	240.6	90.28
H_2O	9.67	12.03	4.51
P_4	0.27	0.05	0.02
其 他	14.21	13.83	5.19
合 计	324.9	266.51	100

9.3.3.3 磷的收率

(1)尾气带走磷:0.27kg

(2)冷凝下来的磷:106.86 −0.27 =106.59kg

其中精制磷占90%:106.59 ×90% =95.93kg

富泥磷中占9%:106.59 ×9% =9.59kg

贫泥磷中占1%:106.59 ×1% =1.06kg

(3)收得净磷

精制磷:95.93kg

富泥磷蒸磷:9.59 ×95% =9.11kg

成品磷总量:95.93 +9.11 =105.04kg

泥磷中的磷:106.59 −105.04 =1.55kg

成品磷总收率:成品磷/总磷 ×100%

$$=\frac{105.04}{270 \times 62/142} \times 100\% = 89.1\%$$

9.3.3.4 残渣量

(1)冷凝塔进口气体含尘:5.88kg

(2)SiF_4 水解形成渣量:

$$\begin{array}{ccccccc} 3SiF_4 & + & 2H_2O & = & 2H_2SiF_6 & + & SiO_2 \\ 3 \times 104 & & 2 \times 18 & & 2 \times 144 & & 60 \\ 9.95 \times 98\% & & Z & & X & & Y \end{array}$$

SiO_2 $Y=(9.95 \times 98\%) \times 60/(3 \times 104) = 1.88$kg

H_2SiF_6 $X=(9.95 \times 98\%) \times (2 \times 144)/(3 \times 104) = 9.0$kg

所需水量 $Z=(9.95\times98\%)\times(2\times18)/(3\times104)=1.13\text{kg}$
其中 H_2SiF_6 分别与污水渣中的 Ca^{2+}、K^+ 反应生成 K_2SiF_6 和 CaF_2 沉淀。

(3)收磷中总残渣量 =5.88 +1.88 +9.0 =16.76kg

(4)蒸磷残渣(即进入富泥磷中的残渣,以总渣量的2/3计):

$$16.76\times2/3=11.17\text{kg}$$

9.3.3.5　耗水量

耗水量 =蒸发进入尾气中的水 +参与 SiF_4 水解反应的水

=9.67 +1.13 =10.80kg

9.3.3.6　收磷工段物料平衡

根据上述计算,收磷工段物料平衡见表9-17。

表9-17　收磷工段物料平衡

输　入			输　出		
项　目	质量/kg	质量分数/%	项　目	质量/kg	质量分数/%
CO	300.75	67.09	CO	300.75	67.09
P_4	106.86	23.84	H_2O	9.67	2.16
SiF_4	9.95	2.22	P_4	0.27	0.05
其他气体	14.01	3.13	其他气体	14.21	3.17
尘	5.88	1.31	成品磷	105.04	23.43
水	10.80	2.41	泥磷中磷	1.55	0.35
			残　渣	16.76	3.75
合　计	448.25	100	合　计	448.25	100

9.3.4　以一吨黄磷为基准的物料平衡

根据上述计算,1t磷矿制得成品磷105.04kg,则每吨成品磷需要磷矿石为:1000/105.04 ×1000 =9520.18kg。则相应原材料和副产品平衡表如表9-18所示。

表 9-18 原材料和副产品平衡表

原料		排出物	
项 目	质量/kg	项 目	质量/kg
磷 矿	9520	P_4	1000
焦 炭	1515	尾 气	3093
硅 石	161	炉 渣	6813
水	103	磷 铁	218
		泥磷残渣	160
		泥磷中残磷	15
合 计	11299	合 计	11299

9.3.5 原料工段物料衡算

9.3.5.1 原始条件

(1)黄磷年产量:10000t/a。

(2)年操作日:300 天/a,三班操作,破碎作业每班有效操作时间以 6h 计,干燥作业以 7.5h 计。

(3)每吨黄磷的原材料消耗(干基)以吨磷物料平衡表为准。

9.3.5.2 计算

(1)制磷工段每天需要矿量(干基):

磷矿:9.520 ×10000/300 =317.33t/d

焦炭:1.515 ×10000/300 =50.50t/d

硅石:0.161 ×10000/300 =5.37t/d

(2)每天需要的半成品矿量(烘干筛分后含水 1%):

磷矿:317.33/0.99 =320.5t/d

焦炭:50.50/0.99 =51t/d

硅石:5.37/0.99 =5.42t/d

(3)全年需要的半成品矿量(装置设计增加 20%计):

磷矿:320.5 ×300 ×1.2 =115380t/a

焦炭:51 ×300 ×1.2 =18360t/a

硅石：$5.42 \times 300 \times 1.2 = 951t/a$

9.4　制磷电炉热量衡算

以1t成品磷为基准，热量以0℃为基准，物料参见表9-18原材料和副产品平衡表。

9.4.1　炉料带入的显热

入炉的物料温度按25℃计。

（1）磷矿带入的热量：$9520 \times 0.19 \times 25 = 45220kcal = 189327.096kJ$

（2）焦炭带入的热量：$1515 \times 0.29 \times 25 = 10984kcal = 45987.8112kJ$

（3）硅石带入的热量：$161 \times 0.174 \times 25 = 700kcal = 2930.76kJ$

（4）设入炉料含水1%，则水分带入的热量为：

$(9520 + 1515 + 161) \times 1\% \times 1 \times 25 = 2799kcal = 11718.8532kJ$

其中0.19、0.29、0.174和1分别是磷矿、焦丁、硅石和水的质量热容。

（5）炉料带入显热：$45220 + 10984 + 700 + 2799 = 59703kcal = 249964.5204kJ$

9.4.2　化学反应热（仅计算主要反应）

（1）还原 P_2O_5 反应热：

$$Ca_3(PO_4)_2 + 2SiO_2 + 5C = 3CaO \cdot 2SiO_2 + P_2 + 5CO - 1544.51kJ(368.9kcal)$$

$$P_2 + P_2 = P_4 + 224.41248kJ(53.6kcal)$$

实际生成1mol P_4 需要热量：

$$2 \times 368.9 - 53.6 = 684.2kcal = 2864.60856kJ$$

生产1t黄磷，实际在电炉中还原的磷量为：

$$1000 \times (106.86 + 5.75 + 4.69)/105.04 = 1116.7kg$$

其中(106.86 +5.75 +4.69)为尾气中含磷量+磷铁中含磷量+渣中含磷量

1mol P_4 相当于124g,则生产1000kg黄磷需要热量:

1116.7 ×684.2/124 ×1000 =6161759kcal =25798052kJ

(2)Fe_2O_3 还原反应热:

生产1t黄磷原料带入的 Fe_2O_3 量:

9520 ×1.76% +1515 ×17.4% ×29.5% +161 ×0.6% = 246.3kg

其中还原率按90%计,则参与反应的 Fe_2O_3 为:

$$246.3 \times 90\% = 221.7\text{kg}$$

根据反应方程式,该 Fe_2O_3 还原所需的热量为 Q、生成 Fe X:

Fe_2O_3	+	3C	=	2Fe	+3CO	497.52kJ(118.83kcal)
159.6				2 ×55.8		497.52
221.7 ×1000				X		Q

Q =(221.7 ×1000) ×497.52/159.6 =691006kJ(165044kcal)

X =(221.7 ×1000) ×(2 ×55.8)/159.6 =155023g

已知1kg Fe生成含铁70%左右的磷铁放出的热量为1756kJ(419.44kcal)

$$4Fe + P_2 \longrightarrow Fe_2P + Q$$

1000	1756
155023	Q_1

Q_1 =155023 ×1756/1000 =272238kJ(65023kcal)

还原 Fe_2O_3 生成磷铁需要的热量 = 691006 − 272238 = 418768kJ(100021kcal)

(3)主反应热效应 = 25798052 + 418768 = 26216820kJ(6261780kcal)

9.4.3 炉渣带走热量

排渣温度按1400℃计,则炉渣的热焓为1884kJ/kg(450kcal/kg),则

$$6813 \times 1884 = 12835692\text{kJ}(3065850\text{kcal})$$

9.4.4　磷铁带走的热量

已知熔融温度下磷铁的热焓为1319kJ/kg(315kcal/kg),则

$$218 \times 1319 = 287508\text{kJ}(68670\text{kcal})$$

9.4.5　炉气带走的热量

(1)炉气带走的显热。

已知250℃时炉气的质量热容为0.222kcal/kg℃,每1000kg磷矿石产生炉气437.45kg,则生产每吨磷的炉气量为:

$$9520 \times 437.45/1000 = 4164.5\text{kg}$$

则炉气带走的显热为:

$$4164.5 \times 0.222 \times 250 = 231131\text{kcal} = 967699\text{kJ}$$

(2)炉气中水蒸气带走的热量。

炉料中含水量=(9520+1515+161)×1%=112kg

25℃时带入的热量=112×1×25=2800kcal=11723kJ

100℃时吸收的热量=112×1×100=11200kcal=46892kJ

100℃时水变成水蒸气吸收的热量=112×800=89600kcal=375137kJ

100℃时水蒸气的显热=112×0.36×100=4032kcal=16881kJ

250℃时水蒸气的显热=112×0.36×250=10080kcal=42203kJ

其中0~100℃水的质量热容为1kcal/kg℃,100℃时水的汽化热为3360kJ/kg(800kcal/kg),100~300℃水蒸气的质量热容为0.36kcal/kg℃。

水蒸气带走的热量=10080-4032+89600+11200-2800=104048kcal=435628kJ

(3)炉气带走的热量。

$$231131 + 104048 = 335179(\text{kcal}) = 1403327\text{kJ}$$

9.4.6 炉壳热损失

已知电炉外壳直径:10.86m,外高7.9m

取炉壁的平均温度为100℃,$q=1130\text{kcal/(m}^2\cdot\text{h)}$

取炉底的平均温度为130℃,$q=1700\text{kcal/(m}^2\cdot\text{h)}$

取炉顶的平均温度为60℃,$q=530\text{kcal/(m}^2\cdot\text{h)}$

则炉壳热损失量为:

$10.86\times3.14\times7.9\times1130+5.43^2\times3.14\times1700+5.43^2\times3.14\times530=510873(\text{kcal/h})=2138923\text{kJ/h}$

设每吨产品黄磷耗电 x 度,则25000kVA电炉的小时产量为:

$$25000\times0.9\times0.95\times0.96/x=20520/x(\text{t/h})$$

每吨黄磷的炉壳热损失为:

$$510873\div20520/x=24.9x$$

9.4.7 电损

假设变压器与短网损失及其他不可预见的损失为总输出热量的8%。

9.4.8 电炉部分总输出热量

$$Q_{出}=(6261780+3065850+68670+335179+24.9x)/(1\%-8\%)$$
$$=10577695+27.06x$$

$Q_{进}=59703+860x$(每度电能产生热量860kcal)

$Q_{进}=Q_{出}$

$10577695+27.06x=59703+860x$

$x=12627.63\text{kWh}$

则输入电能为 $12627.63\times860=10859755\text{kcal}=45467622\text{kJ}$

吨磷炉壳热损失为 $24.9\times12627.6=314427\text{kcal}=1316443\text{kJ}$

输电损失 $=(10577695+27.06\times12627.6)\times8\%$

$=873552\text{kcal}=3657388\text{kJ}$

9.4.9　设计年产量

如以实际生产每吨黄磷电耗为 14000kWh 计，本装置的设计年产量为

$$25000 \times 0.90 \times 0.95 \times 0.96 \times 300 \times 24/14000 = 10553\text{t/a}$$

9.4.10　热量平衡表

热量平衡表见表 9-19。

表 9-19　热量平衡表

输　入			输　出		
项　目	热量/kJ(kcal)	%	项　目	热量/kJ(kcal)	%
炉料带入	249965(59703)	0.55	化学反应热	26216820(6261780)	57.34
电　能	45467622(10859755)	99.45	炉渣带走热	12836101(3065850)	28.08
			磷铁带走热	287508(68670)	0.63
			炉气带走热	1403327(335179)	3.07
			炉壳热损失	1316443(314427)	2.88
			输电损失	3657388(873552)	8.00
合　计	45717587(10919458)	100	合　计	45717587(10919458)	100

10 制磷电学

10.1 电学基础

10.1.1 电及电的性质

电是物质的一种属性。一般情况下，由于构成物质的原子核所带的正电荷和它周围电子所带的负电荷在数值上是相等的，所以对外并不显示电的性质。当外界因素（如机械摩擦、化学作用、导体在磁场中作切割磁力线运动等）对其产生影响时，外层电子由于获得了一定的能量，摆脱原子核的束缚而成为自由电子。失去电子的原子呈现正电，获得电子的原子则带负电。电荷之间存在着相互作用力，同性电荷互相排斥，异性电荷互相吸引，而且其作用力的大小与物体所带电量及其相互距离有关，带电量越多，距离越近，相互作用力越大，反之越小。

10.1.2 电源、电位、电压及电动势

能将其他形式的能量转换为电能的设备叫电源，如发电机、蓄电池和光电池，它们分别把机械能、化学能和光能转变为电能。

单位正电荷在电场中某一点所具有的势能称作电位。电荷在电场中将单位正电荷由高电位点移向低电位点时电场力所做的功称为电压，电压又等于高低两点之间的电位之差。电荷在电场中将单位正电荷由低电位移向高电位时外力所做的功称为电动势。电压是反映电场力做功的概念，其正方向为电位降的方向，而电动势则反映外力克服电场力做功的概念，其正方向为电位升的方向。电压、电动势的基本单位为伏特（V），在工程上常用到较大或较小单位，即千伏（kV）或毫伏（mV）。其关系为：

$$1\text{kV} = 1000\text{V} \text{ 或 } 1\text{V} = 10^{-3}\text{kV}$$

$$1V = 10^3 mV \text{ 或 } 1mV = 10^{-3} V$$

10.1.3　电流、电流强度及电流密度

物质中的自由电子或离子在电场力的作用下所产生的有规则的运动称为电流。导体中的自由电子或电解液中的正负离子在无电场力作用的情况下，它们的运动是杂乱无章的，但在电场力的作用下，它们除了杂乱运动外还要沿电场力方向做有规则的定向运动，就形成了电流，其方向与电子移动的方向相反。

单位时间内通过导体某一截面电荷量的代数和即为电流强度，其公式为：

$$I = \frac{Q}{t}$$

式中　I——电流，A；

Q——电荷量，C；

t——电流通过的时间，s。

电流是衡量电流强弱的物理量，其基本单位为安培，用符号A表示，1A电流就是1s内通过导体截面的电量是1C（$1C = 6.24 \times 10^{18}$个电子电量）。

工程上常用到较大或较小的单位为千安（kA）、毫安（mA）、微安（μA）它们之间的关系为：

$$1kA = 1000A \text{ 或 } 1A = 10^{-3} kA$$

$$1A = 1000mA \text{ 或 } 1mA = 10^{-3} A$$

$$1mA = 1000\mu A \text{ 或 } 1\mu A = 10^{-3} mA$$

单位导体截面通过的电流值即为电流密度，其公式为：

$$J = \frac{I}{S}$$

式中　J——电流密度，A/cm^2；

I——电流，A；

S——导体截面积，cm^2。

为了使建设投资经济合理，损耗和运行维护费用等综合起来最小，根据不同的送电介质性质、送电距离、送电负荷大小等不同

的“经济电流密度”来衡量其选择使用的合理性。如制磷电炉的水冷铜管 3 ~ 5A/cm²，连接铜板 1 ~ 2A/cm²，水冷电缆 1.2 ~ 2.5A/cm²，石墨电极 8 ~ 12A/cm²，选择短网及石墨电极直径的计算公式为：

$$D = \sqrt{\frac{4I}{\pi J}} \times 10$$

式中 D——电极或短网的直径，mm；

I——通过电极或短网的电流，A；

J——电极或短网的经济电流密度，A/cm^2。

10.1.4 电流的集肤效应

当交流电通过导线时，导线截面上各处电流分布不均匀，中心处电流密度小，而靠近表面的电流密度大，这种电流分布集中在导线表面的现象称为电流的集肤效应。影响集肤效应的主要因素是频率和电流，频率越高、电流越大越明显。

磷炉短网为有效地利用导电材料和便于散热，大电流导线铜管在保证其机械强度及载流量的前提下应尽量减少壁厚，以减少集肤效应带来的功率损失。

10.1.5 电阻、电阻率及电阻的温度系数

导体中自由电子在电场力的作用下做有规则的定向运动时，不仅要受到原子核的吸引，而且还要与其他原子发生碰撞，就使电子运动（即电流）在导体中流动时受到阻力，该阻力的大小即为电阻。电阻常用字母 R 来表示，单位是“欧姆”，简称“欧”，用字母“Ω”表示。工程上电阻的单位还使用兆欧（MΩ，$1M\Omega = 10^6\Omega$）、千欧（kΩ，$1k\Omega = 10^3\Omega$）、毫欧（mΩ，$1m\Omega = 10^{-3}\Omega$）、微欧（μΩ，$1\mu\Omega = 10^{-6}\Omega$）等单位。

将某种导体材料做成长 1m，横截面为 $1mm^2$，温度为 20℃ 时的电阻值即为电阻率，也称电阻系数。电阻率用字母 ρ 表示，它反映导电材料性能的好坏。导体的电阻与导体的长度和截面积之

间的关系用下式表示：

$$R = \rho \frac{L}{S}$$

式中　R——导体电阻，Ω；

ρ——导体的电阻率，$\Omega \cdot mm^2/m$；

S——导体的截面积，mm^2；

L——导体的长度，m。

导体的电阻不但与导体材料以及它本身的几何尺寸有关，而且还与温度有关。一般金属导体的电阻随温度的升高而增大，一般绝缘材料的电阻随温度的升高而降低。黄磷炉料的电阻值随物质形态的变化而变化，随温度的升高而减小。

10.1.6　电流热效应

电流流过导体时，由于电阻的存在会引起导体发热，这种现象叫做电流的热效应。实践证明，电流通过导体产生热量的大小与电流平方、导体电阻以及导电的时间成正比。即：

$$Q = I^2 Rt$$

式中　I——电流，A；

R——电阻，Ω；

t——通电时间，s。

1 焦耳(J)相当于 0.24 卡(cal)的热量(1g 纯水升高 1℃所需热量为 1cal)，所以电流通过导体所发出的热量为：

$$Q = I^2 Rt(\text{J})$$

上式是焦耳-楞次定律。对于对称的三相交流电路而言，则：

$$P = \sqrt{3}U \cdot I\cos\varphi \times 10^{-3}\text{kW}$$

在 T 时间内所消耗的电能为

$$Q = \sqrt{3}U \cdot I \cdot T\cos\varphi \times 10^{-3}\text{kWh}$$

又因 1kW · h = 860kcal = 3600.648kJ

则　$$Q = 860 \cdot \sqrt{3}U \cdot I \cdot T\cos\varphi \times 10^{-3}\text{kcal}$$

$$= 3600.648 \cdot \sqrt{3}U \cdot I \cdot T\cos\varphi \times 10^{-3}\text{kJ}$$

式中 U——电压,V;

I——电流,A;

T——电流通过的持续时间,h。

制磷电炉就是利用这种电热原理,将电能转化为磷酸盐还原反应所需的热量。

依据电气特性的计算公式,电炉获得的有功功率为:

$$P=3I\left(\sqrt{U^2-(IX)^2}-Ir\right)\times10^{-3}\text{kW}$$

则电炉电能转换为热能为:

$$Q=860\times3\times I\left(\sqrt{U^2-(IX)^2}-Ir\right)\cdot T\times10^{-3}\text{kcal}$$

$$=3600.648\times3\times I\left(\sqrt{U^2-(IX)^2}-Ir\right)\cdot T\times10^{-3}\text{kJ}$$

式中 I——电流,A;

U——电压,V;

X——电抗,Ω;

r——电阻,Ω;

T——时间,h。

从以上公式中可以看出,电炉电压 U、电流 I 一定时,整个供电线路结构中应尽量降低电抗 X 和电阻 r 才能确保电热转换效率最高。

然而,在很多情况下电流热效应是有害的。如变压器和电动机在运行中,由于电流热效应会使其发热,如果不对通过的电流加以限制,按额定值运行(如额定功率、电压、电流等),设备将会因其温升超过允许范围而损坏。

10.1.7 电场及电场强度

电场是电荷及变化磁场周围空间里存在的一种特殊物质,它具有通常物质所具有的力和能量等客观属性。任何电荷周围都有电场存在,把任一带电体放入电场中都会受到电场的作用力,我们将电场对电荷的作用力称为电场力。电荷在电场所受的电场力 F 与电荷电量 q_0 的比值称为该点的电场强度,用字母 E 表

示,即:

$$E = \frac{F}{q_0}$$

式中　E ——电场强度,N/C;

F ——电场力,N;

q_0 ——电荷电量,C。

由于电场的存在,任何一个不带电的物体靠近带电体,在电场力的作用下将会出现物体电荷受外电场作用重新分布的带电现象,即静电感应。静电感应可以通过金属体来加以屏蔽,避免仪表传输电流信号等受到外电场的干扰。

10.1.8　磁场

电流、运动电荷、磁体或变化电场周围空间存在着一种特殊形态的物质,叫磁场。磁场是由运动电荷或变化电场产生的。磁场的基本特征是能对其中的运动电荷施加作用力,磁场对电流、对磁体的作用力或力矩皆源于此。磁场的强弱与导线通过的电流大小有关,通过导线的电流愈大则导线周围的磁场愈强,越靠近导线处磁力线越密、磁场越强,远离导线处磁力线稀疏,则磁场越弱。

10.1.9　涡流

置于变化磁场中的导电物体内部产生的感应电流,以反抗磁通的变化存在,这种电流以磁通的轴线呈涡旋形态,故称涡流。

由于涡流的存在,将增加电气设备的热损耗,减弱磁场,降低电气设备效率,容量不能充分利用。

电气设备的铁芯常用硅钢片叠成,以减少涡流损耗。制磷电炉短网靠近变压器及磷炉,为减少涡流损耗,炉顶盖板和与炉盖连接的下料管(2～4m)都采用隔磁不锈钢材料。

10.1.10　谐波

在交流电路中,具有非线性负荷的电气设备从电力系统吸收

功率的同时又向电源反馈周期性变化的非正弦电压和电流,这种引起电力系统电压或电流正弦波形的畸变称谐波,其分解公式为:

$$f(wt) = a_0 + \sum_{i=1}^{\infty} Ah\sin(hwt + \varphi h)$$

式中,a_0 称为直流分量,$Ah\sin(hwt+\varphi h)$ 称为谐波分量。工业上能产生谐波的谐波源用电设备大致分成三类:

(1)铁磁饱和型,包括各种铁芯设备,如变压器、电抗器等,其表现为铁磁饱和特性呈非线性。

(2)电子开关型,包括各种交直流换流装置及变频器等设备,其表现为非线性的交流波形的开关切合和换向特性。

(3)电弧型,包括各种电弧炉、电弧焊机等,其表现为电弧电压与电弧电流不规则随机变化的伏安特性。

其危害可以概括为以下几点:

(1)谐波使发电、输电及用电设备产生附加谐波损耗而降低了效率。

(2)谐波使旋转电机增加附加损耗、发热外,还会使其产生机械振动、噪声和过电压,导致电缆等设备过热、绝缘老化、寿命缩短。

(3)若电网中局部产生并联、串联谐振,使谐波放大,产生严重事故。

(4)使继电保护装置误动作,对通信产生干扰,影响通信设备系统的正常运行。

10.1.11 负序

理想的三相交流电力系统,各相电压大小相等,且A、B、C三相顺序彼此间的相移等于 $\frac{2\pi}{3}$,这样的系统叫做三相平衡(对称)系统。但运行中由于三相负荷电流的不平衡或不对称等,往往会引起系统三相电压或电流不平衡,使得系统的中性点产生位移,产生负序电流分量和零序电流分量，并对电力系统中的发电、输配电和用电设备的运行造成一系列的危害，主要表现在以下几个方面：

（1）对发配电装置。负序电流在发电机气隙中产生与转子旋转方向相反的负序旋转磁场，使转子温升提高、损耗增加、产生100Hz 频率的振动；使变压器出力不足，由于磁路的不平衡，大量漏磁通经箱壁、夹线等使之严重发热，损耗增加；使输电线路损耗增加，线损率增大；诱发以负序滤波器为启动元件的继电保护和自动装置产生误动作，严重威胁电网的安全运行。

（2）对用电设备。正反转磁场相互作用，从而降低电动机的最大输出转矩和过载能力，同时使电动机的定、转子铜损增加，引起电动机的振动加剧。

在低压配电线路中，引起零电位漂移，产生影响计算机系统的电噪声干扰，严重时将导致计算机无法正常运行。同时会引起照明电灯寿命缩短（电压过高）。

在有多个中性点接点的电网中，若电力线路三相不平衡则会加大对通信系统的干扰，影响通信质量。

在黄磷生产中，制磷电炉往往采用低电压、大电流的生产方式，由于工艺运行特殊，往往会导致三相电流短时不平衡，从而产生负序干扰。因此，在黄磷生产控制中，如何控制磷炉变压器三相电流平衡是避免产生负序干扰的根本手段。

10.1.12　三相交流电源

由三个频率相同，振幅相等，相位依次互差 120°的交流电势组成的电流，称三相交流电源，如图 10-1 所示。

三相交流电流是由三相发电机产生的。目前工农业生产所用的动力设备电源，几乎全部采用三相交流电源。

10.1.13　三相电源和负载的星形连接及其相、线电流、电压的关系

三相电路中将三相绕组的末端连在一起，从始端分别引出导

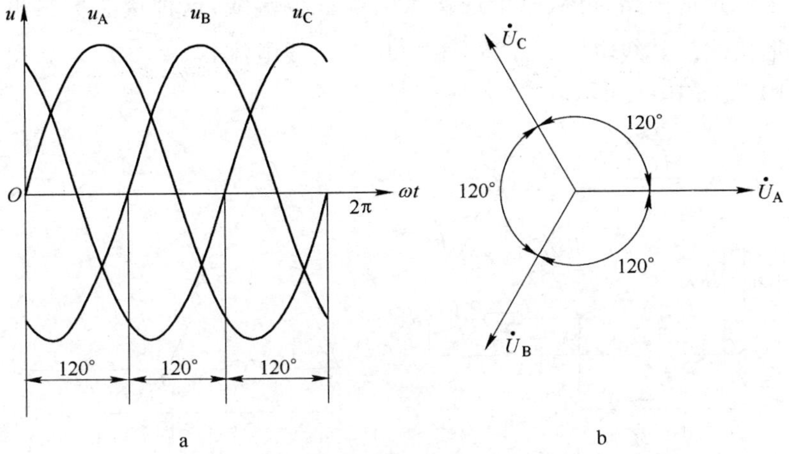

图 10-1　对称三相交流电源波形图和相量图

a—三相电压波形图；b—三相电压相量图

线，称星形连接。绕组始端引出的线，称为火线或电源线。三相绕组末端连接在公共点“O”称为中性点，其线电压是相电压的 $\sqrt{3}$ 倍，$U_{CA}=\sqrt{3}\,U_A$，线电流等于相电流，$I_{CA}=I_A$。如图 10-2、图 10-3 所示。

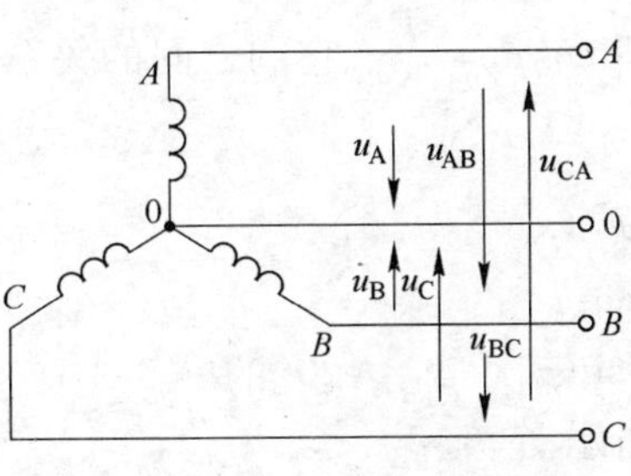

图 10-2　三相电源星形连接

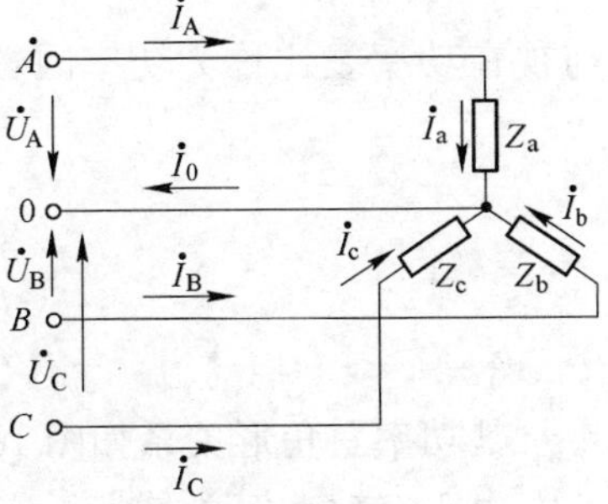

图 10-3　三相负载星形连接

10.1.14　三相电源和负载的三角形连接及其相、线电压、电流的关系

将一相绕组的末端与邻相绕组的始端顺次连接起来构成一

个三角形回路,再从三个连接点引出三根端线,这种接法称三角形接法。其线电压 U_{CA} 等于相电压 U_{A},线电流 $I_{CA}=\sqrt{3}I_{A}$。如图 10-4、图 10-5 所示。

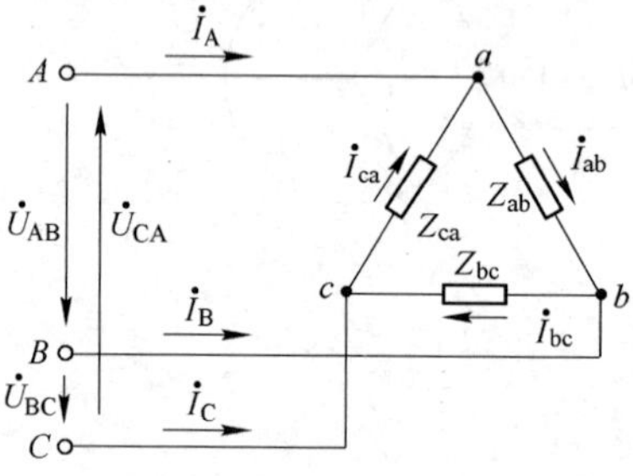

图 10-4　三相电源三角形连接

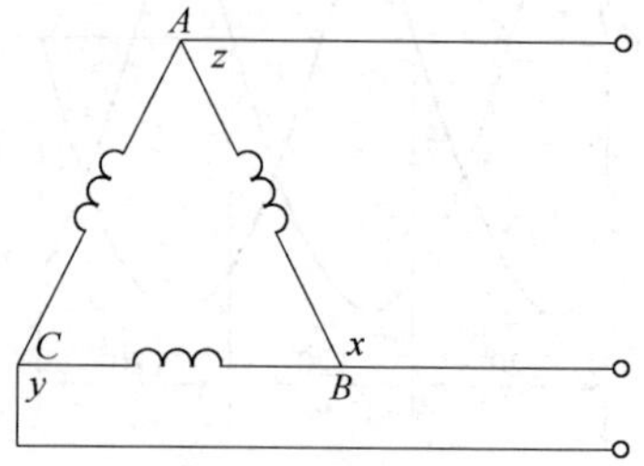

图 10-5　三相负载三角形连接

10.1.15　三相交流电功率因数及其对供电设备的影响

用电设备(如电动机)都具有电感特性,它们消耗的功率,一部分做了实际工作,称为有功功率(P),另一部分用于建立交流磁场(电动机、变压器等设备正常工作的必备条件),称为无功功率(Q),有功功率与无功功率的合成量称为视在功率(S),有功功率与视在功率之比称为功率因数。即 $\cos\varphi=\dfrac{P}{S}$,它们之间的关系为:

$$S=UI$$
$$P=S\cos\varphi$$
$$Q=S\sin\varphi$$

其功率三角形关系如图 10-6 所示。

由于有功功率总是小于或等于视在功率,所以针对用电设备而言,功率因数 $\cos\varphi$ 永远小于或等于 1。功率因数大,无功电量消耗小,反之则相反,它的大小反映了供用电设备对电力的有效利用程度。功率因数高可降低无功损耗发热的影响,进一步提高供配电系统的供电能力和用电设备的有效功率输出能力。

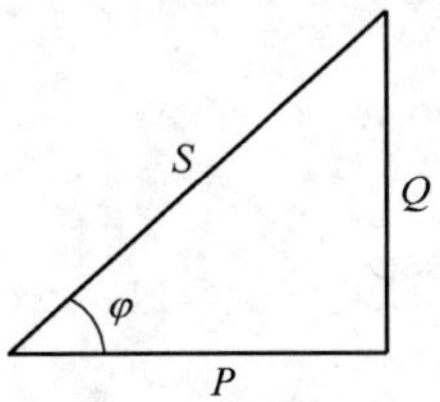

图 10-6 三相交流电路功率三角形

10.1.16 三相电路中功率的计算

一个三相电源发出的总功率等于每相电源发生的功率之和，一个三相负载消耗的总功率等于每相负载消耗的功率之和。

即有功功率 $P = P_A + P_B + P_C$
$= U_A I_A \cos\varphi_A + U_B I_B \cos\varphi_B + U_C I_C \cos\varphi_C$

无功功率 $Q = Q_A + Q_B + Q_C$
$= U_A I_A \sin\varphi_A + U_B I_B \sin\varphi_B + U_C I_C \sin\varphi_C$

视在功率 $S = U_A I_A + U_B I_B + U_C I_C$

在对称三相电路中因为：

$$U_A = U_B = U_C = U_{相}$$
$$I_A = I_B = I_C = I_{相}$$
$$\cos\varphi_A = \cos\varphi_B = \cos\varphi_C$$
$$\sin\varphi_A = \sin\varphi_B = \sin\varphi_C$$

故 $P = 3\ U_{相}\ I_{相}\ \cos\varphi$

$Q = 3\ U_{相}\ I_{相}\ \sin\varphi$

若用线电压、线电流表示三相总功率，当星形连接时：

$U_{线} = \sqrt{3} U_{相}$ $\qquad I_{线} = I_{相}$

当三角形连接时：

$U_{线} = U_{相}$ $\qquad I_{线} = \sqrt{3} I_{相}$

则 $P = 3U_{相} I_{相} \cos\varphi$

$$= 3 \cdot \frac{U_{线} I_{线}}{\sqrt{3}} \cos\varphi$$

$$= \sqrt{3} U_{线} I_{线} \cos\varphi$$

$$Q = 3U_{相} I_{相} \sin\varphi$$

$$= 3 \cdot \frac{U_{线} I_{线}}{\sqrt{3}} \sin\varphi$$

$$= \sqrt{3} U_{线} I_{线} \sin\varphi$$

$$S = 3U_{相} I_{相}$$

$$= 3 \cdot \frac{U_{线} I_{线}}{\sqrt{3}}$$

$$= \sqrt{3} U_{线} I_{线}$$

它们之间的关系为：

$$S = \sqrt{P^2 + Q^2}$$

$$\cos\varphi = \frac{P}{S}$$

如果三相负载不对称，则应分别计算各相功率，三相总功率等于各相功率之和。

10.2　三相交流异步电动机

10.2.1　三相交流异步电动机的分类及结构

三相交流异步电动机按转子结构可分为鼠笼式和绕组式两种。其结构由两大部分组成，静止部分叫做定子，旋转部分称为转子。定子由机座、定子铁芯、定子绕组组成；转子部分由转子铁芯、转子绕组组成。工厂中大量使用的是鼠笼式异步电动机。

10.2.2　三相交流异步电动机的工作原理

当三相异步电动机定子绕组通入三相对称交流电后，便产生旋转磁场,该旋转磁场磁力线切割转子导体,从而产生感应电动势,由于转子绕组自身是短接的,所以在感应电动势的作用下,转子导体内便有感应电流通过。根据载流导体在磁场中要受到电磁力作用的原理,转子导体受到一个与旋转磁场方向相同的电磁力,在这个电磁力的作用下,转子将沿着旋转磁场的方向旋转起来,带动机械负载工作,从而把电能转换为机械能。转子转速(即电机转速)与电源频率 f 成正比,与电动机的极对数 P 成反比。

在三相电源上任意对调两相后即可改变定子绕组中旋转磁场的方向,从而改变电动机转向。

10.3 变压器

10.3.1 变压器工作原理

变压器是根据“动电生磁”和“磁动生电”的电磁感应原理制成的。如图 10-7 所示,当在变压器的原绕组(一次侧)施以交变电压时便在原绕组中产生一交流电流 I。这个电流在铁芯中产生一交变主磁通,因为原副绕组同绕在一个铁芯上,所以当主磁通穿过副绕组时,便在变压器副边感应出电势,此感应电势的大小是和磁通所连的匝数及磁能变化率成正比,即变压器原副绕组的电压比等于原副绕组的匝数比:$\frac{U_1}{U_2}=\frac{W_1}{W_2}$,因此要原副绕组有不同的电压只要改变它们的匝数比即可。

从绝缘方面考虑往往将变压器的低压绕组布置在高压绕组的里边,且变压器的电压调节是靠改变高压绕组的抽头即改变其匝数来实现的。

10.3.2 变压器温度

变压器运行中的发热,是由铁芯损耗(包括涡流损耗和磁滞损耗),线圈的电阻损耗(又叫铜耗)和附加损耗(如铁件中和线圈

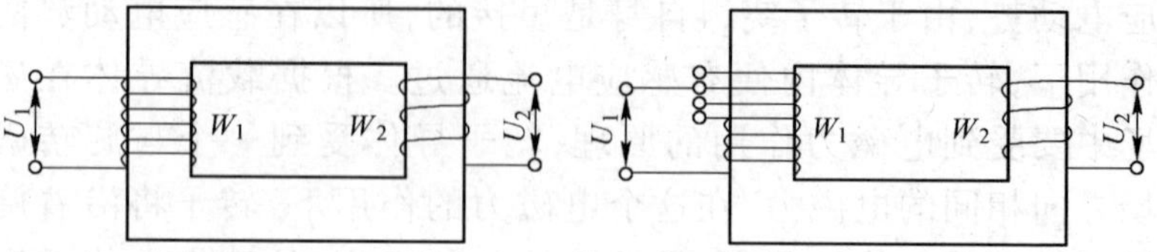

图 10-7　变压器的工作原理

a—电压的变压；b—二次电压的调整

中的涡流损耗等）引起的。并借传导、对流和辐射的传热方式将热量向外扩散。一部分热量发散出去，另一部分热量使变压器温度升高。当单位时间所产生的热量和单位时间散出的热量相等时，变压器达到了热稳定状态。

在一定负荷下，变压器温升的热稳定值由变压器的散热面积的大小，散热方式（能力）决定。散热面积愈大，散热能力愈强，发散出去的热量愈多，变压器温升就愈小。如磷炉变压器采用水冷却的强油循环冷却散热方式就是要最大限度提高变压器的散热能力，降低变压器运行温升，提高变压器的带负荷能力。

变压器的温升实际上是通过变压器的上层油温来控制变压器线圈的温度，故监测该温度值一般用温升表示，即变压器线圈的绝缘材料温度允许超过冷却介质（油或空气等）的温度值。如磷炉变压器采用强油循环水冷却，当年平均冷却水温 25℃，日最高水温 30℃，冷却器进口油温为 70℃（此时对应的近似油水温升为 70℃ －25℃ ＝45℃），统一规定的最高年平均气温 40℃。油的最高耐受温度为 95℃，故油的温升小于 55℃，因此运行时最好控制水冷却器进口油温不要超过 70℃，极限油温 85℃，过高将使变压器由于受热而损坏、绝缘材料失效而导致击穿烧毁。一般油浸变压器的绝缘属于 A 级绝缘，其耐热温度最高为 105℃，温度超过 105℃后，每增加 6℃，绝缘材料寿命减少一半。

10.3.3 磷炉变压器

10.3.3.1 磷炉变压器特点

(1)较大的二次电流,较低的二次电压,且有多级调压分接开关。为了保证工艺操作的平稳和生产安全,要求较低的二次电压,并视磷炉变的容量和输出功率的大小,选择满足生产工艺控制要求的调压方式,电压输出值范围一般为60~500V。目前110kV电压等级的磷炉变(大于20000kVA)一般选用15~35级有载调压,调压范围为110~480V,调压级差为10V左右,并设置专门调整线圈(三次侧绕组),以满足生产工艺控制的电压、电流比调整要求。

一定的工艺反应温度和生产能力,需要有对应的电功率,对于三相交流电路来说,电功率:$P=\sqrt{3}\,U_{线}\,I_{线}\,\cos\varphi$。当二次电压$U_{线}$较低时,需要相当大的二次电流$I_{线}$。对输出功率为25000kVA的磷炉变,其二次电压、电流的额定值分别为377V、38286A。

(2)坚固的机械强度和较大的抗过载能力。为使磷炉在满负荷长期工作,并能承受合闸送电出现的瞬时过电流、塌料等引起的冲击性过负荷及瞬间短路应力,变压器在结构上应具有坚固的机械强度和较大的过载能力(30%左右)。

(3)加强的绝缘强度。磷炉变操作频繁,为防止操作过电压(合闸、拉闸时所产生的过电压)和遭受雷击时大气过电压等原因造成变压器损坏及人身安全事故,磷炉变压器在具有加强的电气绝缘强度的同时,还应设置分合闸中性点接地刀闸。

(4)低压绕组三相分为两组线圈,头尾按顺序分别引出,使短网与不同相、不同电流方向的母线尽量靠近排列,降低电抗和提高功率因数,充分利用变压器容量。

(5)良好冷却措施。运行中变压器的损耗都以热量的方式散出。当发热量与散热量达到平衡时,变压器的铁芯和线圈的最热点温度达到稳定。为使该值不超过设计指标(如A级绝缘为最高105℃),延长变压器的使用年限,增加带负荷能力,采用强制油循环水冷却方式是保证热稳定值的条件。

10.3.3.2 磷炉变压器类型、容量的确定

(1)变压器有三相和单相两种类型。对于中小功率(25000kVA 及以下)的制磷电炉采用三相变压器。对于大功率(30000kVA 及以上)的制磷电炉,由于考虑短网布置结构、分相功率控制,特别是制造运输问题,在设计中一般选择三台单相变压器。

(2)变压器容量以磷的单位电耗、产量确定,其计算公式如下:

$$S=\frac{G\cdot W}{K_1K_2\cos\varphi\cdot 330\times 24}$$

式中 S——变压器容量,kVA;

G——电炉年产量,t/a;

W——单位产品所需电能,kWh/t;

K_1——功率利用系数,即平均负荷与额定负荷之比;

K_2——时间利用系数;

$\cos\varphi$——电炉的功率因数。

单位产品所需的电能随磷矿品位、炉料的组成不同而不同,故实际选取的变压器容量往往都大于计算值。

(3)变压器二次电压的确定。我国应用较广的计算公式如下:

$$E=1.46\sqrt[3]{S}$$

式中 E——变压器二次电压,V;

S——变压器总功率,kVA。

按上式求得二次电压,其上、下限之间每隔 5% 确定为一挡,挡数及挡间电压差值可综合考虑磷炉容量、内径、电极圆心圆及电极直径、电极组数等技术参数,原则上取电极之间的电压梯度为 2.5V/cm,电极与炉壁间距离和电极间距离比在 1.1~1.3 之间。

10.3.3.3 磷炉变压器的基本数据

(1)铭牌型号含义。

H—电炉用;

K—控制;

S—三相;

SP—强迫油循环水冷;

Z—有载调压。

例如:HKSSPZ—25000/110,表示容量为25000kVA,一次电压110kV 三相强迫油循环水冷的有载电动调压磷炉变压器。

(2)技术数据。以 HKSSPZ—25000/110 变压器为例,具体技术数据见表10-1 和表10-2。

额定容量:25000kVA

额定电压:110000/377V

额定电流:131/38286A

频率:50Hz

连接组标号:YNd11

调节方式:有载电动

冷却方式:OFWF(强迫油循环水冷)

相数:3 相

表10-1 磷炉变压器实验数据表

输出电压/V	480	377	130
空载电流/%	0.44	0.28	1.28
空载损耗/kW	28.2	20.0	28.2
负载损耗/kW	225.3	275.0	247.4
短路阻抗/%	7.44	10.5	38.3

(3)磷炉变压器电气原理如图10-8 所示。

10.3.3.4 磷炉变压器保护装置

(1)气体继电保护。气体继电器是检测变压器内部元件由于放电、接触不良、异常发热引起变压器油及绝缘体分解产生气体而引起故障的一种有效保护措施。

1)当气体上升到油箱顶部达到一定值时,气体继电器发出轻瓦斯报警信号。操作工此时应停电进行检查,可用小火源对气体继电器排出的气体进行检测判断,如果气体可燃说明变压器内部也出现故障,必须排除隐患方能投运;如果没有可燃性,则可能是空气漏入引发,排除漏油点后将气排尽可继续运行。

表 10-2 磷炉变压器技术参数表

容量/kVA	输入侧			三次侧		范围开关连接	开关位置	输出侧		
	电压/V	电流/A	端子	电流/A	相电压/V			电压/V	电流/A	端子
25000	110000	131	A、B、C、D	266	11407	K − +	1	480	30070	a − y, b − z, c − x
				272	10736		2	469	30776	
				278	10065		3	459	31446	
				285	9394		4	449	32146	
				291	8723		5	439	32879	
				299	8052		6	428	33724	
				306	7381		7	418	34531	
				313	6710		8	408	35377	
				321	6039		9	397	36357	
				330	5368		10	387	37297	
				339	4697		11	377	38286	
24337		128			4026		12	367		
23608		124			3335		13	356		
22944		120			2684		14	346		
22281		117			2013		15	336		
21618		113			1342		16	326		
20889		110			671		17	315		
20226		106			0		18	305		
19562		103			671	K − −	19	295		
18833		99			1342		20	284		
18170		95			2013		21	274		
17507		92			2684		22	264		
16844		88			3335		23	254		
16114		85			4026		24	243		
15451		81			4697		25	233		
14788		78			5368		26	223		
14125		74			6039		27	212		
13395		70			6710		28	202		
12732		67			7381		29	192		
12069		63			8052		30	182		
11340		60			8723		31	171		
10676		56			9394		32	161		
10013		52			10065		33	151		
9284		49			10736		34	140		
8621		45			11407		35	130		

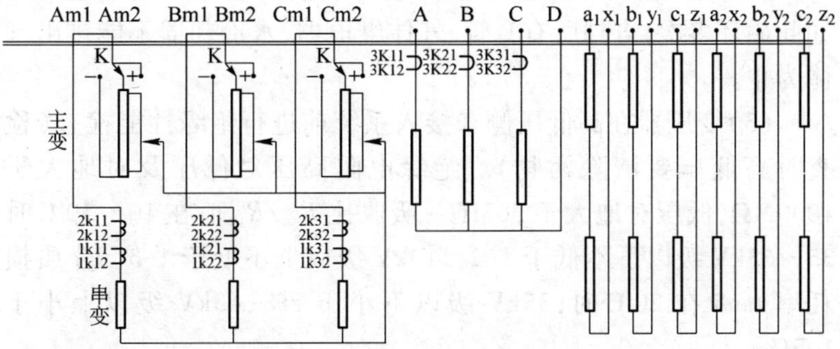

图10-8 磷炉变压器电气原理图

2)若大量气体上升到油箱顶部进入气体继电器,将产生很高的流速推动继电器发出重瓦斯报警信号,同时连锁动作自动分闸。此时不能盲目通电运行,以免带来严重后果,需请专业人员到现场进行检测、处理故障后才能合闸运行。

(2)温度保护。磷炉变压器的温度计一般置于箱盖顶部,可与远程计算机联网进行监测控制,一般磷炉变压器的上限报警温度设定值应低于70℃/65℃,极限设定值为85℃。

(3)压力释放保护。磷炉变压器内部出现极为严重故障时,为避免出现超压崩裂危险而设置此保护装置,又称安全阀。当压力释放后,压力释放阀会自行关闭。投运前,操作人员应将压力释放阀的试片去除。

(4)水冷却器压差保护。水冷却器压差保护是保证油压必须大于冷却水压力的装置,主要通过控制油及冷却水进出口阀门来调节变压器油与冷却水的压力差。当出现油水压差小于设定值时压差保护器发出报警信号,提醒操作人员及时调整处理。

10.3.3.5 磷炉变压器安装后的检查

(1)变压器外观应无严重损伤,配件及辅件齐全,无渗漏油、无安装螺栓松动现象,检查各配件的操作是否可靠、安全。

(2)变压器注油后应充分排气,开启油泵运行 6h 再静置 6h,如此循环多次,直到所有套管、气体继电器、水冷却器不能排出气体为止。

(3)变压器在高低压侧未接入系统前进行绝缘性能检查(检查时高低压要清除污物)。绝缘电阻高压对低压及对地大于 1000MΩ,低压对地大于 50MΩ。吸收比 R_{60}/R_{15} 值在 10～30℃时 35～63kV 级以下不低于 1.2,110kV 级以上不低于 1.3。介质损耗率 $\tan\delta$ 在 20℃时,35kV 级以下小于 2%,63kV 级以上小于 1.5%。

(4)检查确认变压器相位和电力网相位一致。

(5)变压器进行冲击合闸试验 5 次,每次通电 10min,间隔 5min 为宜。冲击合闸宜在高压侧进行,试验时,需注意励磁涌流,停运冷却器以检查有无异常声响。

10.4　制磷电炉短网

10.4.1　短网概念

所谓短网是指磷炉变压器低压侧出线端到电极(包括电极)载流导体的总称。一般可分成变压器出线端到水冷铜管之间的补偿母线段、补偿母线到水冷电缆之间的水冷铜管母线段、水冷铜管到电极铜瓦之间的水冷电缆段、铜瓦到电极段。

磷炉变压器布置在炉顶附近,虽然短网不长,但其电阻与电抗在整个电炉装置中却占有很大比例,故短网结构设计好坏、布局是否合理,在很大程度上决定电炉装置效率、功率因数高低以及炉子能否正常运行。因此,在近代制磷电炉的发展史中,短网技术一向为人们所关注。

10.4.2　短网参数计算

10.4.2.1　短网电阻的计算

短网电阻 r_w 可以设想由三部分组成,即各段导体的交流电

阻、连接处接触电阻和各段导体附近钢铁构件中电磁感应附加电阻,表达式为:

$$r_w = \sum r_i + \sum r_c + \sum r_f$$

式中 $\sum r_i$ ——各段导体的交流电阻(有效电阻)的代数和,Ω;

$\sum r_c$ ——各段接触电阻的代数和,Ω;

$\sum r_f$ ——各段附加电阻的代数和,Ω。

各段交流电阻 $r_i = r_o \cdot k_{if} \cdot k_1$

式中 r_o ——导体在某一工作温度下的直流电阻,Ω;

k_{if}——导体的集肤效应系数;

k_1——导体的邻近效应系数。

各段连接处的接触电阻 r_c:

$$r_c = \frac{c}{p^m}$$

式中 c——与材料和接触面状态有关的系数;

p——接触面上的总压力,kgf/cm^2($1kgf/cm^2 = 0.1MPa$)。

对铜-铜一段取 $100kgf/cm^2$,铜瓦与石墨电极之间的压力一段取电极重量的4~5倍。

各段附加电阻 r_f:

当短网附近有钢铁物件时,因其计算很复杂,通常取短网交流有效电阻的20%~30%作为短网附加电阻,即 $r_f = (0.2 \sim 0.3) r_i$。

短网中最大接触电阻发生在铜瓦与电极之间,严重时这部分接触电阻可达短网电损的15%。因此,电极把持器压紧螺栓的压力大小在生产运行中应引起高度重视。

10.4.2.2 短网电抗计算

磷炉短网由一系列不同形状的导体连接而成,按不同形状将短网分成几段,分别计算出电抗,短网电抗即是各段电抗的代数和。

$$X_W = \sum x = \sum \omega L$$

式中　x——各段电抗,Ω;

ω——角频率 $\omega = 2\pi f$;

L——各段电感系数,H。

计算电感系数 L 很困难,并且很难得出准确结果,运行中可用实验方法确定电感系数。短网连接、布置方式不同,其电感系数计算方法和大小也不同。

10.4.3　电炉电气特性曲线

鉴于电炉实际电路的复杂性,为方便理论研究,假设以下几点:

(1)电炉主要线路电压 U 和电阻 r 及电抗 X 与负荷电流无关。

(2)电炉变压器负荷特性处于平衡,即三相电流、电压和阻抗相等。

(3)电炉炉料的阻抗为纯电阻 r_h。

(4)电压和电流按正弦曲线随时间变化。

(5)电炉变压器的空载电流等于零(I_0 =0)。

(6)电炉三相基本相同,可用单相代替三相系统,即电炉单相等效电路,如图 10-9 所示。

在图 10-9 中,R 为供电系统折算到低压侧的电阻,单位 Ω;X

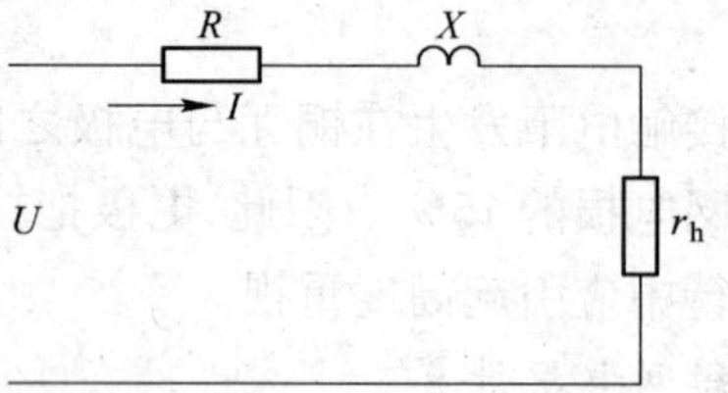

图 10-9　电炉的等效电路图

为供电系统折算到低压侧的电抗，单位 Ω；r_h 为电炉炉料电阻，单位 Ω；U 为电炉变压器输出电压，即相电压，单位 V；I 为电炉变压器输出电流，单位 A。

依据以上假设，按照欧姆定律，交流电路存在下列关系：

电炉内部电流 $I = \dfrac{U}{R} = \dfrac{U}{\sqrt{(r + r_h)^2 + x^2}}$

对于三相对称交流电路，电炉从供电系统取得的：

视在功率 $S = 3UI$

有功功率 $P = 3I\sqrt{U^2 - (Ix)^2}$

无功功率 $Q = 3I^2x$

线路电损功率 $P_{ds} = 3I^2r$

有效功率 $P_h = P - P_{ds} = 3I(\sqrt{U^2 - (Ix)^2} - Ir)$

电效率 $\eta_d = \dfrac{P_h}{P} = \dfrac{\sqrt{U^2 - (Ix)^2} - Ir}{\sqrt{U^2 - (Ix)^2}} \times 100\%$

功率因数 $\cos\varphi = \dfrac{P}{S} = \dfrac{\sqrt{U^2 - (Ix)^2}}{U}$

电极电压 $U_{rh} = \dfrac{P_h}{3I} = \sqrt{U^2 - (Ix)^2} - Ir$

上述公式所表示的电炉电气特性量值与电流 I 有关，据此按前述假设，当磷炉供电系统折算到低压侧的电阻 r、电抗 x 一定时，在某一工作电压 U 下绘出横坐标电炉电流 I 与纵坐标电炉 S、P、Q、P_{ds}、P_h、η_d、$\cos\varphi$ 函数关系的电气特性曲线，如图 10-10 所示。

从图中可以看出电效率 η_d、功率因数 $\cos\varphi$、最大有功功率 P、最大有效功率 P_h 随变压器负荷电流 I 的变化情况。从图中可以看出，最大有功功率对应的电流为 I_2，最大有效功率 P_h 对应的电流为 I_1，随着电流 I 增加，功率因数 $\cos\varphi$、电效率 η_d、电极电压逐步降低。因此，在实际生产中应综合考虑以上影响因素。

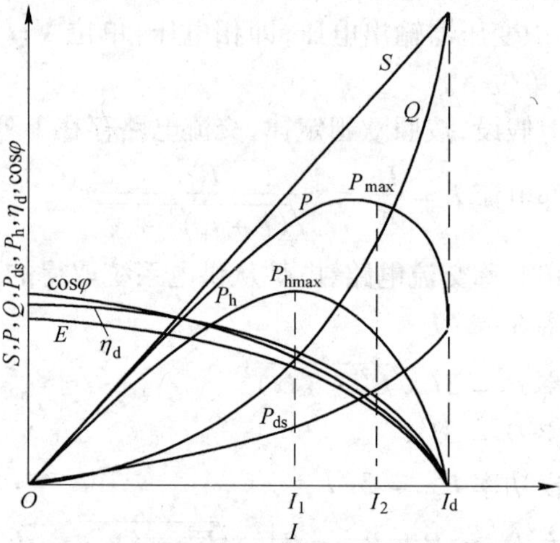

图 10-10　电炉电气特性曲线图

10.4.4　两种不同短网连接方式的分析

10.4.4.1　双线制三相 6 根电极接成三角形

三相 6 根电极接成三角形时，磷炉变压器二次侧连接如图 10-11、图 10-12 所示，经熔池封接后的分析电路示意图如图 10-13 所示。

从图 10-13 可以看出，在 6 根电极接成三角形的电路中，经电极和熔池封接形成两个独立的星形负载电路，炉内形成 3 个电极熔池为一组的两组相连熔池。但每组之间电极的电流、电压互不影响(同相有影响)，即每一根电极电流、电压的变化只影响该组内另外两根电极电流、电压的变化，而对其余 3 根电极不形成影响。

另外，从前节对短网定义及图 10-13 分析可知，在该种电路结构中，水冷电缆和导电铜管等输电设施通过的电流为变压器低压侧输出的相电流，而电极和熔池流过的电流为线电流(即变压器铭牌上标注的额定电流)。

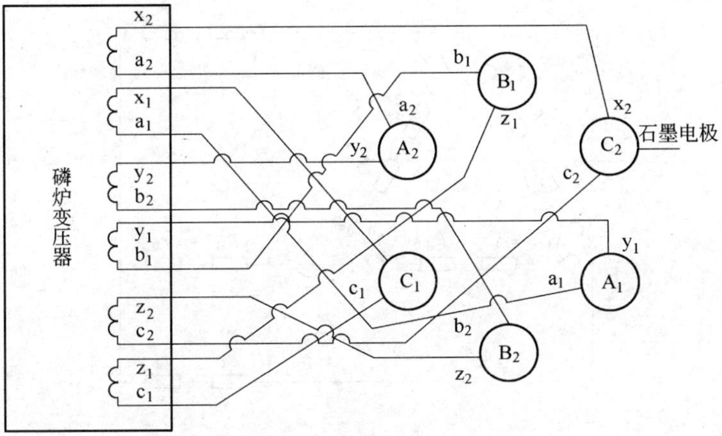

图 10-11 磷炉变压器二次侧连接示意图

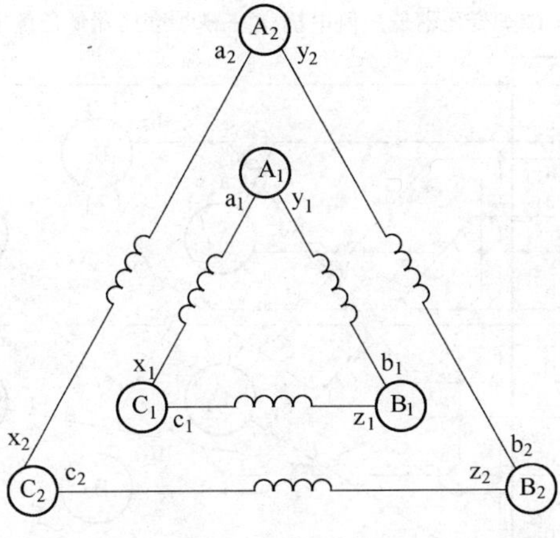

图 10-12 磷炉变压器二次侧连接简图

10.4.4.2 双线制三相 6 根电极低压侧接成三角形

三相 6 根电极低压侧接成三角形时，磷炉变压器二次侧连接如图 10-14、图 10-15 所示，经熔池封接后的分析电路示意图如图 10-16 所示。

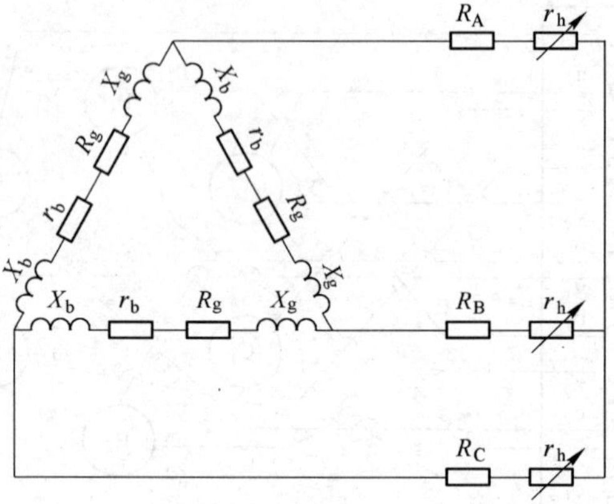

图 10-13　经熔池封接后的分析电路示意图

R_g—导电铜管，水冷电缆等电阻；X_g—导电铜管，水冷电缆等电抗；

R_A—A 相电极电阻；R_B—B 相电极电阻；R_C—C 相电极电阻；r_h—炉料电阻；

X_b—磷炉变压器低压侧电抗；r_b—磷炉变压器低压侧电阻

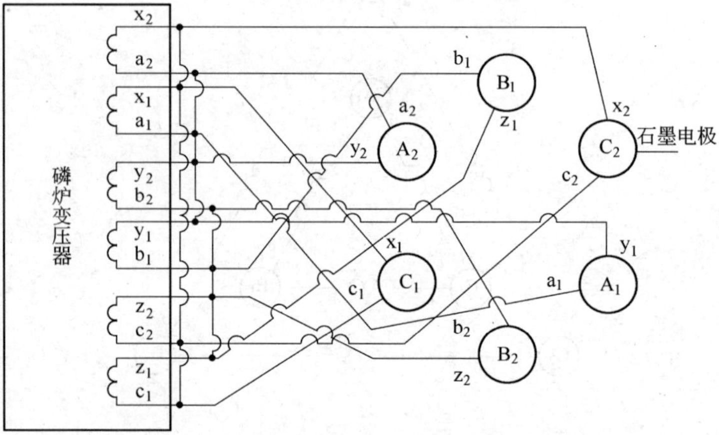

图 10-14　磷炉变压器二次侧连接示意图

从分析电路示意图及连接简图分析，变压器低压侧经三相汇流管将 $a_1a_2y_1y_2$（A 相）、$b_1b_2z_1z_2$（B 相）、$c_1c_2x_1x_2$（C 相）封接成每相有两只变压器低压侧线圈的三角形后，再经汇流管、短网与 6

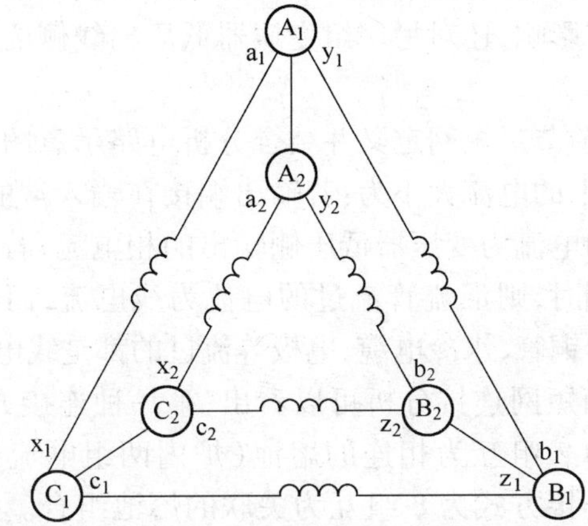

图 10-15　磷炉变压器二次侧连接简图

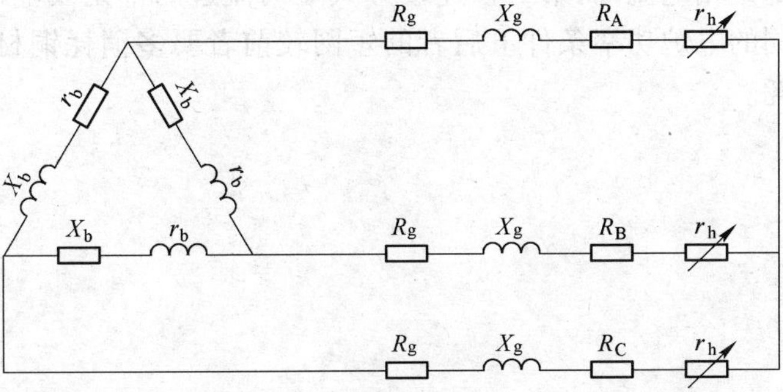

图 10-16　经熔池封接后的分析电路示意图

R_g—导电铜管，水冷电缆等电阻；X_g—导电铜管，水冷电缆等电抗；

R_A—A 相电极电阻；R_B—B 相电极电阻；R_C—C 相电极电阻；r_h—炉料电阻；

X_b—磷炉变压器低压侧（含汇流管）电抗；r_b—磷炉变压器低压侧（含汇流管）电阻

根电极分别连接后，经电极和熔池再封接后将形成 $A_1B_1C_1$、$A_1B_2C_2$、$A_2B_2C_2$、$A_2B_1C_1$、$B_1A_2C_2$、$B_2A_1C_1$、$C_1A_2B_2$、$C_2A_1B_1$ 8 组星形负载电路。炉内形成 3 个电极熔池为一组的 8 组互有关联的

电炉熔池，使得每根电极电流、电压的变化不仅对自己一组的2根关联电极有影响，还对另一组变压器低压出线侧的异名相电极有影响。

另外，从前节对短网定义并结合分析电路示意图和连接简图分析，汇流管上的电流大小为：若输出端接在输入端的中间，则汇流管上流过的电流为变压器低压侧输出的相电流，若输出端接在输入端的一侧时，则汇流管流过的电流为线电流，而经汇流管连接出去的水冷铜管、水冷电缆、电极等流过的都是线电流。

通过上面短网连接分析可以看出，第一种连接方式，炉内电极熔池组数为2组互为相连的熔池（炉内两组电流回路是独立的）；第二种连接方式为8组互为关联的熔池组合。第一种连接方式熔池电流均为线电流，第二种连接方式因熔池组数增加，故每一组熔池的电流都应小于线电流。第一种连接方式其短网流过的都是相电流，而第二种连接方式短网流过的都是线电流，故在相同的电炉功率条件下后者的短网较前者要多消耗铜材及增加损耗。

11 黄磷安全生产技术

11.1 黄磷生产特点及安全生产原则

11.1.1 易燃易爆

(1)黄磷燃烧。黄磷遇空气会自燃,磷炉气存在和经过的设备、管道密封受到破坏,泄漏可能引起火灾,还会引起磷和一氧化碳中毒。

(2)一氧化碳爆炸。炉气中含85%左右的一氧化碳,空气中一氧化碳的爆炸极限在12.5% ~74.2%之间,若压力控制不当,造成磷炉气存在和经过的设备、管道形成负压,空气漏入其中,混合气体达到爆炸极限,遇明火就可能发生爆炸。由于炉气中常含有残磷并富集在设备管道上,遇空气发生自燃成为点火源,更增加了爆炸的可能性。

11.1.2 易中毒

(1)黄磷(P_4)。黄磷属剧毒化学品,人误食0.1g即可致死。急性伤害主要为皮肤烧伤,黏膜刺激、致肝、肾、心等多脏器损害。皮肤烧伤后,经皮肤吸收而引起全身中毒,严重者发生急性肝、肾功能衰竭。中毒时出现口腔及咽喉糜烂、充血、恶心、呕吐、腹痛、腹泻、呕血、便血。慢性中毒主要损害下颌骨:长期吸入低浓度磷蒸气,可致上呼吸道损伤。

(2)一氧化碳(CO)。相对分子质量28.01,密度0.967g/m^3,无色、无臭、无刺激性、可燃气体,不溶于水。

一氧化碳能在血液中与血红蛋白结合生成碳氧血红蛋白而造成组织缺氧。若血液中碳氧血红蛋白浓度高于10%,部分患者昏迷苏醒后,经2~60天的缓减期后,又可能出现迟发性脑病(神经精神后发症)及意识精神障碍。短期内吸入高浓度一氧化碳后可发生头疼、头昏、四肢无力、恶心、呕吐、意识模糊、重度昏迷甚至死亡。

1998 年,某厂黄磷车间磷炉加料仓内发生过一起作业人员捅料时 CO 中毒死亡的事故;在磷炉尾气管线导淋槽顶发生过人员 CO 中毒死亡的事故;在收磷槽和一级沉降槽及含磷水收集槽顶,发生过作业人员 CO 中毒致死的事故。

(3)五氧化二磷(P_2O_5)。五氧化二磷又名磷酸酐,是磷遇空气燃烧的产物,吸水性强,在空气中形成烟雾,易溶于水,并放出大量热。与人接触,吸收体液形成磷酸,对眼、口腔、气管有刺激和腐蚀作用,严重者可致中毒性肺炎、肺水肿。由于烟雾中有游离磷的存在,还可能造成磷中毒。烟雾发生时影响视线,容易造成撤离避险时的二次伤害。

(4)磷化氢(PH_3)。磷化氢属无色气体,有芥子气味,剧毒,易燃,微溶于冷水,溶于乙醇和乙醚。在空气中自燃而发光,生成五氧化二磷和水。工作场所空气中最大允许浓度不超过 0.3mg/m^3。

磷化氢可经呼吸道进入人体,主要损害神经、呼吸系统。表现为头痛、乏力、恶心、胸闷、咳嗽等,进而呼吸困难、意识不清、心慌,严重时昏迷、抽搐、咳粉红色或白色泡沫状痰。

在日常工作中常见的是发生轻微中毒的现象,当含磷水的 pH 值大于 9 时,会有 PH_3 气体产生,碱性越强,PH_3 的产生量和速度越多越快(以前污水处理站 pH 值控制在 5~9,一是浪费药剂,如石灰加入量增加;二是碱性强,PH_3 生成量增加。所以目前污水处理站 pH 值控制在 4~6 是有科学依据的)。PH_3 气体常存在于污水处理站、地沟、使用净化含磷水的设备和储槽中,在生产中出现过含磷水净化水槽发生爆炸的案例,甚至出现黄磷储运设备发生爆炸伤人的事故。为此要加强含磷水处理工艺的控制,防止出现净化水 pH 值大于 8,特别是不能在泥磷中混有石灰,否则也会在泥磷处理过程中出现中毒和爆炸事故。要严格执行有限空间作业规定和动火作业相关规定，对有限空间内的气体进行分析，取样要有代表性，才能保证不发生中毒和爆炸事故的发生。

(5)氟及其化合物(F、F^-)。在黄磷生产过程中，氟主要以氟化氢、四氟化硅等形式存在于气相中；以氟硅酸存在于水中，以氟化钙和氟硅酸钠等形式存在于废气洗涤液中。牛对氟的危害反应最为敏感，中毒表现为关节肿大，站立困难。氟主要是气相氟化物通过皮肤吸收，呼吸道侵入人体。氟化物能刺激皮肤和黏膜，其水溶液能灼伤皮肤和眼、黏膜，误食会中毒；气态氟化物对眼、呼吸道、皮肤有刺激作用。长期接触摄入过量的氟化物，能引起骨骼致畸；短期吸入高浓度氟化物可引起眼和上呼吸道刺激症状，出现烧灼感、胸部紧迫感。

有时可伴有头痛、头昏、恶心、呕吐、鼻出血等症状；眼部接触氢氟酸后，局部剧烈疼痛，重者角膜全层混浊呈瓷白色.甚至穿孔；皮肤接触氢氟酸可致皮肤灼伤；咳嗽严重时可致反射性窒息或中毒。主要存在炉前、含氟废气洗涤(清理洗涤塔的作业尤其易受到氟的伤害)、磷矿烧结等岗位。

(6)硫化氢(H_2S)。硫化氢是强烈的神经毒物，对黏膜有强烈的刺激作用。高浓度时可直接抑制呼吸中枢，引起迅速窒息而死亡；长期接触低浓度的硫化氢，引起神经衰弱征候群及植物神经紊乱等症状。与空气混合物的爆炸极限为体积百分比的4%～46%。

(7)黄磷中毒急救要点。

1)误食含磷物后，若无消化道腐蚀症状者用清水或0.1%高锰酸钾洗胃，口服硫酸铜一匙导泻，忌服油类。

2)磷烧伤皮肤可立即用清水浸泡或湿布覆盖创面以隔绝空气，用1%～3%硫酸铜(最好是碳酸氢钠溶液，以免发生磷化铜中毒)溶液湿敷后即用大量清水冲洗伤口，再用生理盐水湿敷，以免硫酸铜中毒。清水浸泡过程时剔除或扩创清除污物。早期忌用油膏。处理同时需注意处理全身中毒。

3)防护措施：

①严格执行安全操作规程和操作法；

②机械、设备、设施的密封要好，作业区域的通风要好，通风不良的环境，实行机械通风；

③作业中应穿戴好相应的劳保用品，禁止直接用手拿取黄磷，实验室作业时，应当使用镊子夹取黄磷；

④预防办法：检修含磷设备、容器、管道时，需先用热水冲洗干净，再用冷水冷却，若需进入其内部检修则要用空气置换，经分析氧含量合格后，方可进行工作，并有专人监护；

⑤防护重点：冷态作业、水下作业。

11.1.3　其他危害

11.1.3.1　粉尘危害

黄磷生产过程中主要存在的粉尘有磷矿、焦炭和硅石粉等，粉尘对人体的危害程度取决于其化学成分、浓度、粒度。黄磷生产过程中的焦粉、矿粉都属于爆炸性粉尘。长期大量吸入含结晶型游离二氧化硅的粉尘可引起矽肺病。生产性粉尘主要引起呼吸系统疾病，如呼吸系统刺激、黏膜刺激、各种尘肺病。其他如有毒粉尘将引发相应的中毒症状。

11.1.3.2　噪声危害

噪声是由多种不协调的基音和它的谐音一起形成的无规则、杂乱的声音，使人感到讨厌和烦躁。噪声的主要危害有以下几方面：

(1)影响休息，造成听力和听觉器官的伤害，影响视力的清晰和稳定性；

(2)引起心血管系统的病症和神经衰弱；引起胃功能紊乱、食欲不振、消化不良；

(3)降低工作效率，影响安全生产，特别强烈的噪声还能损坏设施以及影响设备、仪器等的正常运行。

11.1.3.3　电极糊和修理糊

电极糊和修理糊的主要成分是焦、煤、沥青和煤焦油、蒽油等物质,在使用时由于高温的作用,形成由甲苯、蒽、硫化物等有机物组成的有毒烟气,长期大量接触和吸入,易引起中毒和人体器官的癌变。由于修理糊中含有大量的沥青和煤焦油、蒽油等易燃物质,加热后的修理糊可灼伤作业人员的身体。在燃烧情况下,不能用水喷淋,以防止飞溅,造成火势蔓延伤人。

11.1.3.4 氮气(N_2)

氮气为无色、无味、无嗅的气体。空气中氮气含量过高,使吸入氧气分压下降,引起缺氧窒息。吸入量不太高时,患者最初感胸闷、气短、疲软无力;继而有烦躁不安、极度兴奋、乱跑、叫喊、神情恍惚、步态不稳,称之为"氮酩酊",可进入昏睡或昏迷状态。吸入过量,患者可迅速昏迷、因呼吸和心跳停止而死亡。

氮气和CO中毒现场急救措施:

(1)迅速脱离现场至空气新鲜处。

(2)保持呼吸道通畅,如呼吸困难,给输氧。

(3)如呼吸心跳停止,立即进行人工呼吸和胸外心脏按压术。

氮气和CO中毒防护技术措施:

(1)生产过程密闭操作,防止氮气和CO泄漏,作业场所提供良好的自然通风条件,若不能保证则使用强制通风。

(2)呼吸系统防护:一般不需特殊防护。当作业场所空气中氧气浓度低于18%时,必须佩戴空气呼吸器、氧气呼吸器或长管面具。

(3)其他防护:避免高浓度吸入。进入有限空间或其他高浓度区域作业,要保证与系统有效隔断,如加装盲板或拆除管段,且必须有人监护。

(4)预防办法:不得将氮气和CO排至室内,在有氮气和CO存在时,应戴空气呼吸器。检修涉氮和CO设备、容器、管道时,需先用空气置换,经分析氧含量合格后,方可进行工作,并有专人监护。

(5)在氮气和CO可能排放口应作安全警示标志,禁止人员停留。

11.1.3.5　放射性伤害

大型磷炉常见的同位素有 C_S^{137} 和 C_O^{60} 两种，其半衰期为 30 年，发射出 γ 射线。γ 射线对人体最主要危害是杀伤白细胞，对人体的造血器官、消化道、黏膜、皮肤、性腺、乳腺、甲状腺、眼晶体、肺、骨骼等敏感器官具有较强的杀伤力，对神经系统、肌肉及结缔组织具有一定的杀伤力。

11.1.3.6　电伤害

黄磷生产过程中高低压用电设备多，其中磷炉变压器二次电流很大，对于中小型电炉来说，虽然二次侧电压不算太高，如不注意也会发生触电事故。

电伤害的种类很多，主要有电击（触电），电流直接通过人体造成；电弧灼伤，由电流的热效应造成；电烙印和皮肤金属化，由电流的化学、机械效应造成；高频生理伤害，在电磁场的作用下，吸收辐射能量，发生生物学作用。

11.1.4　黄磷生产安全的基本原则

（1）作业人员必须经三级安全教育考试合格后方可上岗操作，特种作业人员必须经专业技术培训，取得《特种作业操作资格证》后，方可作业。

（2）上班应按规定穿戴好劳动保护用品，在有可能被传动机械绞入的部位（或区域），不准戴手套或其他有可能被机械绞入的物品，作业人员要做到"三紧"即：袖口紧、领口紧、下摆紧，严禁披长发作业，有长发的人要将长发置于安全帽内。

（3）严格遵守电极烘炉的各项规定。封闭烘炉法送电时，炉内氧气含量不得超过 4%。

（4）一氧化碳点火时，要分析合格，先火后气，预防中毒和爆炸。

（5）电炉停电时间较长，应将水封封好，维持电炉系统正压。

（6）禁止无关人员进入生产区域，外来人员必须到有关部门办理手续，并在有关人员的带领下，方可进入指定区域。

（7）严格按操作法进行操作，不准把自己负责的工作交给他人,不准擅自从事本岗位以外的操作。

(8)操作人员必须熟悉本岗位的工艺流程和机械性能,做到“四懂三会五知道”,即:“懂原理、懂性能、懂结构、懂用途;会使用、会维护、会排除故障;知道规章制度、知道岗位职责、知道岗位操作规程、知道危险源、知道隐患控制应急预案”。严格执行工艺指标,特别是与安全有关的控制指标,严禁关闭安全声光和其他报警系统。

(9)一切机械设备、锅炉、压力容器、压力管道、特种设备,严禁超温超压超负荷运行,做到勤检查勤维护保养。

(10)发现异常情况要立即报告,并采取有效措施进行处理;遇到危及人身安全或重大设备安全以及可能发生火灾、爆炸事故等紧急情况时,操作人员可以先采取应急措施、撤离作业现场后再报告。

(11)各种机械设备、工具在使用和开动前,要进行详细的检查,确认安全设施和附件齐全、安全可靠后,方能使用。

(12)各种安全、防护、消防,以及信号、指示、报警装置要经常检查,定期校验,保证完好、齐全、灵敏、可靠;各种标志要齐全、完好、醒目;未经批准不得擅自拆除、移动、停用安全设施。

(13)电气仪表设备的检修必须由电气仪表专业人员进行,其他人员禁止乱拉乱接电线和检修作业。电气设备接地必须完好,否则不得使用。防雷接地要保持完好,并按时进行检测,重点部位要由有资质的机构检测并出具检测报告。

(14)凡危险作业,必须有人负责安全或监护;两人以上作业必须指定一人负责安全或监护。高危特种作业必须按安全管理规定办理相关票证,落实安全措施,得到确认批准签字后方可进行作业。

(15)全体作业人员必须会使用防护、急救、消防器材,熟悉相应的急救方法,会进行自救和互救。熟悉事故应急救援预案,并积极参加事故应急救援演练。

(16)行灯和机械设备上的照明电压不得超过36V,潮湿的有限空间作业的照明灯电压不得超过12V,绝缘必须良好,并使用低压防爆灯。特殊情况使用220V电压照明时，绝缘必须良好，必须设双重保险（熔断保险和安全开关），两次试验无误后方可使用，并事先制定应急救援措施和撤离方案。

(17)机械运行中，不准触及转动部位及防护罩，移动时，必须先停机、切断电源、在现场两次启动无误并在开关上挂"禁止启动"牌，待其停止转动后，方能移动、清理、检修。严禁不停车、不断电、不挂牌就进行作业。

(18)检修作业必须先办理工作票证（抢修作业可不办票，但必须落实安全措施后方可作业），涉及特种作业的，还必须办理特种作业票证，认真落实工艺措施：对机械设备内的介质（如黄磷、泥磷、磷炉气、含磷水、高温介质等有毒有害物质）要认真清理、置换、泄压、有效隔断，由工艺人员签字认可，并得到批准。检修、清理转动设备，必须先停机、切断电源、在现场两次启动无误并在开关上挂"禁止启动"牌，待其停止转动后，方能检修、清理，非抢修情况下均应办理断电工作票后方可开始作业。

(19)严格遵守原化工部41条禁令："进入生产厂区十四个不准"、"操作工六严格"、"动火作业六大禁令"、"有限空间作业八个必须"、"厂内机动车七大禁令"、"高处作业十防"。

(20)强化职业卫生防护管理，严格执行国家相关法律法规。重点关注并确保抽风、除尘系统正常运行，个人防护用品特别是防尘防毒用品必须正确使用。在磷和其他有毒、高毒区作业完毕，要清洗所有劳保用品和工具，严禁将毒物带出厂区、带回家。

(21)制订各级事故应急救援预案并定期演练。

11.2 黄磷生产安全、消防防护技术优化

11.2.1 消防系统及灭火物质

11.2.1.1 消防水系统

消防水系统主要有两种形式：普遍使用的是由消防水管网、室内外消火栓组成的消防水系统，在各生产单位都按国家规范配

套设置。

注意事项是确保厂区消防用水最高点水压正常。消火栓内设施齐全，在使用时要把接头枪头接好，水带拉顺，不得打结绞扭在一起，枪头要抱稳，方可开水使用。在灭磷火时要使用开花水枪，不得使用直流水枪直接打到黄磷燃烧点上，防止火势扩大化。

另一种是自动喷淋报警系统，设置在易发生火灾的重要设施或设备上方，当火灾发生时烧毁喷头上的感温玻璃，消防水自动喷出灭火，同时发出声光报警。注意事项是要保证供水量和供水压力，每班检查水压，定期进行排水试验（至少每周一次），确保水压、流量正常，报警系统正常备用。

11.2.1.2 CO_2 自动灭火系统

该系统主要用在大型磷炉的变压器消防灭火，系统由室内的温度监测、烟气监测、CO_2 钢瓶以及相连的管道等主要部件组成。一旦变压器室起火，温度和烟气信号报警并启动联锁装置，自动打开 CO_2 钢瓶上的阀门，通入 CO_2 灭火。如果管道上的阀门因故障不能打开或堵塞，CO_2 气体就会排到地沟，起不到灭火作用。因此平时要做好检查，保持系统正常备用。

11.2.1.3 干粉灭火器

目前工厂最常用的灭火器是干粉灭火器，它以磷酸盐和少量的防潮剂为基料，以及流动促进剂等添加物组成，用干燥的 N_2 或 CO_2 为动力，将干粉从容器中喷射出去，形成粉雾，在燃烧区能隔绝火焰的辐射热，并析出 N_2 或 CO_2 气体，冲淡空气中的氧气含量，使燃烧中断，从而迅速扑灭火灾。

现场配备的还有手提式 CO_2 灭火器和 1211 灭火器，其原理类似于干粉灭火器。使用要按说明书操作，平时做好培训工作，并对作业人员进行必须的实际操作培训，会正确拔插销、站在上风向保持安全距离、对准火焰根部、按下鸭舌开关即能喷射灭火。使用 CO_2 灭火器和 1211 灭火器时手不要握喇叭口，以防冻伤。

11.2.2 安全急救设施

（1）安全桶（槽）。有多种型式，常见的有铁制和玻璃钢制的圆形桶，还有砖砌的方形水槽等，设置于相关作业点，平时装满清水，有条件的还配有热水管，当作业人员粘上黄磷或身上着火时，迅速进入其中灭火清洗，可避免或减轻烧伤程度。

(2)喷淋洗眼器。分复合式喷淋器和简易式喷淋器两种，常与安全桶设置在同一地点，当作业人员脸部沾染磷和酸碱等有害物质时，立即到喷淋洗眼器处进行冲洗。平时要求完好，并定期检查和试用，岗位作业人员应熟悉所处位置，做到闭目不忘，以防在眼部受伤后能及时找到该设施，得到及时冲洗。

(3)正压空气呼吸器。正压空气呼吸器是目前最常用的一种全隔离式供气装置，作业人员活动范围大，但可用的时间有限。由气瓶、背架、减压和供气系统、面具组合构成。

使用前要认真学习使用说明书，肩带、腰带必须收紧到位，面罩戴好后必须与脸颊贴合严密，供气阀与面罩接口连接可靠，进行气密性检查后方可使用。未经培训的人员严禁擅自使用，平时要加强日常维护，定期检查，保证气瓶压力正常。

(4)正压长管式空气呼吸器。由供气箱、导气管、面具组成，使用时间不受限制，但活动范围受导气管长度限制，并且要在有稳定的气源供应下使用。

使用前要认真学习使用说明书，确认供气正常稳定，面具密封性完好，呼吸正常后方可进入有毒区域作业。平时做好维护保养工作，保持面具清洁，管道干净畅通无阻，随时处于备用状态。

(5)过滤式防毒面具。过滤式防毒面具是通过滤毒罐内药剂与环境中的有毒气体反应，使吸入的气体无毒的原理而设计的。使用时作业环境中的氧含量不低于18%，有毒气体含量浓度不大于2%。注意各类过滤罐的适用范围和有效使用期限。使用时要认真检查管道的密封性和面具与面部的密封性完好，罐底进气孔橡皮塞必须打开。用后要拧好封盖，盖严罐底橡皮塞，存放在干燥、清洁、通风良好的室内，避免日光曝晒，并定期清洁面具、检查过滤罐是否受潮和过期。

(6)长管式防毒面具组合。长管式防毒面具组合是一种全隔离式防毒面具,它由长导气管和呼吸面具组合而成。

使用过程中要注意选用合适型号的面具,并进行气密性试验,以保证面具的密封性,使之与环境气体完全隔绝,气体入口处必须清新无污染,导气管不能打折并要有专人监护,保持畅通无阻。平时要定期做好维护保养,防止面具老化,发现质量问题要及时更新。

(7)氧气呼吸器。氧气呼吸器是通过全密闭使用氧气供给有毒区域作业人员呼吸用气的设施,应用较为普遍。使用过程中应注意以下事项:

1)使用前要认真检查各部件是否完好;确认氧气压力大于10MPa且各连接部件及管道无漏气。

2)当压力降到3MPa以及自动补给失灵时应立即离开有毒区域,在离开有毒区域前不得摘下面罩,不得在火灾和爆炸区域内使用氧气呼吸器。

11.2.3 气体检测设施

(1)在线气体检测仪。在大型磷炉和加热炉、点火炉等易发生爆炸的设备上,为防止爆炸事故,安装了在线可燃气体检测设施。如电除尘夹套一氧化碳含量检测仪,对判断磷炉气是否漏进夹套具有特别重要的意义,对夹套保温使用直燃煤气加热的电除尘来说,更为重要,因为一旦一氧化碳超标,可能发生爆炸,将对设备和作业人员造成重大损失,因此,必须保持其正常工作。

(2)多组分气体检测仪。在气体检测作业时,常规的检测方法由于取样时间长、分析作业复杂耗时等原因,特别是作业地点离分析室远时,分析不合格置换后的再次取样,更是经常出现影响工作效率的情况。特别是对每半小时后要重新取样的要求下,出现代表性不强的情况,不能满足生产和安全的需要,为此,应配备多组分气体分析仪。一般配备的是工厂常用的可燃气体、氧气、一氧化碳、硫化氢等组分的分析仪,它在现场就能得到数据,方便检修作业人员尽快开展工作。

(3)便携式单一气体检测仪。在黄磷生产岗位,常备有便携式一氧化碳气体分析仪,当作业场所CO浓度达到或超过3×10^{-5}时,它能发出声光和振动报警,提示作业人员及时离开,防止中毒。使用时注意一定要打开开关,进入有CO气体存在可能的岗位作业和巡回检查时必须携带。另一方面是要按时进行送检,保持其有效性。

(4)现场急救药品柜。车间要严格按《药品柜管理规定》对药品柜进行管理,定期检查,及时增补药品。

外伤常用药品配备:医用酒精、纱布、创可贴、云南白药等。

磷烧伤常用急救药品:毛巾、纱布(大)、2%~5%碳酸氢钠溶液等。

11.2.4 泡沫灭火剂的优化应用

11.2.4.1 蛋白泡沫灭火剂在黄磷地面火灾中的应用

由于蛋白泡沫的密度远远小于一般可燃液体的密度,因而可以漂浮于液体的表面,形成一个泡沫覆盖层。

针对黄磷火灾的特点,对比各种泡沫灭火剂的特点和泡沫灭火剂的组成成分,蛋白泡沫灭火剂是由动物性蛋白质或植物性蛋白质(如牛、马、羊、猪的蹄角、毛血或豆饼、菜子饼等)的水解产物组成的泡沫液在碱性剂(氢氧化钠或氢氧化钙)的作用下,加入稳定剂、防冻剂、缓蚀剂、防腐剂和黏度控制剂等制成的起泡性浓缩液。它是扑救黄磷火灾最适宜的灭火剂之一。

其次,蛋白泡沫还具有较好的黏附及覆盖作用,灭火泡沫在燃烧的黄磷表面形成的泡沫覆盖层,可使燃烧黄磷表面与空气隔离。泡沫灭火剂产生的泡沫受热蒸发,产生的水蒸气有稀释燃烧区氧气浓度的作用,同时又具有一定的冷却和润湿作用。

再就是蛋白泡沫还具有较好的稳定性,泡沫层封闭了燃烧黄磷的表面,可以遮断火焰对黄磷的热辐射,有效阻止燃烧黄磷的蒸发或热解挥发,使可燃气体难以进入燃烧区。可用于防止大面积黄磷火灾的发生和蔓延,如黄磷发生泄漏或溢流时,可用蛋白泡沫覆盖，迅速灭火，然后再采取其他措施如用沙土覆盖清理创造必要的条件。

11.2.4.2 高倍数泡沫灭火剂在大面积火灾中的应用

高倍数泡沫是按一定比例混合的高倍数泡沫灭火剂水溶液，通过高倍数泡沫产生器而生成的，它的发泡倍数高达200～1000倍，气泡直径一般在10mm以上。我国于1980年研制的YEGZ型高倍泡沫已推广应用。由于它的体积膨胀大，再加上高倍数泡沫产生器的发泡量大（大型的高倍数泡沫产生器可在1min内产生1000m^3以上泡沫），泡沫可以迅速充满着火空间，覆盖燃烧物，使燃烧物与空气隔绝。

泡沫受热后产生的大量水蒸气吸热量大，使燃烧区温度急剧下降，并稀释空气中含氧量，阻止火场的热传导、对流和热辐射，防止火势蔓延。因此，高倍数泡沫灭火技术具有混合液供给强度小，泡沫供给量大，灭火迅速，安全可靠，水渍损失少，灭火后现场处理简单等特点。

高倍数泡沫主要适用于扑救A类火灾和B类火灾中的非水溶性液体火灾。特别适用于扑救有限空间内的火灾，如洞库、库房等的火灾。对于这些场所，高倍数泡沫既可以灭火，又有助于排烟和驱除有毒气体。

由于高倍数泡沫灭火剂的以上特点，对于扑救大面积黄磷火灾效果尤佳。若在室外使用时，应用防火堤或临时隔板等把泡沫限制在黄磷着火的整个空间内，以使泡沫的体积排除空间内的空气，阻断磷与空气的接触，达到灭火除烟防止污染的目的。

不同灭火剂在扑救黄磷火灾中的应用情况对比见表11-1。

表11-1 不同灭火剂在扑救黄磷火灾中的应用情况对比表

项 目	水	湿 沙	蛋白泡沫	高倍数泡沫
可行性	可 行	可 行	可 行	可 行
经济性	很便宜	便 宜	较 贵	较 贵

续表 11-1

项　目	水	湿　沙	蛋白泡沫	高倍数泡沫
及时性	很及时，一般生产贮存区域都备有工艺消防水	及时，一般生产贮存区域都备有少量，但大量的要外购	较慢，要等消防队到达才能供给	较慢，要等消防队到达才能供给
可取得的难度	容易取得	有一定难度	较难，专业消防队备有泡沫消防车	较难，专业消防队备有泡沫消防车
可操作性	容易操作，可远距离操作，操作强度低	有一定难度，必须近距离作业，工作强度大	较难，可远距离操作，操作强度低	较难，可远距离操作，操作强度低
小面积灭火效果	很　好	好	不太好	不太好
大面积流动磷火	很　差	较　差	很　好	较　好
高空泄漏磷火	很　差	较　差	较　好	很　好
适用的区域	有围堰可贮水区域的磷火或小面积的磷火	无围堰的磷火或小面积的磷火	无法做围堰的大面积流动磷火，社会影响大危害大的区域，需要立即处理的区域	无法做围堰的高空泄漏磷火，社会影响大危害大的区域，需要立即处理的区域

11.3 典型事故案例分析

11.3.1 转动设备伤人事故

11.3.1.1 四辊破碎机伤人案例

某厂备料车间一民工在圆盘给料机周围作业时，右手不慎卷入圆盘给料机大齿轮中，造成右手高位截肢的重伤事故。

分析:一方面是作业人员站位不正确,另一方面是工厂未严格执行“五个必有”即:有坑必有栏、有孔必有箅、有轴必有套、有口必有盖、有轮必有罩的规定,导致了这起事故的发生。2008 年某厂一民工坠入无防护拦泥磷池灼伤的事故,2009 年某厂一班长坠入无沟盖板含磷水地沟灼伤事故,表面看是机械伤害和灼伤,但实质上“五个必有”的缺失是造成事故的主要原因之一。因此,在日常安全检查中,要对“五个必有”情况进行检查,不要小看这些细节问题,要及时进行整改,防止事故的发生。

11.3.1.2 皮带输送机伤人案例

1998 年,某厂烧结车间发生一起作业人员对运行中的皮带输送机辊筒上的黏料用铁铲进行清理时被皮带绞入致死的事故。

分析:从事故原因分析来看,是由于作业人员违反操作规程,未停车就对皮带辊筒上的黏料进行清理,不慎被卷入致死的。随着黄磷生产工艺技术自动化程度不断提高,将会大量使用皮带输送机等设备来运输物料,作业人员必须严格遵守转动设备安全操作规程,对转动设备进行检修、清理等作业时,必须做到停车、断电、挂禁止合闸牌、办理断电工作票和其他安全措施后方可作业。

11.3.1.3 起重设备伤人案例

2008 年,某厂备料车间三员工在吊装风机轴时,在吊运的过程中滑动的钢丝绳将其中一人右手中指和无名指勒断的事故。

分析:这是一起由于作业人员忽视安全,习惯性违反“十不吊”规定中的捆绑、吊挂不牢或不平衡可能引起吊物滑动时不吊、起重臂和吊起的重物下面有人停留或行走不准吊的规定造成的。

11.3.2 爆炸事故

11.3.2.1 磷炉尾气爆炸案例

2002 年,某厂备料车间焦炭热风炉开车点火时发生磷炉尾气爆炸事故,导致热风炉和干燥机损坏。同年,烧结车间与点火炉连接的进风机发生爆炸,导致风机机壳飞出 10 多米远。2003 年,某厂高位热水槽进行防腐工作时发生槽内爆燃事故,造成一名作业人员被严重烧伤。同年,某厂黄磷车间电尘浆槽爆炸,导致现场一名作业人员烫伤,面积达30%。2008年,某厂在建未投用的竖流式沉降槽由于未与生产系统有效隔断,磷炉尾气窜入造成爆炸。

分析:从爆炸的原因看,主要是由于操作不当、误操作而导致设备内的混合物浓度达到爆炸极限遇明火而引起的。如何防止爆炸事故的发生,从原理上讲可从以下几方面着手:

(1)控制可燃物质,防止可燃气体、可燃粉尘和空气构成爆炸混合物;

(2)清除着火源;

(3)隔绝空气,去掉助燃物质如氧气、氯气等;

(4)装设安全阀、防爆板;

(5)加强通风,定期进行检查、测厚及探伤检查。

11.3.2.2　吹氧管爆炸事故案例

2009年,某厂电炉班班长组织本班员工出渣,在吹渣过程中氧管和输氧胶皮管接头处发生爆炸,致使该班长右手手掌受伤的轻伤事故。

分析:事后经分析,主要原因是由于氧管带油和操作不当造成的。为防止此类事故的发生,一方面,在出渣前要检查氧管和软管,严禁沾染油脂,严格操作规程,防止回火。另一方面,作业人员要提高操作技能,负责调节气量的作业人员必须是熟练的操作工,使用氧气前要认真检查气阀灵活好用,双方配合默契才能避免类似事故的发生。从改善设备上,可借鉴大磷炉出渣时使用的氧管专用夹具或自制的胶管接头避免类似事故的发生。

11.3.2.3　磷铁爆炸事故案例

2005年,某厂黄磷车间炉前发生磷铁爆炸,将炉前一作业人员冲到渣池内烫死,两人受伤。

分析:熔融的磷铁只有遇水才会发生爆炸,事故发生的主要原因是渣道内积水。在日常的工作过程中,作业人员为加快作业进度,违章使用水冷却磷铁导致铁床(坑)积水未清除引发爆炸,加之渣池防护栏不全导致了事故的发生。因此,保持铁床(坑)无积水是防止磷铁爆炸事故的有效方法。

11.3.2.4 泥磷回收转锅爆炸案例

2006 年某厂泥磷回收装置一台转锅筒体在运行中突然发生爆炸,飞溅的泥磷致使当班作业人员三人重伤,两人轻伤,就医后两人伤势过重,医治无效死亡。

分析:从事故原因分析来看,是由于导气管堵塞而未能及时发现造成的。经总结事故经验,采取有效的管理措施和适用的操作规程后,让作业人员认识到存在的危害及可能的后果,坚持每天或每锅清理导气管,保证其畅通无阻,是不会发生爆炸事故的。

11.3.2.5 磷炉烧穿事故案例

云南某厂磷炉炉底烧穿,大量磷铁和炉渣漏出,四处蔓延,发生强烈爆炸,将作业人员围困在电炉上,一名未穿劳保皮鞋的女工由于无法通过高温烧红的楼梯,在有毒气体的攻击之下不慎坠楼身亡。

分析:炉底测温设施不全、炉底集水、炉底无围堰、作业人员经验不足、劳保不全是事故发生的主要原因。为此,在建设磷炉时,要在炉底设置围堰及排水口,炉底要有一定坡度,保证集水能及时排走,防止炉底烧穿时不发生爆炸和熔渣四处蔓延,同时要保持炉底测温仪的正常工作。

11.3.3 黄磷泄漏事故

11.3.3.1 黄磷泄漏伤人案例

1999 年,某黄磷厂作业人员在测量贮槽磷位时,不慎将取样小桶打翻,导致作业人员脚部烧伤。2008 年,某厂黄磷车间检修潜磷泵时发生喷磷伤人的事故。某黄磷厂作业人员打开含磷管道冲洗时,管内残磷突然喷出,导致该作业人员面部灼伤。

分析:磷烧伤的事故一般都是在检修、疏通磷泵和磷管(软管)、进行黄磷取样,在黄磷或泥磷槽顶作业不慎造成的,轻则致伤,重则可能发生致命的危险。其主要原因是违章操作和防护措施不当或不到位造成的。

在对磷管和磷泵系统进行检修时,必须穿戴护目镜、安全帽、防火手套以及阻火或涂铝工作服。在拆卸磷管线前,必须用热水彻底冲洗,然后再用冷水完全冷却。当松开法兰时,除保持一段安全距离,要求首先松开较远面的螺栓,严禁在松开的法兰下停留。若法兰长期打开,应加装盲板。在作业过程中,作业现场必须有常流工艺水。在移动磷管时,应加装盲板后方可运走。任何情况下,使用过的磷管都有残磷流出的可能性,需提前做好准备。在设计磷储槽取样操作平台时,都应高于取样口。

11.3.3.2　黄磷泄漏污染事故案例

2004 年,四川某黄磷厂泥磷池垮塌,泥磷泄入附近江河,造成严重污染事故。2005 年,云南某厂泥磷沉降浓缩槽底部排污管与蒸汽管接口处泥磷泄漏燃起大火,历经 80 多小时才将火势扑灭,造成较大的社会影响。

分析:在黄磷厂,黄磷泄漏着火是最常见的事,经调查,几乎所有黄磷厂都或多或少出现过黄磷或泥磷泄漏的事故,其中小黄磷厂精制槽底阀泄漏最为常见,主要是阀体或法兰损坏所致。为吸取类似事故教训,建议设计时不要在黄磷和泥磷贮槽底部开口,在工艺许可的情况下,最好将槽罐建成半地下或地下式,否则应设计足够高的围堰,一般高出槽底可能泄漏点 50cm 以上。

11.3.3.3　黄磷运输泄漏事故案例

2008 年,在广西百罗高速公路上,一辆载有 120 桶黄磷的云南籍大货车上,有 5 桶黄磷发生泄漏,燃起熊熊大火。2009 年,一辆装载 100 余桶黄磷的大型货车,在湖北省宜昌宜都市境内发生黄磷自燃。2009 年,某黄磷厂黄磷运输车发生火灾事故,浓烟滚滚。这些事故给当地群众生活和周边环境造成了极大危害,惊动了各级领导和有关部门,影响极坏。

分析:磷的运输包括厂内和厂外,其中厂内短途运输多为热态,长途运输多为冷态。热态运输安全风险很大,冷态运输安全风险较小。

近年来,常有黄磷在运输过程中发生安全环保事故,造成重大社会影响的报道,因此加强黄磷运输的安全管理和技术监控尤为重要。

从多起发生事故的现场可以看到,运输车辆不合格、包装物不标准(磷桶多次重复使用)、严重超装超载、押运人员不会正确处理事故是造成事故发生和扩大化的主要原因。

为防止和杜绝此类事故的发生,作为承运方,运输车辆必须具有运输黄磷的相关资质,拒绝超装、超载、超速,押运人员要持证上岗,并具备处理意外事故的能力。作为生产和销售方,要严格查验承运方和车辆的合法性,在装车前要认真检查容器的安全附件是否齐备,拒绝超装,按规定做好覆盖水、气量和压力的控制,并做好气密性试验,确保包装质量合格。卸磷是具有较大危险的作业,曾发生多起喷磷伤人和软管内残磷流出伤人的事故,因此卸磷作业时要严格执行操作规程,熟练掌握容器的结构和性能,当包装物发生变化时要及时调整操作方法,分析可能发生的危险,采取必要的防范措施,方能防止事故发生和扩大。

11.4 特殊动火防范

综上所述,黄磷生产危害因素较多,安全隐患比较大,安全事故多发。但从多年的实践中可以看到,只要严格遵守操作、检修规程,加强生产过程的监控和管理,很多事故是可以避免的;只要措施得当,许多看似不可能的作业也是可以安全地进行的。下面就带压不置换特殊动火作业防范作一介绍。

磷炉尾气管网大部分由碳钢材质构成,由于气体中含有酸性物质,腐蚀较为严重,常出现泄漏的情况,若不及时处理,泄漏的磷和含磷废水易伤人和造成污染事故;若停炉处理,会对生产造成很大影响,损失较大,在保证安全的前提下带压不置换进行处理能解决这个问题。但必须做到以下几点:

(1)按特殊动火程序办理审批手续;

(2)系统保持稳定和微正压,作业人员站立在上风向,现场备

长流水,若风向不稳定要戴全隔离式呼吸器作业;

(3)高处作业应系安全带,并做好随时撤离的准备;

(4)作业现场监护人员与控制室要保持通讯联系畅通,当系统压力发生大的波动时要停止作业,撤离现场。

附　录

国家黄磷行业准入条件

为促进产业结构升级，规范市场竞争秩序，控制高耗能、高污染、资源型产业过快增长，制止低水平重复建设，根据我国黄磷行业发展现状，结合国家有关法律法规和产业政策要求，按照“控制总量、节约资源、降低能耗、保护环境、持续发展”原则，制定本准入条件。

一、生产企业布局

（一）新建和改扩建黄磷生产企业厂址要靠近磷矿资源所在地和电力生产中心；必须符合各省、自治区、直辖市工业总体规划或黄磷、磷酸盐（磷化工）等相关行业发展规划；必须符合国家及各级政府制定的环境保护规划或污染防治规划。

（二）在城市规划区边界外 2km 以内，主要河流两岸、公路干道、铁路干线及重要地下管网两旁 1km 以内，居民聚集区和其他严防污染的食品、药品等企业周边 1km 以内，国务院、国家有关部门和省、自治区、直辖市人民政府规定的生态保护区、自然保护区、风景旅游区、文化遗产保护区内，饮用水水源保护区内，不得新建黄磷生产企业。已在上述区域内开工建设、投产运营的黄磷生产企业，要根据《水污染防治法》有关规定及该区域规划，通过搬迁、转产等方式逐步退出。

二、工艺装备

新建黄磷装置（包括小水电、孤网运行地区及自备电厂的黄磷新建项目），单台磷炉变压器容量必须达到 20000kVA 及以上、折设计生产能力达到 1 万吨/年及以上。新进入企业的起始产能规模必须达到 5 万吨/年及以上。相关配套设施必须符合下列要求：

（一）同步采用全系统收尘技术，在原料运输、破碎、筛分及粉矿造球、烧结等所有产生粉尘的部位，均应配备除尘及回收处理

装置;

（二）采用收磷技术,同步建设含磷污水处理系统,并实现含磷污水封闭循环使用,实现零排放;

（三）配套建设粉矿综合利用装置,提高原矿的有效使用率;

（四）同步建设消防、安全设施,在危险作业区必须有远程视频监控装置;

（五）采用先进的自动配料加料、无功补偿、电极升降自动控制、电极节能等技术或设备,提高能源使用效率,降低工人劳动强度,提升系统运行安全可靠性。

现有黄磷装置,单台装置在10000kVA及以上的,如在原料粉尘回收、能耗、尾气综合利用、泥磷回收、污水处理、安全保障和磷渣综合利用等方面没有达到本条件要求,必须在本准入条件实施起两年内完成相关改造,并经相关部门验收合格后方可继续生产。否则,企业所在地(市、县)人民政府必须依法责令其停产。单台装置在7200kVA以下的,须在本准入条件实施起一年内淘汰;单台装置在7200～10000(不含)kVA的,如尾气和炉渣不能够实现全部综合利用,须在本准入条件实施起两年内淘汰。

三、环境保护和资源节约综合利用

（一）新建、改扩建黄磷生产装置,必须按照《环境影响评价法》等有关法律法规要求,委托有资质的单位编制建设项目环境评价文件,并按照相关环境保护行政主管部门的审查要求,落实污染防治措施。必须委托专业部门编制节能评估报告。必须按照设计、施工、投产“三同时”原则建设“三废”治理装置和节能降耗装置,依法配套能源计量装置。

（二）黄磷生产企业的大气污染物排放应达到《工业炉窑大气污染物综合排放标准》(GB 9078—1996)中“其他炉窑”的排放要求。黄磷工业污染物排放标准实施后,按新标准执行。

（三）磷炉尾气不得直排燃烧,必须实现能源化或资源化回收利用,新建黄磷装置尾气综合利用率必须达到90%以上。鼓励黄磷生产企业利用黄磷尾气作为热源生产精细磷酸盐或发电,鼓励企业开发应用磷炉尾气生产碳一化学品技术。

(四)含磷废水必须实现零排放。必须在生产界区内建设泥磷回收装置,泥磷处理处置应严格执行关于危险废物的管理规定。

(五)黄磷废渣要按照减量化、无害化、资源化原则进行处置和综合利用,不得堆存填埋。新建黄磷装置磷渣利用率必须达到95%。企业要对当年产生的磷炉渣实施综合利用,企业自身利用困难的,应通过适当方式由其他企业实现综合利用。鼓励企业积极探索磷炉渣制水泥、磷渣微细粉、微晶玻璃、硅肥及白炭黑等。

(六)黄磷生产企业必须根据本地矿产资源状况,利用一定比例的贫矿或(和)粉矿,并配套建设相应规模的贫矿选矿装置或(和)粉矿成球、烧结或其他粉矿综合利用装置。

(七)新建黄磷生产装置未经环保部门验收的,不得投产;现有黄磷装置未满足环保部门相关标准的,必须在本准入条件实施起半年内完成环保设施改造,取得有关许可后方可继续生产。

(八)本准入条件实施前,环保部门连续三年对生产界区周围空气、污水、土壤、植被监测不达标的黄磷生产装置,予以强制淘汰。

四、安全、消防和工业卫生

(一)黄磷属危险化学品,应严格执行国家危险化学品安全管理有关规定。

(二)新建装置必须按照安全生产监管部门的设立和设计审查意见、消防和工业卫生主管部门的评价意见,按照“三同时”原则配套建设相应设施并经现场验收合格后,方能投入生产。现有装置未通过安全、消防或工业卫生主管部门检查的,应依法进行整改。

(三)企业应建立职业病防治措施,定期开展工业卫生检查,定期对职工进行身体检查。

五、经济技术指标

新建、在建和现有黄磷装置必须分别达到以下经济技术指标

（电炉电耗不包括贫矿选矿装置或（和）粉矿成球、烧结或其他粉矿综合利用装置能源消耗，数据为吨黄磷消耗值，电力折标准煤（kg）系数为0.1229kg/kWh）见附录表1。

附录表1　消耗折标关系

项　目	新建、在建装置	现有装置
综合能耗（折合标准煤）	≤3.2	≤3.6
磷矿消耗（30%折标准煤）/t	≤8.7	≤8.7
电炉电耗（按配比炉料 $P_2O_5$24%折算）/kWh	≤13200	≤13800
磷炉炉渣综合利用率/%	≥95	≥90
尾气综合利用率/%	≥90	≥85
粉矿利用率/%	100	100

六、监督与管理

根据国务院《关于发布实施〈促进产业结构调整暂行规定〉的决定》（国发［2005］40号）和《关于加快推进产能过剩行业结构调整的通知》（国发［2006］11号）要求，本准入条件实施后，新建、改扩建黄磷生产装置，符合准入条件的，须根据《国务院关于投资体制改革的决定》（国发［2004］20号），按照各省具体规定和固定资产投资项目建设程序，经相关主管部门核准或备案。

（一）黄磷建设项目的投资管理、土地供应、环境影响评价、安全生产评价、节能评估、信贷融资等应参照本准入条件。环境影响评价报告必须经省级或以上行业主管部门提出审核意见后报同级环保部门审批；安全评估报告须经省级或以上行业主管部门提出审核意见后报同级安全监督管理部门审批；节能评估报告须经省级或以上行业主管部门审批。

（二）新建、改扩建及整改的黄磷装置工程完工后，必须经省级或以上行业、土地、环保、安全、质检等管理部门及有关专家组成的联合检查组检查。经检查合格的，按照有关规定办理《安全生产许可证》和《排污许可证》,方能投入生产。经检查未达到准入条件的,行业主管部门应责令其在指定期限内整改达到准入要求。

(三)对不符合准入条件的新建或改扩建黄磷生产项目,各级国土资源部门不得提供土地,环保部门不得办理环保审批手续,安全监管部门不得办理安全生产许可证,质检部门不得办理工业产品生产许可证,金融机构不得提供信贷支持,水电供应部门应依法停止供水供电。地方人民政府或行业主管部门依法决定撤销或责令关闭的企业,有关主管部门应依法撤销有关许可证件,工商行政管理部门依法责令其办理变更登记或注销登记。

(四)各级行业主管部门和安全、环保等执法部门负责对当地黄磷生产企业执行黄磷行业准入条件的情况进行监督检查。中国石油和化学工业协会、中国无机盐工业协会协助国家有关部门做好监督和管理工作。

(五)工业和信息化部定期公告符合准入条件的黄磷企业名单。符合准入条件的企业,可按照有关规定申请执行普通电价、享受资源综合利用企业所得税优惠等优惠政策。

(六)国家相关管理部门可依据本条件制定相应的配套管理措施。

七、附则

(一)其他矿热炉改造为黄磷炉视同新建黄磷装置。单台装置在10000kVA以下的现有黄磷装置因厂址、容量、配套设施等原因进行搬迁或扩能改造,也视同新建。

(二)本准入条件适用于中华人民共和国境内所有类型黄磷生产企业和有黄磷生产装置的磷肥、磷酸盐和精细磷化工企业。

(三)本准入条件自2009年1月1日起实施,由工业和信息化部负责解释。工业和信息化部将根据国家经济社会发展要求和黄磷行业发展状况对本条件进行修订。

黄磷单位产品能源消耗限额

黄磷单位产品能源消耗限额(GB 21345—2008),见附录表2。

附录表2　各种能源折标准煤参考系数

能源名称	平均低位发热量	折标准煤系数
原　煤	20908kJ/kg(5000kcal/kg)	0.7143kgce/kg
洗精煤	26344kJ/kg(6300kcal/kg)	0.9000kgce/kg
其他洗煤　1. 洗中煤	8363kJ/kg(2000kcal/kg)	0.2857kgce/kg
其他洗煤　2. 煤泥	8363~12545kJ/kg (2000~3000kcal/kg)	0.2857~ 0.4286kgce/kg
焦　炭	28435kJ/kg(6800kcal/kg)	0.9714kgce/kg
电极糊	25090kJ/kg(6000kcal/kg)	0.8571kgce/kg
石墨电极	33871kJ/kg(8100kcal/kg)	1.1571kgce/kg
原油、燃料油	41816kJ/kg(10000kcal/kg)	1.4286kgce/kg
汽　油	43070kJ/kg(10300kcal/kg)	1.4714kgce/kg
煤　油	43070kJ/kg(10300kcal/kg)	1.4714kgce/kg
柴　油	42652kJ/kg(10200kcal/kg)	1.4571kgce/kg
液化石油气	50179kJ/kg(12000kcal/kg)	1.7143kgce/kg
炼油厂干气	46055kJ/kg(11000kcal/kg)	1.5714kgce/kg
油田天然气	38931kJ/m^3(9310kcal/m^3)	1.3300kgce/m^3
气田天然气	35544kJ/m^3(8500kcal/m^3)	1.2143kgce/m^3
煤矿瓦斯气	14636~16726kJ/m^3 (3500~4000kcal/m^3)	0.5000~ 0.5714kgce/m^3
焦炉煤气	16726~17981kJ/m^3 (4000~4300kcal/m^3)	0.5714~ 0.6143kgce/m^3
黄磷尾气	10036~11708kJ/m^3 (2400~2800kcal/m^3)	0.3429~ 0.4000kgce/m^3
其他煤气　1. 发生炉煤气	5227kJ/m^3(1250kcal/m^3)	0.1786kgce/m^3
其他煤气　2. 焦炭制气	16308kJ/m^3(3900kcal/m^3)	0.5571kgce/m^3
其他煤气　3. 压力气化煤气	15054kJ/m^3(3600kcal/m^3)	0.5143kgce/m^3
其他煤气　4. 水煤气	10454kJ/m^3(2500kcal/m^3)	0.3571kgce/m^3
热力(当量值)	—	0.03412kgce/MJ
电力(当量值)	3600kJ/(kW·h) [860kcal/(kW·h)]	0.1229kgce/(kW·h)
电力(等价值)	11826kJ/(kW·h) [2828kcal/(kW·h)]	0.4040kgce/(kW·h)
蒸汽(低压)	3763MJ/t(9×10^{5}kcal/t)	0.1286tce/t

各种耗能工质折标准煤参考系数见附录表 3。

附录表 3 各种耗能工质折标准煤参考系数

品　种	平均折算热量	折标准煤系数
外购水	2.51MJ/t(600kcal/t)	0.0857kgce/t
软　水	14.23MJ/t(3400kcal/t)	0.4857kgce/t
除氧水	28.45MJ/t(6800kcal/t)	0.9714kgce/t
压缩空气	1.17MJ/m^3(280kcal/m^3)	0.0400kgce/m^3
鼓　风	0.88MJ/m^3(210kcal/m^3)	0.0300kgce/m^3
氧　气	11.72MJ/m^3(2800kcal/m^3)	0.4000kgce/m^3
氮　气	19.66MJ/m^3(4700kcal/m^3)	0.6714kgce/m^3
二氧化碳气	6.28MJ/m^3(1500kcal/m^3)	0.2143kgce/m^3

参考文献

[1]尼·尼·波斯特里科夫. 化学工艺学[M]. 成都工学院教师和研究生讲义. 成都:成都工学院出版社,1958.

[2][美](Burt R. B),(Barber J C)著. 电炉法生产元素磷[M]. 刘自强,蔡孝载译. 北京:化学工业出版社,1965.

[3]南京化学工业公司磷肥厂编. 电炉法生产黄磷[M]. 北京:石油化学工业出版社,1978.

[4]陈善继. 制磷电炉烘炉技术. 硫磷设计,1999(1):31~36.

[5]硫磷设计与粉体工程编辑部. 硫磷设计与粉体工程,2000~2009年.

[6]孙志立. 制磷电炉内电流、热量分布对制磷电炉运行的影响分析. 磷肥与复肥,2009(5):50~54.

[7]孙志立. 80MW 制磷电炉运行总结. 中国经济技术发展优秀文集. 北京:中国文史出版社,2003:656~664.

[8]赵玉芬. 磷与生活[M]. 郑州:郑州大学出版社,2008.

[9]李圣华. 炭和石墨制品[M]. 北京:冶金工业出版社,1983.

[10]华南工学院,上海工学院编. 流体力学—— 风机及泵[M]. 北京:中国建筑工业出版社,1980.

[11]孙志立. 多电极是制磷电炉大型国产化发展的必然趋势[C]. 第二届全国磷复肥/磷化工技术创新(云天化国际)论坛论文集——磷肥与复肥. 2009年4月,218~227.

[12]晏明朗. 磷化工发展必走创新和循环经济之路——炉渣生产高附加值矿渣微晶玻璃[C]. 中国磷化工节能减排与可持续发展论坛,中国化工信息中心,2009年5月,48~55.

[13]周梦公. 工厂系统节电与节电工程[M]. 北京:冶金工业出版社,2008.

冶金工业出版社部分图书推荐

书　　名	作　者		定价(元)
物理化学(第3版)(国规教材)	王淑兰	主编	35.00
热工测量仪表(国规教材)	张　华	等编	38.00
煤化学(本科教材)	虞继舜	主编	23.00
煤化学产品工艺学(第2版)(国规教材)	肖瑞华	等编	46.00
热能转换与利用(第2版)(本科教材)	汤学忠	主编	32.00
燃料及燃烧(第2版)(本科教材)	韩昭沧	主编	29.50
燃气工程(本科教材)	吕佐周	等编	64.00
热工实验原理和技术(本科教材)	邢桂菊	等编	25.00
物理化学(高职高专教材)	邓基芹	主编	28.00
物理化学实验(高职高专教材)	邓基芹	主编	19.00
干熄焦生产操作与设备维护(技能培训教材)	罗时政	主编	70.00
干熄焦技术问答(技能培训教材)	罗时政	主编	42.00
炼焦新技术	潘立慧	等编	56.00
干熄焦技术	潘立慧	等编	58.00
焦炉煤气净化操作技术	高建业	编	30.00
炼焦煤性质与高炉焦炭质量	周师庸	著	29.00
煤焦油化工学(第2版)	肖瑞华	编著	38.00
焦炉科技进步与展望	严希明	编	50.00
炭素工艺学	钱湛芬	主编	24.80
炼焦化学产品生产技术问答	肖瑞华	编	35.00
炼焦技术问答	潘立慧	等编	38.00
炭素材料生产问答	童芳森	等编	25.00
煤的综合利用基本知识问答	向英温	等编	38.00
焦化厂化产生产问答(第2版)	范伯云	等编	16.00